仕事の現場で即使える

Excel & × Access 連携 実践ガイド

増補改訂版

Excel/Access 2019/2016/2013
Microsoft 365 ［対応版］

今村ゆうこ 著

JN009396

技術評論社

ご注意

ご購入・ご利用の前に必ずお読みください

- 本書に記載された内容は、情報の提供のみを目的としています。したがって、本書を用いた運用は、必ずお客様自身の責任と判断によって行ってください。これらの情報の運用の結果について、技術評論社および著者はいかなる責任も負いません。
  また、サンプルファイルに掲載されているプログラムコードの実行などの結果、万一障害が発生しても、弊社及び著者は一切の責任を負いません。あらかじめご了承ください。
- 弊社サイトより本書で解説しているサンプルファイルをダウンロードしてご利用できます。ただし、サンプルファイルをご利用される場合、P.14の「サンプルファイルの使い方」を必ずお読みください。お読みいただかずにサンプルファイルをご利用になられた場合のご質問や障害には一切対応いたしません。ご了承ください。
- 本書記載の情報は、2021年5月末日現在のものを掲載していますので、ご利用時には、変更されている場合もあります。
- 本書はWindows 10、Microsoft 365版のExcelとAccessを使って作成されており、2021年5月末日現在での最新バージョンを元にしています。Excel 2019／2016／2013、Access 2019／2016／2013でも本書で解説している内容を学習することは問題ありませんが、一部画面図が異なることがあります。
  また、ソフトウェアはバージョンアップされる場合があり、本書での説明とは機能内容や画面図などが異なってしまうこともあり得ます。本書ご購入の前に、必ずバージョン番号をご確認ください。OSやソフトウェアのバージョンが異なることを理由とする、本書の返本、交換および返金には応じられませんので、あらかじめご了承ください。
- サンプルファイルの著作権はすべて著者に帰属しています。本書をご購入いただいた方のみ、個人的な目的に限り自由にご利用いただけます。

以上の注意事項をご承諾いただいた上で、本書をご利用願います。これらの注意事項に関わる理由にもとづく、返金、返本を含む、あらゆる対処を、技術評論社および著者は行いません。あらかじめ、ご承知おきください。

動作環境

- 本書はExcel 2019／2016／2013、Access 2019／2016／2013、およびMicrosoft 365のExcelとAccessを対象としています。お使いのパソコンの特有の環境によっては、上記のExcelとAccessを利用していた場合でも、本書の操作が行えない可能性があります。本書の動作は、一般的なパソコンの動作環境において、正しく動作することを確認しております。

動作環境に関する上記の内容を理由とした返本、交換、返金には応じられませんので、あらかじめご注意ください。

※本書に記載した会社名、プログラム名、システム名などは、米国およびその他の国における登録商標または商標です。本文中では™、®マークは明記しておりません。

はじめに

Excelはよく使うけれど、Accessはあまりさわったことがない…。そういう方はたくさんいらっしゃると思います。

Accessは、一般的な専用サーバーのデータベースシステムに比べれば、非常に低コストで始められるデータベースソフトウェアです。手軽なのに機能性も高く、個人事業や中小企業などのデータ管理にとてもおすすめなのですが、他のOfficeアプリケーションに比べるとやや難解で、どうしても敬遠されがちです。

本書では、データベースとはどんなものか？　ExcelとAccessはどう違うのか？　などの基礎から解説し、サンプルデータを使いExcelとAccessを連携させて上手にデータ管理・分析を行う仕組みを紹介しています。

プログラミングが苦手な方向けに、標準機能でデータのやりとりを実現する方法を解説した後、最終的には、VBAというプログラミング言語を使ってExcelの画面上でAccessを操作する、高度な連携を実装した本格的なアプリケーションの作成を行います。

データベースもVBAも非常に奥が深く、その機能は本書だけではとても表現しきれませんが、普段の仕事を劇的に効率化する可能性を秘めています。もし興味を持ったなら、ぜひ挑戦してみてください。

最後に、著者にとって初めての執筆であった「Excel ＆ Access連携」の本をたくさんの方に手にとっていただき、こうして改訂版を執筆できたことに、心より御礼を申し上げます。

初版からコードを大幅に見直し、図解も増やして、よりわかりやすく、使いやすくご利用いただけたらという気持ちで執筆いたしました。

あなたのお仕事のとっかかりになれたら、幸いです。

2021年5月末日

今村　ゆうこ

CHAPTER 3

VBAを使ってExcelのデータをAccessに書き込む

CHAPTER 4 標準機能を使ってAccessのデータをExcelに読み込む

CHAPTER 5 VBAで専用フォームを作成してAccessのデータをExcelに読み込む

本書の構成

本書はExcelのデータをAccessに移行し、必要な際にAccessからExcelにデータを抽出する手法を解説しています。ExcelとAccessを連携させ、Accessでデータを管理し、Excelでデータを分析するという、データの管理・運用の解説書です。

本書はExcelとAccessの連携方法によって

ExcelとAccessの標準機能を使う
Excel VBAを使う

という2つの方法に分類することができます。

VBAを使ったプログラムコードを使わなくてもExcelとAccessの連携を行う部分と、プログラムコードを記述して連携を実現する部分に分かれます。
ただし、VBAを使ったCHAPTERにおいて、VBA初心者でも安心して学習できるように優しく丁寧に解説を行っております。

また、掲載しているVBAのプログラムコードを、読者の環境に合わせられるように、カスタマイズする方法についてページを割いて解説しています。

本書の構成は次のようになっています。

◉ 全員が理解する内容

CHAPTER 1　Excel & Access連携の基礎知識

ExcelとAccessを連携させるために必要な技術や運用方法などの概要を解説しています。

◉ 標準機能だけでExcelとAccessを連携させる

CHAPTER 2　標準機能を使ってExcelのデータをAccessに書き込む

ExcelのデータをAccessに書き込み、Accessでデータを管理する方法を解説しています。

CHAPTER 4　標準機能を使ってAccessのデータをExcelに読み込む

Accessで管理しているデータから、条件を付けてExcelにデータを抽出する方法を解説しています。

◉ VBAを使ってExcelとAccessを連携させる

CHAPTER 3　VBAを使ってExcelのデータをAccessに書き込む

Accessでテーブルを作成し、VBAでExcelからデータを書き込む方法を解説しています。

CHAPTER 5　VBAで専用フォームを作成してAccessのデータをExcelに読み込む

Accessで管理しているデータから、ユーザーフォームを使ってExcelにデータを一括して抽出する方法を解説しています。

CHAPTER 6　専用フォームを使ってExcelからデータを追加・更新・削除する

CHAPTER 5の内容に機能を付け加える形で、ExcelからAccessのデータを追加・更新・削除する方法を解説しています。

Appendix　基本的なデバッグの方法を理解する

VBAでプログラムを作成する際にエラー（バグという）などが発生して思い通りに動作しない場合、原因を調査するためにデバッグ（バグを発見・修正すること）を行います。そのデバッグの基本的な方法を解説しています。

◉ VBAを使った高度な連携アプリケーション作成

CHAPTER 7　Excelシートを分割しAccessの複数テーブルで利用する

1つのExcelシートのデータを分割して、Accessの複数のテーブルに書き込む方法から、複数のテーブルから構成されたAccessのデータからテーブルをまたいだ形でExcelに抽出する方法までを解説しています。

CHAPTER 8　［完全版］Excel & Access連携アプリケーション

CHAPTER 7で解説したプログラムを業務で利用できるように応用した高機能なアプリケーションを解説しています。

サンプルファイルの使い方

◉ 注意事項

本書のサンプルファイルをお使いの前に、必ずこのページをお読みください。

・サンプルファイルのダウンロードサイト

本書で解説しているコードは以下のURLからダウンロードして利用することができます。なお、サンプルファイルの著作権はすべて著者に帰属しています。本書をご購入いただいた方のみ、個人的な目的に限り自由にご利用いただけます。

https://gihyo.jp/book/2021/978-4-297-12187-7/support

・圧縮ファイルの解凍

サンプルファイルはZIP形式で圧縮されています。最初に以下の方法で解凍してください。

① ダウンロードしたファイル(Sample.zip)をWindowsのエクスプローラーで表示して右クリックし、表示されたメニューから「すべて展開」を選択します。

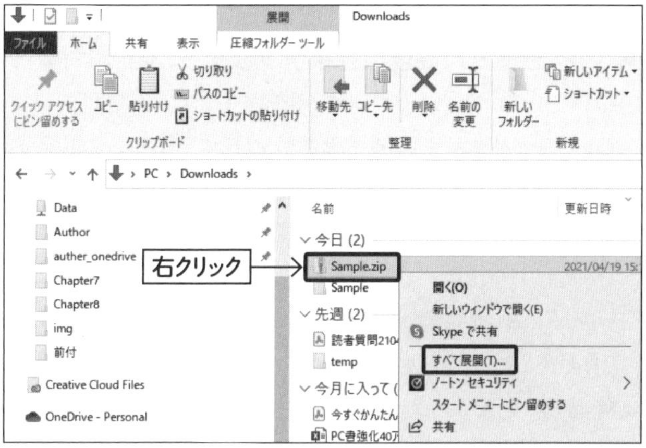

② 解凍先を指定するウィンドウが開くので、自分のPCの「ドキュメント」フォルダーなどに解凍してください。
この際に、OneDriveなどのクラウド上に解凍するとサンプルファイルが正しく動作しないので、注意してください。

③ 正しく解凍されると「Sample」フォルダーができあがります。このフォルダーの中に、各CHAPTERごとに解説しているファイルが収録されています。

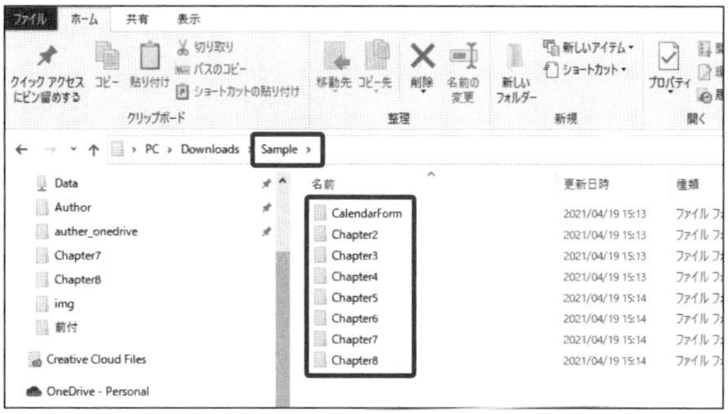

・ファイルの利用

「ドキュメント」フォルダーなどに解凍したファイルを初めて利用する場合、次の警告メッセージが表示される場合があります。その場合、[編集を有効にする]をクリックしてご利用ください。

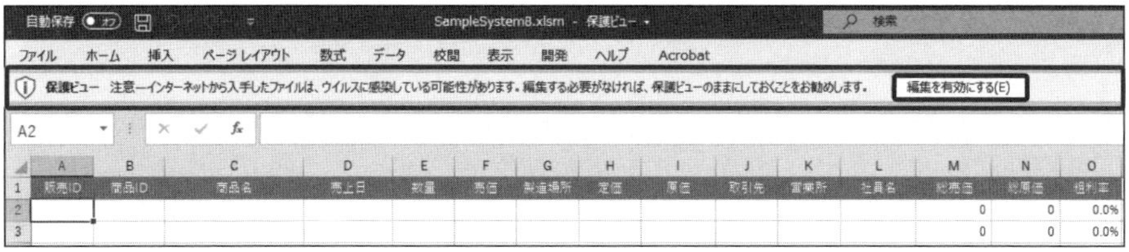

また、VBAのコードを含んだファイルを開く場合、次の警告メッセージが表示されますが、その場合、[コンテンツの有効化]をクリックしてVBAを有効にしてください。

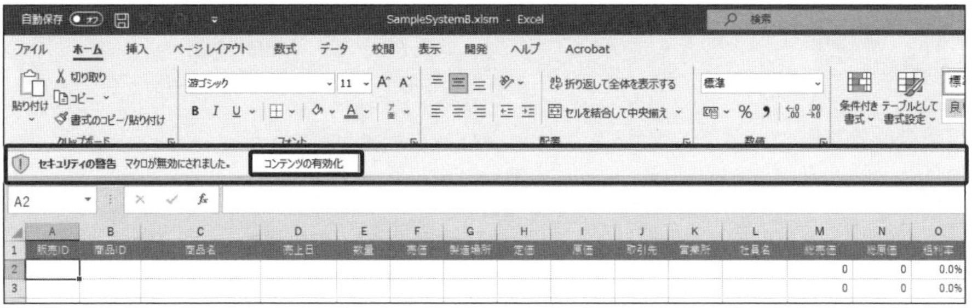

なお、お使いのパソコンによっては、セキュリティの関係上、VBAの利用を禁止していることもあり得ます。その場合、[ファイル]タブの[オプション]をクリックして、[オプション]を開き、[トラスト センター](ないしセキュリティ センター)→[トラスト センターの設定]から[マクロの設定]を変更してVBA を有効にしてください。

トラスト センターの設定によって、VBAが起動しない場合、ご自身で有効にするように努めてください。これに関して、技術評論社および著者は対処いたしません。

・サンプルファイルの構成

サンプルファイルは［Sample］フォルダー以下に［CHAPTER2］から［CHAPTER8］までのフォルダーが収録されています。それぞれ本文の各CHAPTERに対応したサンプルファイルが格納されています。なお、［CalenderForm］フォルダーには**CHAPTER 6**以降で共通に利用するファイルが格納されています。

「CHAPTER**」という名称のフォルダーには「Before」と「After」という2つのサブフォルダーがあります。「Before」フォルダーには各CHAPTERの解説前のファイルが、「After」フォルダーには各CHAPTERの解説後のファイルが、それぞれ収納されています。以下に、各CHAPTERのフォルダーに収納されているファイルを紹介します。

なお「***.xlsx」と「***.xlsm」はExcelの、「***.accdb」はAccessのファイルです。

［CHAPTER2］
- ［before］
  - Data2-1.accdb（2-6で使用）
  - SampleData2-1.xlsx（2-4で使用）
  - SampleData2-2.xlsx（SampleData2-1.xlsxに2-4-1の内容を付加）
  - SampleData2-3.xlsx（SampleData2-2.xlsxに2-4-2の内容を付加）
  - SampleData2-4.xlsx（SampleData2-3.xlsxに2-4-3の内容を付加）
- ［after］
  - Data.accdb（CHAPTER 2終了時の内容）
  - SampleData2.xlsx（CHAPTER 2終了時の内容）

［CHAPTER3］
- ［before］
  - SampleData3.xlsx（3-2で使用）
  - SampleSystem3.xlsm（SampleData3.xlsxに3-3-1のコード4（P.89）までの内容を付加）
- ［after］
  - Data.accdb（CHAPTER 3終了時の内容）
  - SampleSystem3.xlsm（CHAPTER 3終了時の内容）

［CHAPTER4］
- ［before］
  - Data.accdb（CHAPTER 4で使用）
- ［after］
  - Data.accdb（CHAPTER 4終了時の内容）
  - 上半期データ1.xlsx（4-4で出力）
  - 販売管理.xlsx（4-1、4-4で出力）

［CHAPTER5］
- ［before］
  - Data.accdb（CHAPTER 5で使用）
  - SampleSystem5.xlsm（CHAPTER 5で使用）
- ［after］
  - Data.accdb（CHAPTER 5終了時の内容）
  - SampleSystem5.xlsm（CHAPTER 5終了時の内容）

［CHAPTER6］
- ［before］
  - Data.accdb（CHAPTER 6で使用）
  - SampleSystem6.xlsm（CHAPTER 6で使用）
- ［after］
  - Data.accdb（CHAPTER 6終了時の内容）
  - SampleSystem6.xlsm（CHAPTER 6終了時の内容）

［CHAPTER7］
- ［before］
  - Data.accdb（CHAPTER 7で使用）
  - SampleSystem7-1.xlsm（CHAPTER 7で使用）
  - SampleSystem7-2.xlsm（SampleSystem7-1.xlsmに7-4-1までの内容を付加）
  - SampleSystem7-3.xlsm（SampleSystem7-2.xlsmに7-4-3までの内容を付加）
- ［after］
  - Data.accdb（CHAPTER 7終了時の内容）
  - SampleSystem7.xlsm（CHAPTER 7終了時の内容）
  - 一覧.xlsx（7-6で出力）

［CHAPTER8］
- ［before］
  - Data.accdb（CHAPTER 8で使用）
  - SampleSystem8-1.xlsm（CHAPTER 8で使用）
  - SampleSystem8-2.xlsm（SampleSystem8-1.xlsmに8-1-2までの内容を付加）
  - SampleSystem8-3.xlsm（SampleSystem8-2.xlsmに8-1-3までの内容を付加）
- ［after］
  - Data.accdb（CHAPTER 8終了時の内容）
  - SampleSystem8.xlsm（CHAPTER 8終了時の内容）

［CalenderForm］
- CalenderForm.frm（CHAPTER 6で使用）
- CalenderForm.frx（CHAPTER 6で使用）
- M_CalendarSetting.bas（CHAPTER 6で使用）

CHAPTER

1

Excel & Access連携の基礎知識

1-1 Excelの得意・不得意

Excelは多機能な表計算ソフトですが、なんでもかんでもExcelで処理するのは、効率的とはいえません。まずはExcelというソフトの得意分野と不得意分野について理解しましょう。

1-1-1 Excelは「なんでもできてしまいそう」

Excel(**図1**)は、Microsoft社製の大変有名なソフトウェアです。PCの分野では標準の表計算ソフトとして扱われ、会社の規模を問わず、ビジネスシーンで多くの人に使われています。数値データを元にさまざまな数式を組み込んで自動で計算をしたり、美しい集計表やグラフなどを素早く作成したりと、その用途は多岐にわたります。

図1 Excel

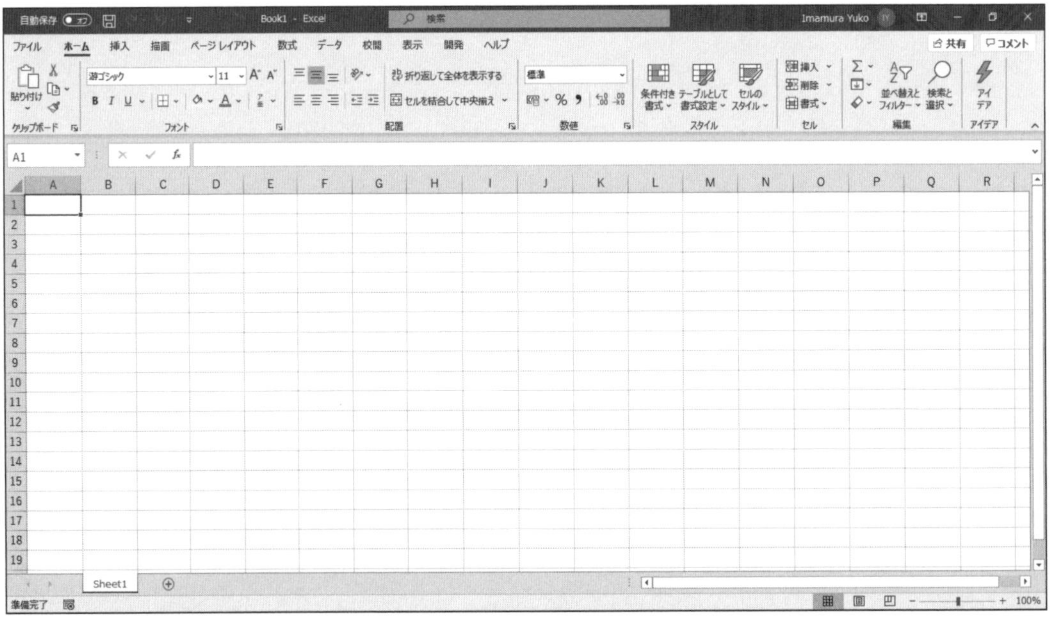

しかし、できることが多すぎて、「なんでもExcelで作ってしまう」というケースもしばしば見られます。日報やレポート、ときにはセルを正方形にして（Excel方眼紙と呼ばれる）あらゆる形態の文書をExcelで作成する、という人もいます。もちろんExcel は1つのツールですので、利用者が便利だと思う使い方をするのに問題はありません。しかし、自由に使いすぎて本来の優れた表計算機能が十分に発揮できなくなってしまい、「効率的でない」場合があります。

なんでも作れてしまいそうなExcelですが、「表計算ソフト」である以上、得意・不得意がちゃんとあります。本書ではExcelの特性を理解し、もう一歩進んだ使い方を学んでいきます。

1-1-2 Excel が実は苦手なこと

Excel には不得意分野があります。まず1つは、「膨大な量」のデータを貯め込むことはそれほど得意ではありません。

Excel 2007以降のシートは、行（縦方向）は1,048,576、列（横方向）は16,384が上限ですが、ここまでいかなくても行と列を多く使いすぎると、動作が遅くなったり、フリーズしてしまったりと、不具合が起きやすくなってしまいます。そもそも、多くのデータを詰め込んでいたり、数多くのシートを使っていたりすると、可読性も効率も悪くなってしまいます。また、あちこちにデータが散らばってしまうと、必要なときにデータを「探す」という無駄な作業が発生してしまいます。

もう1つ、Excelは**加工しやすいデータ**を維持・管理することが苦手です。

加工しやすいデータとは、一定のルールに則って、**整列・整頓されたデータ**です。同じ種類のデータは同じ列に並べる、要素の表記を統一する（半角や全角、大文字や小文字などの表記がバラバラだと、違う要素だと判断される）、などのルールがきちんと守られていないと、集計や分析を行う効率は大幅に下がり、Excelの機能を有効に使うことができません（**図2**）。

図2 加工しやすいデータとは

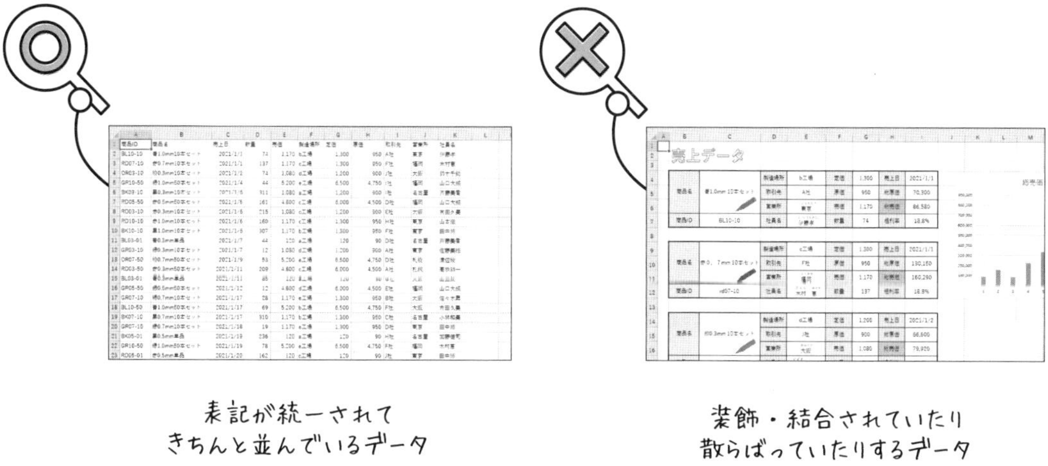
売上データ
表記が統一されて
きちんと並んでいるデータ
装飾・結合されていたり
散らばっていたりするデータ

しかし、ルールを守るということは、実は結構難しいものです。入力の際に細かいルールを毎回守れといわれたら、しかもそれを複数人で運用するとしたら、なかなか完璧にはできません。整列のルールを守ることで、逆に「自由にレイアウトできる」というExcelの大きな魅力もなくなってしまいます（**図3**）。

図3 自由度と集計効率の両立は難しい

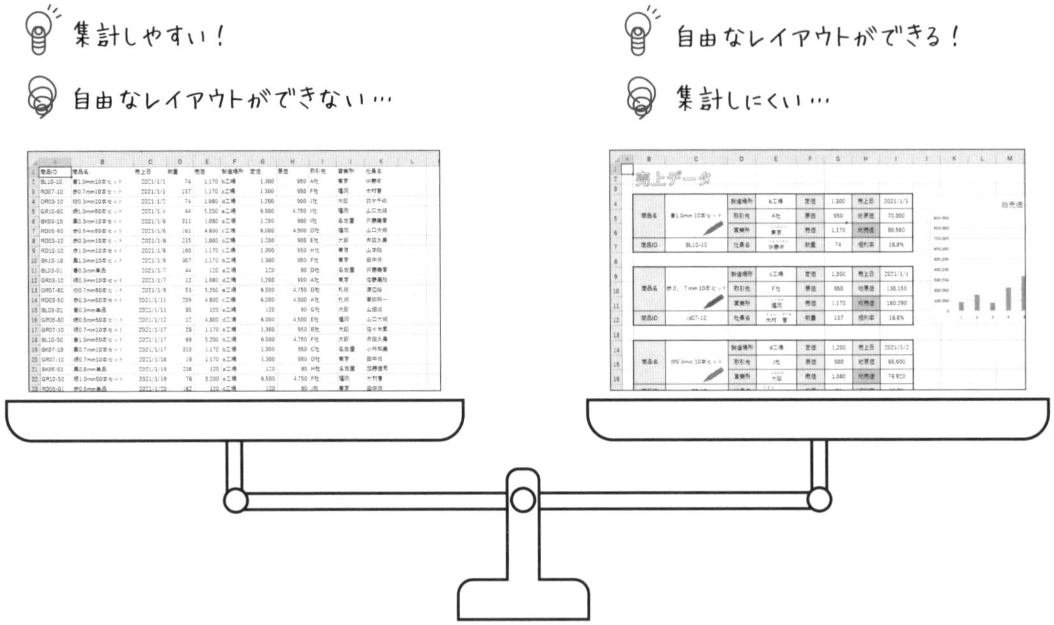
集計しやすい！
自由なレイアウトができない…
自由なレイアウトができる！
集計しにくい…

1-2 Accessと連携することのメリット

Excelには不得意な分野があると解説しましたが、その不得意分野に強いソフトウェアがAccessです。ここではAccessの特徴を紹介し、ExcelとAccessを組み合わせるとなにができるかを解説します。

1-2-1 Accessはデータベースを管理するソフト

Access（**図4**）はデータベースソフトに分類されますが、データベースとは**決められた形式で管理されているデータの集合体**のことです。文字のサイズやセルの背景色などの「書式」や、グラフなどの「オブジェクト」を持たない、純粋なデータのみを集めているもので、大量のデータを格納することができます。しかも、ルールに則って管理されているデータの集合なので、膨大なデータの中からでも検索に要する時間が非常に短いのです。

図4 Access

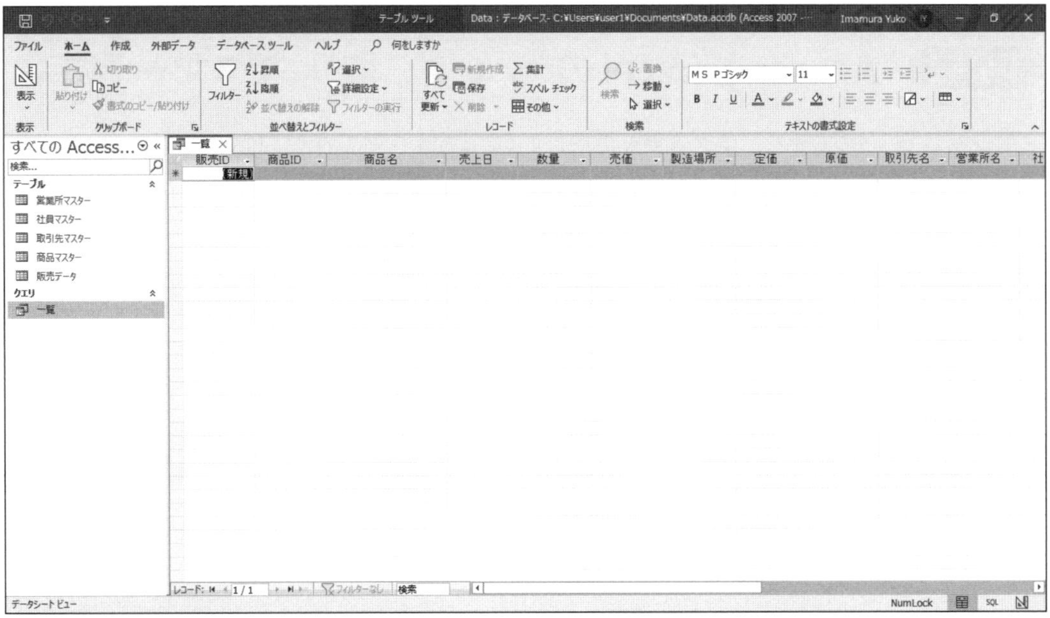

CHAPTER 1
CHAPTER 2
CHAPTER 3
CHAPTER 4
CHAPTER 5
CHAPTER 6
CHAPTER 7
CHAPTER 8
APPENDIX A

データベースでは、データを引き出しやすいように、あらかじめ入力ルールを設計しておきます。Excelのような高い自由度はなく、決められた形式を守らないと入力できないという面もありますが、その制約があるため、データを規則正しく、大量に管理することができます（**図5**）。

図5 データベースとは

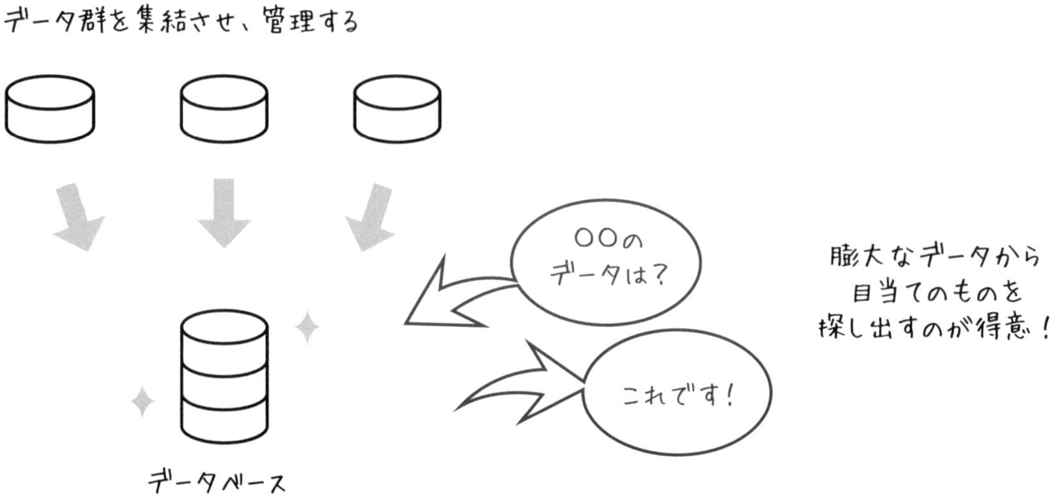
データ群を集結させ、管理する
〇〇の
データは？
これです！
データベース
膨大なデータから
目当てのものを
探し出すのが得意！

つまり、Accessは膨大な量の加工しやすいデータを管理するためのソフト！　まさに、前述したExcelの不得意な部分を得意とするソフトなのです。

1-2-2 AccessとExcelの「いいとこ取り」でスマートに

AccessはExcelの苦手なデータ管理を得意としていますが、逆をいえばExcelの持つデータ分析、表やグラフの作成、自由なレイアウトなどの機能はAccessには真似ができない部分なので、この2つのソフトはお互いの苦手部分を補完し合うことができます。

そこで、**データ管理・検索はAccess、分析・資料作成はExcel**と、機能を明確に分け連携させて使うことで、単体で利用するよりも効率よくデータを扱うことができます（**図6**）。

データはAccessで管理され、必要な際にExcelに抽出されます。こうすることで、Excelで抽出されたデータをどんなに加工しても、元のデータに影響を与えないこともメリットの1つです。

図6　AccessとExcelの連携

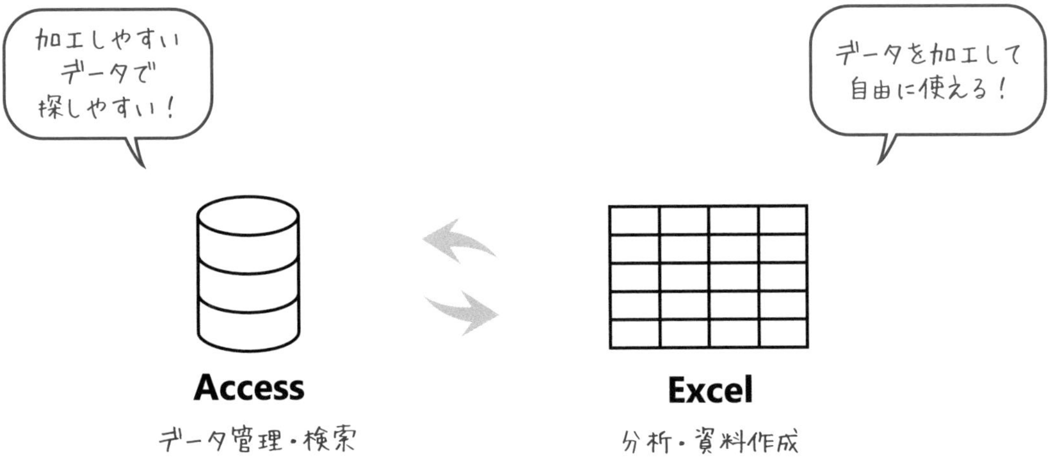
加工しやすい
データで
探しやすい！
データを加工して
自由に使える！
Access
データ管理・検索
Excel
分析・資料作成

1-3 連携に必要な技術

ExcelとAccessを連携させるには、いくつかの技術が必要です。ここでは、それらをかんたんに紹介します。具体的な使い方は、以降のCHAPTERで詳細に解説していきます。

1-3-1 RDBMS

RDBMSとはデータベースシステムの種類の1つで、Accessも該当します。

テーブルと呼ばれる表形式でデータを格納・管理していくデータベースのことをRDB（Relational Data Base：リレーショナルデータベース）と呼び、そこにManagement Systemが付いて、「RDBを管理するシステム」という意味になります。

同時に複数のテーブルを利用することができ、それぞれのテーブルがつながり、関係（リレーション）を持ちます。また、複数のテーブルをまたいでデータの抽出を行うことができます。複数のテーブルを利用する部分は**CHAPTER 7**にて解説を行います。

1-3-2 VBAとVBE

VBA（Visual Basic for Applications）は、Microsoft Officeシリーズで使うプログラミング言語のことです。ExcelやAccessだけではなく、WordやPowerPointなどでも使えます。

VB（Visual Basic）というプログラミング言語をOffice用に改良したことでfor Applicationsという言葉が付いて**VBA**と呼ばれています。そのプログラムを編集する画面のことを**VBE**（Visual Basic Editor）と呼び、ここで作成したプログラムで各Officeソフトを制御することができます（**図7**）。

図7 使用する言語とその編集画面

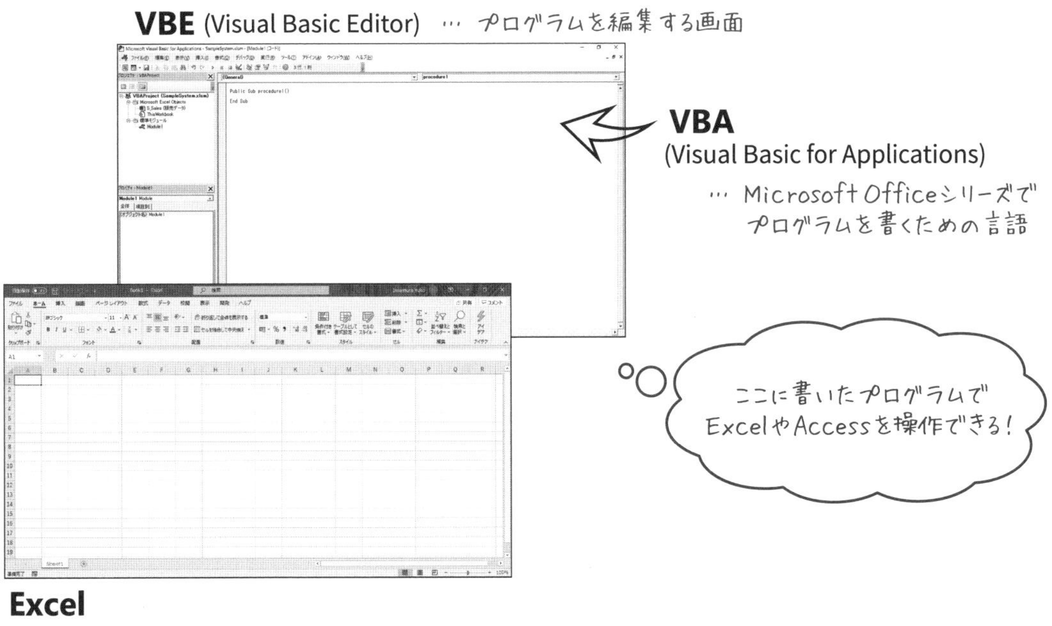
VBE (Visual Basic Editor) … プログラムを編集する画面
VBA
(Visual Basic for Applications)
… Microsoft Officeシリーズで
プログラムを書くための言語
ここに書いたプログラムで
ExcelやAccessを操作できる!
Excel

1-3-3 ADO

ADOはActiveX Data Objects の略で、Microsoft が提唱しているデータベースアクセス技術の1つです。ExcelからAccessを操作する際に仲介してくれる存在です(**図8**)。**CHAPTER 3**にてADOを使ったVBAのプログラムコードを解説します。

図8 ExcelとAccessを仲介する技術

ADO
Accessデータベース
Excel VBA
データベースに
接続する技術

1-3-4 クエリとSQL

データベースに格納されたデータを取り出したり、更新したりする際に、データベースに問い合わせという作業を行う必要があります。この問い合わせのことを**クエリ**と呼びます。また、データベースに問い合わせる際には、特別な言語を使う必要があります。この言語のことを**SQL**（Structured Query Language）と呼びます（**図9**）。

図9 クエリとSQL

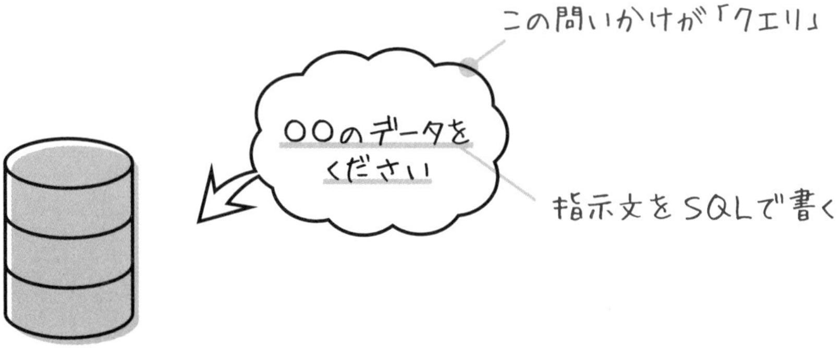
この問いかけが「クエリ」
○○のデータを
ください
指示文をSQLで書く

1-4 データの運用について

Accessでデータベース運用を始める前に、その特徴や知っておくべきポイントなどをおさえておきましょう。

1-4-1 Accessの特徴を理解する

Accessは同じMicrosoft Officeシリーズの Excelと連携させるには便利ですが、一般的に「データベースシステム」と呼ばれるものとは使い勝手が異なるということを理解しておきましょう。

データベースシステムでは、専用サーバーとネットワークを利用することが一般的です。それと比較すると、Access はサーバーを用意する必要がなく、1台のパソコンから手軽に、しかも低コストで導入できるため、データベースを始めてみたい方にはおすすめのソフトです。

しかし手軽なゆえに制限があり、あくまで個人または小規模な業務向けの製品です。ネットワーク上にAccessのaccdbファイルを置けば数台で共有して使うことも不可能ではありませんが、多人数が同時アクセスする使い方は想定されていません。

また、Accessではデータの上限は2GBとされています。テキストデータのみで小〜中規模程度のシステムならば、それほど容量を気にする必要はありませんが、想定されるデータの規模や使用人数とAccessの特徴を照らし合わせた上で、導入の検討を行いましょう（図10）。

図10 Accessと一般的なデータベースシステムの違い

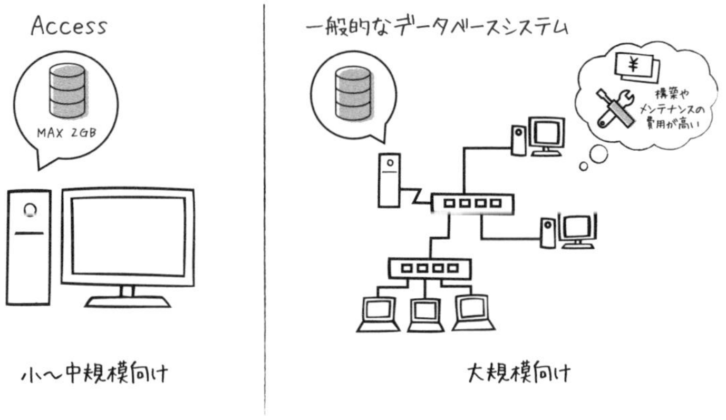

1-4-2 二重化の防止

データベースは、最新で正しいデータは必ずそこにしかない、という信頼性が大事です。

特に複数人で運用する際、くれぐれも個人が別の手段でデータ管理を行わないようにしなければなりません。データベースに入力されているデータ以外に、個人が最新のデータを持っているような状態にならないよう、使用者全員の認識の徹底、ルールの制定、必要ならばそれが守られているか定期的にチェックする体制も設けましょう。

Excelで管理していたものをAccessに移行したならば、Accessにあるものが**マスターデータ**で、Excelにあるものはすべて「コピー」または「参考データ」である、という認識を徹底しましょう（図11）。

図11 「マスターデータはAccessにある」という認識

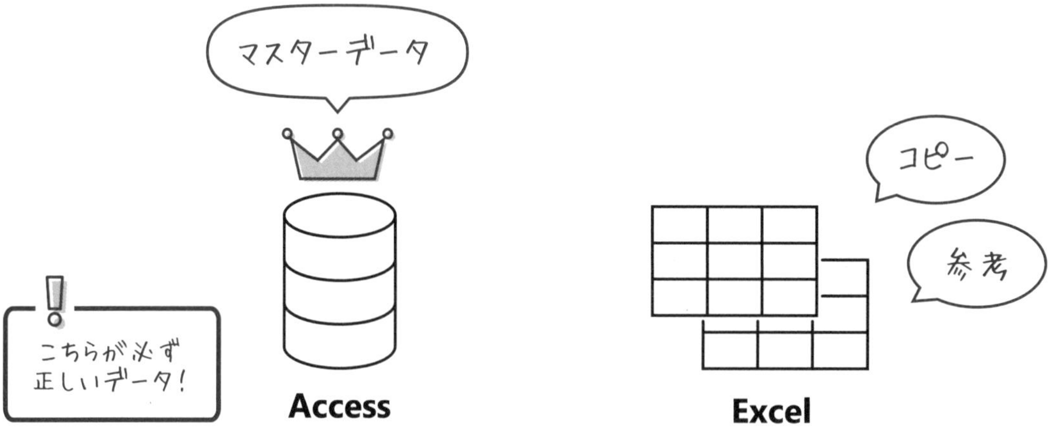

1-4-3 最適化と修復

データベースのファイルは、中のデータを削除しても自動ではファイル容量が小さくならないという特徴があります。

これは、データが追加されるときに必要な領域を確保し、削除されたときにデータ自体は消えても、その領域が自動では解放されないからです。そのため、使い続けると不要な領域があちこちにできてファイル容量が肥大化し、状況によってはファイルが破損する事態も起こり得ます。

不要な容量の解放と破損の予防のため、**最適化と修復**という機能があります（図12）。

図12　最適化と修復

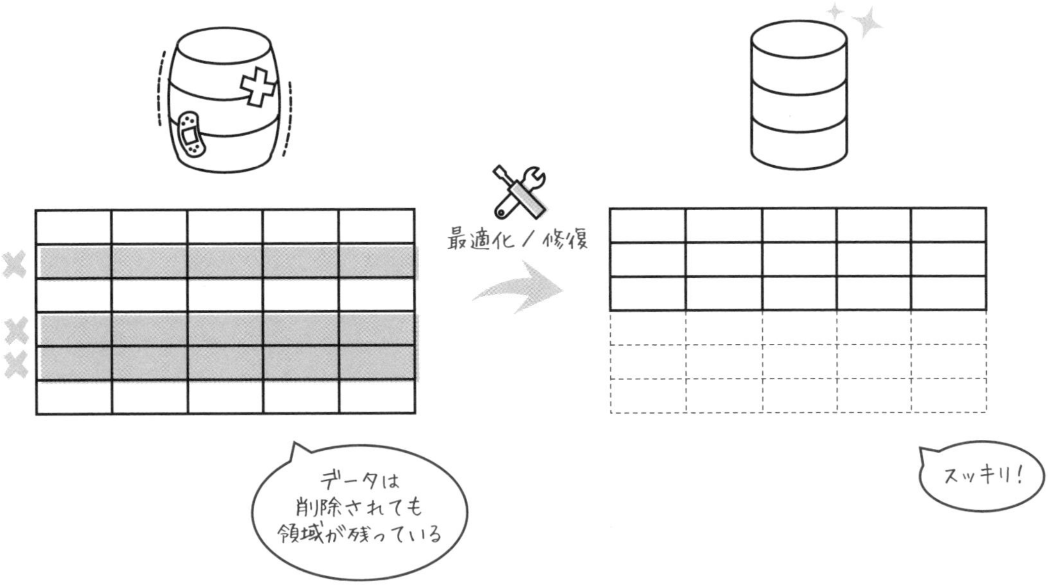

オブジェクトがすべて閉じている状態で、「ファイル」タブをクリックし、「情報」の「データベースの最適化／修復」をクリックすると実行されます（**図13**）。頻繁に行う必要はありませんが、定期的に容量などをチェックして実行することをおすすめします。

図13　「最適化と修復」をクリック

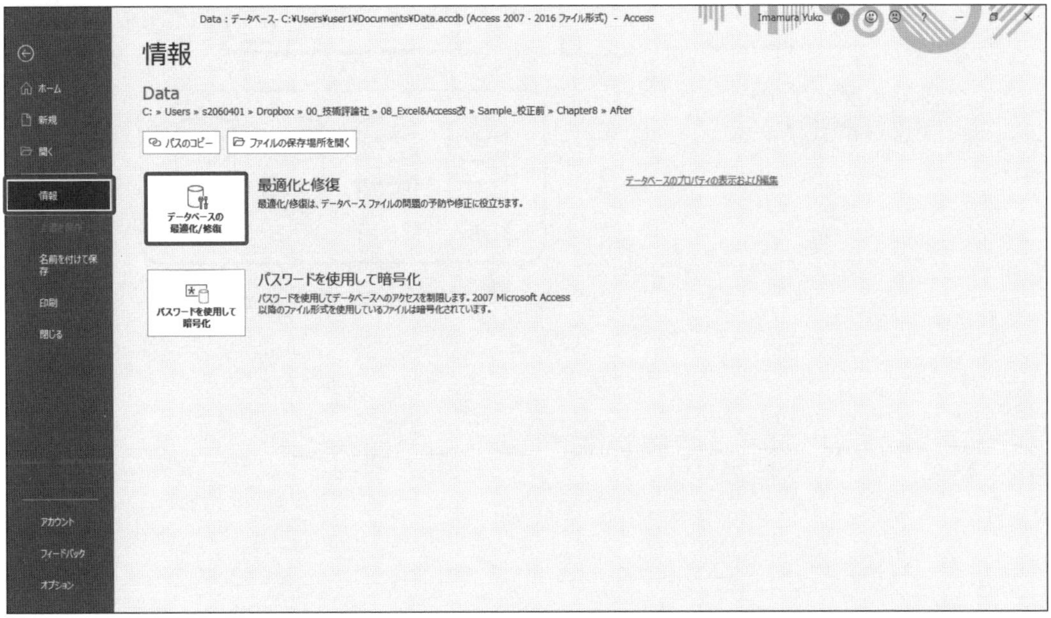

1-4-4 バックアップ

データベースは、さまざまなデータ利用のための情報源であり、組織の重要な財産です。データをExcelなどに取り出していくら手を加えても元データには影響を及ぼさないので、データの保全性が高まり、検索・集計なども効率的になるので、正しく使うことができれば生産性は大幅に向上することでしょう。

ただし、信頼性の高い情報源であるということは、替えが利かないということでもあります。財産であるデータベースが破損、消失してしまったら大変な損害です。そのデータベースが保存されているパソコン自体の破損も十分考えられます。その対策のために、使用するパソコンとは別のハードディスクなどに、定期的にファイルの複製を作っておきましょう。これを**バックアップ**と呼びます。

頻繁に更新されるデータベースならば、バックアップツールを利用して、自動的に毎日決まった時間に外部へバックアップを作成することをおすすめします。また、バックアップファイルは数日から数週間分残しておくと、ファイルが破損した時だけでなく、間違いが発覚したときなどにどこまでが正しいデータなのかを特定して、そのファイルへ戻ることができます(図14)。

図14 データベースファイルは必ずバックアップ

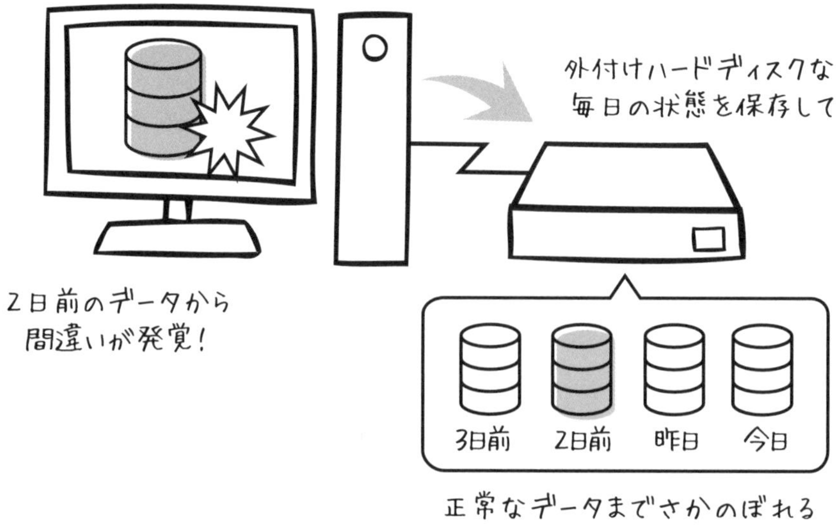
外付けハードディスクなどに
毎日の状態を保存しておく
2日前のデータから
間違いが発覚!
3日前
2日前
昨日
今日
正常なデータまでさかのぼれる

CHAPTER

2

標準機能を使って Excelのデータを Accessに書き込む

CHAPTER 2

2-1 Accessを利用するための基本

CHAPTER 1では、ExcelとAccessの特徴や、それぞれの得意分野を紹介しました。次は実際にAccessを操作しながら、データベースソフトがどのような形をしているのかを学んでいきましょう。

2-1-1 Accessを起動して新規のデータベースを作成する

まずはAccessを起動しましょう。最初の画面が**図1**です。

図1 Accessの起動画面

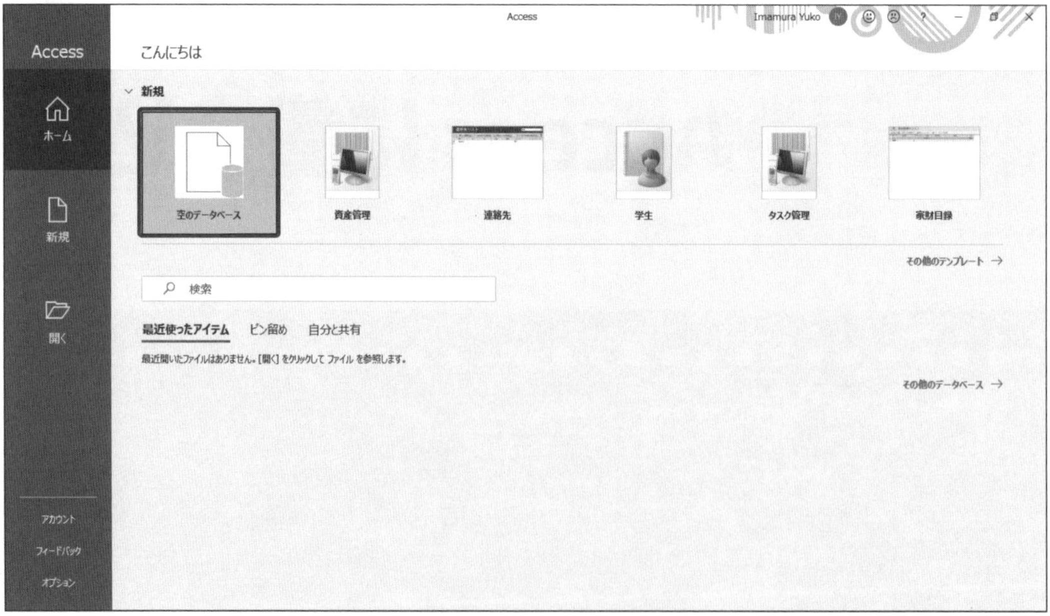

「空のデータベース」をクリックして、任意のファイル名を付けます。フォルダーアイコンをクリックすると作成する場所を選択できます。最後に「作成」をクリックします(**図2**)。

図2 データベースの作成

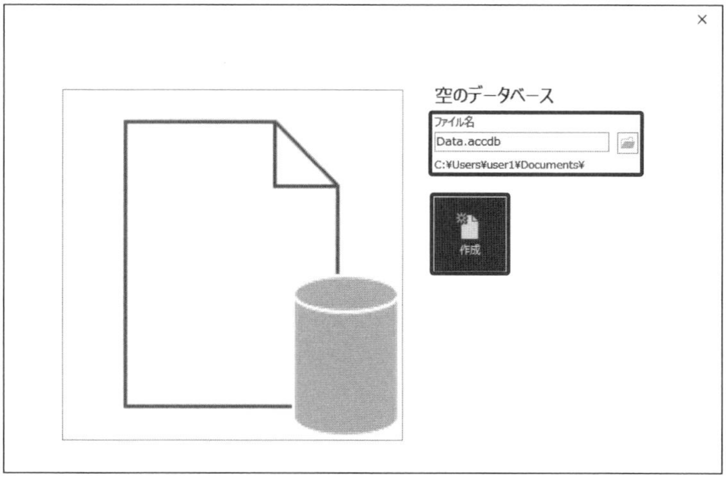

データベースを作成すると、**図3**の画面になります。

図3 新規データベース

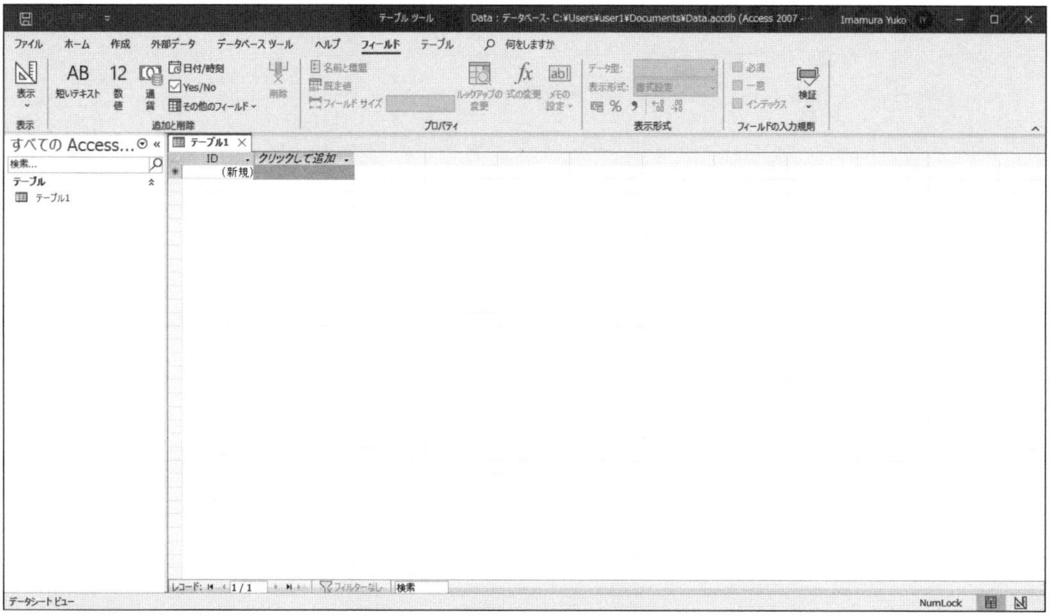

これで新しいデータベースが作成されました。試しに、**図2**でファイル作成に指定したフォルダーを開いてみると、Accessのファイルができていることがわかります(**図4**)。

図4 Accessファイルのアイコン

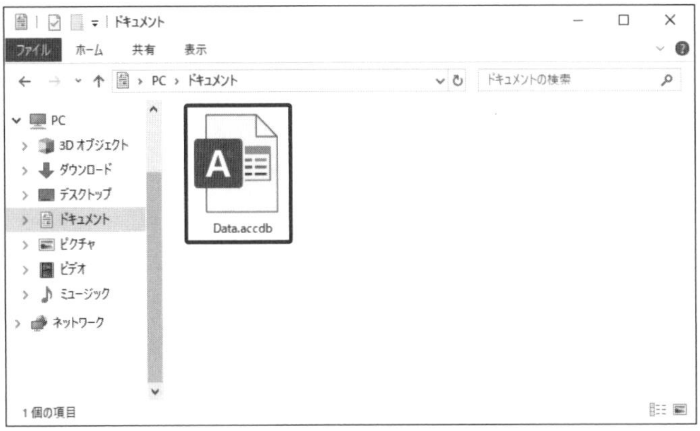

2-1-2 データベースはどんな形でできているのか

CHAPTER 1で解説しましたが、AccessはRDB（リレーショナルデータベース）の1つで、**テーブル**と呼ばれる表形式でデータを格納・管理していくという特徴を持っています。

テーブルは複数持つことができ、これらのテーブルの中に、データを格納していきます。縦方向のデータを**フィールド**と呼び、1番上に表示される要素の名称を**フィールド名**と呼びます。また、横方向のデータを**レコード**と呼びます。

Excelの感覚だと、1マスで1データのような気がしてしまうかもしれませんが、Accessではフィールドが横方向に1セットになった**レコードが、データの最小単位**です。すべてのフィールドのうち、1つでも入力ルールが守られていないと、レコードとして登録することができません（**図5**）。

図5 テーブルの構造

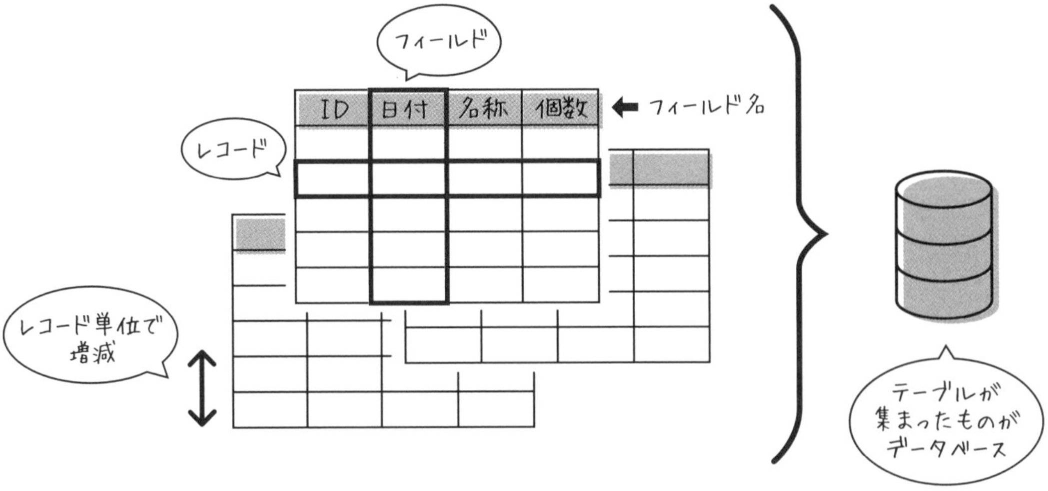

2-1-3 「使いやすいデータ」にするためにルールがある

テーブルの中にデータを入れていくわけですが、ここでなんでもかんでも無作為に入れてしまうと、効率のよい管理はできません。テーブルではフィールドごとにルールを設定し、そのルールを守らないとデータを入力できないようにします。この仕組みによって、新しく登録されるデータの規則性を保つことができるのです。

また、同じテーブル内に同じ内容のレコードが2つ以上存在してしまうと、その内容で検索したときに複数のレコードが一致することとなり、どれが目的のものかわからなくなってしまいます。その対策として、一般的には重複のないIDなど識別用のフィールドを持たせます。このような識別用のフィールドを、**主キー**と呼びます。

たとえば、同日に入社した同性同名の「山田太郎」さんが2人いた場合、レコードの内容が同じになってしまうので、「社員コード」や「社員ID」などの固有の記号を割り当てることで、明確に識別することができるのです（図6）。

図6 レコードを識別するルール

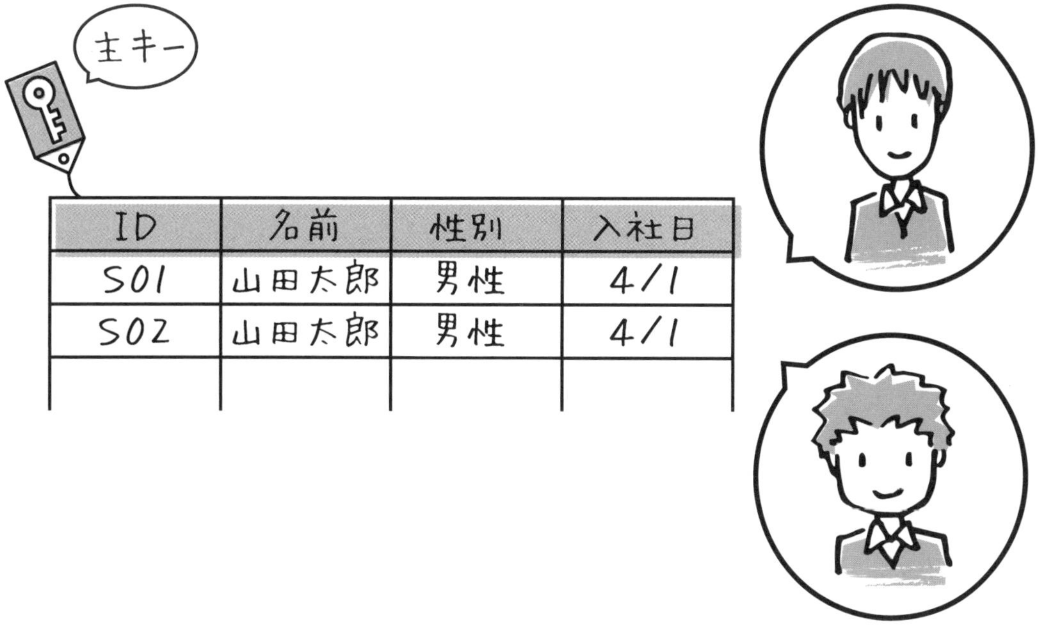

ID	名前	性別	入社日
S01	山田太郎	男性	4/1
S02	山田太郎	男性	4/1

2-2 データの型というルール

今までになんどもルールという言葉が出てきましたが、入力するデータに対してもルールが存在します。ここでは、Accessにデータを入れるときに定義する型について解説します。

2-2-1 フィールド名と型

テーブルの中にフィールドを定義する際、そのフィールドに対する「名前」と「属性」を決めておきます。

たとえば、商品を売った日を記録しておきたいフィールドへは、「販売日」というフィールド名を付け、属性は「日付」とします。すると、販売日フィールドには、日付以外の属性のデータ（文字や数値など）を入れることができなくなるのです（図7）。

図7　データ型

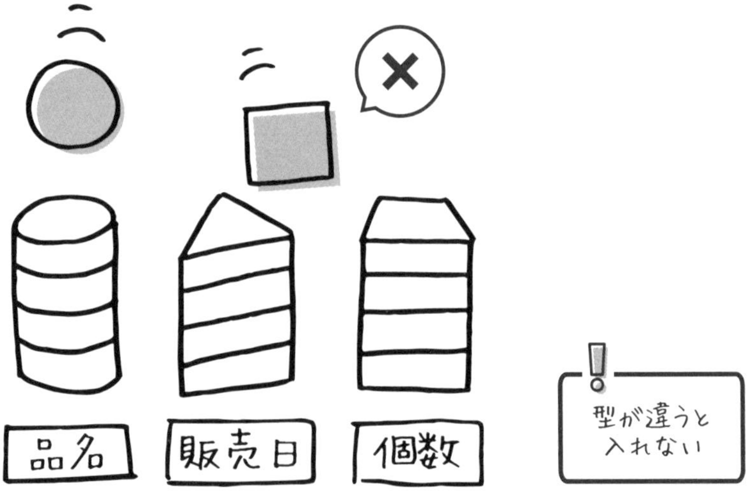

この日付のような属性を**データ型**と呼びます。あらかじめデータ型を決めておくことで、その属性のデータしかフィールドに収めることができないので、データの規則性が保たれます。

データ型には、さまざまな種類の型が存在します。それではここからは、よく使われる**型**にはどんなものがあるのか紹介していきます。

2-2-2 数値型

数値を扱うためのデータ型です。数値型にもたくさんの種類がありますが、基本的には整数を扱うなら**長整数型**、小数点以下の数値も含めて扱うなら**倍精度浮動小数点型**を選択しておきましょう。この2つの型は数値型の中でも扱える桁数が多いため、あとで桁数が足りなくなる心配がありません(**図8**)。

かつてパソコンの記憶容量が少なかった時代は、システム上でのデータの保管容量を極力少なくするために、桁数が少ない型と桁数が多い型を使い分けていました。その時代に使われた、桁数が少ないデータ型がAccessにも残っているのですが、現在ではパソコンの記憶容量はとても多くなったので、節約のために桁数の少ない型を使う必要はありません。

図8　**数値型**

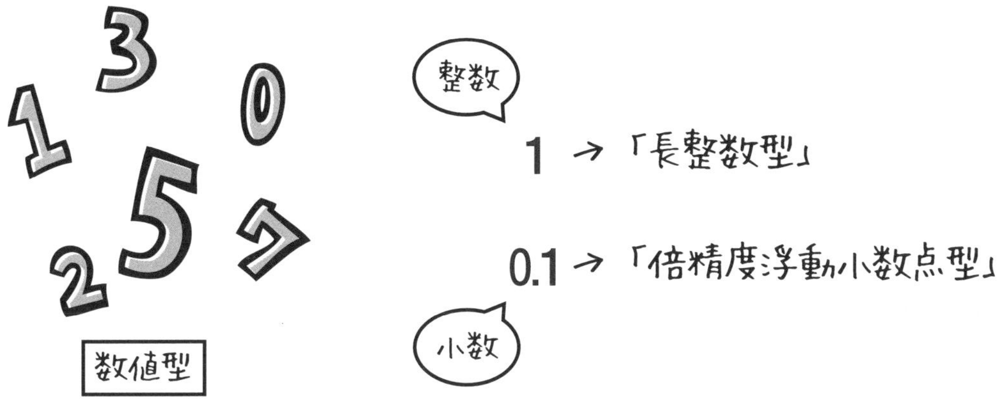

2-2-3 日付／時刻型

日付と時間を扱う型です。書式がたくさんあり、日付だけ、時間だけ、漢字表記、英語表記などいろいろな種類から選ぶことができます(**図9**)。ただし日付は書式を指定しないと、自動で書式が決まります。

これはWindowsの設定である「地域と言語」によって設定されている「国または地域」によって異なります。ちなみに指定しない場合、日本では「yyyy/mm/dd(yyyy：4桁で西暦、mm：2桁で月、dd：2桁で日)」と表示されます。

図9 日付/時刻型

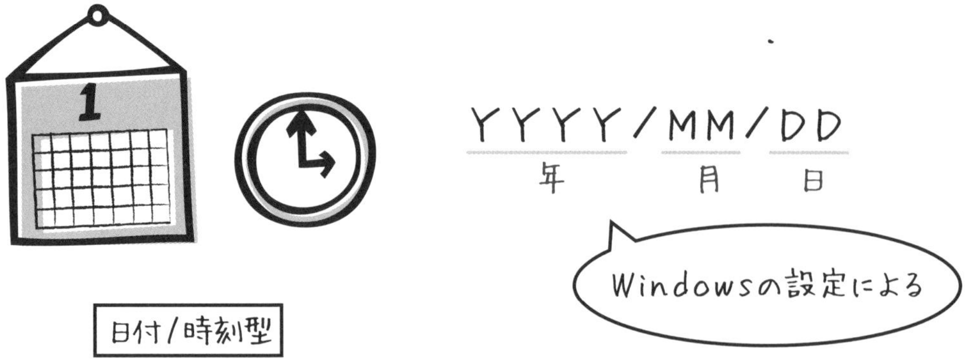

2-2-4 テキスト型

文字列を扱う型です。収めるデータが数値にも日付にも当てはまらない場合、テキスト型にしておくのがよいでしょう（図10）。

「A01」のような、アルファベットと数値が組み合わさったものもテキスト型です。**短いテキスト**と**長いテキスト**という2つの型があり、短いテキストへは最大255文字まで入力することができます。予想されるデータが255文字を超える可能性があるかどうかを検討して、どちらかを選びましょう。

図10 テキスト型

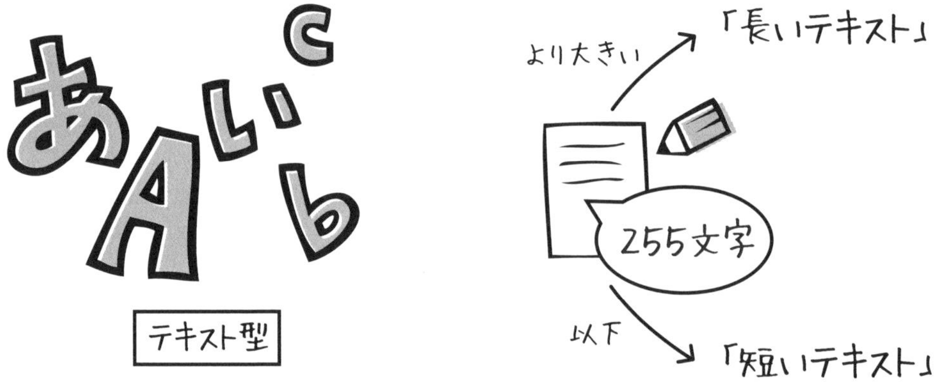

2-2-5 型の一覧

他にもたくさんの型がありますが、使われる頻度が高そうな型に絞って、**表1**にまとめました。

表1 主なデータ型

型	内容
数値型	数値を扱う際に利用する。整数の場合「長整数型」、小数点以下を含む場合は「倍精度浮動小数点型」を選択するとよい
日付／時刻型	日付と時間を扱う型。さまざまな書式を選ぶことができる
テキスト型	「短いテキスト」と「長いテキスト」の2種類ある。通常は短いテキストで十分
オートナンバー型	自動で割り当てられる数値型。主キー向け。変更不可
通貨型	各通貨の単位に区切り文字、¥などの表示ができる
Yes／No型	「2つのうち、どちらか」という型。チェックボックスのような見た目で操作できる

2-3 書込に理想的なExcelのシート

Excelのデータを Accessに書き込む際、普段使っているExcelのシートそのままの状態では、うまくいかない場合がほとんどです。どのような状態のシートであればスムーズに書き込むことができるのでしょうか。

2-3-1 利用・加工に適したデータとは

Accessには、**表形式に整理整頓された純粋なデータ**しか読み込むことができません。

ここでいう「整理」とは不要なものを削除すること、「整頓」は使いやすい形に変更して再配置すること、という意味です。

ExcelのシートをAccessに読み込ませた場合、反映できるものを**表2**にまとめました。

表2 ExcelからAccessへの読込の可否

要素	結果
値	可
数式	数式そのものではなく、式の結果が値として格納
結合セルの値	結合範囲の先頭のセルのみ格納され、他は空白となる
フォントや色などの書式	不可
セルのコメント	不可
ふりがな	不可
ワードアート	不可
画像・グラフ	不可
テキストボックスなどのオブジェクト	不可

こうして見ると、Excelで主に使われる機能はほとんどAccessへは反映できないことがわかりますね。書き込めないもの、不要なものなどはあらかじめExcelから削除しておかねばなりません。

2-3-2 Excelデータはそのまま使えない場合が多い

たとえば、ボールペンの売上データを記録した**図11**のようなExcelシートがあるとします。

図11　普段使っているシートの例

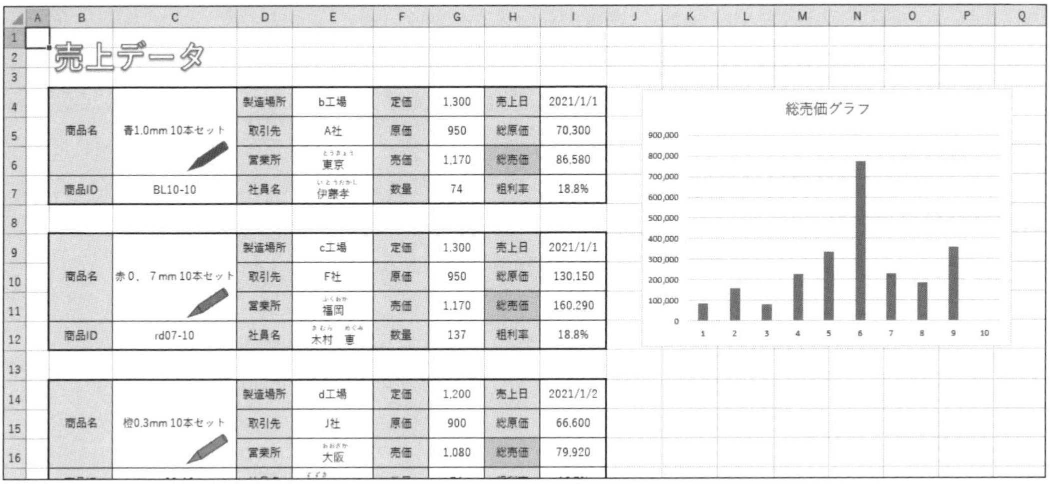

表2から判断して、かなりの部分がAccessに書き込むことができません。このExcelのデータをAccessに書き込むことができるように修正すると、**図12**のようになります。

図12　Accessに書き込むことができるシートの例

	A	B	C	D	E	F	G	H	I	J	K
1	商品ID	商品名	売上日	数量	売価	製造場所	定価	原価	取引先	営業所	社員名
2	BL10-10	青1.0mm10本セット	2021/1/1	74	1,170	b工場	1,300	950	A社	東京	伊藤孝
3	RD07-10	赤0.7mm10本セット	2021/1/1	137	1,170	c工場	1,300	950	F社	福岡	木村恵
4	OR03-10	橙0.3mm10本セット	2021/1/2	74	1,080	d工場	1,200	900	J社	大阪	鈴木千鶴
5	GR10-50	緑1.0mm50本セット	2021/1/4	44	5,200	e工場	6,500	4,750	I社	福岡	山口大輔
6	BK03-10	黒0.3mm10本セット	2021/1/6	311	1,080	a工場	1,200	900	I社	名古屋	斉藤美香
7	RD05-50	赤0.5mm50本セット	2021/1/6	161	4,800	c工場	6,000	4,500	D社	福岡	山口大輔
8	RD03-10	赤0.3mm10本セット	2021/1/6	215	1,080	c工場	1,200	900	E社	大阪	吉田久美
9	RD10-10	赤1.0mm10本セット	2021/1/6	160	1,170	c工場	1,300	950	H社	東京	山本徹
10	BK10-10	黒1.0mm10本セット	2021/1/6	307	1,170	b工場	1,300	950	F社	東京	田中博
11	BL03-01	青0.3mm単品	2021/1/7	44	120	a工場	120	90	D社	名古屋	斉藤美香
12	GR03-10	緑0.3mm10本セット	2021/1/7	12	1,080	d工場	1,200	900	A社	東京	佐藤美穂
13	OR07-50	橙0.7mm50本セット	2021/1/9	53	5,200	e工場	6,500	4,750	D社	札幌	渡辺綾
14	RD03-50	赤0.3mm50本セット	2021/1/11	209	4,800	c工場	6,000	4,500	A社	札幌	高橋裕一
15	BL03-01	青0.3mm単品	2021/1/11	85	120	a工場	120	90	G社	大阪	山田誠
16	GR05-50	緑0.5mm50本セット	2021/1/12	12	4,800	d工場	6,000	4,500	E社	福岡	山口大輔
17	GR07-10	緑0.7mm10本セット	2021/1/17	28	1,170	e工場	1,300	950	B社	大阪	佐々木昇
18	BL10-50	青1.0mm50本セット	2021/1/17	69	5,200	b工場	6,500	4,750	F社	大阪	吉田久美
19	BK07-10	黒0.7mm10本セット	2021/1/17	310	1,170	b工場	1,300	950	C社	名古屋	小林和華
20	GR07-10	緑0.7mm10本セット	2021/1/18	19	1,170	e工場	1,300	950	D社	東京	田中博
21	BK05-01	黒0.5mm単品	2021/1/19	236	120	a工場	120	90	H社	名古屋	加藤健司
22	GR10-50	緑1.0mm50本セット	2021/1/19	78	5,200	e工場	6,500	4,750	F社	福岡	木村恵
23	RD05-01	赤0.5mm単品	2021/1/20	162	120	c工場	120	90	J社	東京	田中博

Excelの豊富な機能を考えれば味気ない見た目かもしれませんが、データベースに格納するデータというのはこのようなシンプルな形です。この形を保つからこそ、検索性のある膨大なデータを蓄積することができるのです。

Excel上でこのようなシートを「確実に管理できる」ならば、Accessを使わず、Excel単体のシステムとして運営するのもよいでしょう。事情があってAccessが使えない場合や、データの量がさほど多くはなくファイルを分割する必要のない場合などは、データベースの役割を担う専用シートを作り、VBAを使って別シートにデータを抽出し、集計・分析するアプリケーションという使い方も可能です。

しかし、データベース用シートの管理を確実にすることが前提なので、複数人での運営や表記統一を守れない可能性がある場合は運用が難しくなります。実際には、VBAでそのシステムを作った本人だけで使う、小規模のものが無難かもしれません。

2-4 Excelシートを書き込む状態にする

それでは2-3-2で見たExcelシートを、テーブル、フィールド、レコード、そして型を意識して、Access側で書き込みやすいように編集してみましょう。

2-4-1 データを整理する

サンプルファイルの「CHAPTER2」フォルダー→「Before」フォルダーに収録されている、SampleData2-1.xlsxを開いてください。ボールペンの売上データを記録したデータです（**図13**）。このファイルをAccessで扱えるように修正していきましょう。

図13 初期状態のExcelシート

まずは、Accessに書き込むことのできないオブジェクトである、ワードアート（タイトル）、図形、グラフをすべて削除します。削除するオブジェクトをどれか選択した後、Ctrl+Aキーを押します。これですべての削除したいオブジェクトが選択できます（**図14**）。

図14 オブジェクトをすべて選択する

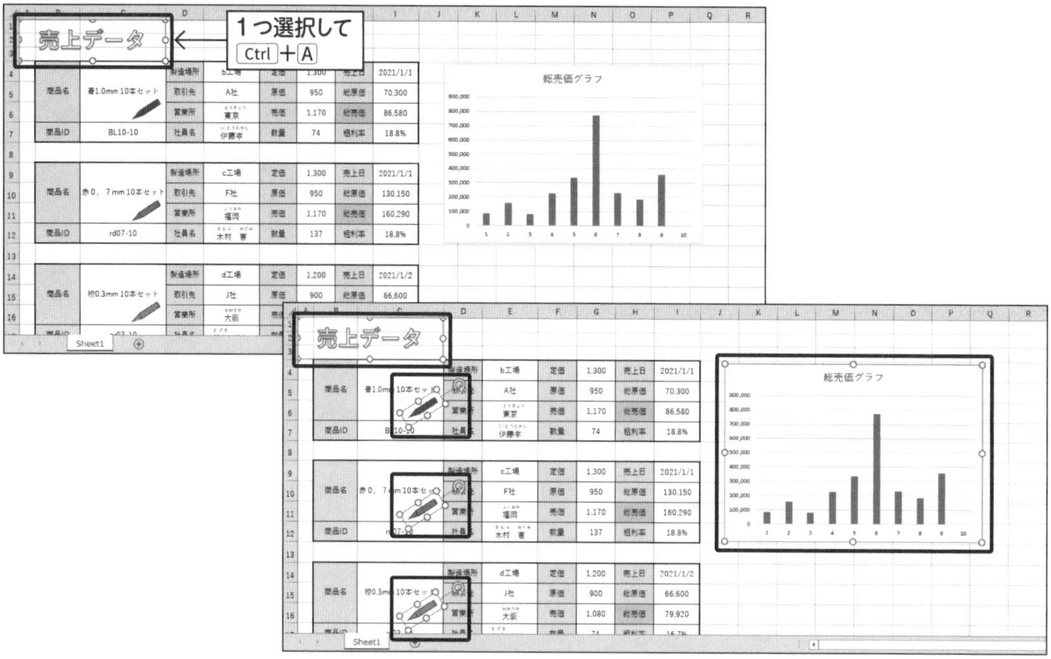

この状態で Delete キーを押せばまとめて削除することができます(図15)。

図15 オブジェクトを削除

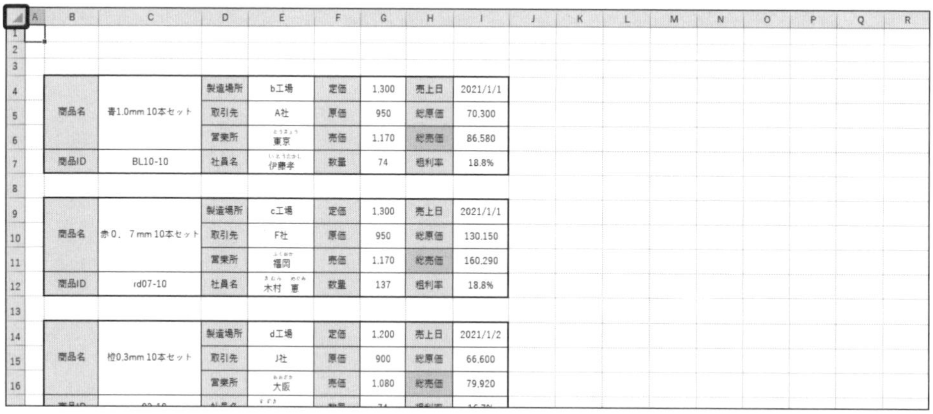

続いて、シートの左上の◢をクリックして全選択したあと、右クリックから「セルの書式設定」を開きます(図16)。

図16　セルの書式設定

「配置」タブの「横位置」を「標準」に設定し、加えて「セルを結合する」のチェックを外します。すると、文字の配置が初期値に戻り、シート上のセルの結合がすべて解除されます（**図17**）。

図17　文字の配置を標準に戻し、セルの結合を解除した状態

ふりがなはAccess に反映されないのでこのままでも問題ありませんが、本書では非表示にして次に進みます。さきほどの操作と同様に◢をクリックしてすべてのセルを選択し、「ホーム」タブの「ふりがなの表示/非表示」アイコンクリックして（**図18**）、表示されるメニューから設定できます。

図18 ふりがなの非表示

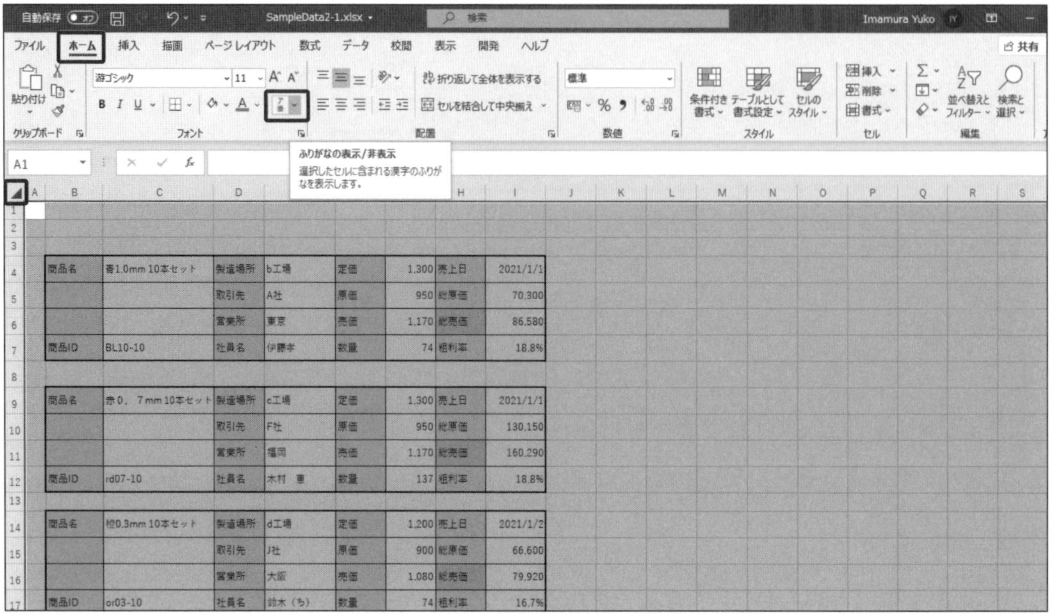

文字色・背景色などの書式が設定されたままでもAccessには反映されないので、特に問題はありませんが、シンプルな見た目にしておいた方がわかりやすくなります。また、罫線があると配置し直す際に紛らわしくなるので、「セルの書式設定」の「塗りつぶし」と「罫線」タブにて削除しておきましょう（図19）。

図19 罫線や書式を削除

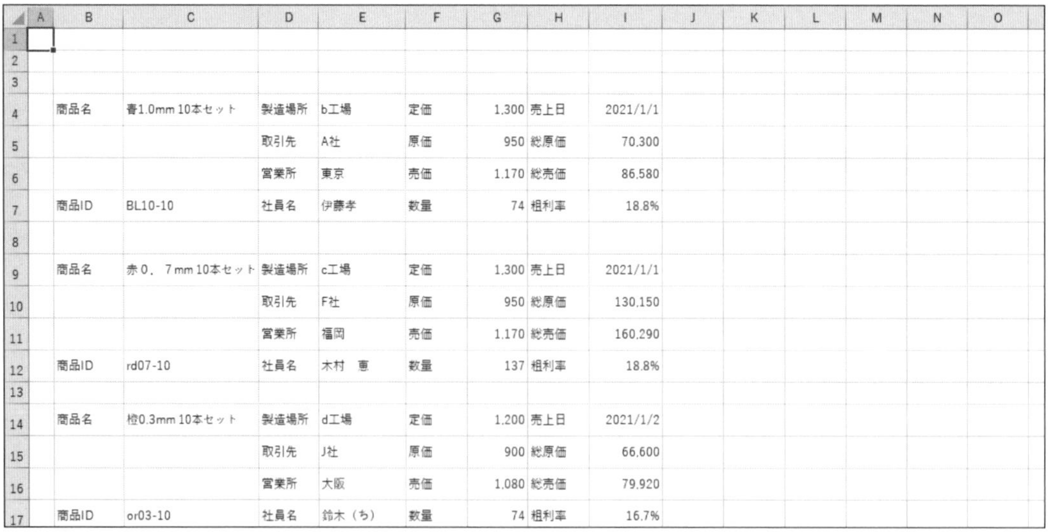

ここまでの状態のサンプルは「Before」フォルダーのSampleData2-2.xlsxとして収録されています。

2-4-2 データを整頓する

Excel のデータをAccessへ書き込む際、「シート」は「テーブル」、「列」は「フィールド」、「行」は「レコード」と判別されるので、この状態になるように配置しておかなければなりません。

Accessのテーブルにはフィールドがあり、そしてフィールドにはフィールド名が必要であると説明しました(P.34)。まずはExcelのシートにAccessに書き込む際のフィールド名を入力しましょう。

フィールド名になる項目はすべて、1行目のA列から並ぶように配置します。また、空白のセルが間に入らないようにします。このフィールド名の並びはAccessでも同じになるので、使いやすい順番で並べてください。

なお、「総原価」「総売価」「粗利率」のフィールドは不要です。この部分は「原価」や「売価」によって算出されているので、必要な際は再計算すればよいからです(図20)。

図20 項目名を再配置

	A	B	C	D	E	F	G	H	I	J	K	L
1	商品ID	商品名	売上日	数量	売価	製造場所	定価	原価	取引先	営業所	社員名	
2												
3												
4		商品名	青1.0mm 10本セット	製造場所	b工場	定価	1,300	売上日	2021/1/1			
5				取引先	A社	原価	950	総原価	70,300			
6				営業所	東京	売価	1,170	総売価	86,580			
7		商品ID	BL10-10	社員名	伊藤孝	数量	74	粗利率	18.8%			
8												
9		商品名	赤0．7mm 10本セット	製造場所	c工場	定価	1,300	売上日	2021/1/1			
10				取引先	F社	原価	950	総原価	130,150			
11				営業所	福岡	売価	1,170	総売価	160,290			
12		商品ID	rd07-10	社員名	木村　恵	数量	137	粗利率	18.8%			
13												
14		商品名	橙0.3mm 10本セット	製造場所	d工場	定価	1,200	売上日	2021/1/2			
15				取引先	J社	原価	900	総原価	66,600			
16				営業所	大阪	売価	1,080	総売価	79,920			
17		商品ID	or03-10	社員名	鈴木（ち）	数量	74	粗利率	16.7%			

項目名の下にデータを配置していきます(図21)。

図21 データの再配置

	A	B	C	D	E	F	G	H	I	J	K	L
1	商品ID	商品名	売上日	数量	売価	製造場所	定価	原価	取引先	営業所	社員名	
2	BL10-10	青1.0mm 10本セット	2021/1/1	74	1,170	b工場	1,300	950	A社	東京	伊藤孝	
3												
4												

データをすべてこの状態に再配置し、「日付」列で昇順に並べ替えたものが、「Before」フォルダーのSampleData2-3.xlsxです（**図22**）。Accessに書き込むには、**データの並びが規則的であることが一番大切**です。

手動で並び替えるのは大変ですので、この並び替え後のファイルを使って先へ進んでください。

図22 並べ替えたシート

	A	B	C	D	E	F	G	H	I	J	K	L	M	N	O
1	商品ID	商品名	売上日	数量	売価	製造場所	定価	原価	取引先	営業所	社員名				
2	BL10-10	青1.0mm 10本セット	2021/1/1	74	1,170	b工場	1,300	950	A社	東京	伊藤孝				
3	rd07-10	赤０．７mm 10本セット	2021/1/1	137	1,170	c工場	1,300	950	F社	福岡	木村　恵				
4	or03-10	橙0.3mm 10本セット	2021/1/2	74	1,080	d工場	1,200	900	J社	大阪	鈴木（ち）				
5	GR10-50	緑1.0mm 50本	2021/1/4	44	5,200	e工場	6,500	4,750	I社	福岡	やまぐち				
6	ＢＫ０３-10	黒0.3mm 10本ｾｯﾄ	2021/1/6	311	1,080	a工場	1,200	900	I社	名古屋	斉藤美香				
7	RD05-50	赤０．５mm 50本セット	2021/1/6	161	4,800	c工場	6,000	4,500	D社	福岡	山口				
8	RD０３-10	赤0.3mm 10本	2021/1/6	215	1,080	c工場	1,200	900	E社	大阪	吉田久美				
9	RD10-10	赤1.0mm 10本セット	2021/1/6	160	1,170	c工場	1,300	950	H社	東京	山本徹				
10	BK10-１０	黒1.0mm 10本セット	2021/1/6	307	1,170	b工場	1,300	950	F社	東京	田中ひろし				
11	ｂｌ03-01	青0.3ｍｍ 単品	2021/1/7	44	120	a工場	120	90	D社	名古屋	サイトウ				
12	GR03-10	緑0.3mm １０本セット	2021/1/7	12	1,080	d工場	1,200	900	A社	東京	佐藤(み)				
13	ＯＲ07-50	橙０．７ｍｍ 50本	2021/1/9	53	5,200	e工場	6,500	4,750	D社	札幌	ﾜﾀﾅﾍﾞ				
14	RD03-50	赤0.3mm 50本セット	2021/1/11	209	4,800	c工場	6,000	4,500	A社	札幌	高橋				
15	ｂｌ03-01	青0.3ｍｍ 単品	2021/1/11	85	120	a工場	120	90	G社	大阪	山田　誠				
16	GR05-50	緑0.5mm 50本セット	2021/1/12	12	4,800	d工場	6,000	4,500	E社	福岡	山口大輔				
17	GR07-１０	緑0.7mm 10本ｾｯﾄ	2021/1/17	28	1,170	e工場	1,300	950	B社	大阪	佐々木				
18	BL10-50	青１．０ｍｍ 50本セット	2021/1/17	69	5,200	b工場	6,500	4,750	F社	大阪	よしだ				
19	ｂｋ07-10	黒0.7mm 10本ｾｯﾄ	2021/1/17	310	1,170	b工場	1,300	950	C社	名古屋	小林 和美				
20	GR07-10	緑0.7mm 10本セット	2021/1/18	19	1,170	e工場	1,300	950	D社	東京	田中　博				
21	BK05-01	黒０．５mm 単品	2021/1/19	236	120	a工場	120	90	H社	名古屋	加藤健司				
22	ｇｒ10-50	緑1.0mm 50本セット	2021/1/19	78	5,200	e工場	6,500	4,750	F社	福岡	木村				
23	RD05-01	赤0.5mm 単品	2021/1/20	162	120	c工場	120	90	J社	東京	田中 博				

2-4-3 データの表記を統一する

「ここまできたらAccessへ書き込むだけ！」と、いいたいところなのですが、このままだとせっかくの検索機能が十分に発揮できません。**図23**をよく見てください。「商品ID」「商品名」「社員名」の表記がバラバラなのがわかりますか？

図23 表記が不揃いなデータ

	A	B	C	D	E	F	G	H	I	J	K	L	M	N	O	P
1	商品ID	商品名	売上日	数量	売価	製造場所	定価	原価	取引先	営業所	社員名					
2	BL10-10	青1.0mm10本セット	2021/1/1	74	1,170	b工場	1,300	950	A社	東京	伊藤孝					
3	rd07-10	赤０．７mm10本セット	2021/1/1	137	1,170	c工場	1,300	950	F社	福岡	木村　恵					
4	or03-10	橙0.3mm10本セット	2021/1/2	74	1,080	d工場	1,200	900	J社	大阪	鈴木（ち）					
5	GR10-50	緑1.0mm50本	2021/1/4	44	5,200	e工場	6,500	4,750	I社	福岡	やまぐち					
6	ＢＫ０３-10	黒0.3mm10本ｾｯﾄ	2021/1/6	311	1,080	a工場	1,200	900	I社	名古屋	斉藤美香					
7	RD05-50	赤０．５mm50本セット	2021/1/6	161	4,800	c工場	6,000	4,500	D社	福岡	山口					
8	RD０３-10	赤0.3mm10本	2021/1/6	215	1,080	c工場	1,200	900	E社	大阪	吉田久美					
9	RD10-10	赤1.0mm10本セット	2021/1/6	160	1,170	c工場	1,300	950	H社	東京	山本徹					
10	BK10-１０	黒1.0mm10本セット	2021/1/6	307	1,170	b工場	1,300	950	F社	東京	田中ひろし					
11	ｂｌ03-01	青0.3ｍｍ単品	2021/1/7	44	120	a工場	120	90	D社	名古屋	サイトウ					
12	GR03-10	緑0.3mm１０本セット	2021/1/7	12	1,080	d工場	1,200	900	A社	東京	佐藤(み)					
13	ＯＲ07-50	橙０．７ｍｍ50本	2021/1/9	53	5,200	e工場	6,500	4,750	D社	札幌	ﾜﾀﾅﾍﾞ					
14	RD03-50	赤0.3mm50本セット	2021/1/11	209	4,800	c工場	6,000	4,500	A社	札幌	高橋					
15	ｂｌ03-01	青0.3ｍｍ単品	2021/1/11	85	120	a工場	120	90	G社	大阪	山田　誠					
16	GR05-50	緑0.5mm50本セット	2021/1/12	12	4,800	d工場	6,000	4,500	E社	福岡	山口大輔					
17	GR07-１０	緑0.7mm10本ｾｯﾄ	2021/1/17	28	1,170	e工場	1,300	950	B社	大阪	佐々木					
18	BL10-50	青１．０ｍｍ50本セット	2021/1/17	69	5,200	b工場	6,500	4,750	F社	大阪	よしだ					
19	ｂｋ07-10	黒0.7mm10本ｾｯﾄ	2021/1/17	310	1,170	b工場	1,300	950	C社	名古屋	小林 和美					
20	GR07-10	緑0.7mm10本セット	2021/1/18	19	1,170	e工場	1,300	950	D社	東京	田中　博					
21	BK05-01	黒０．５mm単品	2021/1/19	236	120	a工場	120	90	H社	名古屋	加藤健司					
22	ｇｒ10-50	緑1.0mm50本セット	2021/1/19	78	5,200	e工場	6,500	4,750	F社	福岡	木村					
23	RD05-01	赤0.5mm単品	2021/1/20	162	120	c工場	120	90	J社	東京	田中 博					

データは、全角と半角、大文字と小文字、漢字とひらがな、ひらがなとカタカナなどが完全に一致していないと、同じ文字列とはみなされません。つまり、商品コードが「BK03-01」と「ＢＫ０３－０１」と「bk03-01」は、それぞれ別の要素と判断されてしまうのです。これでは精度の高い集計ができないので、データの表記を統一する必要があります。

Accessに書き込んだ後で処理することもできますが、まずはExcelで表記を統一する方法を解説します。

なにも入力されていない隣の列（例としてL列にします）の2行目へ、「=ASC(A2)」と入力します（図24）。この数式は「A2セルの文字列を半角にする」という意味です。

図24 全角を半角へ変換する関数

	A	B	C	D	E	F	G	H	I	J	K	L	M	N	O	P
1	商品ID	商品名	売上日	数量	売価	製造場所	定価	原価	取引先	営業所	社員名					
2	BL10-10	青1.0mm10本セット	2021/1/1	74	1,170	b工場	1,300	950	A社	東京	伊藤孝	=ASC(A2)				
3	rd07-10	赤０．７mm10本セット	2021/1/1	137	1,170	c工場	1,300	950	F社	福岡	木村　恵					
4	or03-10	橙0.3mm10本セット	2021/1/2	74	1,080	d工場	1,200	900	J社	大阪	鈴木（ち）					
5	GR10-50	緑1.0mm50本	2021/1/4	44	5,200	e工場	6,500	4,750	I社	福岡	やまぐち					
6	ＢＫ０３-10	黒0.3mm10本ｾｯﾄ	2021/1/6	311	1,080	a工場	1,200	900	I社	名古屋	斉藤美香					
7	RD05-50	赤０．５mm50本セット	2021/1/6	161	4,800	c工場	6,000	4,500	D社	福岡	山口					
8	RD０３-10	赤0.3mm10本	2021/1/6	215	1,080	c工場	1,200	900	E社	大阪	吉田久美					
9	RD10-10	赤1.0mm10本セット	2021/1/6	160	1,170	c工場	1,300	950	H社	東京	山本徹					
10	BK10-１０	黒1.0mm10本セット	2021/1/6	307	1,170	b工場	1,300	950	F社	東京	田中ひろし					
11	ｂｌ03-01	青0.3ｍｍ単品	2021/1/7	44	120	a工場	120	90	D社	名古屋	サイトウ					
12	GR03-10	緑0.3mm１０本セット	2021/1/7	12	1,080	d工場	1,200	900	A社	東京	佐藤(み)					
13	ＯＲ07-50	橙０．７ｍｍ50本	2021/1/9	53	5,200	e工場	6,500	4,750	D社	札幌	ﾜﾀﾅﾍﾞ					
14	RD03-50	赤0.3mm50本セット	2021/1/11	209	4,800	c工場	6,000	4,500	A社	札幌	高橋					
15	ｂｌ03-01	青0.3ｍｍ単品	2021/1/11	85	120	a工場	120	90	G社	大阪	山田　誠					
16	GR05-50	緑0.5mm50本セット	2021/1/12	12	4,800	d工場	6,000	4,500	E社	福岡	山口大輔					
17	GR07-１０	緑0.7mm10本ｾｯﾄ	2021/1/17	28	1,170	e工場	1,300	950	B社	大阪	佐々木					
18	BL10-50	青１．０ｍｍ50本セット	2021/1/17	69	5,200	b工場	6,500	4,750	F社	大阪	よしだ					
19	ｂｋ07-10	黒0.7mm10本ｾｯﾄ	2021/1/17	310	1,170	b工場	1,300	950	C社	名古屋	小林 和美					
20	GR07-10	緑0.7mm10本セット	2021/1/18	19	1,170	e工場	1,300	950	D社	東京	田中　博					
21	BK05-01	黒０．５mm単品	2021/1/19	236	120	a工場	120	90	H社	名古屋	加藤健司					
22	ｇｒ10-50	緑1.0mm50本セット	2021/1/19	78	5,200	e工場	6,500	4,750	F社	福岡	木村					
23	RD05-01	赤0.5mm単品	2021/1/20	162	120	c工場	120	90	J社	東京	田中 博					

それを、オートフィル機能を使ってデータの数だけ数式をコピーします（図25）。

図25 オートフィルで数式をコピー

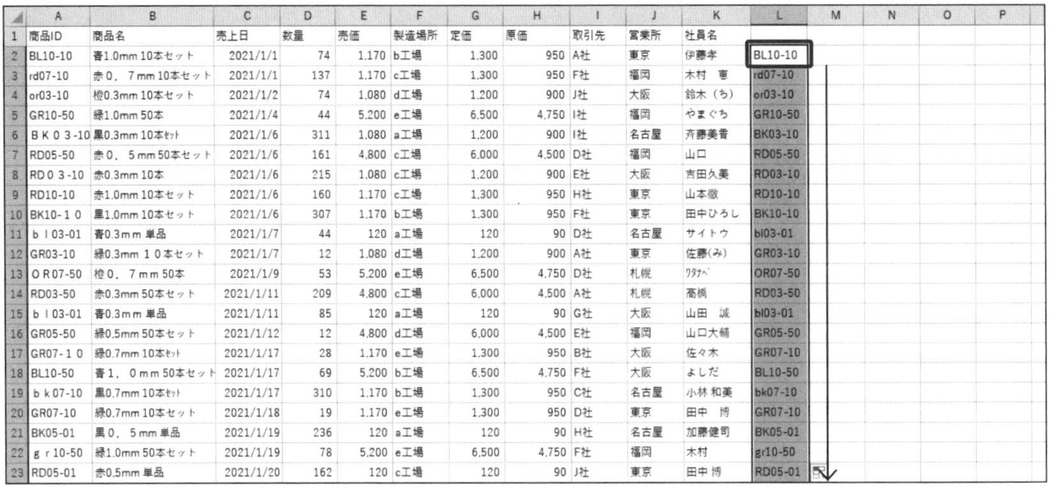

	A	B	C	D	E	F	G	H	I	J	K	L
1	商品ID	商品名	売上日	数量	売価	製造場所	定価	原価	取引先	営業所	社員名	
2	BL10-10	青1.0mm 10本セット	2021/1/1	74	1,170	b工場	1,300	950	A社	東京	伊藤孝	BL10-10
3	rd07-10	赤０．７mm 10本セット	2021/1/1	137	1,170	c工場	1,300	950	F社	福岡	木村　恵	rd07-10
4	or03-10	橙0.3mm 10本セット	2021/1/2	74	1,080	d工場	1,200	900	J社	大阪	鈴木（ち）	or03-10
5	GR10-50	緑1.0mm 50本	2021/1/4	44	5,200	e工場	6,500	4,750	I社	福岡	やまぐち	GR10-50
6	ＢＫ０３-10	黒0.3mm 10本ｾｯﾄ	2021/1/6	311	1,080	a工場	1,200	900	I社	名古屋	斉藤美香	BK03-10
7	RD05-50	赤０．５mm 50本セット	2021/1/6	161	4,800	c工場	6,000	4,500	D社	福岡	山口	RD05-50
8	RD０３-10	赤0.3mm 10本	2021/1/6	215	1,080	c工場	1,200	900	E社	大阪	吉田久美	RD03-10
9	RD10-10	赤1.0mm 10本セット	2021/1/6	160	1,170	c工場	1,300	950	H社	東京	山本徹	RD10-10
10	BK10-１０	黒1.0mm 10本セット	2021/1/6	307	1,170	b工場	1,300	950	F社	東京	田中ひろし	BK10-10
11	ｂｌ03-01	青0.3ｍｍ 単品	2021/1/7	44	120	a工場	120	90	D社	名古屋	サイトウ	bl03-01
12	GR03-10	緑0.3mm １０本セット	2021/1/7	12	1,080	d工場	1,200	900	A社	東京	佐藤(み)	GR03-10
13	ＯＲ07-50	橙０．７ｍｍ 50本	2021/1/9	53	5,200	e工場	6,500	4,750	D社	札幌	ﾜﾀﾅﾍﾞ	OR07-50
14	RD03-50	赤0.3mm 50本セット	2021/1/11	209	4,800	c工場	6,000	4,500	A社	札幌	高橋	RD03-50
15	ｂｌ03-01	青0.3ｍｍ 単品	2021/1/11	85	120	a工場	120	90	G社	大阪	山田　誠	bl03-01
16	GR05-50	緑0.5mm 50本セット	2021/1/12	12	4,800	d工場	6,000	4,500	E社	福岡	山口大輔	GR05-50
17	GR07-１０	緑0.7mm 10本ｾｯﾄ	2021/1/17	28	1,170	e工場	1,300	950	B社	大阪	佐々木	GR07-10
18	BL10-50	青１．０ｍｍ 50本セット	2021/1/17	69	5,200	b工場	6,500	4,750	F社	大阪	よしだ	BL10-50
19	ｂｋ07-10	黒0.7mm 10本ｾｯﾄ	2021/1/17	310	1,170	b工場	1,300	950	C社	名古屋	小林 和美	bk07-10
20	GR07-10	緑0.7mm 10本セット	2021/1/18	19	1,170	e工場	1,300	950	D社	東京	田中　博	GR07-10
21	BK05-01	黒０．５mm 単品	2021/1/19	236	120	a工場	120	90	H社	名古屋	加藤健司	BK05-01
22	ｇｒ10-50	緑1.0mm 50本セット	2021/1/19	78	5,200	e工場	6,500	4,750	F社	福岡	木村	gr10-50
23	RD05-01	赤0.5mm 単品	2021/1/20	162	120	c工場	120	90	J社	東京	田中 博	RD05-01

すると、L列に、A列の全角部分が半角に変換されたデータが表示されます。L列の変換されたデータをこのまますべてコピーし、A2セルを右クリック、「値」を選択して貼り付けます（図26）。

図26 「値」を選択して貼り付け

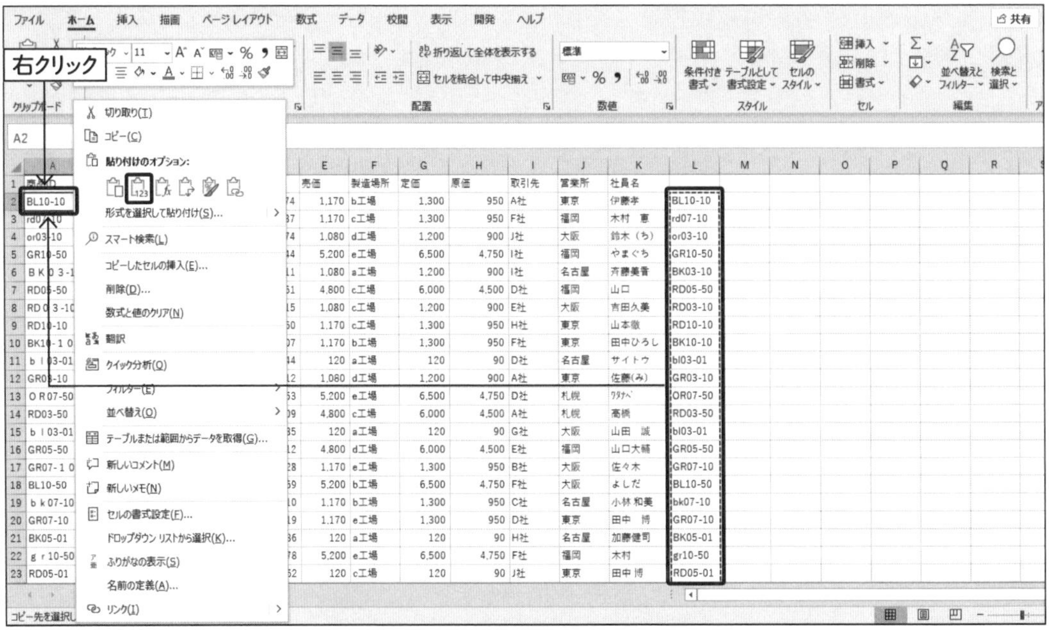

これで、商品コードが半角になったデータで上書きできました（**図27**）。間違えないように、L列は削除してしまいましょう。

図27 データの上書き

	A	B	C	D	E	F	G	H	I	J	K	L
1	商品ID	商品名	売上日	数量	売価	製造場所	定価	原価	取引先	営業所	社員名	
2	BL10-10	青1.0mm 10本セット	2021/1/1	74	1,170	b工場	1,300	950	A社	東京	伊藤孝	BL10-10
3	rd07-10	赤０．７mm 10本セット	2021/1/1	137	1,170	c工場	1,300	950	F社	福岡	木村　恵	rd07-10
4	or03-10	橙0.3mm 10本セット	2021/1/2	74	1,080	d工場	1,200	900	J社	大阪	鈴木（ち）	or03-10
5	GR10-50	緑1.0mm 50本	2021/1/4	44	5,200	e工場	6,500	4,750	I社	福岡	やまぐち	GR10-50
6	BK03-10	黒0.3mm 10本ｾｯﾄ	2021/1/6	311	1,080	a工場	1,200	900	I社	名古屋	斉藤美香	BK03-10
7	RD05-50	赤０．５mm 50本セット	2021/1/6	161	4,800	c工場	6,000	4,500	D社	福岡	山口	RD05-50
8	RD03-10	赤0.3mm 10本	2021/1/6	215	1,080	c工場	1,200	900	E社	大阪	吉田久美	RD03-10
9	RD10-10	赤1.0mm 10本セット	2021/1/6	160	1,170	c工場	1,300	950	H社	東京	山本徹	RD10-10
10	BK10-10	黒1.0mm 10本セット	2021/1/6	307	1,170	b工場	1,300	950	F社	東京	田中ひろし	BK10-10
11	bl03-01	青0.3ｍｍ 単品	2021/1/7	44	120	a工場	120	90	D社	名古屋	サイトウ	bl03-01
12	GR03-10	緑0.3mm １０本セット	2021/1/7	12	1,080	d工場	1,200	900	A社	東京	佐藤(み)	GR03-10
13	OR07-50	橙０．７ｍｍ 50本	2021/1/9	53	5,200	e工場	6,500	4,750	D社	札幌	ﾜﾀﾅﾍﾞ	OR07-50
14	RD03-50	赤0.3mm 50本セット	2021/1/11	209	4,800	c工場	6,000	4,500	A社	札幌	高橋	RD03-50
15	bl03-01	青0.3ｍｍ 単品	2021/1/11	85	120	a工場	120	90	G社	大阪	山田　誠	bl03-01
16	GR05-50	緑0.5mm 50本セット	2021/1/12	12	4,800	d工場	6,000	4,500	E社	福岡	山口大輔	GR05-50
17	GR07-10	緑0.7mm 10本ｾｯﾄ	2021/1/17	28	1,170	e工場	1,300	950	B社	大阪	佐々木	GR07-10
18	BL10-50	青１．０ｍｍ 50本セット	2021/1/17	69	5,200	b工場	6,500	4,750	F社	大阪	よしだ	BL10-50
19	bk07-10	黒0.7mm 10本ｾｯﾄ	2021/1/17	310	1,170	b工場	1,300	950	C社	名古屋	小林 和美	bk07-10
20	GR07-10	緑0.7mm 10本セット	2021/1/18	19	1,170	e工場	1,300	950	D社	東京	田中　博	GR07-10
21	BK05-01	黒０．５mm 単品	2021/1/19	236	120	a工場	120	90	H社	名古屋	加藤健司	BK05-01
22	gr10-50	緑1.0mm 50本セット	2021/1/19	78	5,200	e工場	6,500	4,750	F社	福岡	木村	gr10-50
23	RD05-01	(Ctrl)▾品	2021/1/20	162	120	c工場	120	90	J社	東京	田中 博	RD05-01

削除

同じ要領で、L2セルに「=UPPER(A2)」と入力したセルをオートフィル機能により、L列にコピーします。すると、今度は小文字が大文字に変換されたデータが表示されます（**図28**）。「=UPPER(A2)」は、「A2セルの小文字を大文字にする」という意味です。

図28 大文字へ変換

L2　=UPPER(A2)

	A	B	C	D	E	F	G	H	I	J	K	L
1	商品ID	商品名	売上日	数量	売価	製造場所	定価	原価	取引先	営業所	社員名	
2	BL10-10	青1.0mm 10本セット	2021/1/1	74	1,170	b工場	1,300	950	A社	東京	伊藤孝	BL10-10
3	rd07-10	赤０．７mm 10本セット	2021/1/1	137	1,170	c工場	1,300	950	F社	福岡	木村　恵	RD07-10
4	or03-10	橙0.3mm 10本セット	2021/1/2	74	1,080	d工場	1,200	900	J社	大阪	鈴木（ち）	OR03-10
5	GR10-50	緑1.0mm 50本	2021/1/4	44	5,200	e工場	6,500	4,750	I社	福岡	やまぐち	GR10-50
6	BK03-10	黒0.3mm 10本ｾｯﾄ	2021/1/6	311	1,080	a工場	1,200	900	I社	名古屋	斉藤美香	BK03-10
7	RD05-50	赤０．５mm 50本セット	2021/1/6	161	4,800	c工場	6,000	4,500	D社	福岡	山口	RD05-50
8	RD03-10	赤0.3mm 10本	2021/1/6	215	1,080	c工場	1,200	900	E社	大阪	吉田久美	RD03-10
9	RD10-10	赤1.0mm 10本セット	2021/1/6	160	1,170	c工場	1,300	950	H社	東京	山本徹	RD10-10
10	BK10-10	黒1.0mm 10本セット	2021/1/6	307	1,170	b工場	1,300	950	F社	東京	田中ひろし	BK10-10
11	bl03-01	青0.3ｍｍ 単品	2021/1/7	44	120	a工場	120	90	D社	名古屋	サイトウ	BL03-01
12	GR03-10	緑0.3mm １０本セット	2021/1/7	12	1,080	d工場	1,200	900	A社	東京	佐藤(み)	GR03-10
13	OR07-50	橙０．７ｍｍ 50本	2021/1/9	53	5,200	e工場	6,500	4,750	D社	札幌	ﾜﾀﾅﾍﾞ	OR07-50
14	RD03-50	赤0.3mm 50本セット	2021/1/11	209	4,800	c工場	6,000	4,500	A社	札幌	高橋	RD03-50
15	bl03-01	青0.3ｍｍ 単品	2021/1/11	85	120	a工場	120	90	G社	大阪	山田　誠	BL03-01
16	GR05-50	緑0.5mm 50本セット	2021/1/12	12	4,800	d工場	6,000	4,500	E社	福岡	山口大輔	GR05-50
17	GR07-10	緑0.7mm 10本ｾｯﾄ	2021/1/17	28	1,170	e工場	1,300	950	B社	大阪	佐々木	GR07-10
18	BL10-50	青１．０ｍｍ 50本セット	2021/1/17	69	5,200	b工場	6,500	4,750	F社	大阪	よしだ	BL10-50
19	bk07-10	黒0.7mm 10本ｾｯﾄ	2021/1/17	310	1,170	b工場	1,300	950	C社	名古屋	小林 和美	BK07-10
20	GR07-10	緑0.7mm 10本セット	2021/1/18	19	1,170	e工場	1,300	950	D社	東京	田中　博	GR07-10
21	BK05-01	黒０．５mm 単品	2021/1/19	236	120	a工場	120	90	H社	名古屋	加藤健司	BK05-01
22	gr10-50	緑1.0mm 50本セット	2021/1/19	78	5,200	e工場	6,500	4,750	F社	福岡	木村	GR10-50
23	RD05-01	赤0.5mm 単品	2021/1/20	162	120	c工場	120	90	J社	東京	田中 博	RD05-01

このようにExcelの関数を使うと、効率的に表記を統一することができます(**表3**)。数値や日付などが全角で入力されていると「文字列」として認識されてしまい、Accessに正常に書き込めない場合があるので注意して書き換えてください。

表3 文字列を変換する関数

関数	内容
ASC	全角を半角へ
JIS	半角を全角へ
UPPER	小文字を大文字へ
LOWER	大文字を小文字へ
VALUE	文字列を数値へ(変換できないものはエラーになる)
DATEVALUE	文字列を日付へ(変換できないものはエラーになる)

さて、この要領で「商品ID」を半角大文字へ、「商品名」を半角小文字へ、それぞれ揃えてみたものが**図29**です。

図29 表記を揃えたデータ

	A	B	C	D	E	F	G	H	I	J	K	L	M	N	O	P
1	商品ID	商品名	売上日	数量	売価	製造場所	定価	原価	取引先	営業所	社員名					
2	BL10-10	青1.0mm 10本ｾｯﾄ	2021/1/1	74	1,170	b工場	1,300	950	A社	東京	伊藤孝					
3	RD07-10	赤0.7mm 10本ｾｯﾄ	2021/1/1	137	1,170	c工場	1,300	950	F社	福岡	木村　恵					
4	OR03-10	橙0.3mm 10本ｾｯﾄ	2021/1/2	74	1,080	d工場	1,200	900	J社	大阪	鈴木（ち）					
5	GR10-50	緑1.0mm 50本	2021/1/4	44	5,200	e工場	6,500	4,750	I社	福岡	やまぐち					
6	BK03-10	黒0.3mm 10本ｾｯﾄ	2021/1/6	311	1,080	a工場	1,200	900	I社	名古屋	斉藤美香					
7	RD05-50	赤0.5mm 50本ｾｯﾄ	2021/1/6	161	4,800	c工場	6,000	4,500	D社	福岡	山口					
8	RD03-10	赤0.3mm 10本	2021/1/6	215	1,080	c工場	1,200	900	E社	大阪	吉田久美					
9	RD10-10	赤1.0mm 10本ｾｯﾄ	2021/1/6	160	1,170	c工場	1,300	950	H社	東京	山本徹					
10	BK10-10	黒1.0mm 10本ｾｯﾄ	2021/1/6	307	1,170	b工場	1,300	950	F社	東京	田中ひろし					
11	BL03-01	青0.3mm 単品	2021/1/7	44	120	a工場	120	90	D社	名古屋	サイトウ					
12	GR03-10	緑0.3mm 10本ｾｯﾄ	2021/1/7	12	1,080	d工場	1,200	900	A社	東京	佐藤(み)					
13	OR07-50	橙0.7mm 50本	2021/1/9	53	5,200	e工場	6,500	4,750	D社	札幌	ﾜﾀﾅﾍﾞ					
14	RD03-50	赤0.3mm 50本ｾｯﾄ	2021/1/11	209	4,800	c工場	6,000	4,500	A社	札幌	高橋					
15	BL03-01	青0.3mm 単品	2021/1/11	85	120	a工場	120	90	G社	大阪	山田　誠					
16	GR05-50	緑0.5mm 50本ｾｯﾄ	2021/1/12	12	4,800	d工場	6,000	4,500	E社	福岡	山口大輔					
17	GR07-10	緑0.7mm 10本ｾｯﾄ	2021/1/17	28	1,170	e工場	1,300	950	B社	大阪	佐々木					
18	BL10-50	青1.0mm 50本ｾｯﾄ	2021/1/17	69	5,200	b工場	6,500	4,750	F社	大阪	よしだ					
19	BK07-10	黒0.7mm 10本ｾｯﾄ	2021/1/17	310	1,170	b工場	1,300	950	C社	名古屋	小林 和美					
20	GR07-10	緑0.7mm 10本ｾｯﾄ	2021/1/18	19	1,170	e工場	1,300	950	D社	東京	田中　博					
21	BK05-01	黒0.5mm 単品	2021/1/19	236	120	a工場	120	90	H社	名古屋	加藤健司					
22	GR10-50	緑1.0mm 50本ｾｯﾄ	2021/1/19	78	5,200	e工場	6,500	4,750	F社	福岡	木村					
23	RD05-01	赤0.5mm 単品	2021/1/20	162	120	c工場	120	90	J社	東京	田中 博					

かなり綺麗になった印象ですが、まだまだ修正が必要な部分があります。

- 「商品名」の中に「セット」という文字の有無
- 「商品名」をすべて半角にしてしまったが、「セット」だけ全角にしたい
- 「社員名」がカタカナやひらがな、名字のみなど形式が揃っていない

以上のような問題を解決したいと仮定します。これには、「SUBSTITUTE」という、文字列を置き換える関数が有効です。「=SUBSTITUTE(対象セル, 検索文字列, 置換文字列)」のように入力し、文字列は「"(ダブルクォーテーション)」で挟みます。「検索文字列」を検索して、「置換文字列」に置換するという意味になります。「=SUBSTITUTE(B2, "ｾｯﾄ", "")」のように記述します(図30)。すると、"ｾｯﾄ" という文字列を空白文字列に置き換えることができます。

図30 SUBSTITUTE関数

SUM　=SUBSTITUTE(B2, "ｾｯﾄ", "")

	A	B	C	D	E	F	G	H	I	J	K	L
1	商品ID	商品名	売上日	数量	売価	製造場所	定価	原価	取引先	営業所	社員名	
2	BL10-10	青1.0mm 10本ｾｯﾄ	2021/1/1	74	1,170	b工場	1,300	950	A社	東京	伊藤孝	=SUBSTITUTE(B2, "ｾｯﾄ", "")
3	RD07-10	赤0.7mm 10本ｾｯﾄ	2021/1/1	137	1,170	c工場	1,300	950	F社	福岡	木村　恵	
4	OR03-10	橙0.3mm 10本ｾｯﾄ	2021/1/2	74	1,080	d工場	1,200	900	J社	大阪	鈴木（ち）	
5	GR10-50	緑1.0mm 50本	2021/1/4	44	5,200	e工場	6,500	4,750	I社	福岡	やまぐち	
6	BK03-10	黒0.3mm 10本ｾｯﾄ	2021/1/6	311	1,080	a工場	1,200	900	I社	名古屋	斉藤美香	
7	RD05-50	赤0.5mm 50本ｾｯﾄ	2021/1/6	161	4,800	c工場	6,000	4,500	D社	福岡	山口	
8	RD03-10	赤0.3mm 10本	2021/1/6	215	1,080	c工場	1,200	900	E社	大阪	吉田久美	
9	RD10-10	赤1.0mm 10本ｾｯﾄ	2021/1/6	160	1,170	c工場	1,300	950	H社	東京	山本徹	
10	BK10-10	黒1.0mm 10本ｾｯﾄ	2021/1/6	307	1,170	b工場	1,300	950	F社	東京	田中ひろし	
11	BL03-01	青0.3mm 単品	2021/1/7	44	120	a工場	120	90	D社	名古屋	サイトウ	
12	GR03-10	緑0.3mm 10本ｾｯﾄ	2021/1/7	12	1,080	d工場	1,200	900	A社	東京	佐藤(み)	
13	OR07-50	橙0.7mm 50本	2021/1/9	53	5,200	e工場	6,500	4,750	D社	札幌	ﾜﾀﾅﾍﾞ	
14	RD03-50	赤0.3mm 50本ｾｯﾄ	2021/1/11	209	4,800	c工場	6,000	4,500	A社	札幌	高橋	
15	BL03-01	青0.3mm 単品	2021/1/11	85	120	a工場	120	90	G社	大阪	山田　誠	
16	GR05-50	緑0.5mm 50本ｾｯﾄ	2021/1/12	12	4,800	d工場	6,000	4,500	E社	福岡	山口大輔	
17	GR07-10	緑0.7mm 10本ｾｯﾄ	2021/1/17	28	1,170	e工場	1,300	950	B社	大阪	佐々木	
18	BL10-50	青1.0mm 50本ｾｯﾄ	2021/1/17	69	5,200	b工場	6,500	4,750	F社	大阪	よしだ	
19	BK07-10	黒0.7mm 10本ｾｯﾄ	2021/1/17	310	1,170	b工場	1,300	950	C社	名古屋	小林 和美	
20	GR07-10	緑0.7mm 10本ｾｯﾄ	2021/1/18	19	1,170	e工場	1,300	950	D社	東京	田中　博	
21	BK05-01	黒0.5mm 単品	2021/1/19	236	120	a工場	120	90	H社	名古屋	加藤健司	

数式をコピーすると、「商品名」から半角の"ｾｯﾄ"がすべて削除されました(図31)。

図31 "ｾｯﾄ"という文字列が削除された

L1

	A	B	C	D	E	F	G	H	I	J	K	L
1	商品ID	商品名	売上日	数量	売価	製造場所	定価	原価	取引先	営業所	社員名	
2	BL10-10	青1.0mm 10本ｾｯﾄ	2021/1/1	74	1,170	b工場	1,300	950	A社	東京	伊藤孝	青1.0mm 10本
3	RD07-10	赤0.7mm 10本ｾｯﾄ	2021/1/1	137	1,170	c工場	1,300	950	F社	福岡	木村　恵	赤0.7mm 10本
4	OR03-10	橙0.3mm 10本ｾｯﾄ	2021/1/2	74	1,080	d工場	1,200	900	J社	大阪	鈴木（ち）	橙0.3mm 10本
5	GR10-50	緑1.0mm 50本	2021/1/4	44	5,200	e工場	6,500	4,750	I社	福岡	やまぐち	緑1.0mm 50本
6	BK03-10	黒0.3mm 10本ｾｯﾄ	2021/1/6	311	1,080	a工場	1,200	900	I社	名古屋	斉藤美香	黒0.3mm 10本
7	RD05-50	赤0.5mm 50本ｾｯﾄ	2021/1/6	161	4,800	c工場	6,000	4,500	D社	福岡	山口	赤0.5mm 50本
8	RD03-10	赤0.3mm 10本	2021/1/6	215	1,080	c工場	1,200	900	E社	大阪	吉田久美	赤0.3mm 10本
9	RD10-10	赤1.0mm 10本ｾｯﾄ	2021/1/6	160	1,170	c工場	1,300	950	H社	東京	山本徹	赤1.0mm 10本
10	BK10-10	黒1.0mm 10本ｾｯﾄ	2021/1/6	307	1,170	b工場	1,300	950	F社	東京	田中ひろし	黒1.0mm 10本
11	BL03-01	青0.3mm 単品	2021/1/7	44	120	a工場	120	90	D社	名古屋	サイトウ	青0.3mm 単品
12	GR03-10	緑0.3mm 10本ｾｯﾄ	2021/1/7	12	1,080	d工場	1,200	900	A社	東京	佐藤(み)	緑0.3mm 10本
13	OR07-50	橙0.7mm 50本	2021/1/9	53	5,200	e工場	6,500	4,750	D社	札幌	ﾜﾀﾅﾍﾞ	橙0.7mm 50本
14	RD03-50	赤0.3mm 50本ｾｯﾄ	2021/1/11	209	4,800	c工場	6,000	4,500	A社	札幌	高橋	赤0.3mm 50本
15	BL03-01	青0.3mm 単品	2021/1/11	85	120	a工場	120	90	G社	大阪	山田　誠	青0.3mm 単品
16	GR05-50	緑0.5mm 50本ｾｯﾄ	2021/1/12	12	4,800	d工場	6,000	4,500	E社	福岡	山口大輔	緑0.5mm 50本
17	GR07-10	緑0.7mm 10本ｾｯﾄ	2021/1/17	28	1,170	e工場	1,300	950	B社	大阪	佐々木	緑0.7mm 10本
18	BL10-50	青1.0mm 50本ｾｯﾄ	2021/1/17	69	5,200	b工場	6,500	4,750	F社	大阪	よしだ	青1.0mm 50本
19	BK07-10	黒0.7mm 10本ｾｯﾄ	2021/1/17	310	1,170	b工場	1,300	950	C社	名古屋	小林 和美	黒0.7mm 10本
20	GR07-10	緑0.7mm 10本ｾｯﾄ	2021/1/18	19	1,170	e工場	1,300	950	D社	東京	田中　博	緑0.7mm 10本
21	BK05-01	黒0.5mm 単品	2021/1/19	236	120	a工場	120	90	H社	名古屋	加藤健司	黒0.5mm 単品
22	GR10-50	緑1.0mm 50本ｾｯﾄ	2021/1/19	78	5,200	e工場	6,500	4,750	F社	福岡	木村	緑1.0mm 50本
23	RD05-01	赤0.5mm 単品	2021/1/20	162	120	c工場	120	90	J社	東京	田中 博	赤0.5mm 単品

L列の値でB列を上書きし、今度は「=SUBSTITUTE(B2, "本", "本セット")」のように記述すると、「本」という文字列の後ろにだけ全角の"セット"を入れることができます(図32)。

図32 「本」の後ろにのみ「セット」を付加する

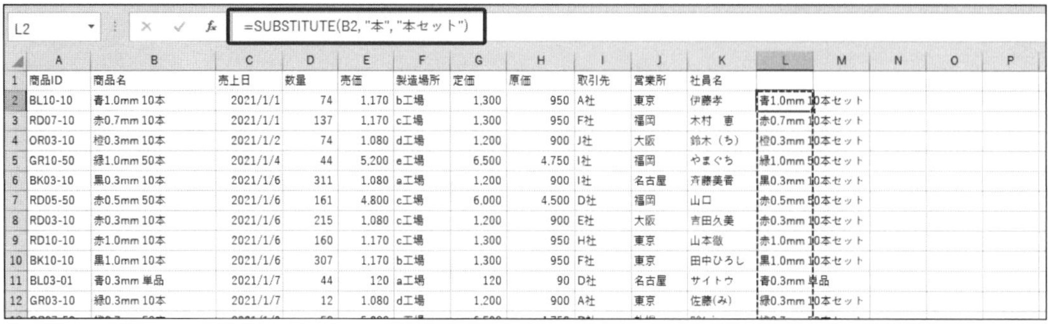

	A	B	C	D	E	F	G	H	I	J	K	L	M	N	O	P
1	商品ID	商品名	売上日	数量	売価	製造場所	定価	原価	取引先	営業所	社員名					
2	BL10-10	青1.0mm 10本	2021/1/1	74	1,170	b工場	1,300	950	A社	東京	伊藤孝	青1.0mm 10本セット				
3	RD07-10	赤0.7mm 10本	2021/1/1	137	1,170	c工場	1,300	950	F社	福岡	木村　恵	赤0.7mm 10本セット				
4	OR03-10	橙0.3mm 10本	2021/1/2	74	1,080	d工場	1,200	900	J社	大阪	鈴木（ち）	橙0.3mm 10本セット				
5	GR10-50	緑1.0mm 50本	2021/1/4	44	5,200	e工場	6,500	4,750	I社	福岡	やまぐち	緑1.0mm 50本セット				
6	BK03-10	黒0.3mm 10本	2021/1/6	311	1,080	a工場	1,200	900	I社	名古屋	斉藤美香	黒0.3mm 10本セット				
7	RD05-50	赤0.5mm 50本	2021/1/6	161	4,800	c工場	6,000	4,500	D社	福岡	山口	赤0.5mm 50本セット				
8	RD03-10	赤0.3mm 10本	2021/1/6	215	1,080	c工場	1,200	900	E社	大阪	吉田久美	赤0.3mm 10本セット				
9	RD10-10	赤1.0mm 10本	2021/1/6	160	1,170	c工場	1,300	950	H社	東京	山本徹	赤1.0mm 10本セット				
10	BK10-10	黒1.0mm 10本	2021/1/6	307	1,170	b工場	1,300	950	F社	東京	田中ひろし	黒1.0mm 10本セット				
11	BL03-01	青0.3mm 単品	2021/1/7	44	120	a工場	120	90	D社	名古屋	サイトウ	青0.3mm 単品				
12	GR03-10	緑0.3mm 10本	2021/1/7	12	1,080	d工場	1,200	900	A社	東京	佐藤(み)	緑0.3mm 10本セット				

このような手順で「社員名」の部分も「=SUBSTITUTE(対象セル,"やまぐち","山口大輔")」のように入力して修正していきます。名字と名前の間のスペースの有無でも違う要素になってしまうので、ルールを制定してください。本書ではスペースなしで進めていきます。

スペースの削除は「=SUBSTITUTE(対象セル," ","")」と入力します。スペースにも全角と半角があって見た目ではわかりにくいので、注意してください。なお、SUBSTITUTEはCtrl+Hで表示される「検索と置換」でも代用できます。

表記を統一したものが、BeforeフォルダーのSampleData2-4.xlsxです。すべての修正は大変ですので、この統一後のファイルを使って先へ進んでください。

2-4-4 重複データを削除する

表記の統一されたデータが完成したら、重複データの有無を調べておきます。リボンの「データ」タブから「重複の削除」をクリックします(図33)。

図33 「重複の削除」の実行

	A	B	C	D	E	F	G	H	I	J	K
1	商品ID	商品名	売上日	数量	売価	製造場所	定価	原価	取引先	営業所	社員名
2	BL10-10	青1.0mm10本セット	2021/1/1	74	1,170	b工場	1,300	950	A社	東京	伊藤孝
3	RD07-10	赤0.7mm10本セット	2021/1/1	137	1,170	c工場	1,300	950	F社	福岡	木村恵
4	OR03-10	橙0.3mm10本セット	2021/1/2	74	1,080	d工場	1,200	900	J社	大阪	鈴木千鶴
5	GR10-50	緑1.0mm50本セット	2021/1/4	44	5,200	e工場	6,500	4,750	I社	福岡	山口大輔

「先頭行をデータの見出しとして使用する」にチェックを入れておいて、「すべて選択」して「OK」ボタンをクリックします（**図34**）。

図34　重複の削除の設定

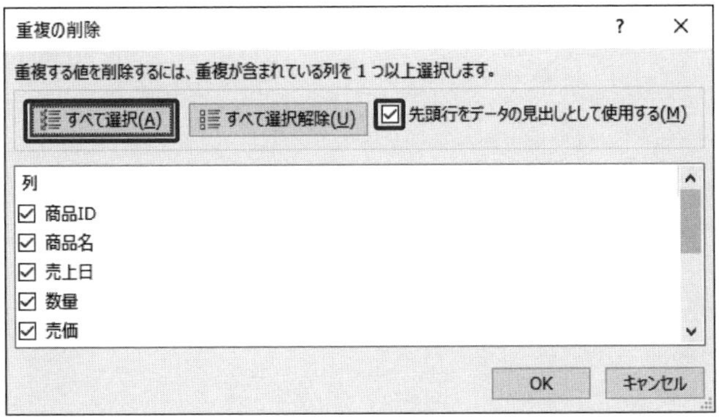

重複するデータが見つかり、自動で削除されました（**図35**）。

図35　重複データを削除した結果

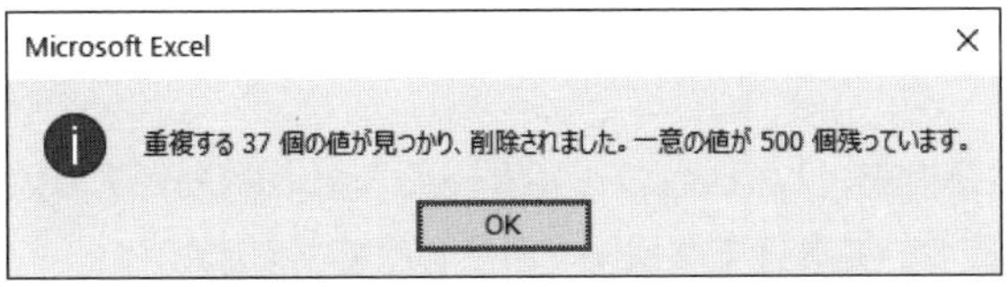

ここで1つ注意しておきたいのですが、重複したデータを削除した直後は、削除されたデータの残骸が「空セル」という形で残っている場合があります。**図36**の右側のスクロールバーを見てみると、データが501行目で終わっているのに、削除した37行分の空セルが存在しているのです。

このまま進めると「空セル」も書き込んでしまい、Accessに空のレコードができてしまうので、行の削除を行っておきましょう。スクロールバーを一番下までおろしたところまでが空セルの目安になるので、そこから最終データ行の下までを削除します。削除後、ファイルを上書き保存します。

図36 空セルの削除

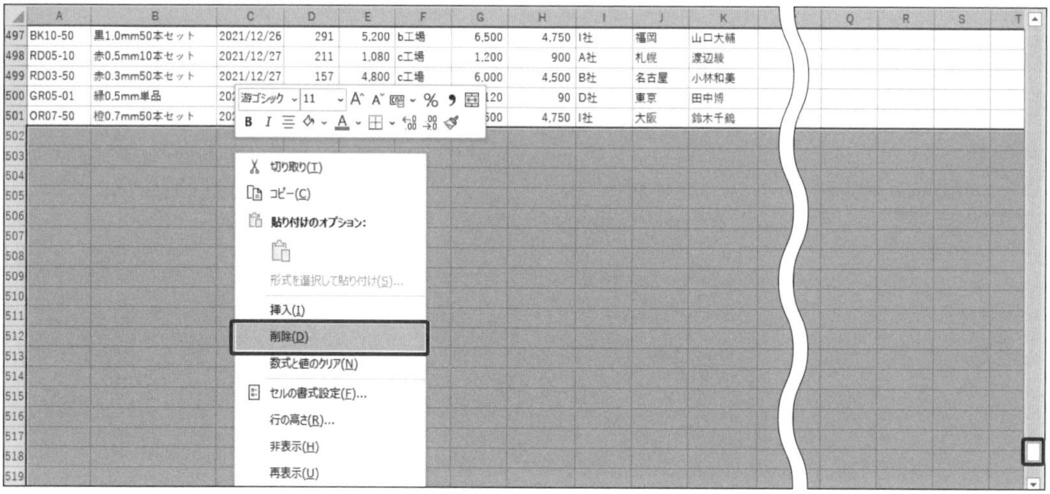

これで、罫線や色などの書式、画像や図形、グラフ、数式は削除し、純粋なデータのみが存在するExcelシートになりました。

この状態のファイルは、「After」フォルダーのSampleData2.xlsxとして収録されています。

なお、Excelシートのデータを Access に書き込む際、「After」フォルダーのSampleData2.xlsxのように整理・整頓された形式以外では、結果について本書では保証することができません。

2-5 Accessへデータを書き込む

Excelの準備ができたので、いよいよAccessへデータを書き込んでみましょう。データが綺麗にできていればスムーズに取り込めるはずです。

2-5-1 外部データから書き込む

2-1で作ったAccess のファイルを開いて、「外部データ」タブの「インポートとリンク」グループ内にある「新しいデータソース」→「ファイルから」→「Excel」をクリックします(**図37**)。

図37 Excelファイルのインポート

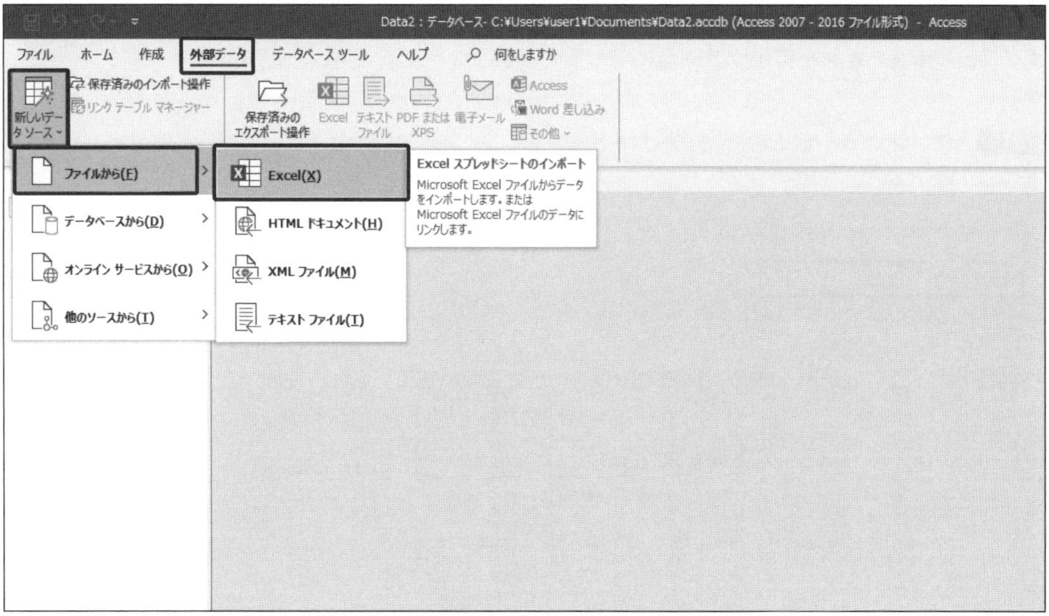

ファイルの指定画面になるので、書き込みたいExcelファイルを指定し、「現在のデータベースの新しいテーブルにソースをインポートする」を選択して、「OK」ボタンをクリックします(**図38**)

図38 ファイルを指定

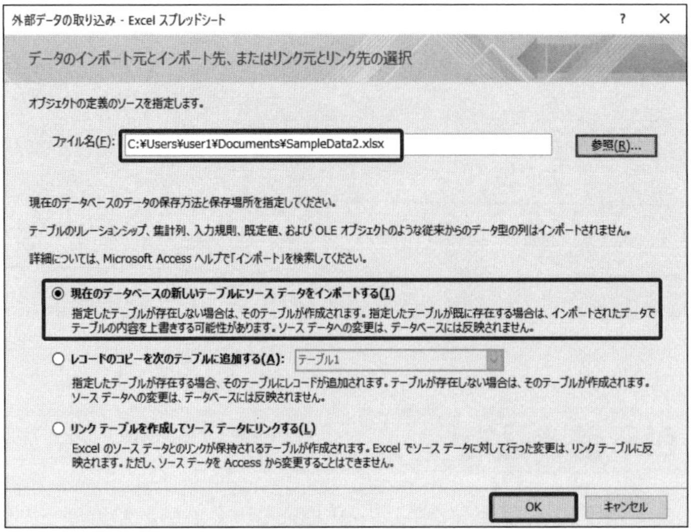

「スプレッドシート インポート ウィザード」が開き、Excelシートから書き込むべきデータを自動で判断してくれます。なお、Excelファイルの中にシートが複数ある場合は書き込む前に選択します。「先頭行をフィールドとして使う」にチェックがあることを確認して「次へ」をクリックすると、フィールドごとのオプションを指定する画面になります（**図39**）。

図39 スプレッドシート インポート ウィザード

Excelのシートが正しい状態であれば、Accessが自動で判別した型をあらかじめ設定してくれます。順番にフィールド名をクリックして、必要があれば修正しましょう。今回の書込では、数値のフィールドは整数しか扱わないので、すべて「長整数型」へ直しておきます（**図40**）。

図40 フィールドのオプション

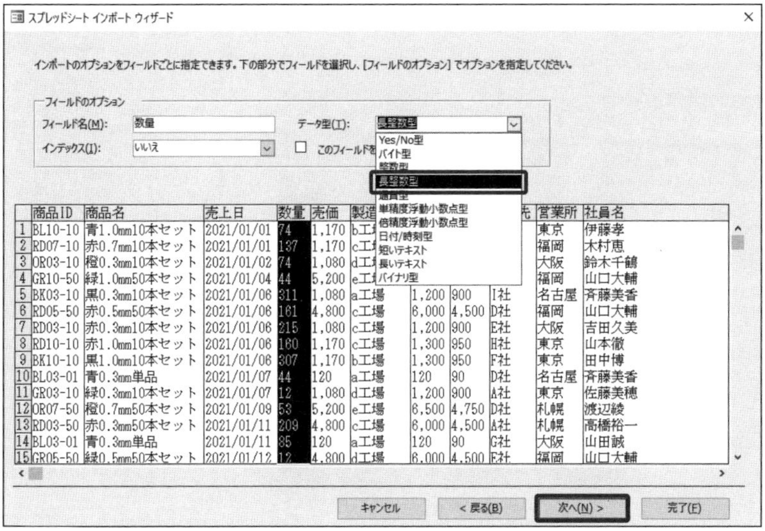

次に主キーの設定をします。ここで「主キーを自動的に設定する」を選択しておくと、オートナンバー型で自動的に数字を振ってくれます（**図41**）。Excelから書き込んだフィールドを主キーにすることもできますが、その場合はExcelでデータを用意する際に、あらかじめ「テーブル内のレコード単位で絶対に重複しない」フィールドを作っておくことが必要です。

図41 主キーの設定

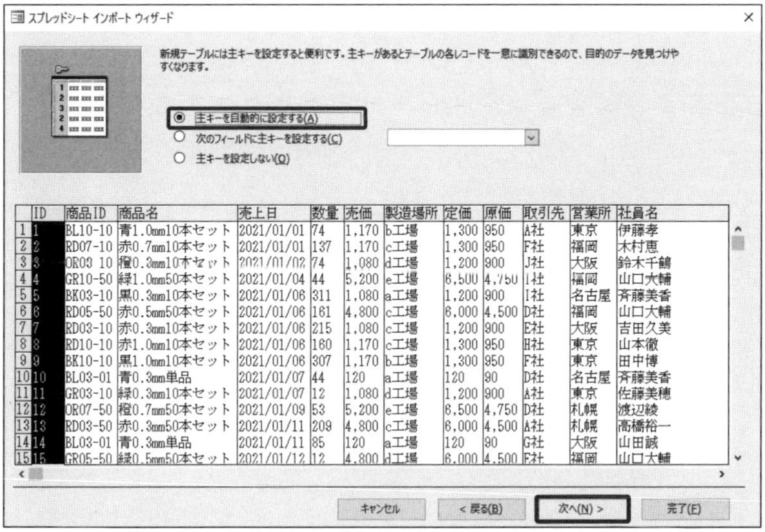

CHAPTER 2

最後に、テーブル名を入力して、「完了」をクリックします(**図42**)。なにも指定しないとExcelのシート名がテーブル名になります。今回の書込では「販売管理」というテーブル名に設定します。

図42 テーブル名の設定

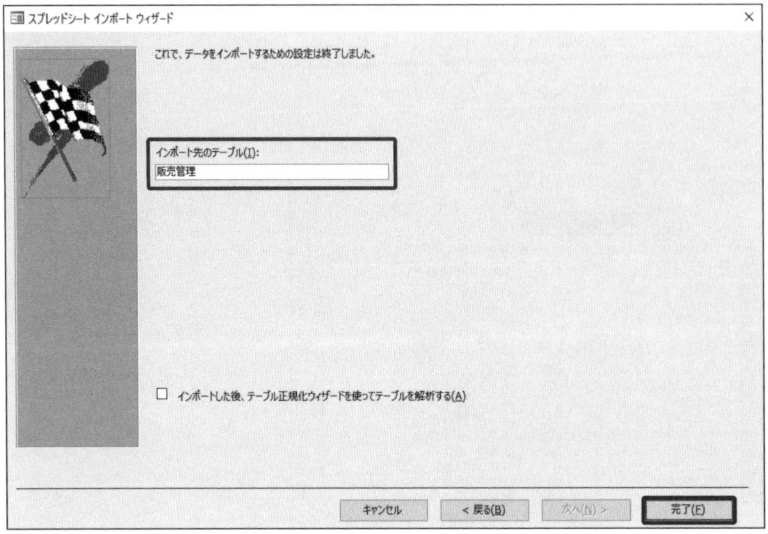

最後に、これまでの書込の設定を保存するか聞かれるので(**図43**)、繰り返し同じ形のものをインポートしたい場合は保存しておくと便利です。

図43 インポート操作の保存

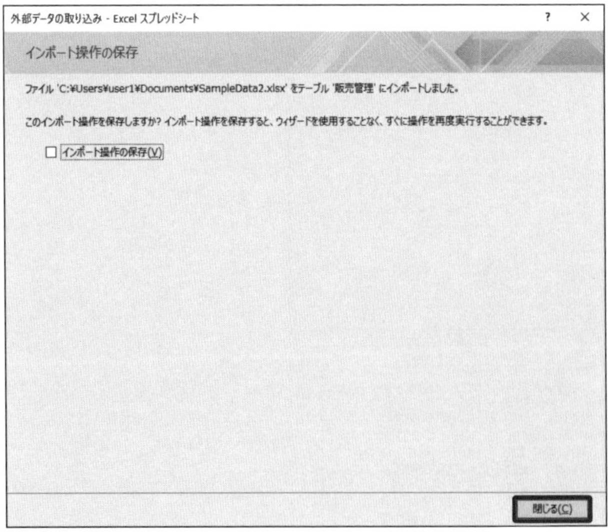

画面左側（ナビゲーションウィンドウ）に、新しく作られた「販売管理」というテーブルができました。ダブルクリックして中身を閲覧します。Excelのシートによく似ていますね。

なお、最初に「テーブル1」が作成されていた場合は、削除して構いません。テーブル名を右クリックし、「削除」をクリックします（図44）。

図44 テーブルの確認と不要テーブルの削除

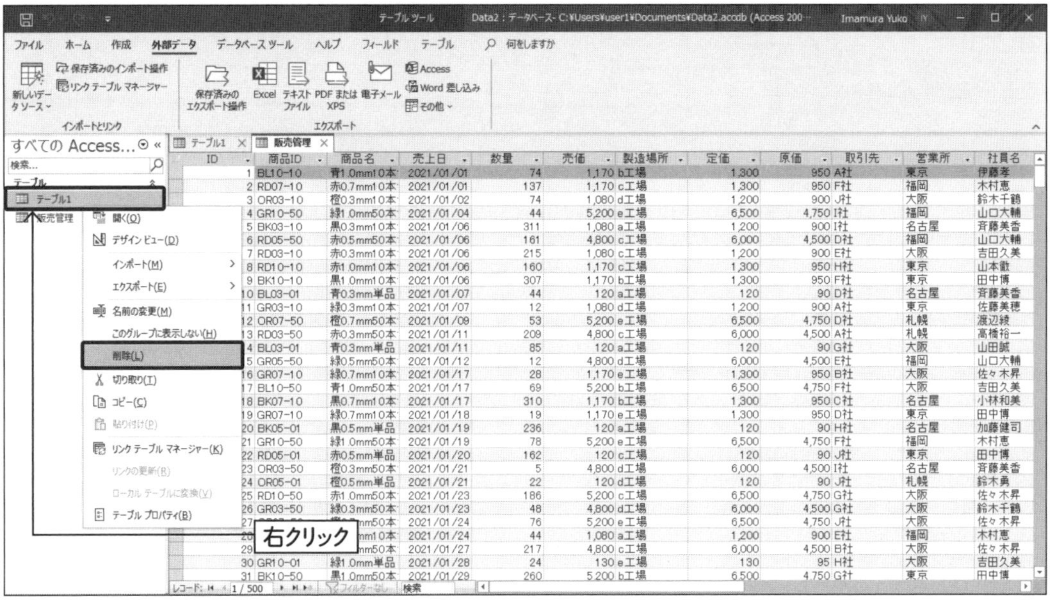

2-5-2 テーブルの編集方法

主キーのフィールド名は自動で設定されたものなので、修正しましょう。リボンの「ホーム」タブから、「表示」の「デザインビュー」をクリックします（図45）。これで表示が「デザインビュー」に切り替わります。

図45 表示の切り替え

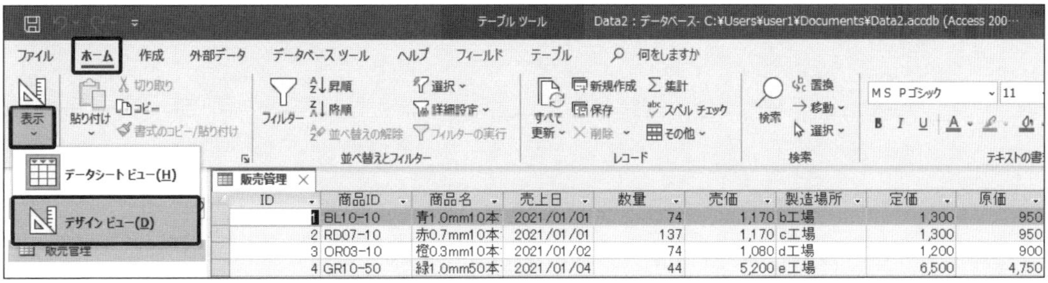

CHAPTER 2

切り替え前のモードは**データシートビュー**と呼び、テーブル内のデータを表示しますが、**デザインビュー**はフィールドの設定を行う画面です。書き込んだ際に設定したフィールド名や型を変更することができます。最初に「ID」と自動で設定されていたフィールド名を、「販売ID」という名前に変更します（**図46**）。

図46 フィールド設定の編集

データシートビューに表示を戻す場合、**図44**と同じ操作を行い、「表示」の「データシートビュー」をクリックします。

この状態のファイルは、「CHAPTER2」フォルダー→「After」フォルダー内のData2.accdbという名前で収録されています。

CHAPTER 2

2-6 クエリを使ってデータ表記を統一する

2-4-3で、Excel関数を使ってバラバラな表記を統一する方法を解説しましたが、データを書き込んだ後のAccessでも同じようなことができます。

2-6-1 クエリデザインから更新クエリを作成する

CHAPTER 1で紹介しましたが、データベースに対する問い合わせのことを**クエリ**と呼びます。条件に合うものだけ抽出するなど、さまざまな使い方がありますが、データを更新するという用途にも使うことができます。

ここで紹介する方法は、クエリを使って、Access上でデータ表記を統一する方法です。**2-4-3**で紹介した方法でデータの整理・整頓を行った場合、この方法は必要ありません。

サンプルファイルの「CHAPTER2」フォルダー→「Before」フォルダーに収録されているData2-1.accdbファイルを開いてみてください。このファイルの「販売管理」テーブルには全角や半角が統一されていないデータが含まれています(**図47**)。

図47 不揃いなデータ

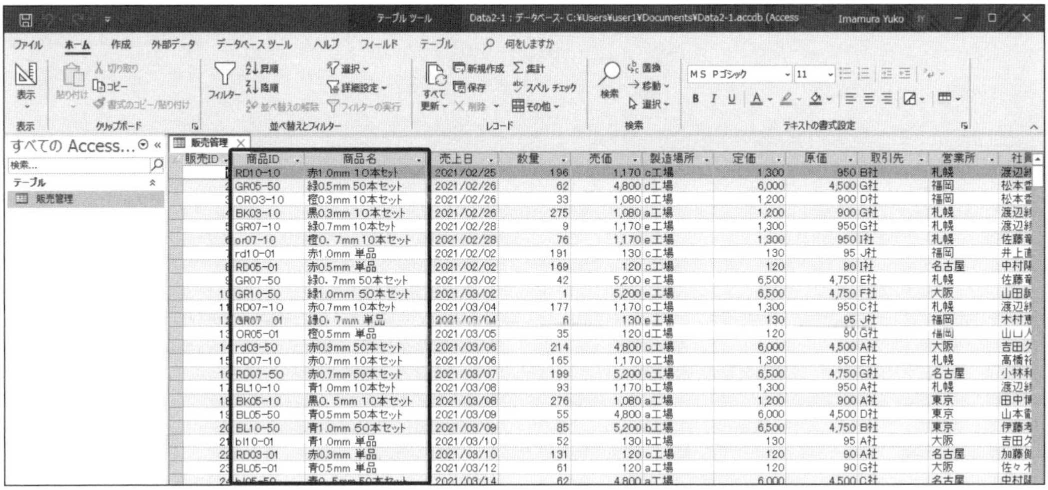

販売ID	商品ID	商品名	売上日	数量	売価	製造場所	定価	原価	取引先	営業所	社員
1	RD10-10	赤1.0mm 10本セット	2021/02/25	196	1,170	c工場	1,300	950	B社	札幌	渡辺
2	GR05-50	緑0.5mm 50本セット	2021/02/26	62	4,800	d工場	6,000	4,500	G社	福岡	松本
3	OR03-10	橙0.3mm 10本セット	2021/02/26	33	1,080	d工場	1,200	900	D社	福岡	松本
4	BK03-10	黒0.3mm 10本セット	2021/02/26	275	1,080	a工場	1,200	900	G社	札幌	渡辺
5	GR07-10	緑0.7mm 10本セット	2021/02/28	9	1,170	e工場	1,300	950	G社	札幌	渡辺
6	or07-10	橙0. 7mm 10本セット	2021/02/28	76	1,170	e工場	1,300	950	I社	札幌	佐藤
7	rd10-01	赤1.0mm 単品	2021/02/02	191	130	c工場	130	95	J社	福岡	井上
8	RD05-01	赤0.5mm 単品	2021/02/02	169	120	c工場	120	90	I社	名古屋	中村
9	GR07-50	緑0. 7mm 50本セット	2021/03/02	42	5,200	e工場	6,500	4,750	E社	札幌	佐藤
10	GR10-50	緑1.0mm 50本セット	2021/03/02	1	5,200	e工場	6,500	4,750	F社	大阪	山田
11	RD07-10	赤0.7mm 10本セット	2021/03/04	177	1,170	c工場	1,300	950	C社	札幌	渡辺
12	GR07-01	緑0. 7mm 単品	2021/03/04	6	130	e工場	130	95	J社	福岡	木村
13	OR05-01	橙0.5mm 単品	2021/03/05	35	120	d工場	120	90	G社	福岡	山口
14	rd03-50	赤0.3mm 50本セット	2021/03/06	214	4,800	c工場	6,000	4,500	A社	大阪	吉田
15	RD07-10	赤0.7mm 10本セット	2021/03/06	165	1,170	c工場	1,300	950	E社	札幌	高橋
16	RD07-50	赤0.7mm 50本セット	2021/03/07	199	5,200	c工場	6,500	4,750	G社	名古屋	小林
17	BL10-10	青1.0mm 10本セット	2021/03/08	93	1,170	b工場	1,300	950	A社	札幌	渡辺
18	BK05-10	黒0. 5mm 10本セット	2021/03/08	276	1,080	a工場	1,200	900	A社	東京	田中
19	BL05-50	青0.5mm 50本セット	2021/03/09	55	4,800	a工場	6,000	4,500	D社	東京	山本
20	BL10-50	青1.0mm 50本セット	2021/03/09	85	5,200	b工場	6,500	4,750	B社	東京	伊藤
21	bl10-01	青1.0mm 単品	2021/03/10	52	130	b工場	130	95	A社	大阪	吉田
22	RD03-01	赤0.3mm 単品	2021/03/10	131	120	c工場	120	90	A社	名古屋	加藤
23	BL05-01	青0.5mm 単品	2021/03/12	61	120	a工場	120	90	G社	大阪	佐々木
24	bl05-50	青0. 5mm 50本セット	2021/03/14	62	4,800	a工場	6,000	4,500	C社	名古屋	中村

リボンの「作成」タブから「クエリデザイン」をクリックします(図48)。

図48 「クエリデザイン」の起動

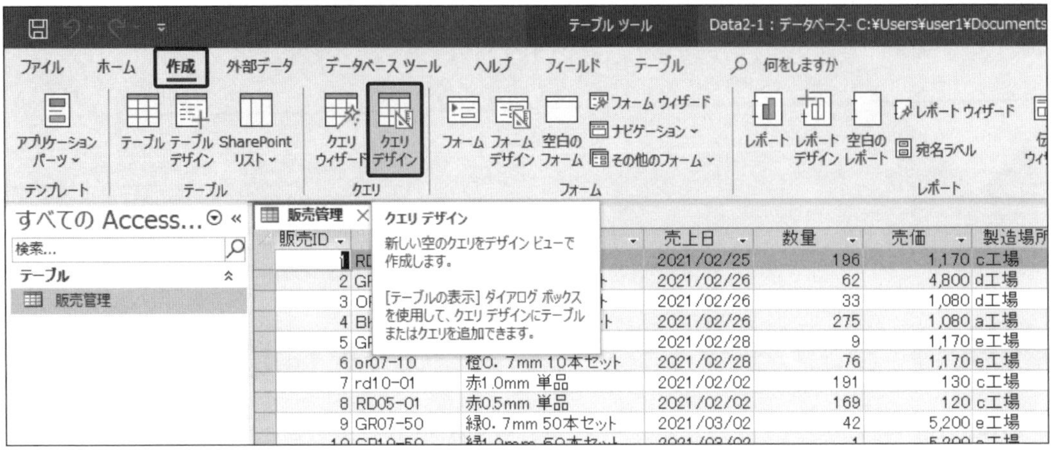

「テーブルの追加」ウィンドウで「販売管理」テーブルを選択して、「選択したテーブルを追加」をクリックしてテーブルを表示させた後、「テーブルの追加」ウィンドウを閉じます(図49)。

図49 テーブルの追加

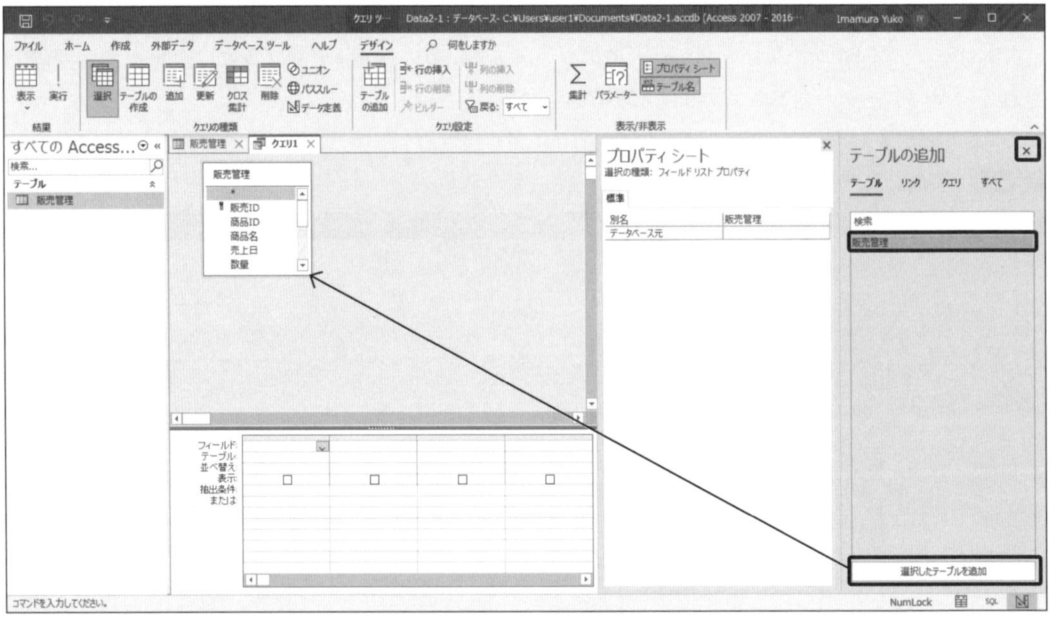

次にリボンの「デザイン」タブから「更新」をクリックして、クエリの種類を変更します(**図50**)。

図50 更新クエリ

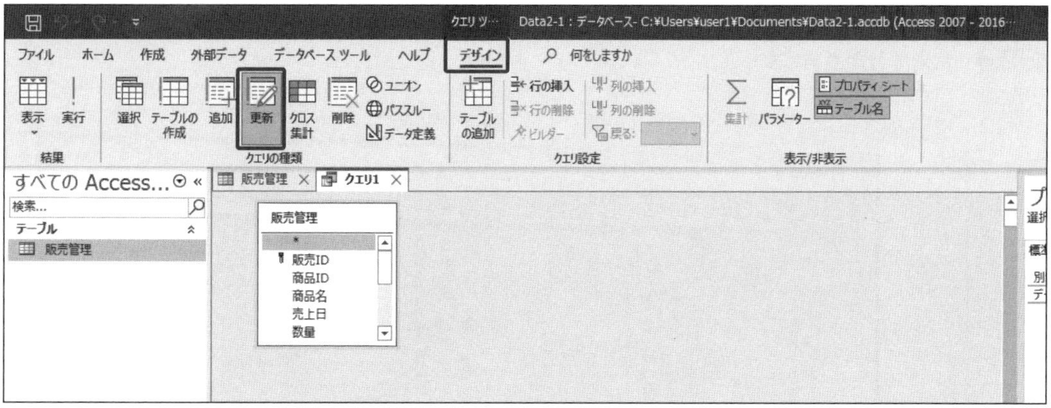

2-6-2 関数を使ってデータを更新する

図51と**表4**を参考に、データを更新する関数を書きます。「フィールド」には更新の対象となるフィールド名、「テーブル」にはテーブル名、「レコードの更新」には関数を入力します。文字列を変換するStrConv関数を使い、「StrConv([使用するフィールド名], 設定値)」となるように入力します。

今回は「商品ID」フィールドの文字列の全角部分を半角に変更します。StrConv関数の引数に、[商品ID]と、全角から半角にする「8」を設定し、リボンの「実行」をクリックします。

図51 全角から半角に変換する関数

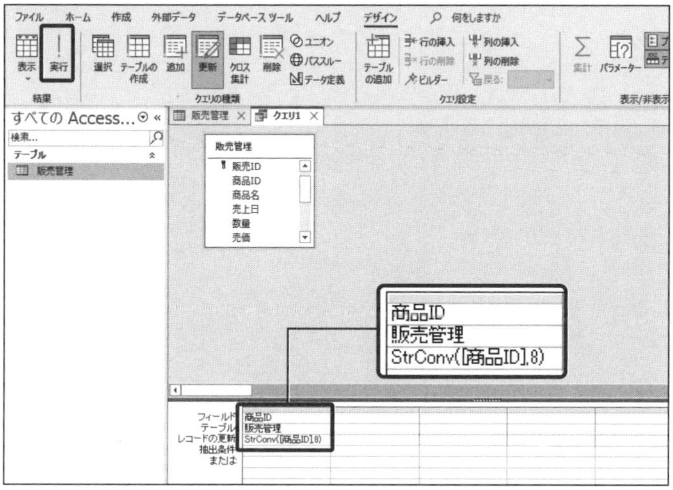

表4 StrConv関数の設定値

値	設定
1	小文字から大文字へ
2	大文字から小文字へ
4	半角から全角へ
8	全角から半角へ
16	ひらがなをカタカナへ
32	カタカナをひらがなへ

「データを更新すると元に戻せません」という注意に同意すると、クエリが実行されます。実行後、テーブルの中身を確認してみましょう。「商品ID」フィールドの全角部分が半角になりました(**図52**)。

図52 全角部分が半角になった

販売管理 ／ クエリ1

販売ID	商品ID	商品名	売上日	数量	売価	製造場所	定価	原価	取引先	営業所
1	RD10-10	赤1.0mm 10本ｾｯﾄ	2021/02/25	196	1,170	c工場	1,300	950	B社	札幌
2	GR05-50	緑0.5mm 50本ｾｯﾄ	2021/02/26	62	4,800	d工場	6,000	4,500	G社	福岡
3	OR03-10	橙0.3mm 10本セット	2021/02/26	33	1,080	d工場	1,200	900	D社	福岡
4	BK03-10	黒0.3mm 10本セット	2021/02/26	275	1,080	a工場	1,200	900	G社	札幌
5	GR07-10	緑0.7mm 10本ｾｯﾄ	2021/02/28	9	1,170	e工場	1,300	950	G社	札幌
6	or07-10	橙0. 7mm 10本セット	2021/02/28	76	1,170	e工場	1,300	950	I社	札幌
7	rd10-01	赤1.0mm 単品	2021/02/02	191	130	c工場	130	95	J社	福岡
8	RD05-01	赤0.5mm 単品	2021/02/02	169	120	c工場	120	90	I社	名古屋
9	GR07-50	緑0. 7mm 50本セット	2021/03/02	42	5,200	e工場	6,500	4,750	E社	札幌
10	GR10-50	緑1.0mm 50本セット	2021/03/02	1	5,200	e工場	6,500	4,750	F社	大阪
11	RD07-10	赤0.7mm 10本ｾｯﾄ	2021/03/04	177	1,170	c工場	1,300	950	C社	札幌
12	GR07-01	緑0. 7mm 単品	2021/03/04	6	130	e工場	130	95	J社	福岡
13	OR05-01	橙0.5mm 単品	2021/03/05	35	120	d工場	120	90	G社	福岡
14	rd03-50	赤0.3mm 50本セット	2021/03/06	214	4,800	c工場	6,000	4,500	A社	大阪
15	RD07-10	赤0.7mm 10本セット	2021/03/06	165	1,170	c工場	1,300	950	E社	札幌
16	RD07-50	赤0.7mm 50本セット	2021/03/07	199	5,200	c工場	6,500	4,750	G社	名古屋
17	BL10-10	青1.0mm 10本ｾｯﾄ	2021/03/08	93	1,170	b工場	1,300	950	A社	札幌
18	BK05-10	黒0. 5mm 10本セット	2021/03/08	276	1,080	a工場	1,200	900	A社	東京
19	BL05-50	青0.5mm 50本セット	2021/03/09	55	4,800	a工場	6,000	4,500	D社	東京
20	BL10-50	青1.0mm 50本セット	2021/03/09	85	5,200	b工場	6,500	4,750	B社	東京
21	bl10-01	青1.0mm 単品	2021/03/10	52	130	b工場	130	95	A社	大阪
22	RD03-01	赤0.3mm 単品	2021/03/10	131	120	c工場	120	90	A社	名古屋
23	BL05-01	青0.5mm 単品	2021/03/12	61	120	a工場	120	90	G社	大阪
24	bl05-50	青0. 5mm 50本セット	2021/03/14	62	4,800	a工場	6,000	4,500	C社	名古屋
25	GR05-01	緑0.5mm 単品	2021/03/15	40	120	d工場	120	90	D社	東京
26	OR10-50	橙1.0mm 50本ｾｯﾄ	2021/03/15	79	5,200	e工場	6,500	4,750	B社	札幌
27	BK07-10	黒0.7mm 10本セット	2021/03/15	233	1,170	b工場	1,300	950	B社	東京
28	GR05-10	緑0.5mm 10本セット	2021/03/16	40	1,080	d工場	1,200	900	A社	東京
29	OR07-01	橙0.7mm 単品	2021/03/16	7	130	e工場	130	95	J社	名古屋

さらにStrConv関数の設定値を変え、「商品ID」と「商品名」フィールドに修正を行います(**図53**)。

図53 修正後のテーブル

販売管理 ／ クエリ1

販売ID	商品ID	商品名	売上日	数量	売価	製造場所	定価	原価	取引先	営業所
1	RD10-10	赤1.0mm 10本ｾｯﾄ	2021/02/25	196	1,170	c工場	1,300	950	B社	札幌
2	GR05-50	緑0.5mm 50本ｾｯﾄ	2021/02/26	62	4,800	d工場	6,000	4,500	G社	福岡
3	OR03-10	橙0.3mm 10本ｾｯﾄ	2021/02/26	33	1,080	d工場	1,200	900	D社	福岡
4	BK03-10	黒0.3mm 10本ｾｯﾄ	2021/02/26	275	1,080	a工場	1,200	900	G社	札幌
5	GR07-10	緑0.7mm 10本ｾｯﾄ	2021/02/28	9	1,170	e工場	1,300	950	G社	札幌
6	OR07-10	橙0.7mm 10本ｾｯﾄ	2021/02/28	76	1,170	e工場	1,300	950	I社	札幌
7	RD10-01	赤1.0mm 単品	2021/02/02	191	130	c工場	130	95	J社	福岡
8	RD05-01	赤0.5mm 単品	2021/02/02	169	120	c工場	120	90	I社	名古屋
9	GR07-50	緑0.7mm 50本ｾｯﾄ	2021/03/02	42	5,200	e工場	6,500	4,750	E社	札幌
10	GR10-50	緑1.0mm 50本ｾｯﾄ	2021/03/02	1	5,200	e工場	6,500	4,750	F社	大阪
11	RD07-10	赤0.7mm 10本ｾｯﾄ	2021/03/04	177	1,170	c工場	1,300	950	C社	札幌
12	GR07-01	緑0.7mm 単品	2021/03/04	6	130	e工場	130	95	J社	福岡
13	OR05-01	橙0.5mm 単品	2021/03/05	35	120	d工場	120	90	G社	福岡
14	RD03-50	赤0.3mm 50本ｾｯﾄ	2021/03/06	214	4,800	c工場	6,000	4,500	A社	大阪
15	RD07-10	赤0.7mm 10本ｾｯﾄ	2021/03/06	165	1,170	c工場	1,300	950	E社	札幌
16	RD07-50	赤0.7mm 50本ｾｯﾄ	2021/03/07	199	5,200	c工場	6,500	4,750	G社	名古屋
17	BL10-10	青1.0mm 10本ｾｯﾄ	2021/03/08	93	1,170	b工場	1,300	950	A社	札幌
18	BK05-10	黒0.5mm 10本ｾｯﾄ	2021/03/08	276	1,080	a工場	1,200	900	A社	東京
19	BL05-50	青0.5mm 50本ｾｯﾄ	2021/03/09	55	4,800	a工場	6,000	4,500	D社	東京
20	BL10-50	青1.0mm 50本ｾｯﾄ	2021/03/09	85	5,200	b工場	6,500	4,750	B社	東京
21	BL10-01	青1.0mm 単品	2021/03/10	52	130	b工場	130	95	A社	大阪
22	RD03-01	赤0.3mm 単品	2021/03/10	131	120	c工場	120	90	A社	名古屋
23	BL05-01	青0.5mm 単品	2021/03/12	61	120	a工場	120	90	G社	大阪
24	BL05-50	青0.5mm 50本ｾｯﾄ	2021/03/14	62	4,800	a工場	6,000	4,500	C社	名古屋
25	GR05-01	緑0.5mm 単品	2021/03/15	40	120	d工場	120	90	D社	東京
26	OR10-50	橙1.0mm 50本ｾｯﾄ	2021/03/15	79	5,200	e工場	6,500	4,750	B社	札幌
27	BK07-10	黒0.7mm 10本ｾｯﾄ	2021/03/15	233	1,170	b工場	1,300	950	B社	東京
28	GR05-10	緑0.5mm 10本ｾｯﾄ	2021/03/16	40	1,080	d工場	1,200	900	A社	東京
29	OR07-01	橙0.7mm 単品	2021/03/16	7	130	e工場	130	95	J社	名古屋

次は、Excelでもやったように文字列の置換をしてみましょう。

- **「商品名」で「セット」があったりなかったり**
- **「商品名」をすべて半角にしてしまったが、「セット」だけ全角にしたい**

この2点を修正するため、まず半角の「ｾｯﾄ」を消してから「本」という文字列の後ろにだけ全角の「セット」を付け加えます。文字列の置換は、AccessではReplace関数を使います。「Replace（[使用するフィールド名]，検索文字列，置換文字列）」のように記述して、文字列は「"（ダブルクォーテーション）」で挟みます。

「Replace([商品名],"ｾｯﾄ","")」を実行します（**図54**）。

図54　半角の「ｾｯﾄ」を削除する更新クエリを実行

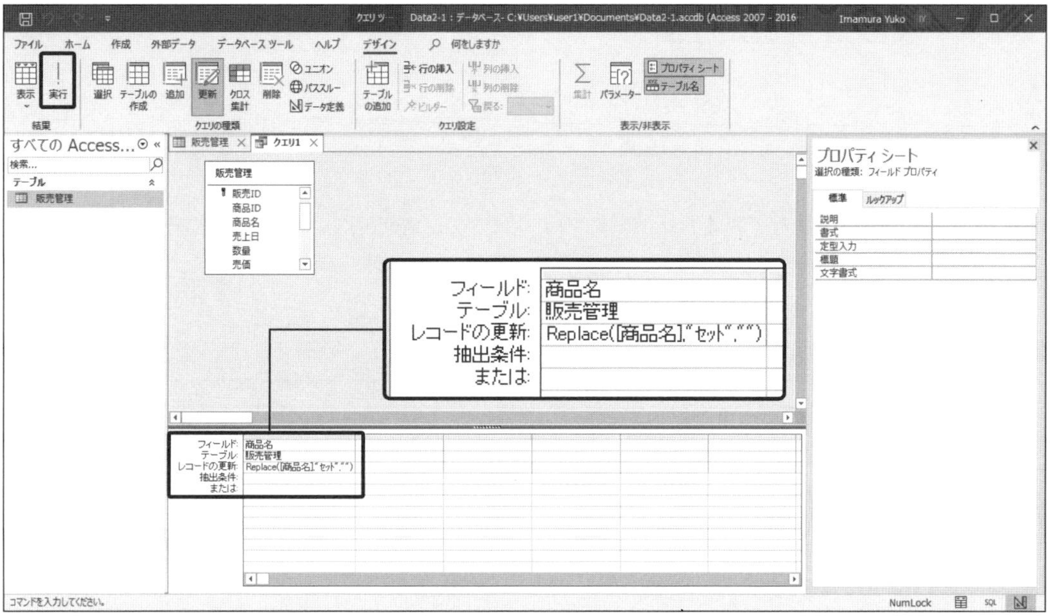

続けて「Replace([商品名],"本","本セット")」を実行します（**図55**）。

図55 全角の「セット」を付け加える更新クエリを実行

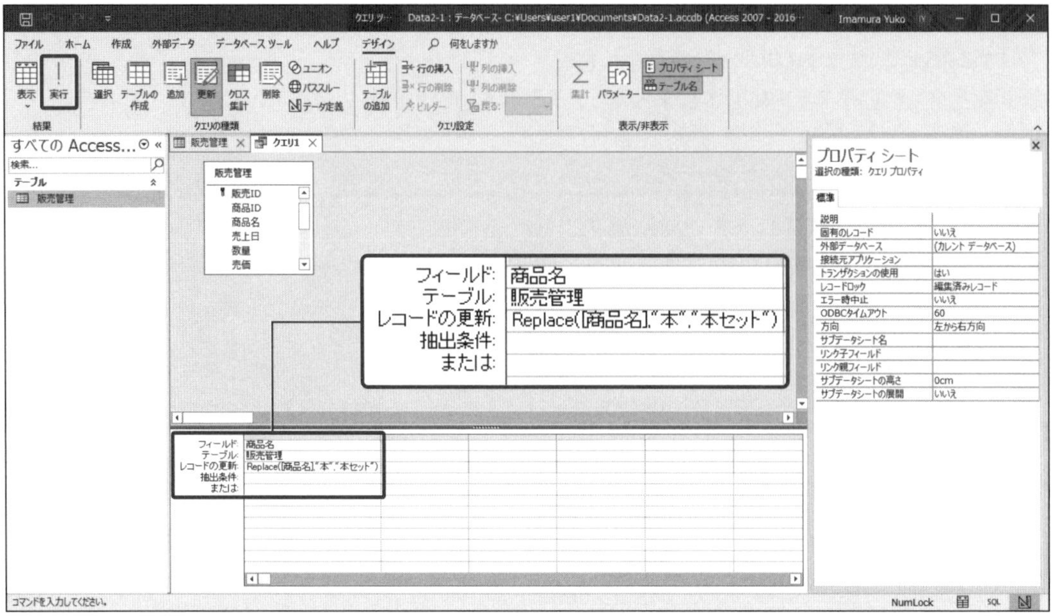

これでテーブルを確認してみましょう。このようにして、Access を使っても表記を統一することができました（図56）。

図56 表記が統一できた

販売ID	商品ID	商品名	売上日	数量	売価	製造場所	定価	原価	取引先	営業所
1	RD10-10	赤1.0mm 10本セット	2021/02/25	196	1,170	c工場	1,300	950	B社	札幌
2	GR05-50	緑0.5mm 50本セット	2021/02/26	62	4,800	d工場	6,000	4,500	G社	福岡
3	OR03-10	橙0.3mm 10本セット	2021/02/26	33	1,080	d工場	1,200	900	D社	福岡
4	BK03-10	黒0.3mm 10本セット	2021/02/26	275	1,080	a工場	1,200	900	G社	札幌
5	GR07-10	緑0.7mm 10本セット	2021/02/28	9	1,170	e工場	1,300	950	G社	札幌
6	OR07-10	橙0.7mm 10本セット	2021/02/28	76	1,170	e工場	1,300	950	I社	札幌
7	RD10-01	赤1.0mm 単品	2021/02/02	191	130	c工場	130	95	J社	福岡
8	RD05-01	赤0.5mm 単品	2021/02/02	169	120	c工場	120	90	I社	名古屋
9	GR07-50	緑0.7mm 50本セット	2021/03/02	42	5,200	e工場	6,500	4,750	E社	札幌
10	GR10-50	緑1.0mm 50本セット	2021/03/02	1	5,200	e工場	6,500	4,750	F社	大阪
11	RD07-10	赤0.7mm 10本セット	2021/03/04	177	1,170	c工場	1,300	950	C社	札幌
12	GR07-01	緑0.7mm 単品	2021/03/04	6	130	e工場	130	95	J社	福岡
13	OR05-01	橙0.5mm 単品	2021/03/05	35	120	d工場	120	90	G社	福岡
14	RD03-50	赤0.3mm 50本セット	2021/03/06	214	4,800	c工場	6,000	4,500	A社	大阪
15	RD07-10	赤0.7mm 10本セット	2021/03/06	165	1,170	c工場	1,300	950	E社	札幌
16	RD07-50	赤0.7mm 50本セット	2021/03/07	199	5,200	c工場	6,500	4,750	G社	名古屋
17	BL10-10	青1.0mm 10本セット	2021/03/08	93	1,170	b工場	1,300	950	A社	札幌
18	BK05-10	黒0.5mm 10本セット	2021/03/08	276	1,080	a工場	1,200	900	A社	東京
19	BL05-50	青0.5mm 50本セット	2021/03/09	55	4,800	a工場	6,000	4,500	D社	東京
20	BL10-50	青1.0mm 50本セット	2021/03/09	85	5,200	b工場	6,500	4,750	B社	東京
21	BL10-01	青1.0mm 単品	2021/03/10	52	130	b工場	130	95	A社	大阪
22	RD03-01	赤0.3mm 単品	2021/03/10	131	120	c工場	120	90	A社	名古屋
23	BL05-01	青0.5mm 単品	2021/03/12	61	120	a工場	120	90	G社	大阪
24	BL05-50	青0.5mm 50本セット	2021/03/14	62	4,800	a工場	6,000	4,500	C社	名古屋
25	GR05-01	緑0.5mm 単品	2021/03/15	40	120	d工場	120	90	D社	東京
26	OR10-50	橙1.0mm 50本セット	2021/03/15	79	5,200	e工場	6,500	4,750	B社	札幌
27	BK07-10	黒0.7mm 10本セット	2021/03/15	233	1,170	b工場	1,300	950	B社	東京
28	GR05-10	緑0.5mm 10本セット	2021/03/16	40	1,080	d工場	1,200	900	A社	東京
29	OR07-01	橙0.7mm 単品	2021/03/16	7	130	e工場	130	95	J社	名古屋
30	RD10-01	赤1.0mm 単品	2021/03/16	148	130	c工場	130	95	F社	東京
31	BL05-01	青0.5mm 単品	2021/03/16	45	120	a工場	120	90	H社	東京

2-7 Accessでのデータ管理

2-6までで、Excel のデータをAccessに移すことができました。このデータを使って運用していく上での注意事項や、データの扱い方を解説します。

2-7-1 データ管理はAccessだけで

1-4でも説明しましたが、正しいデータの所在は、必ず1つでなくてはなりません。今後Excelでは「Accessから取り出したデータを加工」することを目的とし、「正しいデータは必ずAccessにある」というルールを徹底してください。

つまりは、新しいデータを追加する、データを修正する、不要なデータを削除する、いずれも**Excelでは行わず、Accessでデータを一元管理する**ということです。

2-7-2 レコードの追加

新しいレコードを追加したい場合は、レコードを追加するテーブルをデータシートビューで開き、「ホーム」タブの「新規作成」をクリックすることでレコードの一番下の「新規」行に移動できます。ここへ直接データを入力します(**図57**)。どこか1つフィールドを入力すると、オートナンバーである「ID」に自動で番号が入ります。

図57 レコードの追加

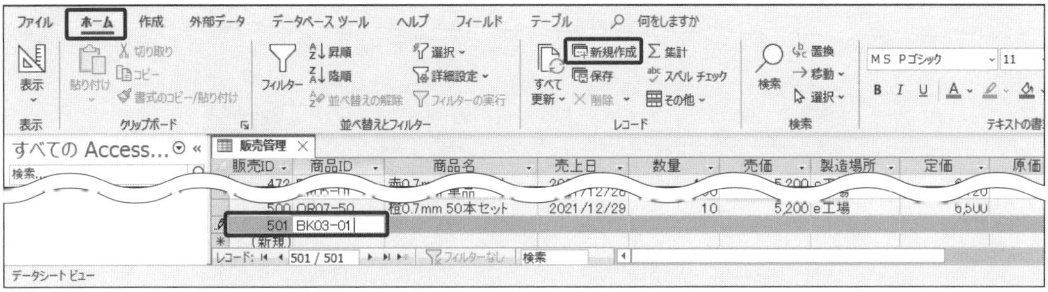

2-6まででせっかくデータの表記を統一したのに、ここで間違った表記で入力してしまっては意味がないので、十分注意してください。

CHAPTER 1 2 3 4 5 6 7 8 APPENDIX A

2-7-3 レコードの更新

登録されたレコードのデータを変更することを、データベースの用語では**更新**と呼びます。1つのフィールドを選択して、データを上書きします(**図58**)。レコードの一番左に鉛筆マークが出ている間は、「元に戻す」アイコンをクリックするか Esc キーを押すと、データを元に戻せます。「ホーム」タブの「保存」をクリックすると鉛筆マークが消え、レコードの更新が確定します。

また、Accessでは編集中のレコードから選択を移動させると、移動前に自動でレコードが更新されます。

図58 レコードの更新

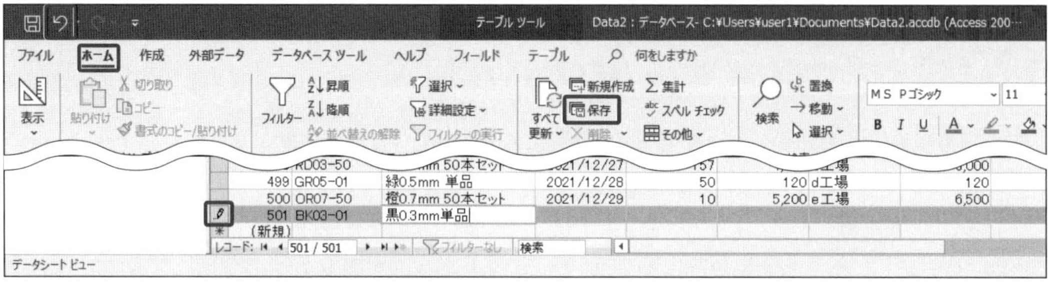

2-7-4 レコードの削除

データベースでは、レコードがデータの最小単位なので、不要なデータはレコードごと削除します。**図59**のように、レコードの左端を右クリックして、「レコードの削除」を選択します。または、「ホーム」タブの「削除」をクリックしても同じ操作ができます。

図59 レコードの削除

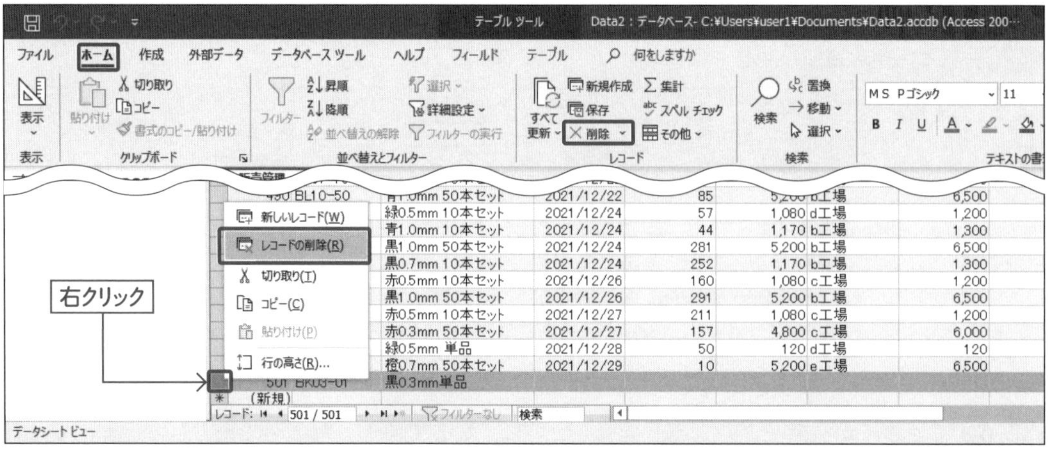

CHAPTER

3

VBAを使って Excelのデータを Accessに書き込む

3-1 テーブルを作成する

CHAPTER 2ではAccessの標準機能を使ってExcelファイルのデータをAccessに書き込みました。CHAPTER 3では、Excel側からVBAを使ってAccessにデータを書き込みます。

3-1-1 テーブル名を設定する

CHAPTER 3ではExcel VBAを使ってAccessのデータベースを操作するのですが、Accessに書き込む方法は異なるものの、使用するExcelファイルは同じです。**2-4**などの方法で整理整頓・表記の統合がなされたExcelファイルが存在している(解説ではサンプルファイルの「CHAPTER3」フォルダー→「Berfore」フォルダーのSampleData3.xlsxを使います)という前提で、これ以降の解説を進めます。

Excelからデータを書き込むための、Accessファイルを用意します。**2-1-1**を参考に「Data.accdb」という名前のデータベースを作成しましょう(**図1**)。

図1 新規Accessファイル

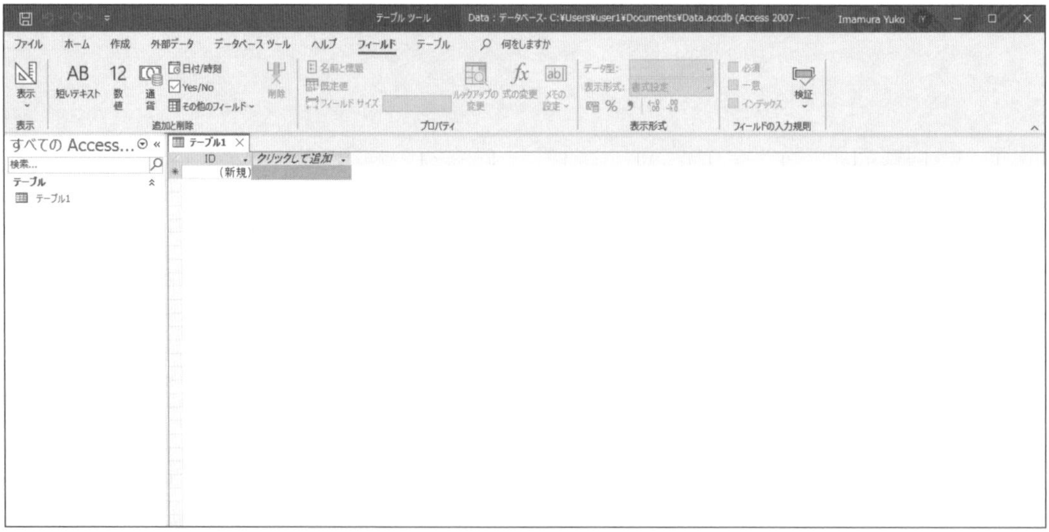

テーブルが1つ作成されているので名前を付けて保存します。「テーブル1」タブを右クリックして「上書き保存」をクリックし、「名前を付けて保存」ダイアログボックスにテーブル名を入力して「OK」ボタンをクリックします。例として、「販売管理」という名前にしてみましょう(図2)。

図2 名前を付けて保存

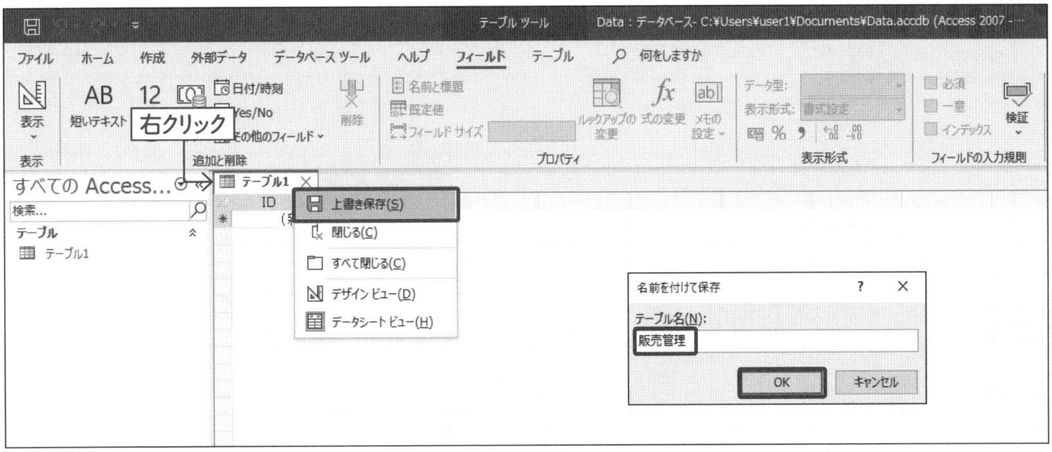

これで「テーブル1」が「販売管理」という名前になりました(図3)。

図3 テーブル名が変更された

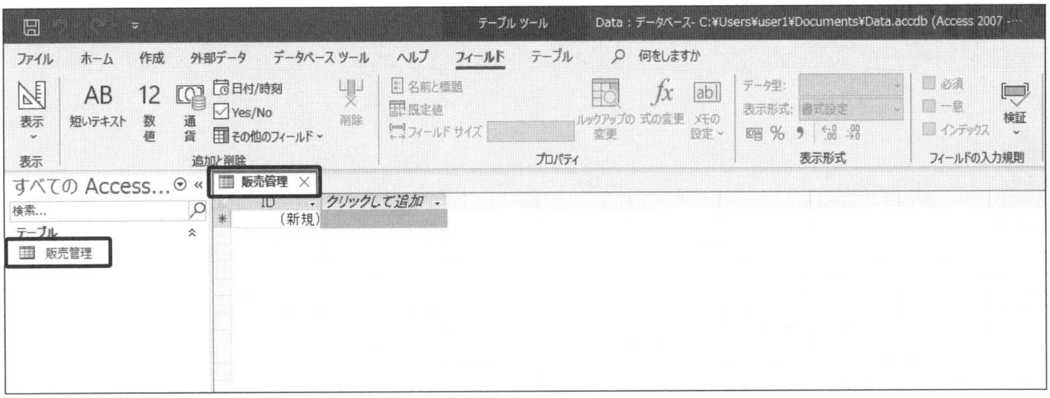

3-1-2 フィールド名と型を設定する

名前を変更したら、次はフィールドを作成して、それぞれのフィールドにデータ型を設定していきます。リボンの「表示」から「デザインビュー」を選択します(図4)。

図4 「デザインビュー」への変更

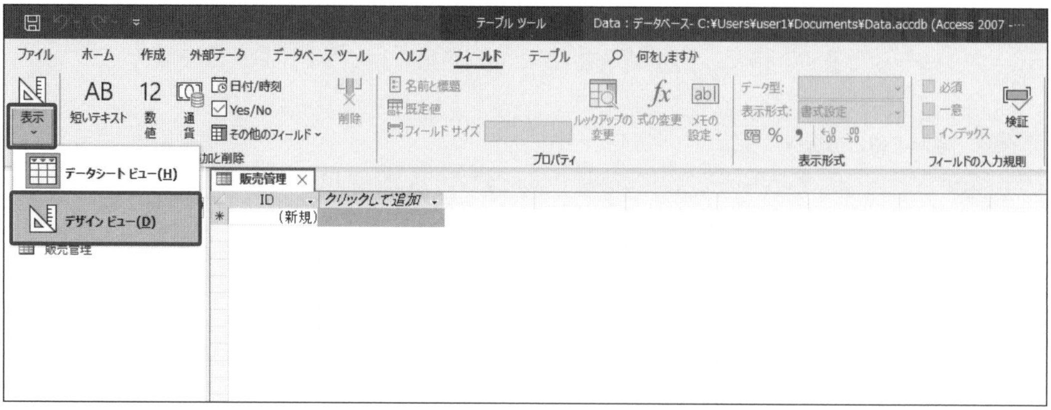

切り替わった画面が**デザインビュー**です(**図5**)。デザインビューはフィールド名やオプションの設定を行うモードです。切り替え前の画面は**データシートビュー**と呼び、テーブルに入っているデータを閲覧・編集できます。

図5 デザインビュー

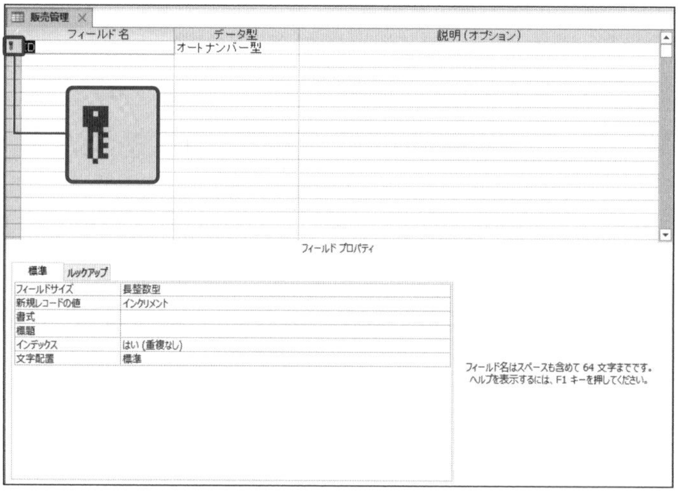

デザインビューで、フィールドの設定を行っていきます。

初期設定として「ID」というフィールドが主キーになっているので、そこを「販売ID」に修正します。Excelのシートにはなかったフィールドですが、主キー(左端に鍵のマーク)とするために新たに設定します。他の部分はExcelのシートを見ながら書き込みたいデータのフィールド名を入力し、**表1**を参考にフィールドにデータ型を設定していきます。本書では極力シンプルに解説するため価格に関するフィールドを数値型にしていますが、通貨型にしても問題ありません。

表1 フィールドの設定

フィールド名	データ型
販売ID	オートナンバー型
商品ID	短いテキスト
商品名	短いテキスト
売上日	日付／時刻型
数量	数値型（長整数型）
売価	数値型（長整数型）
製造場所	短いテキスト
定価	数値型（長整数型）
原価	数値型（長整数型）
取引先	短いテキスト
営業所	短いテキスト
社員名	短いテキスト

基本的には「フィールドプロパティ」（画面下半分）はデフォルトのままで構いませんが、日付／時刻型は用途に合った書式を選んでおくとデータが読みやすくなります。本書では、「売上日」の型には、「書式」の右端の▼をクリックして、**図6**のように「日付(S)」を選択しておきます。最後に上書き保存してテーブルを閉じておきましょう。

図6 日付の書式を変更する

3-2 VBAの基礎知識

AccessでテーブルBの準備ができたら、次はExcelでVBAを使う準備をします。CHAPTER 3では、VBAを扱うための基礎的なことを学んでいきましょう。

3-2-1 xlsm形式（マクロを含む形式）で保存する

Excelは、マクロを含まないファイルは「.xlsx」、マクロを含むファイルは「.xlsm」という拡張子で区別されています。VBAを使うということは、マクロを含むファイルにしなければならないので、「.xlsm」でファイルを作成し直します。

サンプルファイルの「CHAPTER3」フォルダー→「Before」フォルダーに収録されているSampleData3.xlsxを開いてください。このファイルは**CHAPTER 2**で処理したものと同様に整理整頓・表記の統合がなされています。

このファイルには、Accessで主キーとして設定した「販売ID」がありませんが、「販売ID」のデータ型を**オートナンバー型**（他のフィールドを書き込む際に自動で数値が振られる型）に設定したので、Excel側では「販売ID」の追加は不要です。

では、拡張子をxlsmに変更しましょう。リボンの「ファイル」タブをクリックし、「名前を付けて保存」を選択します。保存場所を指定して、ファイルの種類を「Excelマクロ有効ブック(*.xlsm)」にして保存します。ファイル名は「SampleSystem.xlsm」とします（**図7**）。

図7 「.xlsm」拡張子で保存

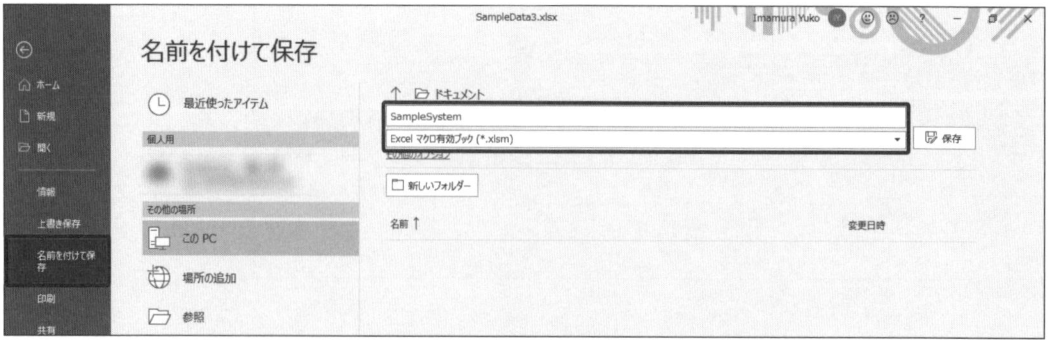

なお、サンプルファイルとして用意したファイルは各CHAPTERで区別するため「SampleSystem3.xlsm」のように該当のCHAPTERの番号が付いたファイル名になっています。

3-2-2 VBEを起動させる

拡張子が変更されたSampleSystem.xlsmにて、リボンの「開発」タブの「Visual Basic」をクリックすることで、VBE（P.25参照）が起動します（**図8**）。

図8 VBEの起動

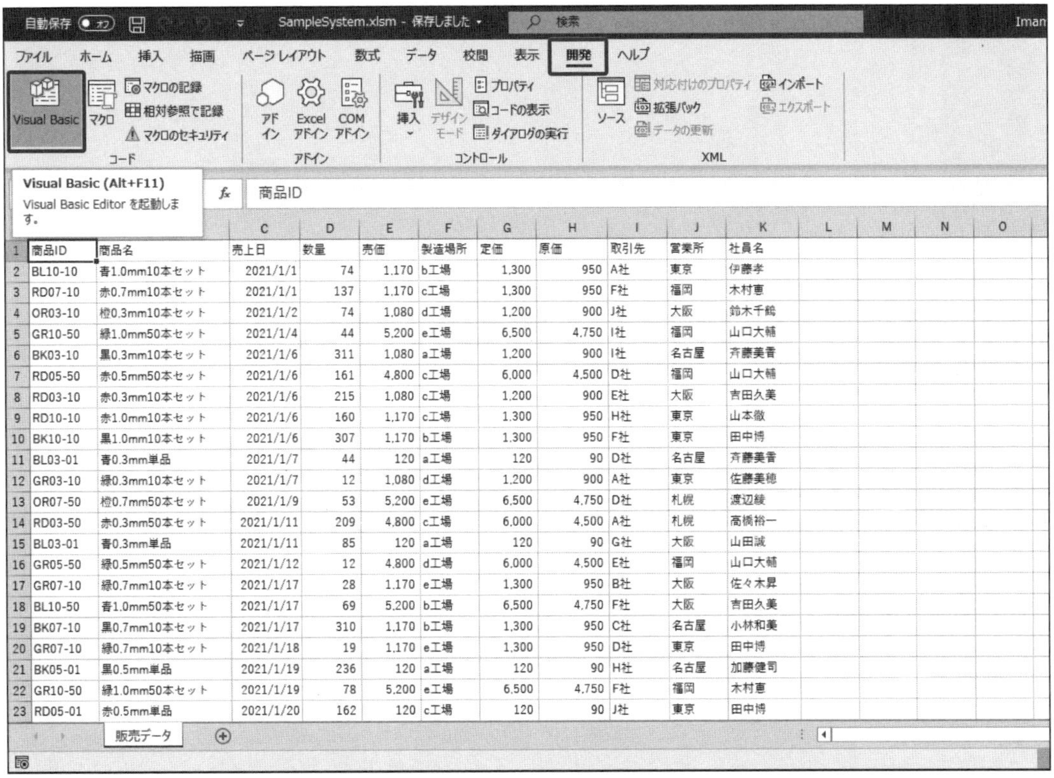

	C	D	E	F	G	H	I	J	K
1	商品ID	商品名	売上日	数量	売価	製造場所	定価	原価	取引先	営業所	社員名
2	BL10-10	青1.0mm10本セット	2021/1/1	74	1,170	b工場	1,300	950	A社	東京	伊藤孝
3	RD07-10	赤0.7mm10本セット	2021/1/1	137	1,170	c工場	1,300	950	F社	福岡	木村恵
4	OR03-10	橙0.3mm10本セット	2021/1/2	74	1,080	d工場	1,200	900	J社	大阪	鈴木千鶴
5	GR10-50	緑1.0mm50本セット	2021/1/4	44	5,200	e工場	6,500	4,750	I社	福岡	山口大輔
6	BK03-10	黒0.3mm10本セット	2021/1/6	311	1,080	a工場	1,200	900	I社	名古屋	斉藤美香
7	RD05-50	赤0.5mm50本セット	2021/1/6	161	4,800	c工場	6,000	4,500	D社	福岡	山口大輔
8	RD03-10	赤0.3mm10本セット	2021/1/6	215	1,080	c工場	1,200	900	E社	大阪	吉田久美
9	RD10-10	赤1.0mm10本セット	2021/1/6	160	1,170	c工場	1,300	950	H社	東京	山本徹
10	BK10-10	黒1.0mm10本セット	2021/1/6	307	1,170	b工場	1,300	950	F社	東京	田中博
11	BL03-01	青0.3mm単品	2021/1/7	44	120	a工場	120	90	D社	名古屋	斉藤美香
12	GR03-10	緑0.3mm10本セット	2021/1/7	12	1,080	d工場	1,200	900	A社	東京	佐藤美穂
13	OR07-50	橙0.7mm50本セット	2021/1/9	53	5,200	e工場	6,500	4,750	D社	札幌	渡辺綾
14	RD03-50	赤0.3mm50本セット	2021/1/11	209	4,800	c工場	6,000	4,500	A社	札幌	高橋裕一
15	BL03-01	青0.3mm単品	2021/1/11	85	120	a工場	120	90	G社	大阪	山田誠
16	GR05-50	緑0.5mm50本セット	2021/1/12	12	4,800	d工場	6,000	4,500	E社	福岡	山口大輔
17	GR07-10	緑0.7mm10本セット	2021/1/17	28	1,170	e工場	1,300	950	B社	大阪	佐々木昇
18	BL10-50	青1.0mm50本セット	2021/1/17	69	5,200	b工場	6,500	4,750	F社	大阪	吉田久美
19	BK07-10	黒0.7mm10本セット	2021/1/17	310	1,170	b工場	1,300	950	C社	名古屋	小林和美
20	GR07-10	緑0.7mm10本セット	2021/1/18	19	1,170	e工場	1,300	950	D社	東京	田中博
21	BK05-01	黒0.5mm単品	2021/1/19	236	120	a工場	120	90	H社	名古屋	加藤健司
22	GR10-50	緑1.0mm50本セット	2021/1/19	78	5,200	e工場	6,500	4,750	F社	福岡	木村恵
23	RD05-01	赤0.5mm単品	2021/1/20	162	120	c工場	120	90	J社	東京	田中博

リボンに「開発」タブが表示されていない場合、「ファイル」タブをクリックして、「オプション」を選択し、「リボンのユーザー設定」からメインタブの「開発」にチェックを入れてください（**図9**）。

図9 「開発」タブの出し方

なお、VBEの起動は「Alt + F11」のショートカットキーでも行えます。ショートカットキーの方が「開発」タブを表示させる必要もなくかんたんなので、覚えておくと便利です。

VBEを起動させると、**図10**のような画面になります。

図10 起動したVBE

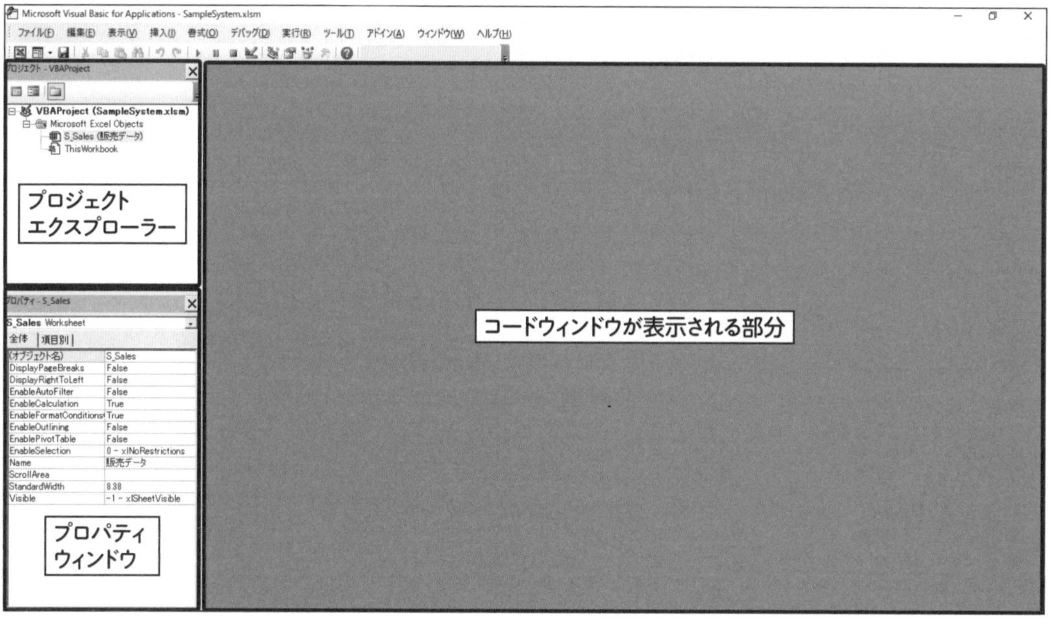

左上の枠が**プロジェクトエクスプローラー**という名称で、ファイルの構造が表示されています。その下にあるのが**プロパティウィンドウ**で、選択された項目に対してさまざまな設定を行います。現時点でグレーになっている右側部分に**コードウィンドウ**が開かれ、そこへプログラムを記述していきます。

3-2-3 モジュールとプロシージャ

VBE上で「挿入」→「標準モジュール」をクリックします。すると、プロジェクトエクスプローラーには「標準モジュール」というフォルダーアイコンが作成され、その中に「Module1」が作成されました（**図11**）。

これはプログラムを書く土台で、**モジュール**と呼びます。右側にコードウィンドウと呼ばれる画面が開かれ、ここへモジュールの中身が表示されます。薄くグレーがかかっているのが、現在コードウィンドウで開いているモジュールを表しています。

図11 モジュールの挿入

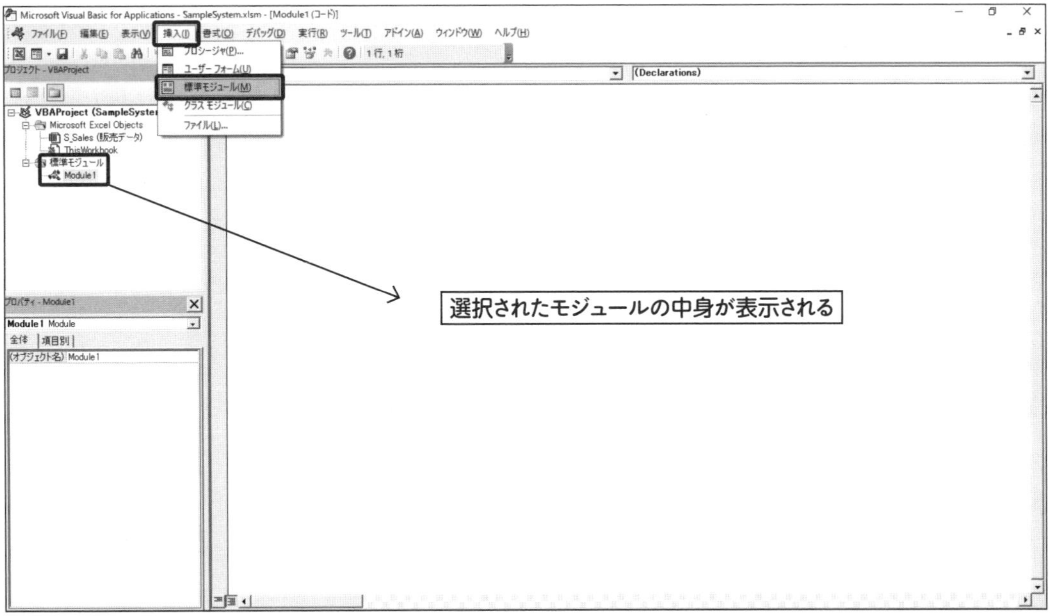

作成された「Module1」という名称のモジュールの中にプログラムを書いていくのですが、VBAではプログラムの1つのまとまりを**プロシージャ**と呼びます。プログラムを実行する際、そのプロシージャを指定し動作させることになります。プロシージャは、モジュールの中に複数作ることができます（**図12**）。

図12 モジュールとプロシージャのイメージ

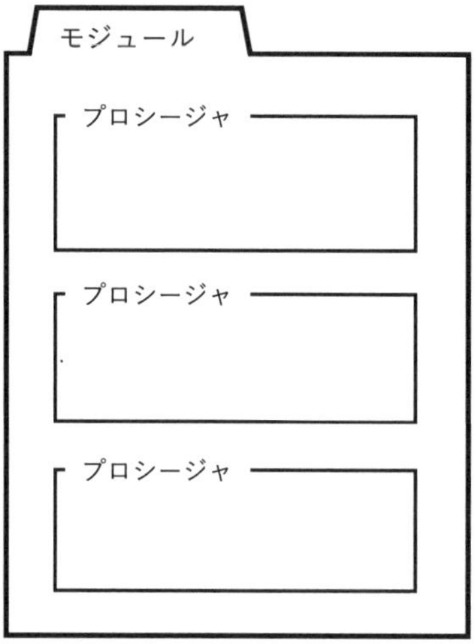

それではまず、プロシージャの「枠」を作成してみましょう。カーソルがコードウィンドウの中にある状態で、「挿入」→「プロシージャ」をクリックします(**図13**)。

図13 プロシージャの挿入

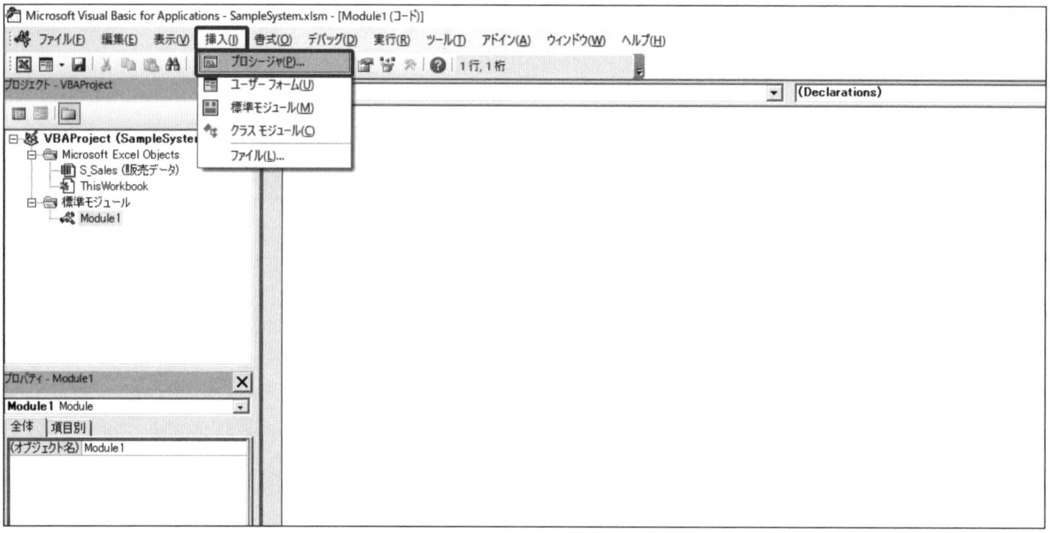

「プロシージャの追加」というウィンドウが表示されます。ここでは例として「procedure1」という名前で、**図14**のような設定で「OK」を押します。

図14 プロシージャの追加

すると、コードウィンドウに**図15**のように記述されました。「Public Sub procedure1()」がこのプロシージャの始まりで、「End Sub」が終わり、という意味です。つまりこれが「procedure1」という名前のプロシージャの「枠」となり、「Public Sub procedure1()」と「End Sub」の間に、**コード（指示を表す文字列）**を書くことになります。

図15 プロシージャが挿入された

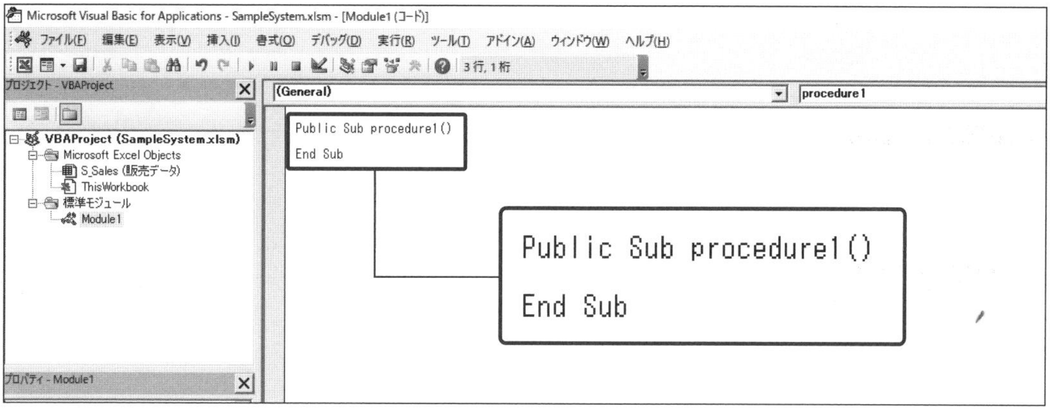

それでは、このプロシージャの枠内に、コードを書いてみましょう。ここでは、「こんにちは」というメッセージを出力する命令を**コード1**のように書きます。ひらがな部分のみ全角で、あとはすべて半角文字となりますので、注意して入力してください。

コード1 メッセージを出力する命令

```
Public Sub procedure1()
    MsgBox "こんにちは"
End Sub
```

Tab でインデント　半角スペースで区切る

命令を行うための記述とは別の、特定の文字を指定するための記述を**文字列**と呼び、「"(ダブルクォーテーション)」で括って区別します。

また、インデントとはプログラムの動作には関係ありませんが、人間が読みやすくするための工夫の1つです。プロシージャのように「ここからここまでが1つのブロック」という箇所を見た目でわかりやすくするため、ブロックの中身をインデント(字下げ)して記述します。

3-2-4 命名規則

これだけで、ごくかんたんな「メッセージを出力する」プロシージャが完成しました。このままでも動作に問題はありませんが、先に進む前に覚えておきたいことがあります。それは、**モジュールやプロシージャの名前**です。

さきほどは暫定的に「Module1」「procedure1」という名前にしましたが、これはほとんど「名無し」と同じ状態です。「procedure1」という名前では、プロシージャということはわかりますが、なんの動作をするのかはまったくわかりません。一般的にはモジュールもプロシージャも複数作るものなので、このまま進めていくと、「あの動きをするプロシージャはどこ？」という事態になってしまいます(**図16**)。

図16 「名無し」のモジュールとプロシージャ

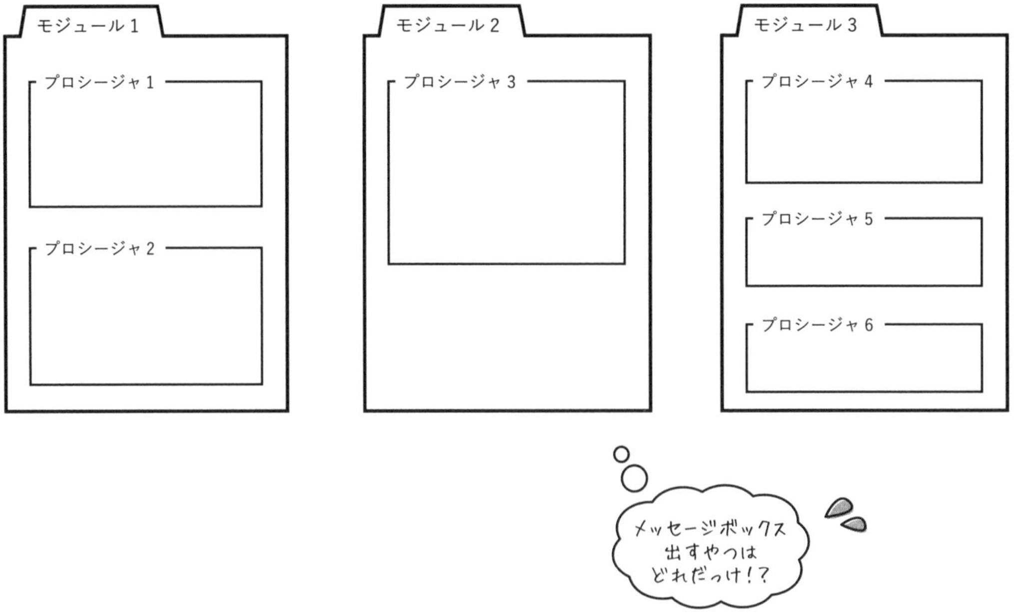

そうならないために、モジュールやプロシージャにはそれぞれ具体的な名前を付けておくことが大切なのですが、「自由に名前を付けてOK」となると、それはそれでまた煩雑になってしまうものです。

そのため、「名前付け」の前に、**名前付けを行うためのルール（命名規則）**を決めておきます。ちょっと面倒くさい気がするかもしれませんが、VBAによるプログラミングはすべて文字情報です。図やイラストなど、わかりやすい見た目での識別ができないので、「文字のみでシンプルに情報を持たせる」というルールを徹底することが、とても重要になるのです。

命名規則は、言語の違いやプログラミングを行うチームによって臨機応変に変えられるもので、「使いやすい」「読みやすい」ものを選定するとよいのですが、本書ではおおむね**表2**のようなルールで進めていきます。

表2 本書におけるモジュールとプロシージャの命名規則

種類	規則	目的	綴り方	例
モジュール	名詞	分類や役割を端的に表す	単語の先頭を大文字でつなげる	MessageManager
プロシージャ	動詞+名詞	作業内容を端的に表す	最初の文字のみ小文字で、単語の先頭を大文字でつなげる	showMessage

それでは、**表2**の命名規則に沿って、さきほど作ったプログラムを修正してみましょう。

最初にモジュール名です。**標準モジュール**はプロパティウィンドウの「オブジェクト名」で変更できるので、「MessageManager（メッセージ管理）」という名前にします。プロシージャは、名前の部分を直接書き換えることで変更できます。「showMessage（メッセージを表示する）」という意味のプロシージャに変更します（**図17**）。

図17 モジュール名とプロシージャ名を変更する

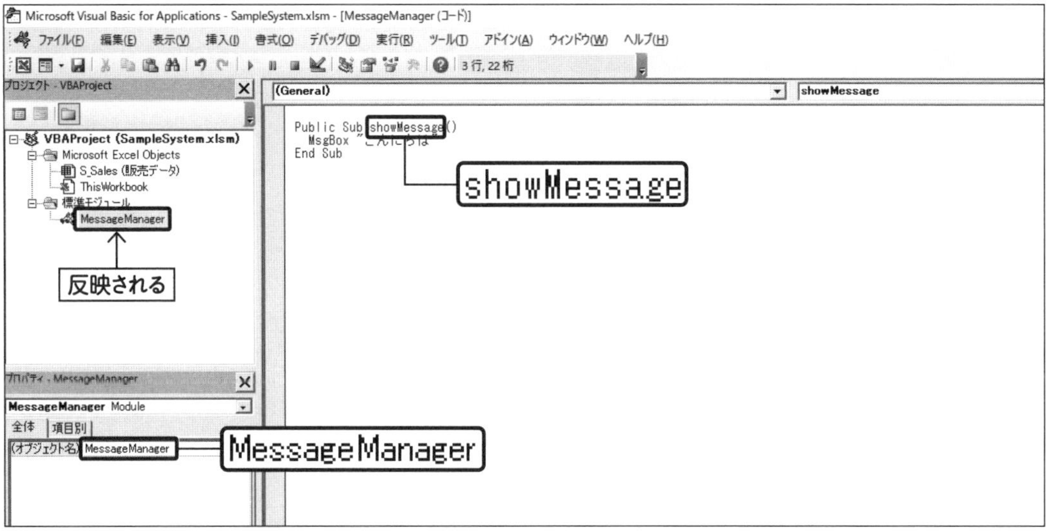

慣れないうちはちょっと読みにくく感じるかもしれませんが、これからプログラミングを進めて「あの内容を書いたプロシージャはどれ！？」というときに格段に探しやすく使いやすくなりますので、ぜひ書き方に慣れていってください。

3-2-5 プロシージャを実行する

プロシージャの中にカーソルがある状態（選択されている）にして、ツールバーの「実行」ボタンをクリックすることで、そのプロシージャを実行することができます（図18）。

図18 プロシージャの実行

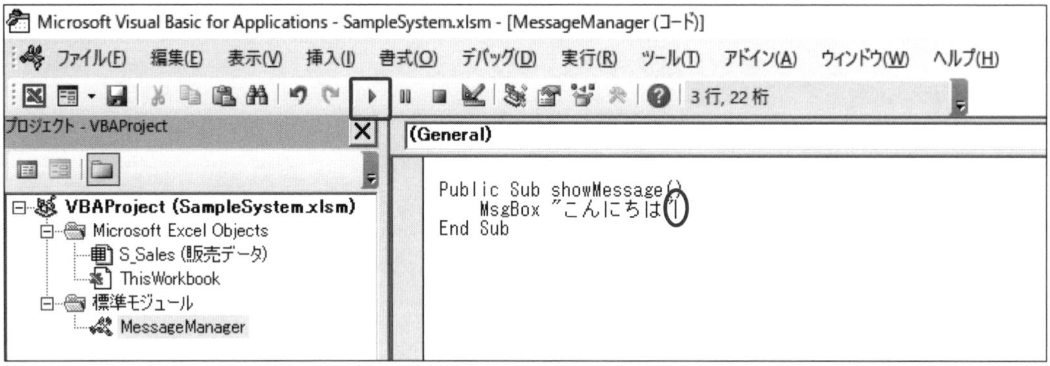

すると、VBEからExcel画面に切り替わり、そこへ図19のようにメッセージボックスが表示されます。「showMessage」プロシージャに書いた「こんにちは」という文字列が表示されていますね。

図19 メッセージボックスが表示された

「OK」ボタンをクリックすると、メッセージボックスが閉じ、プロシージャが終了します。

Excel画面からプロシージャを実行する場合は、「開発」タブ→「マクロ」(Alt + F8)で開かれるウィンドウで該当のプロシージャを選択し、「実行」をクリックすることで実行できます(図20)。

図20 Excel画面からプロシージャを実行するには

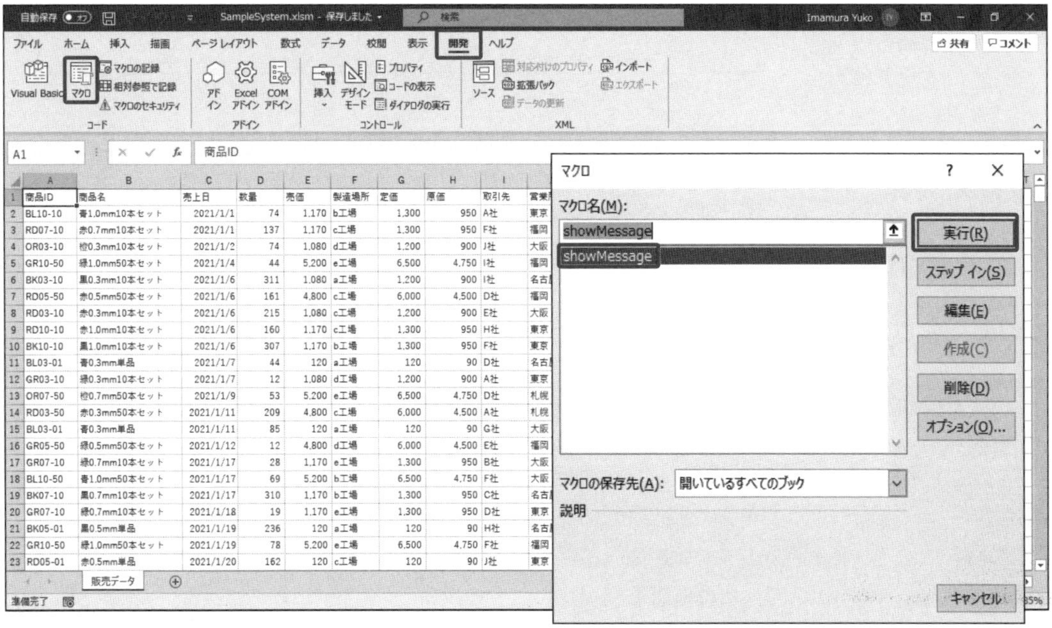

3-2-6 変数とは

次に、**変数**を使ってメッセージボックスに表示する文字列をそのつど変更できるようにしてみましょう。変数とは、コードの中で使える箱のようなもので、そのときの箱の中身を使ってコードを実行することができます(図21)。

図21 変数のイメージ

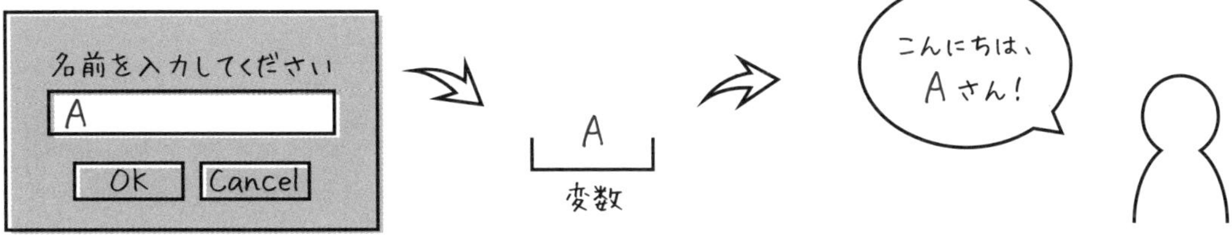

ここまで書いた「showMessage」プロシージャを**コード2**のように変更してみましょう。

CHAPTER 1
CHAPTER 2
CHAPTER 3
CHAPTER 4
CHAPTER 5
CHAPTER 6
CHAPTER 7
CHAPTER 8
APPENDIX A

コード2 変数を使ったプロシージャ

```
01 Public Sub showMessage()
02     Dim text As String ←「text」という名前の変数をString型で宣言
03     text = InputBox("名前を入力してください") ←ダイアログに入力された内容を「text」に代入
04     MsgBox text ←メッセージボックスに表示
05 End Sub
```

まず、変数は使う前に**宣言**を行います。「**Dim** 変数名 **As** 型」と記述することで、指定の型の変数をこれから使います、という意味となります。つまり、**コード2**の2行目では「String（文字列）型のtextという名前の変数を使います」と宣言しています。

変数の型には、例として**表3**のようなものがあります。

表3 変数の型の例

型名	表記	概要
長整数型	Long	-2,147,483,648～2,147,483,647の整数
文字列型	String	文字列
日付型	Date	日付（時刻も含むことができる）
ブール型	Boolean	TrueまたはFalse
バリアント型	Variant	すべての種類

変数の型はテーブルのデータ型とよく似ていますが、VBAではプログラミングを円滑に行うための型であり、テーブルでは無駄なくデータを蓄積していくための型なので、少々違う部分もあります。たとえばVBA のブール型がテーブルではYes/No型という名称になっていたり、文字列型が短いテキストと長いテキストと分かれていたりします。また自動で連番を振るオートナンバー型はデータベースならではの型です。

なお、変数は宣言を行わずに使用することもできるのですが、タイプミスなどでエラーが見つかりにくいデメリットがあるので、**宣言しなければ変数が使えない**機能を利用するのがおすすめです。モジュールの先頭に「Option Explicit」と書くことで設定できます（**コード3**）。

コード3 変数宣言の強制

```
Option Explicit ←変数宣言を強制する
────────────────────────────
Public Sub showMessage()
    Dim text As String
    text = InputBox("名前を入力してください")
```

```
    MsgBox text
End Sub
```

「Option Explicit」は「ツール」→「オプション」を選択して開くウィンドウの「編集」タブの「変数の宣言を強制する」にチェックを入れると（**図22**）、次回よりモジュールが新規作成されたときに自動で入力されるようになりますので、本書でもチェックを入れた状態で進めていきます。

また、同じウィンドウの「タブ間隔」で Tab キーによるインデント間隔を変更します。デフォルトで「4」ですが、できるだけ多くのコードを見渡せるように、本書では「2」へ変更しています。

図22 オプションで「変数宣言の強制」をデフォルトにする

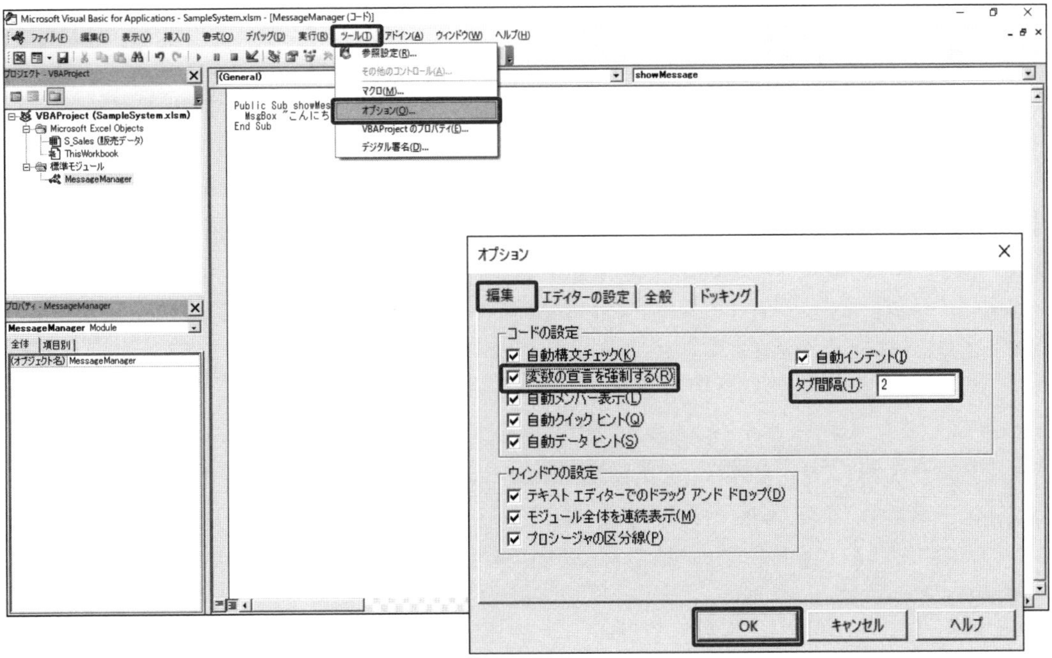

ここまでのコードを実行してみましょう。InputBoxダイアログが表示され、その中に入力した文字列が変数に代入されるため、その内容がMsgBoxに表示されました（**図23**）。

図23 変数を使ったメッセージボックス

3-3 VBAコード内でADOとSQLを利用する

それでは、ここからはデータベースと連携させた実用的なコードを記述していきましょう。

3-3-1 全体の流れとINSERT構文

MessageManagerモジュールに記述してきた**3-2**までのコードをすべて削除して、**コード4**を書きます。ちょっと長いですが、後でブロックに分けて解説するので、まずは書いてみてください。P.89までの変更がなされたサンプルが「CHAPTER3」フォルダー→「Before」フォルダーにSampleSystem3.xlsmとして収録されていますので、そちらを利用しても構いません。

3-2-3では「挿入」→「プロシージャ」で自動挿入しましたが、必要な記述がなされていれば直接入力でもプロシージャと認識されます。

なお、「'（シングルクォーテーション）」より右側は**コメントアウト**と呼び、実行されない領域になります。後からプログラムを読み返したときに内容がわかるように、プログラム中に作成者がメモを残すイメージです。なお、本書ではこれ以降、モジュールの先頭に「' # モジュールの概要」、プロシージャの先頭に「' ## プロシージャの概要」と、適宜解説のためのコメントを入れてプログラムを記述していきます。

コード4 Accessへレコードを挿入するためのコード

```
'# シート上データの移行 ←モジュールの概要
Option Explicit ←変数の宣言を強制する
────────────────────────────────────────
Public Sub insertRecord()
  '## レコードの挿入 ←プロシージャの概要

  '接続
  Dim cn As Object ←ADOコネクション用オブジェクトの宣言
  Set cn = CreateObject("ADODB.Connection") ←ADOコネクションを作成
  cn.Open "Provider=Microsoft.ACE.OLEDB.12.0;" & _
```

```
            "Data Source=" & ThisWorkbook.Path & "¥Data.accdb;" ←
                                                  Accessファイルを指定してコネクションを開く
    'SQL文の作成
    Dim sql As String ← SQL文用変数の宣言
    sql = _
      "INSERT INTO 販売管理(" & _
        "商品ID, " & _
        "商品名, " & _
        "売上日, " & _
        "数量, " & _
        "売価, " & _
        "製造場所, " & _
        "定価, " & _
        "原価, " & _
        "取引先, " & _
        "営業所, " & _
        "社員名) " & _
      "VALUES(" & _
        "'BL10-10', " & _
        "'青1.0mm10本セット', " & _
        "#2021/1/1#, " & _
        74 & ", " & _
        1170 & ", " & _
        "'b工場', " & _
        1300 & ", " & _
        950 & ", " & _
        "'A社', " & _
        "'東京', " & _
        "'伊藤孝');"

    '実行
    cn.Execute sql

    '接続解除
    cn.Close
    Set cn = Nothing

End Sub
```

このモジュールはExcel VBAを使ってAccessへレコードを移行する目的で使うので、モジュール名を「M_DataTransfer」へ変更します。ここより、「モジュール」や「シート」など多岐に渡るオブジェクトをコードで指定しなければならないので、先頭に種類の頭文字を付けることとします（シートのオブジェクト名も「S_Sales」になっています）。

ここまで変更を加えたものが、**図24**です。

図24 「M_DataTransfer」モジュール

5行, 21桁
プロジェクト - VBAProject
VBAProject (SampleSystem.xlsm)
Microsoft Excel Objects
S_Sales (販売データ)
ThisWorkbook
標準モジュール
M_DataTransfer
プロパティ - M_DataTransfer
M_DataTransfer Module
全体
項目別
(オブジェクト名) M_DataTransfer
M_DataTransfer
(General)
insertRecord
'# シート上データの移行
Option Explicit
Public Sub insertRecord()
'## レコードの挿入
'接続
Dim cn As Object 'ADOコネクション用オブジェクトの宣言
Set cn = CreateObject("ADODB.Connection") 'ADOコネクションを作成
cn.Open "Provider=Microsoft.ACE.OLEDB.12.0;" &
"Data Source=" & ThisWorkbook.Path & "¥Data.accdb;" 'Accessファイルを指定してコネクションを開く
'SQL文の作成
Dim sql As String 'SQL文用変数の宣言
sql =
"INSERT INTO 販売管理(" & _
"商品ID, " & _
"商品名, " & _
"売上日, " & _
"数量, " & _
"売価, " & _
"製造場所, " & _
"定価, " & _
"原価, " & _
"取引先, " & _
"営業所, " & _
"社員名) " & _
"VALUES(" & _
"'BL10-10', " & _
"'青1.0mm10本セット', " & _
"#2021/1/1#, " & _
74 & ", " & _
1170 & ", " & _
"'b工場', " & _
1300 & ", " & _
950 & ", " & _
"'A社', " & _
"'東京', " & _
"'伊藤孝');"
'実行
cn.Execute sql
'接続解除
cn.Close
Set cn = Nothing
End Sub

それではこのコードを詳しく見ていきます。この「insertRecord」プロシージャでは大きく分けて「Accessへの接続」「SQL文の作成」「実行」「Accessとの接続解除」の4つの動作を行います（**図25**）。

図25 4つのブロック

プロジェクト - VBAProject
VBAProject (SampleSystem.xlsm)
Microsoft Excel Objects
S_Sales (販売データ)
ThisWorkbook
標準モジュール
M_DataTransfer
プロパティ - M_DataTransfer
M_DataTransfer Module
全体
項目別
(オブジェクト名) M_DataTransfer
(General)
insertRecord
'# シート上データの移行
Option Explicit
Public Sub insertRecord()
'## レコードの挿入
'接続
Dim cn As Object 'ADOコネクション用オブジェクトの宣言
Set cn = CreateObject("ADODB.Connection") 'ADOコネクションを作成
cn.Open "Provider=Microsoft.ACE.OLEDB.12.0;" &
"Data Source=" & ThisWorkbook.Path & "¥Data.accdb;" 'Accessファイルを指定してコネクションを開く
Accessへの接続
'SQL文の作成
Dim sql As String 'SQL文用変数の宣言
sql =
"INSERT INTO 販売管理(" & _
"商品ID, " & _
"商品名, " & _
"売上日, " & _
"数量, " & _
"売価, " & _
"製造場所, " & _
"定価, " & _
"原価, " & _
"取引先, " & _
"営業所, " & _
"社員名) " & _
"VALUES(" & _
"'BL10-10', " & _
"'青1.0mm10本セット', " & _
"#2021/1/1#, " & _
74 & ", " & _
1170 & ", " & _
"'b工場', " & _
1300 & ", " & _
950 & ", " & _
"'A社', " & _
"'東京', " & _
"'伊藤孝');"
SQL文の作成
'実行
cn.Execute sql
実行
'接続解除
cn.Close
Set cn = Nothing
Accessとの接続解除
End Sub

コード4ではデータベースに問い合わせるためにP.26で説明したSQLを利用しています。まずは、SQL文のブロックに注目してみましょう。データベースのテーブルにレコードを挿入するSQL文は**INSERT構文**と呼ばれ、**図26**のようなルールで書きます。

図26 INSERT構文

```
INSERT INTO テーブル名(フィールド名1, フィールド名2, …) VALUES(値1, 値2, …);
```

半角スペース

3-1で作成したAccessテーブルの構造を考慮して具体的な値と置き換えると、**図27**となります。SQLでも文字列を識別するための記号が必要ですが、VBAと区別するため「'(シングルクォーテーション)」を使っています。また、Accessでは日付の識別記号は「#」です。

図27 具体的な値と置き換える

```
INSERT INTO 販売管理(商品ID, 売上日, …) VALUES('BL10-10', #2021/01/01#, …);
```

SQLはVBAとは別の言語であり、そのままでは認識できないので、VBA上では文字列として扱います。その際、「"(ダブルクォーテーション)」で括ることで、"と"の間は文字列として認識されます。したがって、このSQL部分を「"(ダブルクォーテーション)」で括ります(**図28**)。また、「"」で括ることにより、「'」は文字列となるのでコメントアウトとは認識されなくなります。

図28 文字列として扱うためにダブルクォーテーションで括る

```
"INSERT INTO 販売管理(商品ID, 売上日, …) VALUES('BL10-10', #2021/01/01#, …);"
```

挿入したいフィールドはたくさんあるので、このまま書き連ねると横に長くなりすぎて読みにくくなってしまいます。VBAでは**末尾に**[スペース]+**「_」(アンダースコア)を打つと、1つの行と認識されたまま見た目上の改行を行うことができる**ので、適宜改行を行って読みやすくします。この場合は文字列なので、「&」も併用します(**図29**)。**&は文字列と文字列を結合します**。&を使わずにSQL文を続けて記述してもよいですが、1文が長くなりすぎて読みづらいので、1文を区切りのよい文字列の部分で分けて、結合することにしています。

図29 改行して読みやすくする

```
"INSERT INTO 販売管理(商品ID, 売上日, …) " & _
"VALUES('BL10-10', #2021/01/01#, …);"
```

スペース
改行
文字列結合

さらに1つのフィールド・値ごとに改行を加えたものが**図30**です。冒頭の**コード4**は、この形ですべてのフィールド名と、それに対応する値を書いたものです。

図30 フィールド・値ごとに改行

```
"INSERT INTO 販売管理("
    "商品ID, " & _
    "売上日, " & _
    "…) " & _
"VALUES(" & _
    "'BL10-10', " & _
    "#2021/01/01#, " & _
    "…);"
```

インデント
スペース忘れずに

それでは、**3-2-5**を参考にプロシージャを実行してみましょう。現時点では、データの挿入先は「同じフォルダー上にあるData.accdb」と指定してあるので、**3-1**で作成したAccessファイルをこのExcelファイルと同じ場所に置いて実行してください。サンプルファイルの「CHAPTER3」フォルダー→「After」フォルダーに入っているData.accdbファイルも同じ状態ですので、そちらをコピーして使っても構いません。

確認メッセージなどは実装されていないので、実行してもなにも起こっていないように思えるかもしれませんが、Accessを開いてテーブルの中身を確認してみてください。正常に終了していればVBAで書いた値がテーブルに収納されています(**図31**)。

図31 Accessにレコードが書き込まれた

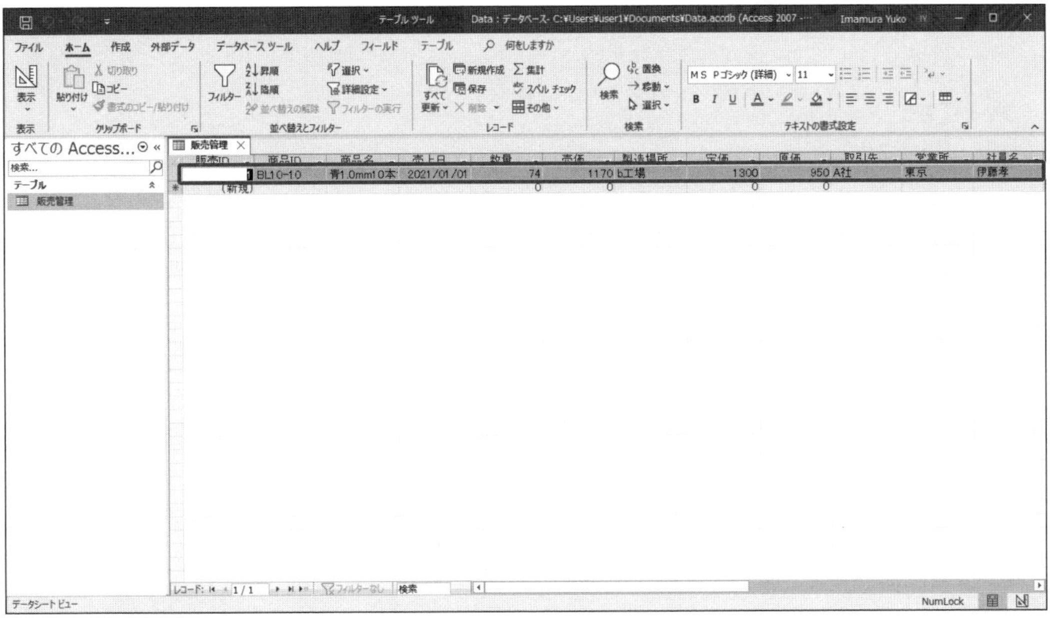

3-3-2 コネクションオブジェクト

今度は「SQL文の作成」部分を省略した**コード5**を見ながら、Accessとの接続・実行・接続解除の部分に注目してみましょう。ExcelからAccessを操作するには、ADOコネクションオブジェクトを作成します（5〜8行目）。接続先のAccessファイルが操作元のExcelファイルと同じフォルダーにある場合、「ThisWorkbook.Path」という記述で自分の置かれているフォルダーが取得できるので、それを利用しています（8行目）。

接続先を設定したコネクションを使ってSQL文を実行し（14行目）、最後にコネクションを閉じ、後片付けをしています（17〜18行目）。

コード5 コネクションオブジェクトの使用

```
01 Public Sub insertRecord()
02     '## レコードの挿入
03
04     '接続
05     Dim cn As Object 'ADOコネクション用オブジェクトの宣言
06     Set cn = CreateObject("ADODB.Connection") 'ADOコネクションを作成
07     cn.Open "Provider=Microsoft.ACE.OLEDB.12.0;" & _
08             "Data Source=" & ThisWorkbook.Path & "¥Data.accdb;" ←同じフォルダー上
09
```

```
10    'SQL文の作成
11    Dim sql As String 'SQL文用変数の宣言
~~~~~~~~~~~~~~~~~~~~ 略 ~~~~~~~~~~~~~~~~~~~~
12
13    '実行
14    cn.Execute sql
15
16    '接続解除
17    cn.Close
18    Set cn = Nothing
19
20  End Sub
```

なお、別フォルダーにあるAccessファイルを指定したい場合は、**コード5**の7～8行目を**コード6**のように記述します。ネットワークフォルダーも指定することができます。

コード6 別フォルダーのAccessファイルを使う場合

```
  cn.Open "Provider=Microsoft.ACE.OLEDB.12.0;" & _
          "Data Source=C:¥○○¥△△.accdb;" ←指定のフォルダーとファイル名
```

3-3-3 SQLにセルの値を組み込む

無事Excel VBAを使ってAccessへデータを書き込むことができましたが、現時点では値をコードに直接書いているので、このままでは実用的ではありません。シート上のセルの値をSQLに組み込むと、**コード7**のようになります。セルの値は「シートオブジェクト.Range("セル位置").Value」と書き、文字列や日付の識別記号「'」「#」がきちんと付加されるように「"」で区切りながら「&」で結合させます。

コード7 セルの値と結合させる

```
Dim sql As String
sql = _
  "INSERT INTO 販売管理(" & _
~~~~~~~~~~~~~~~~~~~~ 略 ~~~~~~~~~~~~~~~~~~~~
  "VALUES(" & _
    "'" & S_Sales.Range("A2").Value & "', " & _
    "'" & S_Sales.Range("B2").Value & "', " & _
    "#" & S_Sales.Range("C2").Value & "#, " & _
    S_Sales.Range("D2").Value & ", " & _
```

```
    S_Sales.Range("E2").Value & ", " & _
    "'" & S_Sales.Range("F2").Value & "', " & _
    S_Sales.Range("G2").Value & ", " & _
    S_Sales.Range("H2").Value & ", " & _
    "'" & S_Sales.Range("I2").Value & "', " & _
    "'" & S_Sales.Range("J2").Value & "', " & _
    "'" & S_Sales.Range("K2").Value & "');"
```

この部分はすべて同じシートのセルを指定しているので、**With～End Withを使うと、囲まれた範囲内で指定のオブジェクトを「.」で省略することができます**（コード8）。

コード8 Withを使ってシートを省略する

```
Dim sql As String
With S_Sales
  sql = _
    "INSERT INTO 販売管理(" & _
略
    "VALUES(" & _
      "'" & .Range("A2").Value & "', " & _
      "'" & .Range("B2").Value & "', " & _
      "#" & .Range("C2").Value & "#, " & _
      .Range("D2").Value & ", " & _
      .Range("E2").Value & ", " & _
      "'" & .Range("F2").Value & "', " & _
      .Range("G2").Value & ", " & _
      .Range("H2").Value & ", " & _
      "'" & .Range("I2").Value & "', " & _
      "'" & .Range("J2").Value & "', " & _
      "'" & .Range("K2").Value & "');"
End With
```

なお、今回のようにセルの値を取得したい場合、「.Value」を省略しても問題なく動作します。ただし、「Range("○○")」だけの記述だと、指定したいのはRangeオブジェクトそのものなのか、Value（値）プロパティなのか判別しにくくなるため、本書では明記して進めていきます。

コード4で作成した「insertRecord」プロシージャの「 'SQL文の作成」以降、「' 実行」までの部分をこの**コード8**に書き換えます。なお、**コード8**にて省略している部分は、**コード4**と変更はありません。

コード8に書き換えた上で、改めてプロシージャを実行すると、Access側には同じレコードが追加され、**図32**のようになります。Data.accdbが開いたままだった場合はリボンの「ホーム」→「すべて更新」をクリックすると表示を更新できます。

図32 レコードが追加された

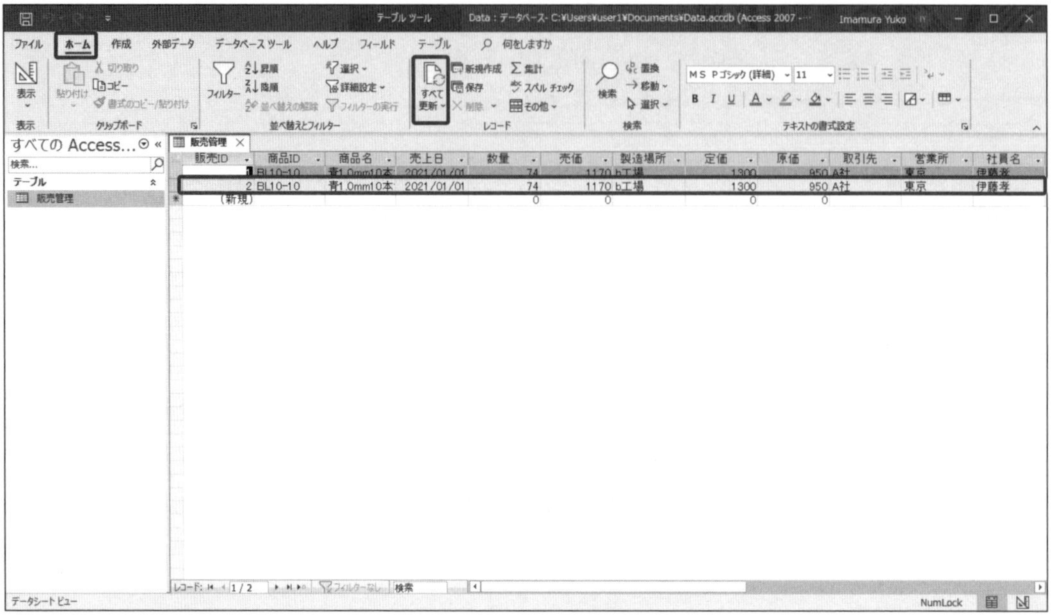

これで、Excelシート上のセルの値を使ってレコードの追加ができました。

3-4 複数のレコードを一度に書き込む

セルの値を書き込むことはできましたが、まだ1行分（1レコード）だけです。これをシートにある行数すべて書き込めるようにしてみましょう。

3-4-1 モジュールとプロシージャの分割

複数行への対応の前に、共通化できる部分を切り分けてしまいましょう。現時点では1つのプロシージャで、Accessデータベースへ接続、SQL作成、実行、接続解除とすべて行っています。全体が見通せて、これはこれでわかりやすいのですが、今後Accessとやりとりするたびにすべての記述をするのは非効率です。

接続、実行、接続解除の部分は今後も同じなので、この部分を別の場所へ移しておきましょう。

「挿入」→「標準モジュール」から新しいモジュールを作成し、オブジェクト名を「M_AccessExchange」にします。このモジュールへはAccessへ読み書きする際の共通部分だけを記述します。こうすることで、このモジュールはさまざまな場所から呼び出して便利に使うことができます。「M_AccessExchange」モジュールへは**コード9**を記述します。

コード9　「M_AccessExchange」モジュール

```
'# Accessとのやりとり
Option Explicit

Public Sub doExecute(ByVal sql As String)
  '## SQLの実行

  '接続
  Dim cn As Object
  Set cn = CreateObject("ADODB.Connection")
  cn.Open "Provider=Microsoft.ACE.OLEDB.12.0;" & _
          "Data Source=" & ThisWorkbook.Path & "¥Data.accdb;"

  '実行
  cn.Execute sql
```

```
15
16    '接続解除
17    cn.Close
18    Set cn = Nothing
19 End Sub
```

「M_DataTransfer」モジュールに書いた「insertRecord」プロシージャの「SQL作成」以外の部分だけになっています。4行目のプロシージャ名直後のカッコの中に「ByVal sql As String」と書いてあるのがポイントです。

今度は「M_DataTransfer」モジュールの「insertRecord」プロシージャを**コード10**のように修正します。コードウィンドウで「M_DataTransfer」モジュールが「M_AccessExchange」モジュールの下に隠れている場合、隠れているウィンドウをクリックして前面に表示させてください。

コード10 「insertRecord」プロシージャ

```
Public Sub insertRecord()
  '## レコードの挿入

  '接続
  Dim cn As Object
  Set cn = CreateObject("ADODB.Connection")
  cn.Open "Provider=Microsoft.ACE.OLEDB.12.0;" & _
          "Data Source=" & ThisWorkbook.Path & "¥Data.accdb;"

  'SQL文の作成
  Dim sql As String 'SQL文用変数の宣言
  With S_Sales
    sql = _
                              略
  End With

  '実行
  cn.Execute sql
  Call doExecute(sql)   ←引数を付けて別プロシージャを呼び出す

  '接続解除
  cn.Close
  Set cn = Nothing

End Sub
```

このプロシージャでは「接続」と「接続解除」の部分を削除し、「実行」部分は**コード9**で記述した「doExecute」プロシージャを呼び出す記述にしています。

2つのプロシージャの関係は**図33**のようになり、「insertRecord」プロシージャを実行すると、作成されたSQL文を「doExecute」プロシージャに引き渡して呼び出すことができます。これを**引数**と呼びます。

図33　2つのプロシージャの関係

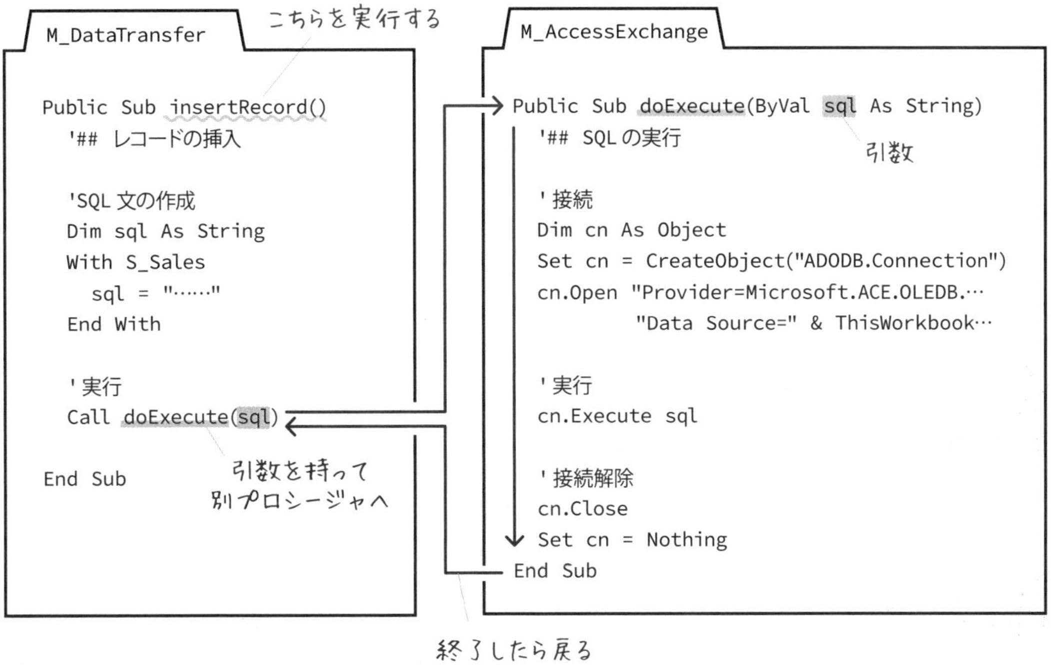
M_DataTransfer
こちらを実行する
Public Sub insertRecord()
'## レコードの挿入
'SQL文の作成
Dim sql As String
With S_Sales
sql = "……"
End With
'実行
Call doExecute(sql)
End Sub
引数を持って
別プロシージャへ
M_AccessExchange
Public Sub doExecute(ByVal sql As String)
'## SQLの実行
引数
'接続
Dim cn As Object
Set cn = CreateObject("ADODB.Connection")
cn.Open "Provider=Microsoft.ACE.OLEDB.…
"Data Source=" & ThisWorkbook…
'実行
cn.Execute sql
'接続解除
cn.Close
Set cn = Nothing
End Sub
終了したら戻る

受け取る側（呼び出される側）では、プロシージャ名直後のカッコの中で受け取る引数を宣言するのですが、呼び出す側と型が一致していないといけません。

A-1（P.360参照）でデバッグ方法を紹介しているので、「insertRecord」プロシージャを実行して2つのプロシージャがどのような順番で動いているか確認してみてください。

さて、「M_AccessExchange」モジュールにはAccessとのやりとりの共通部分のみを分割しました。現時点ではこのままでも問題ありませんが、今後「接続」「接続解除」のみを使うケースも出てきますので、それぞれ1つのプロシージャとして分割しておきます。「M_AccessExchange」モジュールを**コード11**のように書き換えましょう。

コード11　「M_AccessExchange」モジュール

```
'# Accessとのやりとり
Option Explicit
Private m_cn As Object 'ADOコネクション用オブジェクトの宣言

Private Sub connectDB()
  '## 接続

  Set m_cn = CreateObject("ADODB.Connection") 'ADOコネクションを作成
  m_cn.Open "Provider=Microsoft.ACE.OLEDB.12.0;" & _
          "Data Source=" & ThisWorkbook.Path & "¥Data.accdb;" 'Accessファイルを指定してコネクションを開く
End Sub

Private Sub disconnectDB()
  '## 接続解除

  m_cn.Close
  Set m_cn = Nothing
End Sub

Public Sub doExecute(ByVal sql As String)
  '## SQLの実行

  '接続
  Call connectDB

  '実行
  m_cn.Execute sql

  '接続解除
  Call disconnectDB
End Sub
```

まず新しく作ったプロシージャの先頭部分に注目してください。

いままで書いてきたプロシージャーの先頭には**Public**とありました。Publicは「どこからでも呼び出せる」という意味がありました。Excelシート上から alt + F8 キーで実行したり（P.85参照）、モジュールを超えて呼び出したりする必要があったためです。それに対して、新しく追加したプロシージャは**Private**と記述しています。Privateは「同一モジュールからでないと呼び出せない」という意味になります（**図34**）。

図34　PrivateとPublic

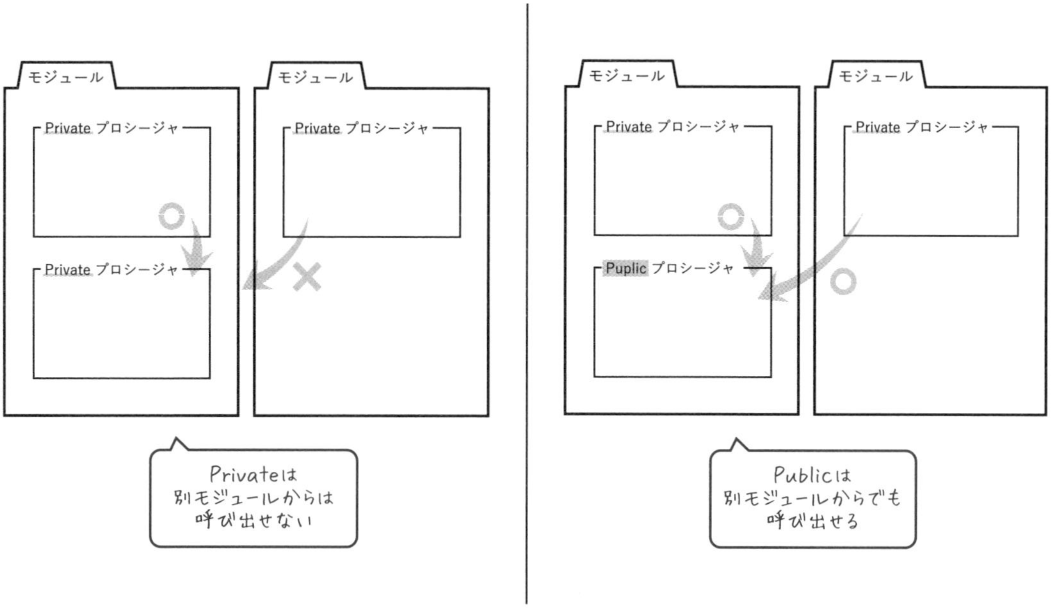

全部Publicにした方が便利な気がしますが、どうして区別するのでしょうか？　それは、プロシージャをPublicにしてしまうと、どこからでもそのプロシージャが使える反面、バグが発生しやすくなったり、安全性が低くなったりといったデメリットがあるからです。**適用範囲（スコープ）**は基本的に小さめで設定し、本当に必要なものだけ範囲を広げるという考え方が安心です。

なお、プロシージャのスコープは省略するとPublicとなります。Subから始まっているプロシージャはPublicが省略されていると覚えておきましょう。本書では、スコープを明確にするため、省略せずに記述します。

また、変数にもスコープがあり、プロシージャ内でDim宣言した変数はそのプロシージャ内でしか使用できません。変数を記述したモジュール内のすべてで利用できる変数にしたい場合、モジュールの先頭でPrivate宣言します（**図35**）。

図35 変数の適用範囲（スコープ）

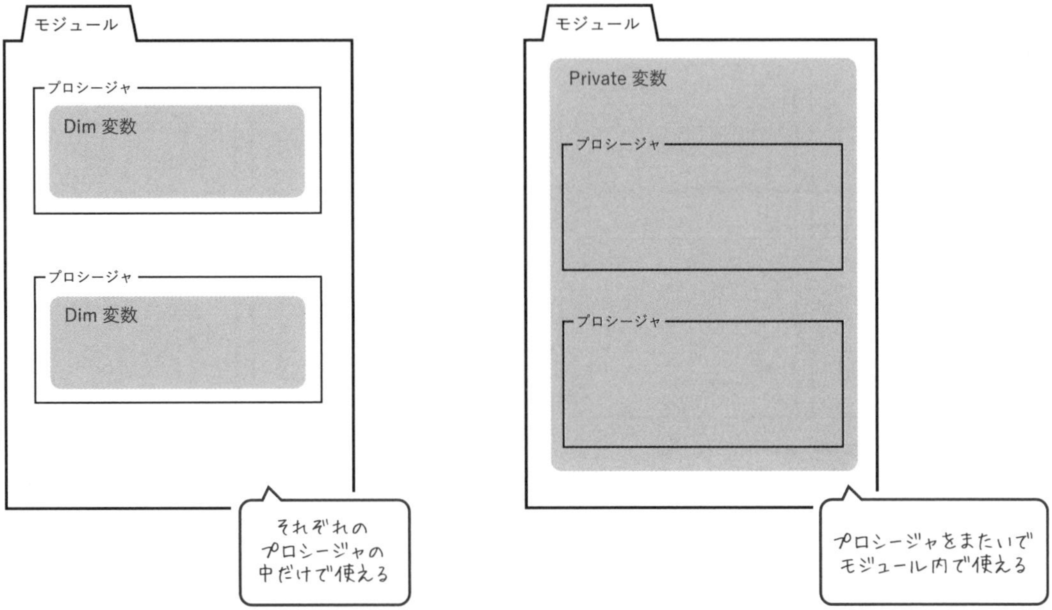

コード11では、プロシージャは3つに分割しましたが、コネクションオブジェクトはすべてのプロシージャで使用したいので、コネクションオブジェクト用の変数をPrivate宣言に変更しています。モジュールレベルであることをわかりやすくするため、変数名も「cn」から「m_cn」へ変えました。

「M_DataTransfer」モジュールの「insertRecord」プロシージャを実行すると、Data.accdbに3つ目のレコードが追加されました（**図36**）。モジュールとプロシージャを分割しましたが、**コード8**でのプログラムと同じ動作ができていますね。

図36 動作確認

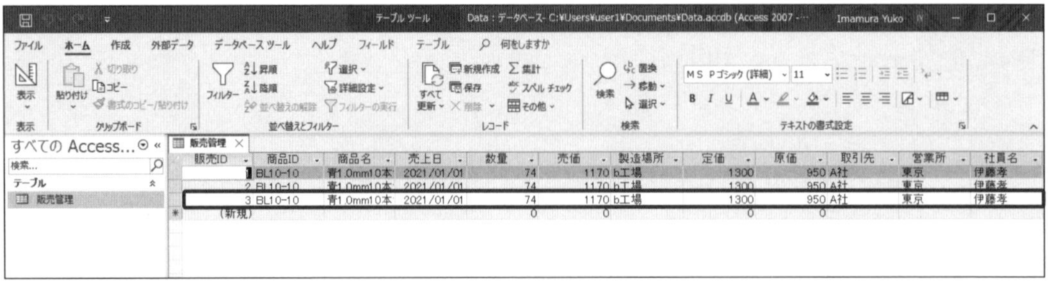

これで、汎用的に使える「M_AccessExchange」モジュールができました。

3-4-2 コレクションと繰り返し処理

それでは、複数行のデータ(複数レコード)を書き込めるように修正していきましょう。

書込の場合、SQLは1文で1レコードを扱うので、複数のレコードを扱いたい場合は、複数のSQLが必要です。そのため、複数の要素を持つことができるCollectionオブジェクトを使います(図37)。

図37 StringとCollectionのイメージ

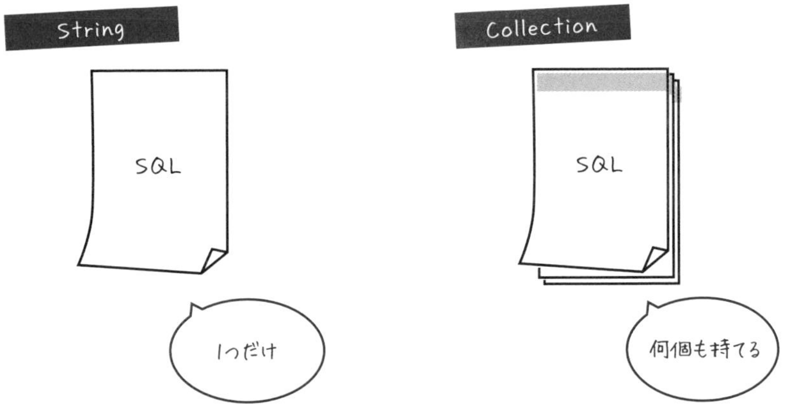

複数のSQL文をコレクションに格納するために、「どこからどこまで」を繰り返す、という処理を行います。今回の場合、「どこから」はシートの2行目で「どこまで」は最終行となりますが、この最終行はそのつど変わると考えるべきです。そのため、「最終行を取得する」という自作の**Function プロシージャ**を作りましょう。「M_Function」というオブジェクト名の新たな標準モジュールを作成して、**コード12**を記述します。

コード12 「M_Function」モジュール

```
'# 汎用関数
Option Explicit

Public Function getLastRow(ByVal ws As Worksheet) As Long
  '## シートを指定して最終行を返す

  getLastRow = ws.Cells(Rows.Count, 1).End(xlUp).Row
End Function
```

利用したい関数名と戻り値の型

A列の最大行から上方向にデータ終端行を探す

Functionプロシージャは、カッコ内で引数を受け取り、それに対応する値を**戻り値**として返すことができます。これで、別のモジュールから「getLastRow(シートオブジェクト)」を記述して呼び出せば、そのシートのA列の最終行が取得できます。
　このモジュールへは、今後も汎用的な関数が必要になったら追記していきます。

　なお、**コード12**で使われているCellsは、Rangeと同じようにシート上のセルを扱うことができますが、**図38**のように列と行の並びが逆になります。Rangeのカッコの中身は文字列、Cellsは数値で指定するのですが、変数を使う場合はCellsの方が便利です。

図38 RangeとCells

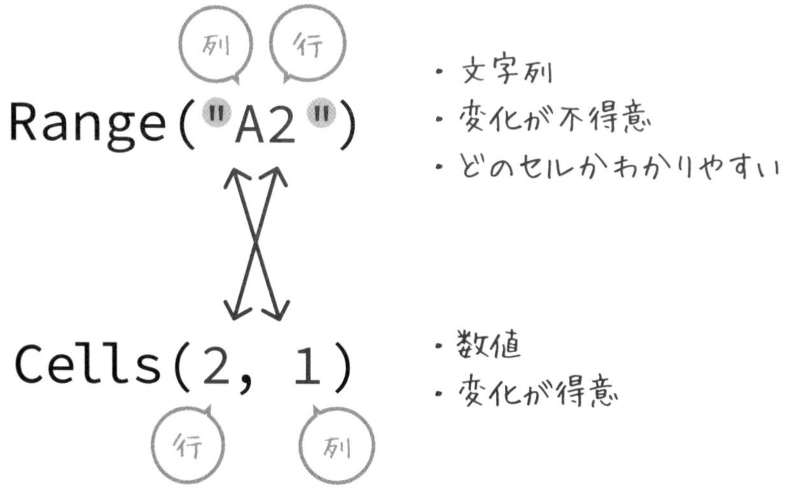

　ここで、1つVBEの操作を覚えておきましょう。モジュールが3つになってコードウィンドウ上で、プログラムを記述したり修正したりする目的のウィンドウが見つけづらくなってきました。目的のモジュールのコードを表示するには、プロジェクトエクスプローラー上で、目的のモジュールを右クリックして、「コードの表示」を選択します(**図39**)。これで記述・編集したいモジュールのコードを表示できます。標準モジュールの場合、プロジェクトエクスプローラー上で該当のモジュールをダブルクリックすることでもコードを表示できます。

図39 動作確認

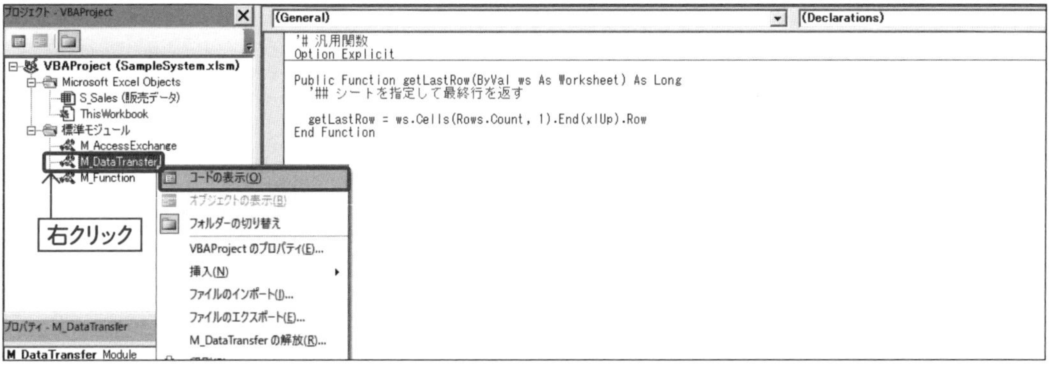

それでは「M_DataTransfer」モジュールを開き、さきほど作ったgetLastRow関数やRange/Cellsの違いを踏まえて、「insertRecord」プロシージャに**コード13**のように繰り返し処理を追記します。

コード13 「insertRecord」プロシージャ(「M_DataTransfer」モジュール)

```
Public Sub insertRecord()
  '## レコードの挿入

  'スタート行と最終行の取得
  Dim startRow As Long
  startRow = 2  ← スタート行
  Dim endRow As Long
  endRow = getLastRow(S_Sales)  ← 最終行を取得

  'コレクションの作成とテーブル初期化
  Dim sqlList As Collection
  Set sqlList = New Collection  ← コレクションを作成
  sqlList.Add "DELETE FROM 販売管理;"  ← テーブル内データを全削除するSQLをコレクションに追加

  'SQL文リストの作成
  Dim tgtRow As Long  ← 繰り返し用変数の宣言
  Dim sql As String  ← SQL文用変数の宣言
  For tgtRow = startRow To endRow  ← 指定行を繰り返す
    With S_Sales
      sql = _
        "INSERT INTO 販売管理(" & _
          "商品ID, " & _
          "商品名, " & _
          "売上日, " & _
          "数量, " & _
          "売価, " & _
```

```
27           "製造場所, " & _
28           "定価, " & _
29           "原価, " & _
30           "取引先, " & _
31           "営業所, " & _
32           "社員名) " & _
33         "VALUES(" & _
34           "'" & .Cells(tgtRow, 1).Value & "', " & _ ←Rangeから Cellsへ
35           "'" & .Cells(tgtRow, 2).Value & "', " & _
36           "#" & .Cells(tgtRow, 3).Value & "#, " & _
37           .Cells(tgtRow, 4).Value & ", " & _
38           .Cells(tgtRow, 5).Value & ", " & _
39           "'" & .Cells(tgtRow, 6).Value & "', " & _
40           .Cells(tgtRow, 7).Value & ", " & _
41           .Cells(tgtRow, 8).Value & ", " & _
42           "'" & .Cells(tgtRow, 9).Value & "', " & _
43           "'" & .Cells(tgtRow, 10).Value & "', " & _
44           "'" & .Cells(tgtRow, 11).Value & "');"
45     End With
46
47     sqlList.Add sql ←コレクションへ追加
48   Next tgtRow      ←tgtRowを次の値にしてForへ戻る
49
50   '実行
51   Call doExecute(sqlList) ←引数をコレクションに変更
52 End Sub
```

For～Next(18～48行目)間をスタート行から最終行の数値になるまで繰り返しながら、SQL文をコレクションに追加しています。なお、このコードは実行するたびに500件のレコードが重複してしまうので、最初にテーブル内を空にするSQL文を記述しています(13行目)。

テーブル内のレコードを削除するSQL文は「DELETE FROM テーブル名;」と書きます。

以上の変更により、「M_AccessExchange」モジュールの「doExecute」プロシージャ側にも変更が必要です。引数として受け取るSQL文を複数処理に対応させます(**コード14**)。

コード14 「doExecute」プロシージャ(「M_AccessExchange」モジュール)

```
Public Sub doExecute(ByVal sqlList As Collection) ←引数として受け取る型を変更
  '## SQLの実行

  '接続
  Call connectDB
```

```
'実行
Dim sql As Variant
For Each sql In sqlList  ← SQL文リストをループ
  m_cn.Execute sql  ← 1行ずつ実行
Next sql

'接続解除
Call disconnectDB
End Sub
```

これで「M_DataTransfer」モジュールの「insertRecord」プロシージャを実行すると、500件のレコードがAccessに書き込まれます（**図40**）。書き込む前にテーブルを空にする処理を組み込んだので、販売IDは4からになっており、件数は500件書き込まれているのがわかります。

図40　動作確認

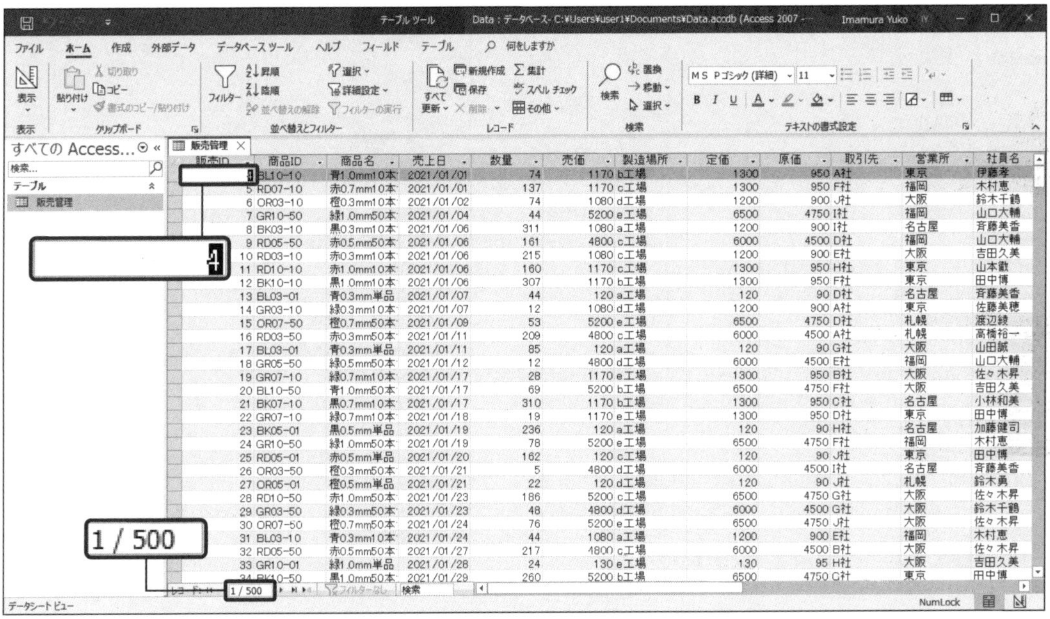

ここでも、A-1を参考にgetLastRow関数やFor～Nextがどんな順番で動いているのか、確認してみてください。

3-4-3　トランザクションと例外処理

ひとまず実装ができましたが、複数のSQLをまとめて実行する場合には、**トランザクション**（ここからここまでを1つの処理として扱うこと）も同時に考慮した方がよいでしょう。

今回のように複数のSQLをループしながら順番に実行していく場合、途中でエラーが起こった場合に「中途半端な状態で処理が中断してしまう」という可能性があります。この「中途半端な処理」は、運用上不具合になることも考えられます。

トランザクションを使うと、すべての処理がOKな場合に初めて「確定」の実行がなされ、途中でエラーが起きたときにそれまでの処理をなかったことにする、ということができるのです（**図41**）。

トランザクションは「正常の場合はAの動作、エラーの場合はBの動作」という**例外処理**と一緒に書きます。

図41 トランザクション

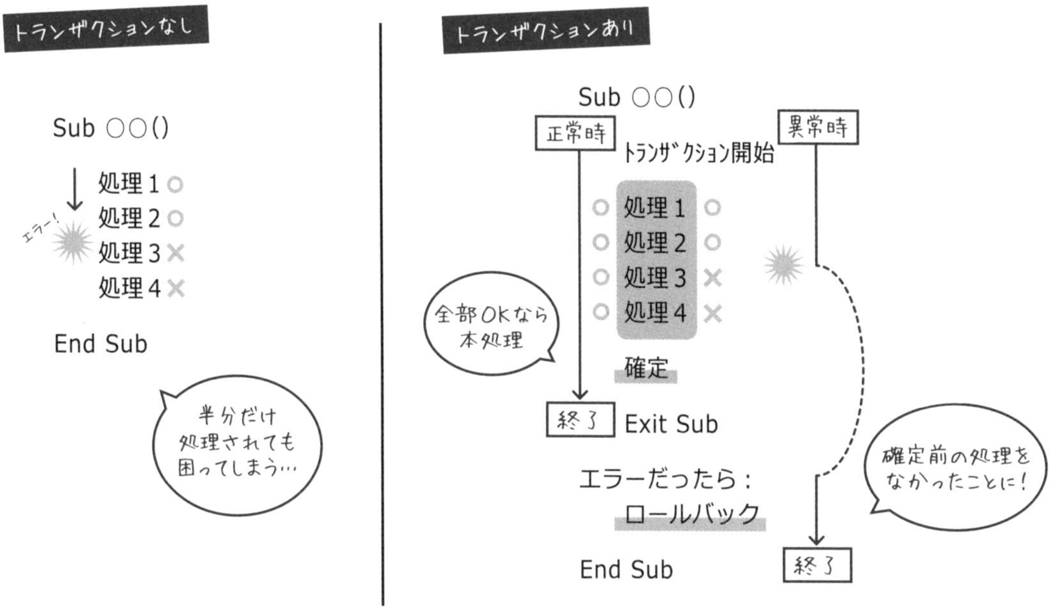

それでは、「M_AccessExchange」モジュールの「doExecute」プロシージャにトランザクションと例外処理を追加しましょう（**コード15**）。

コード15 トランザクションと例外処理の実装

```
Public Sub doExecute(ByVal sqlList As Collection)
  '## SQLの実行

  On Error GoTo ErrorHandler

  Call connectDB '接続
```

エラーが起きたら「ErrorHandler」にジャンプする指示

```

  m_cn.BeginTrans

  '実行
  Dim sql As Variant
  For Each sql In sqlList 'SQL文リストをループ
    m_cn.Execute sql '1行ずつ実行
  Next sql

  m_cn.CommitTrans

  GoTo Finally '正常に終了したら最終処理へジャンプ

ErrorHandler: '例外処理(エラーが起きたらここへジャンプ)
  m_cn.RollbackTrans
  Dim msgTxt As String
  msgTxt = "Error #: " & Err.Number & vbNewLine & vbNewLine & Err.Description 'エラーメッセージ格納
  MsgBox msgTxt, vbOKOnly + vbCritical, "エラー" 'メッセージ出力

Finally: '最終処理
  Call disconnectDB '接続解除
End Sub
```

トランザクション開始

この間で実行されたものは確定されるまで保留になる

確定

元の状態へ戻す

これで、Accessへの書込中にエラーが起こった場合、書込前の状態に戻り、エラーメッセージが表示されるようになります。

また、途中のエラーなどによりコネクションが存在しない状態で「disconnectDB」を通ってしまう場合もあるかもしれません。**コード16**のように存在するときだけクローズする、という書き方にしておくとより安心です。

コード16 「disconnectDB」プロシージャ(「M_AccessExchage」モジュール)

```
Private Sub disconnectDB()
  '## 接続解除

  If Not m_cn Is Nothing Then
    m_cn.Close
    Set m_cn = Nothing
  End If
End Sub
```

コネクションが存在していた場合だけIf～EndIfブロック内を実行する

CHAPTER 3

3-5 関数の戻り値によって動作を変える

エラーメッセージだけでなく、正常終了時にもメッセージがあった方が親切です。また、誤動作を防ぐために処理前に確認メッセージを出す機能も追加してみましょう。

3-5-1 処理前メッセージ

3-4-2で、指定したシートの最終行を取得するgetLastRowという関数を作りました。このように関数というのは引数として値を渡し、それに対応した値を受け取る（**戻り値**と呼びます）ことができるのですが、実はここまでなんどか書いてきたMsgBoxも関数なのです。

コード15（24行目）のエラーメッセージを出力する部分でMsgBoxを使っていますが、詳しく見ると**図42**のようになっており、ボタンの種類は**表4**、アイコンスタイルは**表5**のように表記します。

図42 MsgBox

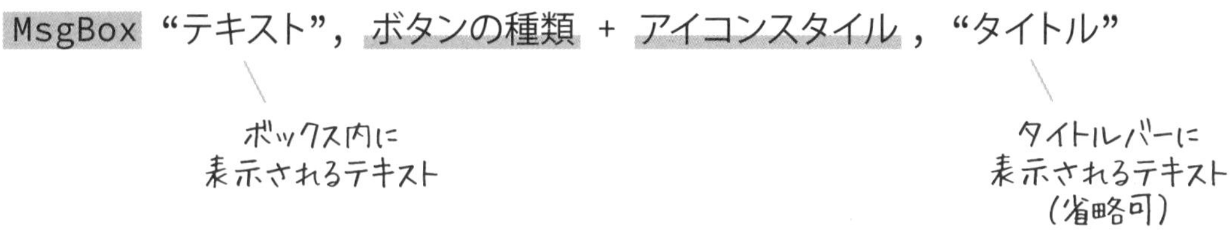

表4 ボタンの種類

定数	値	表示されるボタン
vbOKOnly	0	「OK」のみ（規定値/省略可）
vbOKCancel	1	「OK」「キャンセル」
vbAbortRetryIgnore	2	「中止」「再試行」「無視」
vbYesNoCancel	3	「はい」「いいえ」「キャンセル」
vbYesNo	4	「はい」「いいえ」
vbRetryCancel	5	「再試行」「キャンセル」

表5 アイコンスタイル

定数	値	アイコンイメージ	定数	値	アイコンイメージ
vbCritical	16		vbExclamation	48	
vbQuestion	32		vbInformation	64	

ボタンの種類とアイコンスタイルは、内部では値（数字）で処理されているのですが、この値に対して**定数**というものが用意されています。変数が「中身を入れ替えることのできる箱」だとすると、定数は「中身を入れ替えられない箱」で、いつも決まった値が入っています。数学でも、円周率（3.1415…）を「π」で表しますね。このπが定数です。

数値で指定しても同じ結果は得られますが、数値ではなく定数で記述すると、意味が読み取りやすいので、積極的に使いましょう。

それでは、「M_DataTransfer」モジュールの「insertRecord」プロシージャに、処理前に「OK」「Cancel」の2択を提示し、「Cancel」を押されたらプロシージャを途中終了するように修正しましょう（**コード17**）。

MsgBoxで戻り値を取得する場合は引数をまとめてカッコで括ります。また、テーブルの中を一度消去するSQLを含んでいるので、念のため2回メッセージを出力しています。

コード17 処理前メッセージの実装

```
Public Sub insertRecord()
  '## レコードの挿入

  '処理前メッセージ1
  If MsgBox("一括書込を実行しようとしています。続けますか?", _
      vbOKCancel + vbQuestion, "確認") = vbCancel Then 'メッセージ
    Exit Sub 'キャンセルなら終了
  End If

  '処理前メッセージ2
  If MsgBox( _
      "Accessの「販売管理」テーブルのデータを一度削除し、" & vbNewLine & _
      "現在このシートにある情報のみが書き込まれます。" & vbNewLine & _
      vbNewLine & _
      "実行してよろしいですか?", _
      vbOKCancel + vbExclamation, "一括書込") = vbCancel Then  'メッセージ
    Exit Sub 'キャンセルなら終了
  End If

```

```
    'スタート行と最終行の取得
～～～～～～～～～～～～ 略 ～～～～～～～～～～～～

End Sub
```

表示されるメッセージは図43のようになっていて、どちらかで「キャンセル」を押されたらそこで終了するので、書込は行われません。

図43 表示されるメッセージ

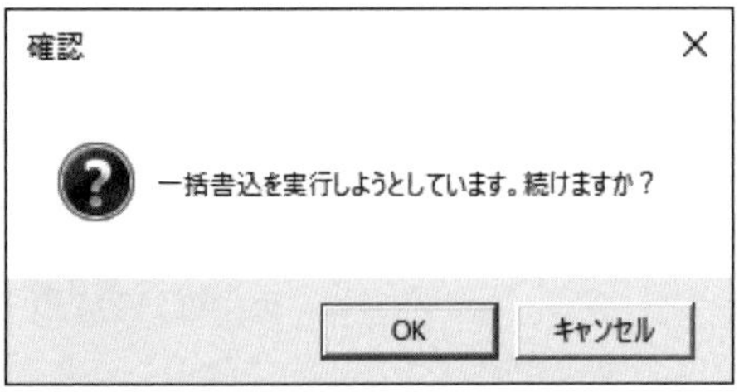
確認
一括書込を実行しようとしています。続けますか？
OK
キャンセル

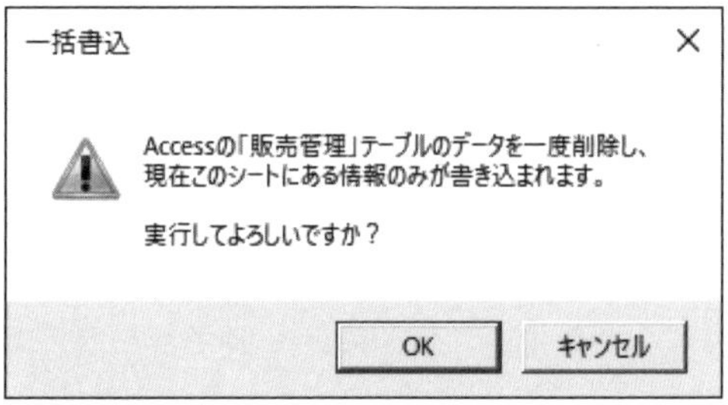
一括書込
Accessの「販売管理」テーブルのデータを一度削除し、
現在このシートにある情報のみが書き込まれます。
実行してよろしいですか？
OK
キャンセル

3-5-2 終了メッセージ

最後に、呼び出し元で書込が成功か失敗かわかるように、「M_AccessExchange」モジュールの「doExecute」プロシージャを、終了後にTrue/Falseを返す関数にしてみましょう。

「M_AccessExchange」モジュールを開いて該当のプロシージャに変更を加えるのですが、今後アプリケーションの機能を増やしていくと、1つのモジュールの中にプロシージャの数が増えて、目当てのものを探すのが大変になってきます。そんな場合、コードウィンドウ右上のドロップダウンリストに、そのモジュール上のプロシージャ一覧が表示されるので、クリックするとそこへジャンプすることができます（図44）。

図44 プロシージャの検索

Microsoft Visual Basic for Applications - [M_AccessExchange (コード)]
ファイル(F) 編集(E) 表示(V) 挿入(I) 書式(O) デバッグ(D) 実行(R) ツール(T) アドイン(A) ウィンドウ(W) ヘルプ(H)
37 行, 3 桁
プロジェクト - VBAProject
VBAProject (SampleSystem.xlsm)
Microsoft Excel Objects
S_Sales (販売データ)
ThisWorkbook
M_AccessExchange
M_Function
(General)
doExecute
(Declarations)
connectDB
disconnectDB
doExecute
Private m_cn As Object 'ADOコネクション用オブジェクトの宣言
Private Sub connectDB()
'## 接続
Set m_cn = CreateObject("ADODB.Connection") 'ADOコネクションを作成
m_cn.Open "Provider=Microsoft.ACE.OLEDB.12.0;" &
"Data Source=" & ThisWorkbook.Path & "¥Data.accdb;" 'Accessファイルを指定してコネクションを開く
End Sub
Private Sub disconnectDB()
'## 接続解除
If Not m_cn Is Nothing Then
m_cn.Close
Set m_cn = Nothing
End If
End Sub
Public Sub doExecute(ByVal sqlList As Collection)
'## SQLの実行

それでは「doExecute」プロシージャを**コード18**のように変更します。

プロシージャをSubからFunctionへ変更し、戻り値の型を追加します。プロシージャ名はそのままでも問題ありませんが、関数として使うなら「tryExecute」にした方が結果を求めるように見えるので、名称も変更します。

コード18 「doExecute」を「tryExecute」関数へ（「M_AccessExchange」モジュール）

```
Public Function tryExecute(ByVal sqlList As Collection) As Boolean ← ブール型の関数にする
  '## SQLの実行

略

  m_cn.CommitTrans '確定

  tryExecute = True ← 成功だった場合、関数の結果にTrueを入れる
  GoTo Finally '正常に終了したら最終処理へジャンプ

ErrorHandler: 'エラーがあった場合
略

Finally: '最終処理
  Call disconnectDB '接続解除
End Function
```

処理に成功した場合、自身のプロシージャ名にTrueを代入します。これが戻り値となります。ブール型はデフォルトでFalseなので、エラー時にFalseを入れる必要はありません。

最後に、呼び出す側の「insertRecord」プロシージャでtryExecuteの戻り値がTrueだった場合に終了メッセージを出力します（**コード19**）。

コード19 「insertRecord」プロシージャの終了メッセージ（「M_DataTransfer」モジュール）

```
Public Sub insertRecord()

略

    sqlList.Add sql 'コレクションへ追加
  Next tgtRow

  '実行
  If tryExecute(sqlList) Then ← 書込が成功した場合
    MsgBox "正常に書き込みました", vbInformation, "終了" ← 終了メッセージ
  End If
End Sub
```

CHAPTER 1
CHAPTER 2
CHAPTER 3
CHAPTER 4
CHAPTER 5
CHAPTER 6
CHAPTER 7
CHAPTER 8
APPENDIX A

8行目は「If tryExecute(sqlList) = True Then」とも書くことができ、「= True」は省略できます。これで「insertRecord」プロシージャを実行し、問題なく終了すれば**図45**のメッセージボックスが現れます。

図45 終了メッセージ

なお、サンプルファイルの「CHAPTER3」フォルダー→「After」フォルダーに収録されているData.accdbはテーブルの設計のみでデータは空の状態になっています。SampleSystem3.xlsmを使った書込動作確認にご使用ください。

CHAPTER

4

標準機能を使って Accessのデータを Excelに読み込む

CHAPTER 4

4-1 テーブルをエクスポートする

CHAPTER 3まで、ExcelのデータをAccessへ書き込む方法を学んできました。今度はAccessに収納されているデータをExcelへエクスポート（書き出し）する方法を学んでいきます。

4-1-1 エクスポート

データを別のアプリケーションでも扱える形で保存することを、**エクスポート**と呼びます。反対に、外部アプリケーションのデータを自身で扱えるように読み込むことを**インポート**と呼びます。Accessを基準に考えると、自身のデータをExcel形式で書き出すことがエクスポート、ExcelのデータをAccessテーブルへ読み込むことがインポートになります。

図1のように、Accessの「外部データ」タブのリボンの底部に「インポート」「エクスポート」の文字があるのがわかります。

図1 インポートとエクスポート

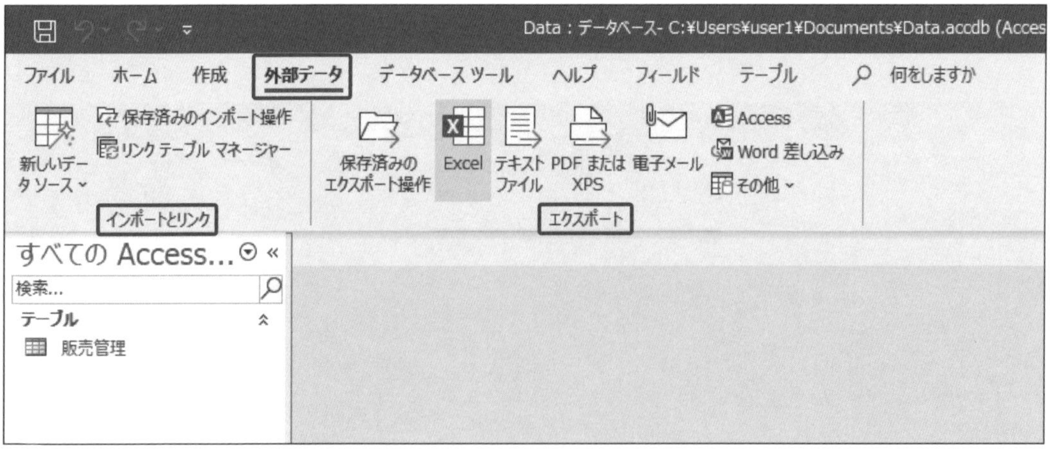

2-5（P.57参照）ではAccessのインポート機能を使って、ExcelのデータをAccessへ読み込みました。**CHAPTER 4**では、エクスポート機能を使ってAccessのデータをExcelへ書き出します。

4-1-2 Accessからエクスポートする

それでは、実際にエクスポートを行ってみましょう。サンプルファイルの「CHAPTER4」フォルダー→「Before」フォルダーに収録されているData.accdbを開いてください。このファイルは、**CHAPTER 3**の終了時点（データ書込済）と同じものです。

テーブルの「販売管理」を選択して、リボンの「外部データ」タブの「エクスポート」内にある「Excel」をクリックします（**図2**）。

図2 Excelへエクスポート

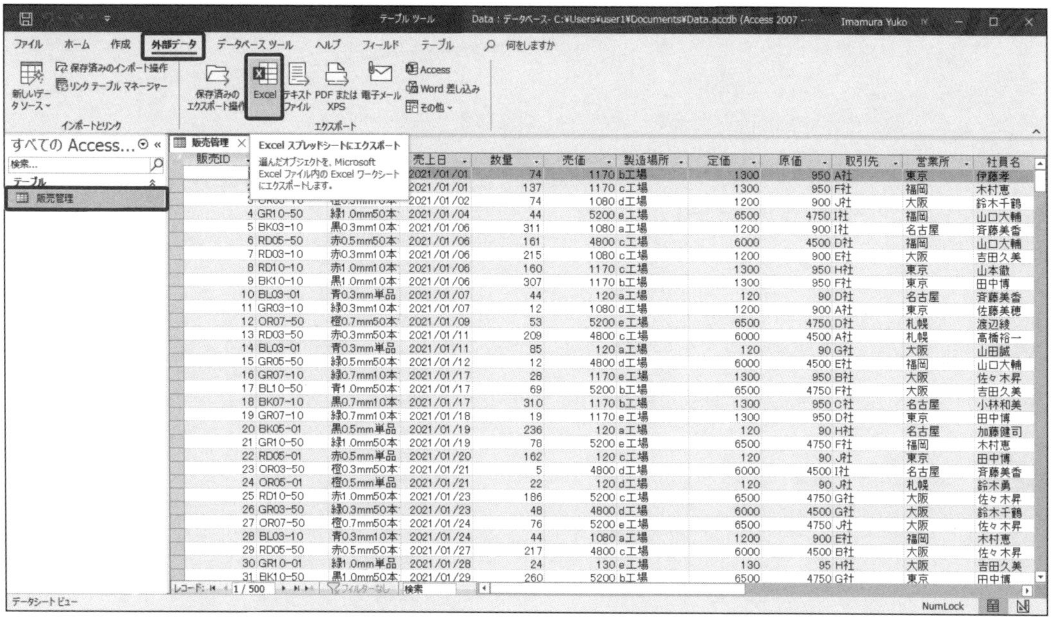

エクスポートするExcelファイルの場所とファイル名を指定します（**図3**）。デフォルトではテーブル名がそのままファイル名となりますが、任意の場所や名前に変更できます。

図3 エクスポート先の指定

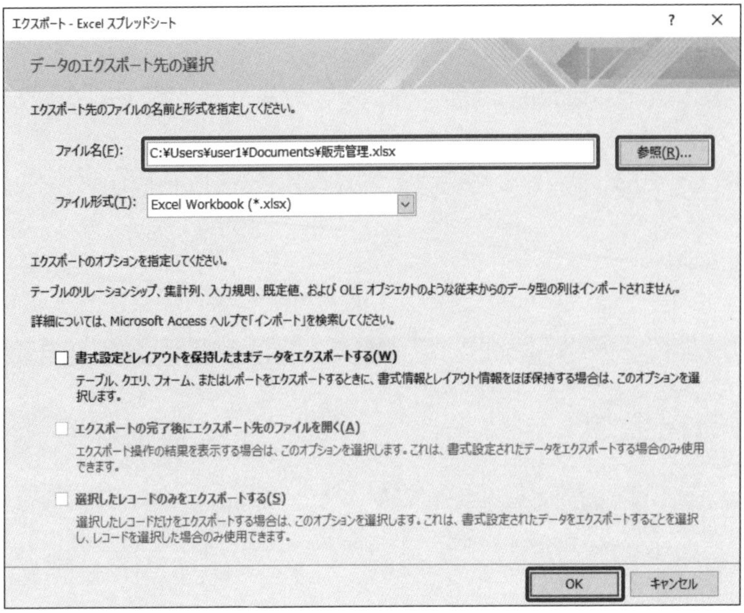
エクスポート - Excel スプレッドシート
?
×
データのエクスポート先の選択
エクスポート先のファイルの名前と形式を指定してください。
ファイル名(F):
C:¥Users¥user1¥Documents¥販売管理.xlsx
参照(R)...
ファイル形式(T):
Excel Workbook (*.xlsx)
エクスポートのオプションを指定してください。
テーブルのリレーションシップ、集計列、入力規則、既定値、および OLE オブジェクトのような従来からのデータ型の列はインポートされません。
詳細については、Microsoft Access ヘルプで「インポート」を検索してください。
書式設定とレイアウトを保持したままデータをエクスポートする(W)
テーブル、クエリ、フォーム、またはレポートをエクスポートするときに、書式情報とレイアウト情報をほぼ保持する場合は、このオプションを選択します。
エクスポートの完了後にエクスポート先のファイルを開く(A)
エクスポート操作の結果を表示する場合は、このオプションを選択します。これは、書式設定されたデータをエクスポートする場合のみ使用できます。
選択したレコードのみをエクスポートする(S)
選択したレコードだけをエクスポートする場合は、このオプションを選択します。これは、書式設定されたデータをエクスポートすることを選択し、レコードを選択した場合のみ使用できます。
OK
キャンセル

「OK」ボタンをクリックするとテーブルがエクスポートされ、「販売管理.xlsx」が作成されます。作成されたファイルを開いてみると、**図4**のようになっています。

図4 エクスポート結果

	A	B	C	D	E	F	G	H	I	J	K	L
1	販売ID	商品ID	商品名	売上日	数量	売価	製造場所	定価	原価	取引先	営業所	社員名
2	1	BL10-10	青1.0mm1(	2021/1/1	74	1170	b工場	1300	950	A社	東京	伊藤孝
3	2	RD07-10	赤0.7mm1(	2021/1/1	137	1170	c工場	1300	950	F社	福岡	木村恵
4	3	OR03-10	橙0.3mm1(	2021/1/2	74	1080	d工場	1200	900	J社	大阪	鈴木千鶴
5	4	GR10-50	緑1.0mm5(	2021/1/4	44	5200	e工場	6500	4750	I社	福岡	山口大輔
6	5	BK03-10	黒0.3mm1(	2021/1/6	311	1080	a工場	1200	900	I社	名古屋	斉藤美香
7	6	RD05-50	赤0.5mm5(	2021/1/6	161	4800	c工場	6000	4500	D社	福岡	山口大輔
8	7	RD03-10	赤0.3mm1(	2021/1/6	215	1080	c工場	1200	900	E社	大阪	吉田久美
9	8	RD10-10	赤1.0mm1(	2021/1/6	160	1170	c工場	1300	950	H社	東京	山本徹
10	9	BK10-10	黒1.0mm1(	2021/1/6	307	1170	b工場	1300	950	F社	東京	田中博
11	10	BL03-01	青0.3mm単	2021/1/7	44	120	a工場	120	90	D社	名古屋	斉藤美香
12	11	GR03-10	緑0.3mm1(	2021/1/7	12	1080	d工場	1200	900	A社	東京	佐藤美穂
13	12	OR07-50	橙0.7mm5(	2021/1/9	53	5200	e工場	6500	4750	D社	札幌	渡辺綾
14	13	RD03-50	赤0.3mm5(	########	209	4800	c工場	6000	4500	A社	札幌	高橋裕一
15	14	BL03-01	青0.3mm単	########	85	120	a工場	120	90	G社	大阪	山田誠
16	15	GR05-50	緑0.5mm5(	########	12	4800	d工場	6000	4500	E社	福岡	山口大輔
17	16	GR07-10	緑0.7mm1(	########	28	1170	e工場	1300	950	B社	大阪	佐々木昇
18	17	BL10-50	青1.0mm5(	########	69	5200	b工場	6500	4750	F社	大阪	吉田久美
19	18	BK07-10	黒0.7mm1(	########	310	1170	b工場	1300	950	C社	名古屋	小林和美
20	19	GR07-10	緑0.7mm1(	########	19	1170	e工場	1300	950	D社	東京	田中博
21	20	BK05-01	黒0.5mm単	########	236	120	a工場	120	90	H社	名古屋	加藤健司
22	21	GR10-50	緑1.0mm5(	########	78	5200	e工場	6500	4750	F社	福岡	木村恵
23	22	RD05-01	赤0.5mm単	########	162	120	c工場	120	90	J社	東京	田中博
24	23	OR03-50	橙0.3mm5(	########	5	4800	d工場	6000	4500	I社	名古屋	斉藤美香
25	24	OR05-01	橙0.5mm単	########	22	120	d工場	120	90	J社	札幌	鈴木勇
26	25	RD10-50	赤1.0mm5(	########	186	5200	c工場	6500	4750	G社	大阪	佐々木昇
27	26	GR03-50	緑0.3mm5(	########	48	4800	d工場	6000	4500	G社	大阪	鈴木千鶴

販売管理

D列が途中からエラーのように見えますが、これはセル幅より日付が長くなってしまっているからで、セル幅を調整することで正しく表示できます。

エクスポートの際、「書式設定とレイアウトを保持したままデータをエクスポートする」にチェックを入れてエクスポートを行ってみると、1行目の見出しに書式が付いたり、Access上でのフィールド幅がセルの列幅に反映されたりします（**図5**）。

図5 書式設定とレイアウトもエクスポート

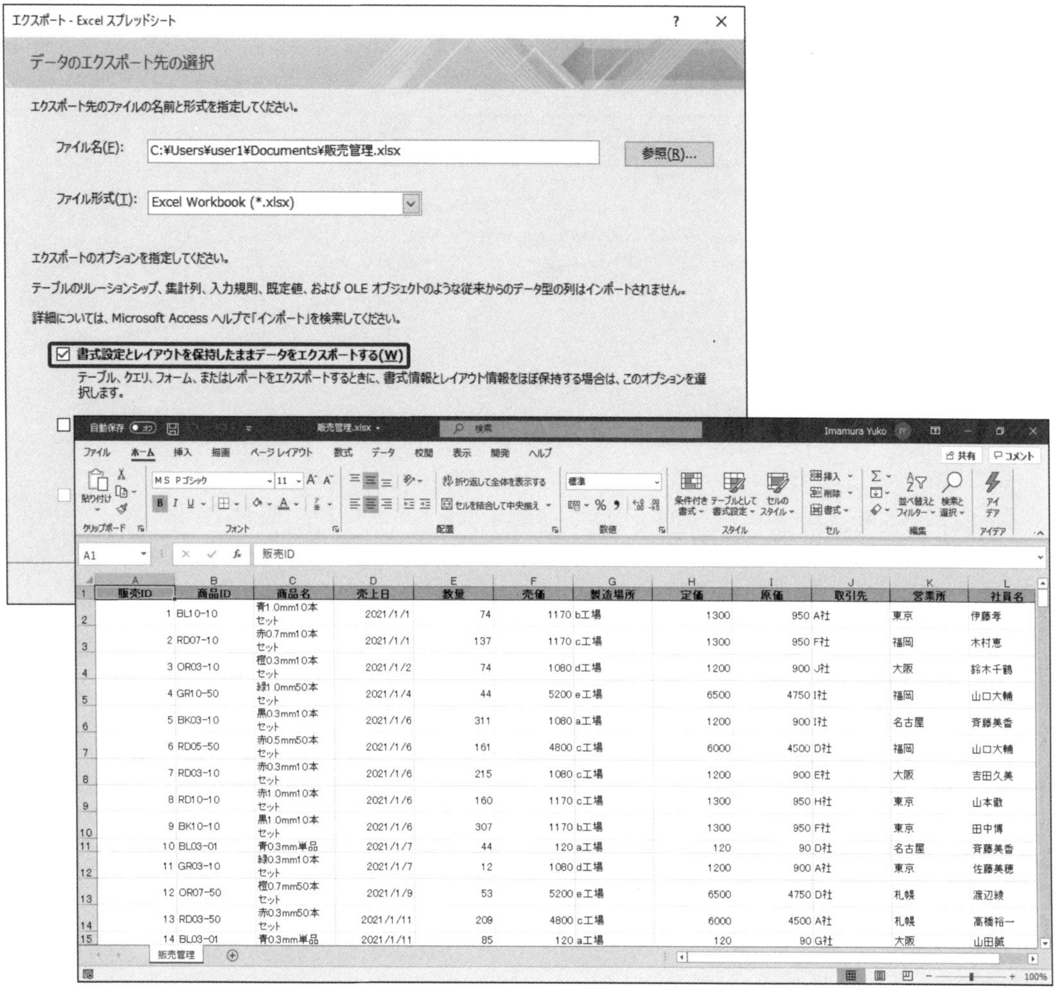
エクスポート - Excel スプレッドシート
データのエクスポート先の選択
エクスポート先のファイルの名前と形式を指定してください。
ファイル名(F): C:¥Users¥user1¥Documents¥販売管理.xlsx
参照(R)...
ファイル形式(T): Excel Workbook (*.xlsx)
エクスポートのオプションを指定してください。
テーブルのリレーションシップ、集計列、入力規則、既定値、および OLE オブジェクトのような従来からのデータ型の列はインポートされません。
詳細については、Microsoft Access ヘルプで「インポート」を検索してください。
書式設定とレイアウトを保持したままデータをエクスポートする(W)
テーブル、クエリ、フォーム、またはレポートをエクスポートするときに、書式情報とレイアウト情報をほぼ保持する場合は、このオプションを選択します。
販売管理.xlsx
Imamura Yuko
販売ID
販売ID 商品ID 商品名 売上日 数量 売価 製造場所 定価 原価 取引先 営業所 社員名
販売管理

4-1-3 Excelで読み込む

Excelを使ってAccessに接続してデータを読み込む、という方法もあります。この場合はExcelから操作する形になるので、Excel上でAccessからのインポートという作業になります。

Excelで「空白のブック」を開き、リボンの「データ」タブの「データの取得」→「データベースから」→「Microsoft Accessデータベースから」を選択します（**図6**）。

図6 Excel からAccessのデータを読み込む

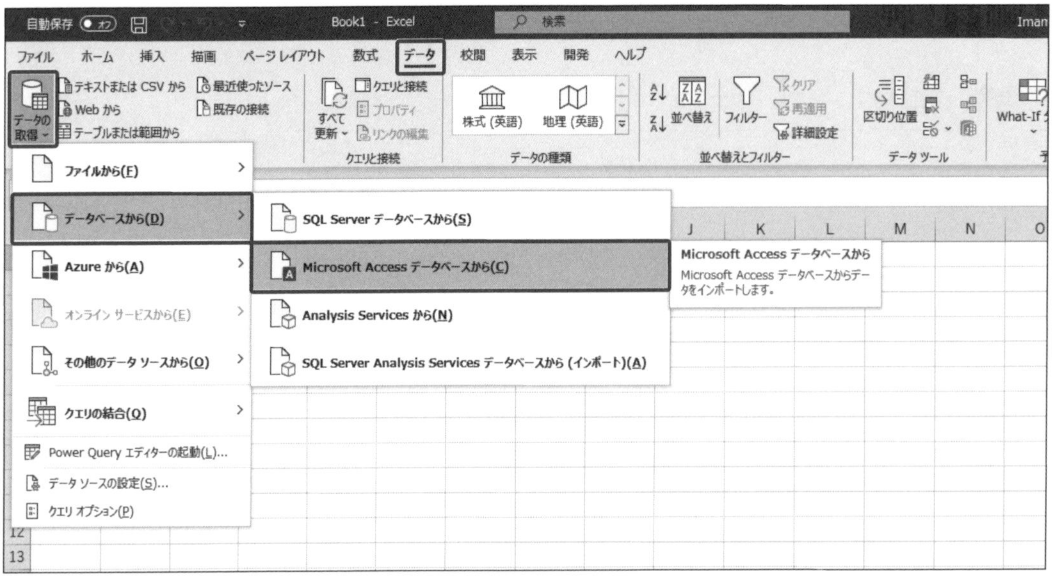

「データの取り込み」ウインドウが開くので、Data.accdbを選択します(**図7**)。

図7 Accessファイルを選択

「ナビゲーター」ウインドウが開くので、指定したAccessファイル内のテーブルを選択すると、右側にプレビューが表示されます。その状態で「読み込み」をクリックします(**図8**)。

図8 テーブルの選択

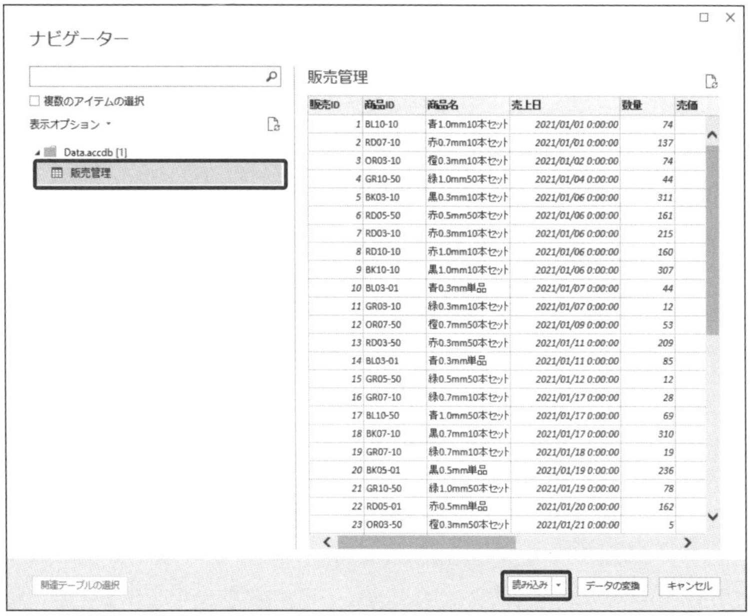

テーブル名と同名のシートが新規作成され、内容がインポートされます(**図9**)。このシートはAccessとの接続が保たれているので、データを変更してもリボンの「更新」をクリックすると元の値に戻る、という特徴があります。Accessとの接続を切断して独立させるには、「リンクの解除」をクリックします。

図9 インポート結果

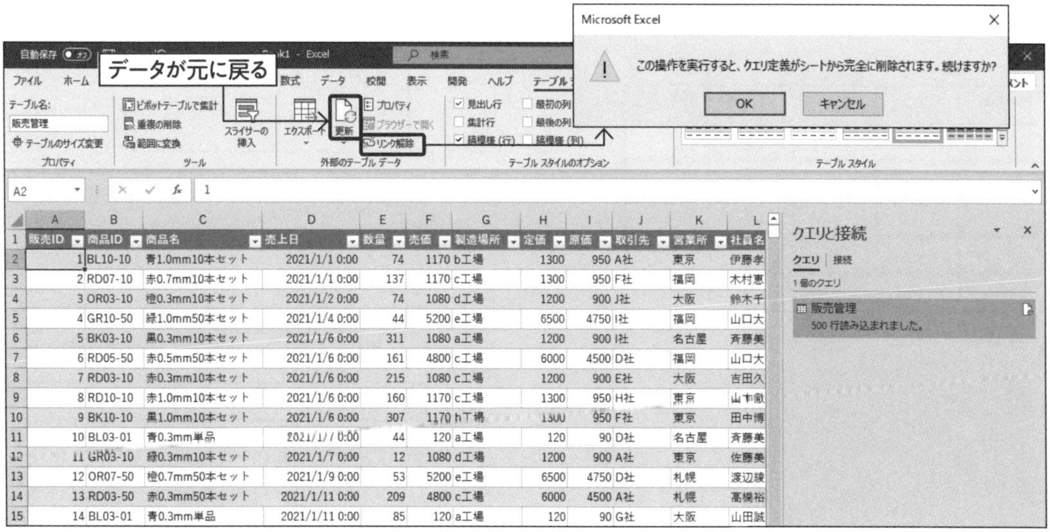

CHAPTER 4

4-2 条件に一致するものだけを読み込む

4-1では、テーブルを丸ごとエクスポートする方法を学びました。しかしせっかくエクスポートしてもデータが多すぎると分析するのは大変です。「条件」を付けてエクスポートする方法について学んでいきましょう。

4-2-1 条件

CHAPTER 1で、データベースには非常に大きな数のデータを格納することができるという説明をしました。でも、毎回その膨大なデータを見たいわけではありません。そのデータの中から、そのつど欲しいデータだけを選んで見たいわけです。今年分や、今月分や、取引先別かもしれません。見たいデータを選ぶために、設定するものが**条件**です。

たとえば、指定したテーブルから「日付フィールドの値が今年のものだけ」や、「取引先フィールドの値がA社のものだけ」などの条件です。もちろん、「今年」かつ「A社」のように組み合わせることも可能です。この、データベースから条件を付けて一致するものだけを抜き出すことを**抽出**と呼びます（図10）。

図10　データベースと条件抽出

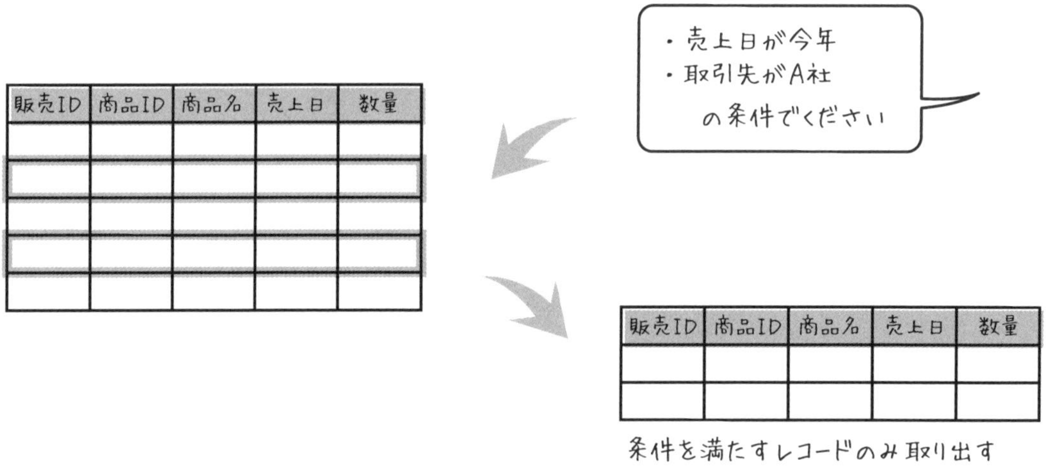

4-2-2 クエリデザインを起動する

4-1で開いたData.accdbを使います。「作成」タブから「クエリデザイン」を起動します（**図11**）。

図11　クエリデザインを起動

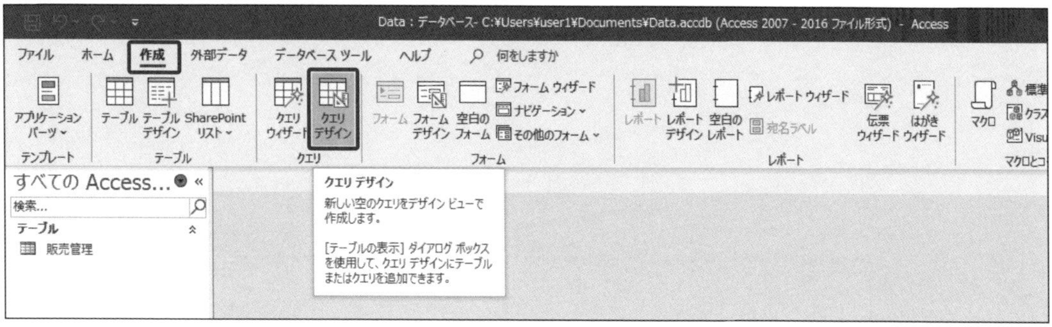

右側にプロパティシートと「テーブルの追加」ウィンドウが表示されます。なお、プロパティシートは表示されていない場合もあります。「テーブルの追加」から、「販売管理」テーブルを選択し「選択したテーブルを追加」をクリックすると、中央に該当のテーブルが表示されます（**図12**）。テーブルが追加されたら、右側のウインドウは閉じて構いません。これらのウインドウは、それぞれ「デザイン」タブの「プロパティシート」「テーブルの追加」から再表示することができます。

図12　テーブルの表示

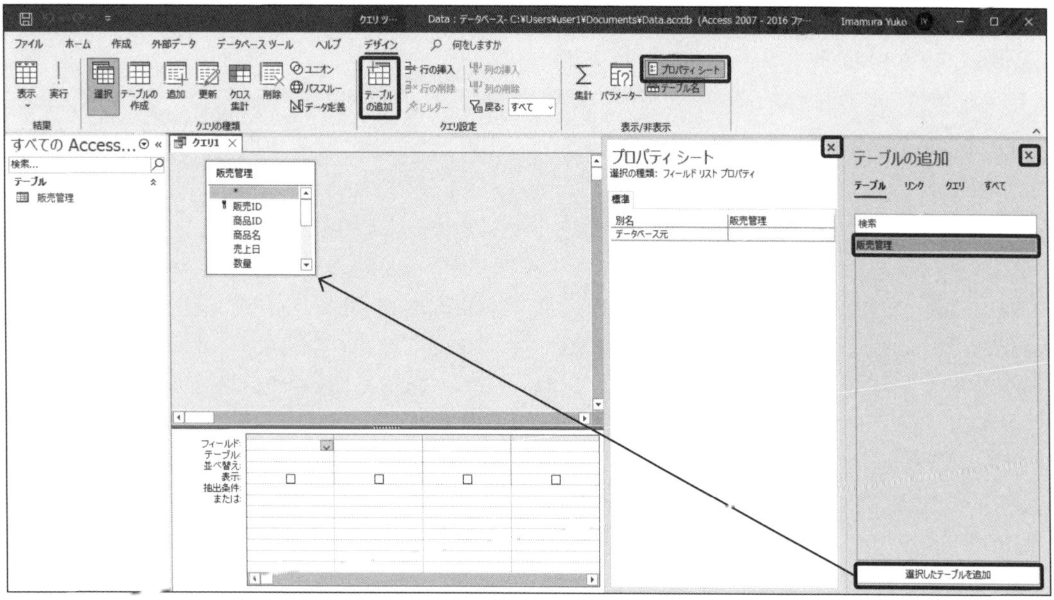

下部にある枠（**デザイングリッド**）内にて、どのフィールドにどのような条件を設定するか、という設定を行っていきます（**図13**）。

図13 条件を記述する場所

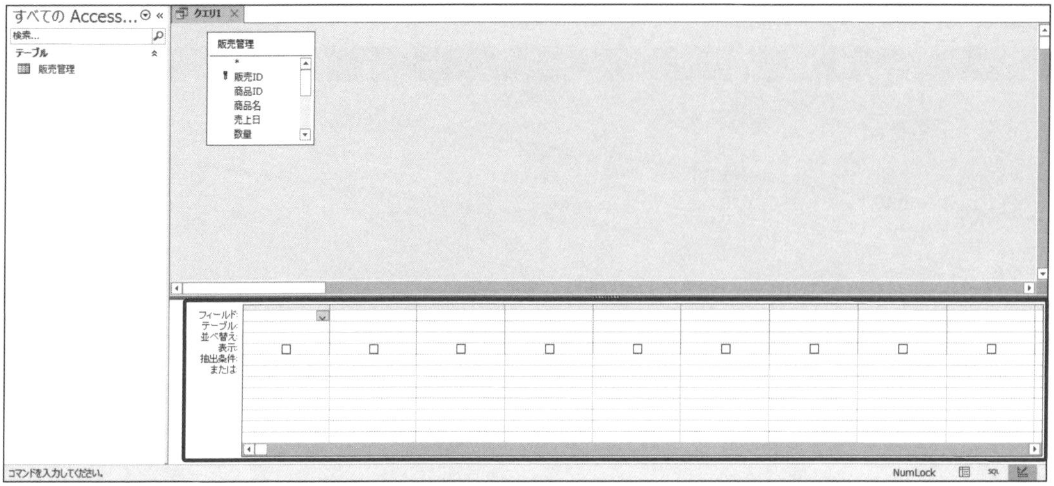

4-2-3 条件の記述方法

条件の記述方法にもルールがあるので、よく使われる例を紹介します。ここでも、文字列の指定は「"（ダブルクォーテーション）」で囲む必要があります。

表1 テキスト型の条件

記述例	意味	対象
"BK03-01"	完全一致	同じ値を持つレコード
Not "BK03-01"	一致しない	同じ値を持たないレコード
Like "B*"	指定した文字列から始まる	"B" から始まる値を持つレコード（BK/BLなど）
Not Like "B*"	指定した文字列で始まらない	"B" から始まらない値を持つレコード
Like "*0.3mm*"	指定した文字列を含む	"0.3mm" を含むレコード
Not Like "*0.3mm*"	指定した文字列を含まない	"0.3mm" を含まないレコード
Like "*村"	指定した文字列で終わる	"村"で終わる値を持つレコード（木村/田村/吉村など）
Not Like "*村"	指定した文字列で終わらない	"村"で終わらない値を持つレコード
"" Or Is Null	空白もしくはNull	指定したフィールドが空（空に見える）のレコード
Is Not Null And Not ""	空白でもNullでもない	空白以外の値が入っているレコード

表1はテキスト型での条件の例ですが、「文字列と比較」する条件が多くなります。＊は**ワイルドカード**と呼ばれ、すべてのパターンとマッチする文字列を表します。

なお、テキスト型の「なし」を条件にしたい場合（文字が入力されていない空の状態）、２つのケースを考える必要があります。

データベースでは、フィールドになにも入っていない状態を一般的に**Null**という値とみなしますが、文字列型の場合は「""」と記述して「文字数ゼロの文字列（空白）」という値を持つこともできます。見た目は同じように空に見えても、Nullと空白は別の値として判断されます。

本書で用意したテーブルには空白は設けていませんが、たとえば「備考」というフィールドを追加したとします。このフィールドの初期値はNullですが、一度文字列を入力し削除すると、空白となります。このフィールド値の有無を条件にしたい場合、**表1**の最後の2例のように、「空白もしくはNull」のように指定する必要があります。

表2　数値・日付型の条件

記述例	意味	対象
100	完全一致	同じ値を持つレコード
Not 100	一致しない	同じ値を持たないレコード
<100	未満	100未満の値を持つレコード
<=100	以下	100以下の値を持つレコード
>=100	以上	100以上の値を持つレコード
>100	より大きい	100より大きい値を持つレコード
>100 And <200	指定範囲内	100より大きく、200未満の値を持つレコード
<100 Or >200	指定範囲外	100未満、または200より大きい値を持つレコード

表2は数値と日付型で扱える条件です。基本的な数式なので、理解はしやすいかと思います。なお、日付型を条件に設定するときは「#」で囲むルールがあります。

表3　始めと終わりを含む値の範囲

不等号での記述例	Betweenでの記述例	意味
>=100 And <=200	Between 100 And 200	100～200の間
>=#2016/01/01# And <=#2016/01/31#	Between #2016/01/01# And #2016/01/31#	2016/01/01～ 2016/01/31の間

表3のように、始めと終わりを含む値の範囲を表す条件の場合、Betweenを使うことも可能です。

CHAPTER 4

4-3 条件を設定して実行する

4-2-2で作成した「クエリデザイン」に、実際に「条件」を設定して結果を見てみましょう。

4-3-1 条件を設定する

テーブル内のフィールドから、抽出したいフィールドを選択します。今回はすべてのフィールドを対象にします。

「販売ID」をクリックしてスクロールバーを下ろし、Shiftキーを押しながら「社員名」をクリックすることで、すべてのフィールドを選択状態にします。このフィールドをデザイングリッドの左端の列にドラッグ＆ドロップします（**図14**）。

図14 フィールドをドラッグ＆ドロップ

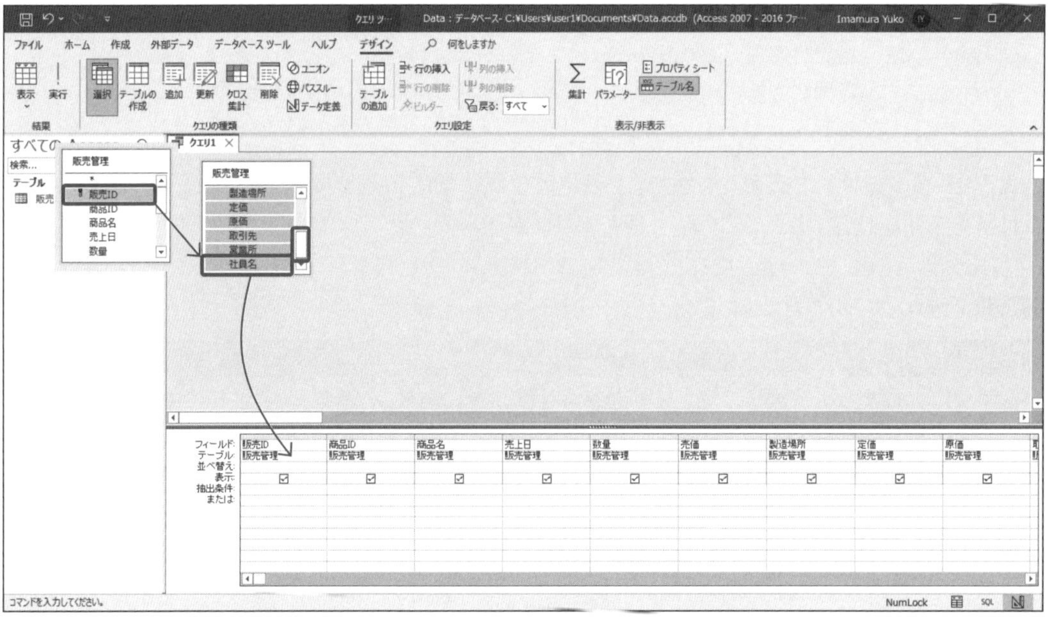

デザイングリッド上の該当のフィールドに条件を設定します。今回は例として**表4**の内容を各フィールドの「抽出条件」に記述します（**図15**）。Betweenの記述は文字数が多いため途中で切れているように見えますが、実際には**表4**の条件が入力されています。

表4 条件の例

フィールド名	内容	記述
商品ID	"B" から始まる	Like "B*"
売上日	2021/1/1～6/30	Between #2021/01/01# And #2021/06/30#
数量	100以上	>=100

図15 条件設定

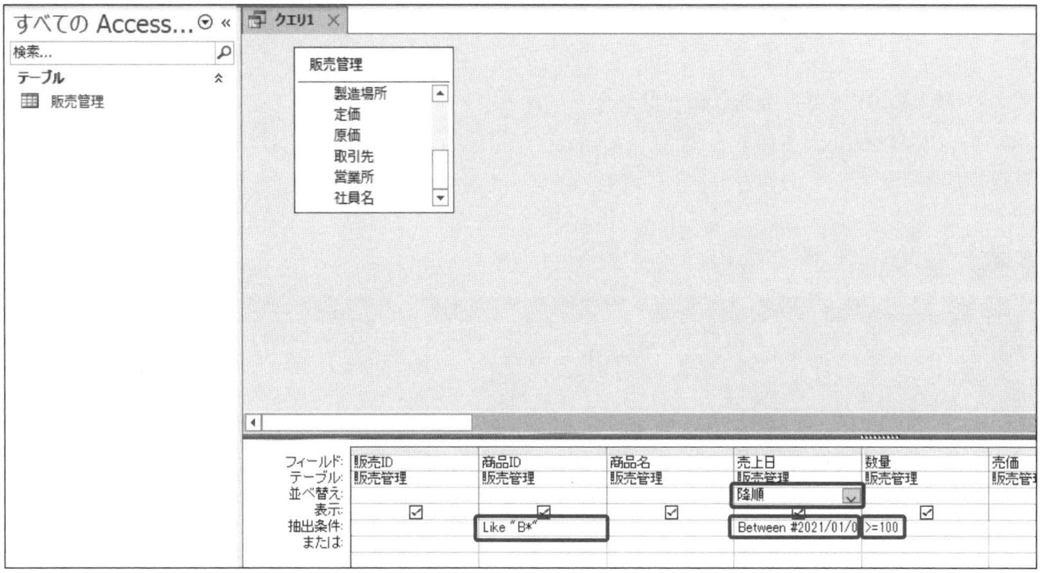

ここでは抽出条件の他に、レコードの表示の順番も設定することができます。**図15**では、日付が新しい順に並ぶように「売上日」フィールドの「並べ替え」を「降順」にしています。

4-3-2 クエリを実行する

では、作成したクエリを実行します。リボンの「実行」をクリックしてください（**図16**）。

図16 クエリの実行

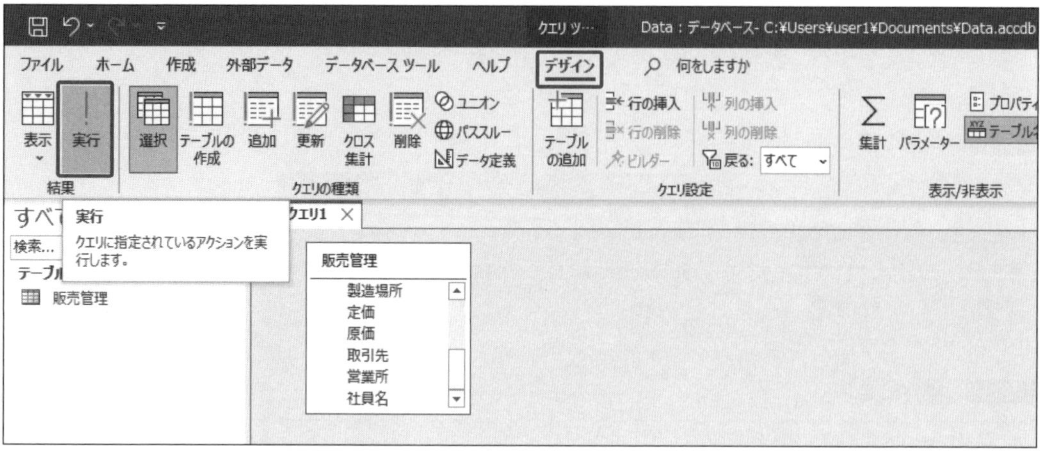

クエリを実行すると自動的に**データシートビュー**というモードに切り替わり、設定した条件に合うレコードだけが抽出されます（**図17**）。商品IDが「B」から始まるものだけになっているのか、日付や数量は条件に一致しているのか、確認してみてください。

図17 実行結果

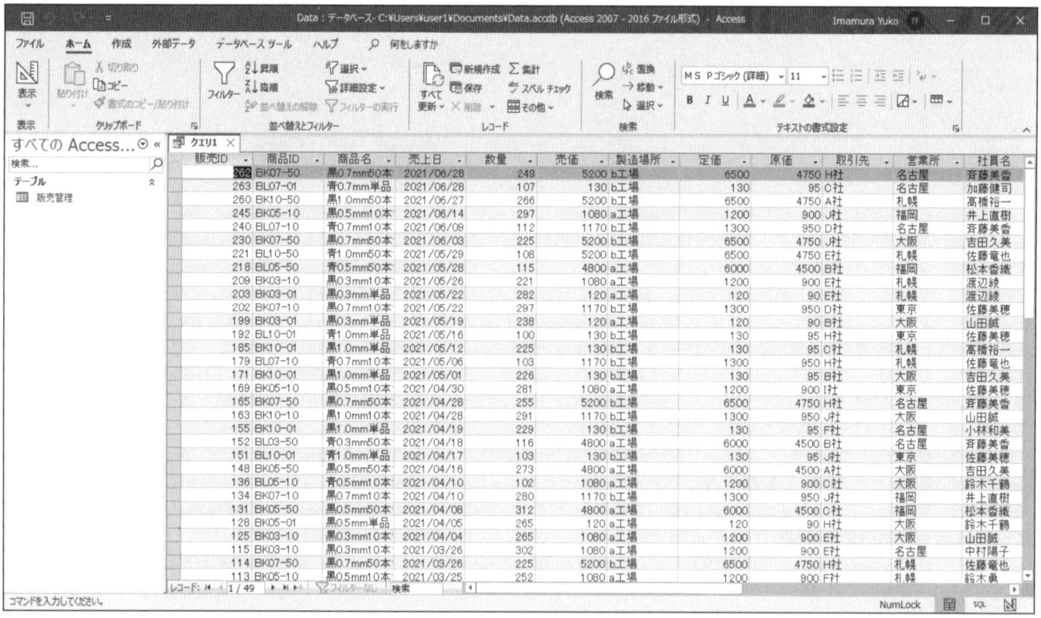

クエリデザインの画面に戻りたいときは、リボンの「表示」から「デザインビュー」を選択します(図18)。

図18　表示の切り替え

さきほどはすべてのフィールドを抽出しましたが、作成したいレポートの目的に合わせて必要なフィールドだけ抽出する、ということが可能です。「製造場所」「定価」「原価」フィールドの「表示」という部分のチェックを外して実行してみましょう(図19)。

図19　抽出するフィールドを選択する

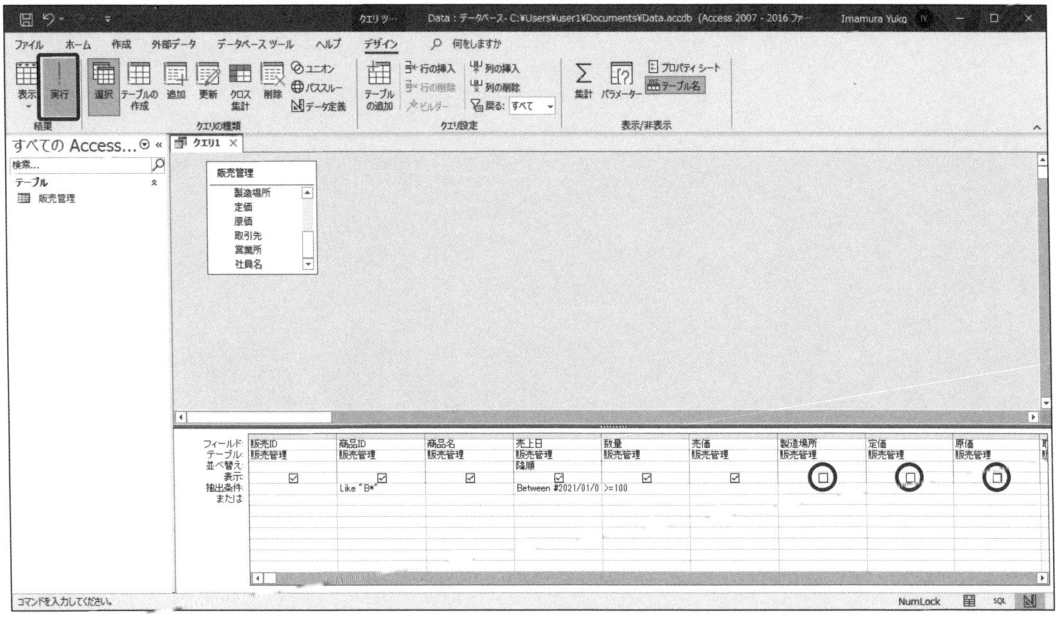

条件に一致するものだけが抽出された上で、さらにチェックの入っているフィールドだけが表示されました(図20)。

図20 チェックの入ったフィールドのみ表示

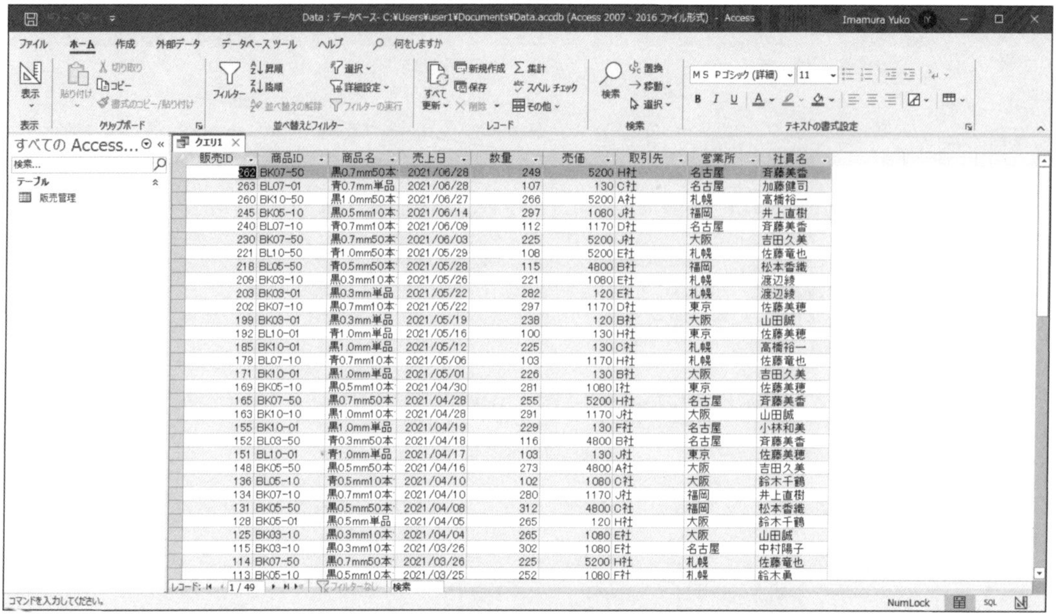

販売ID	商品ID	商品名	売上日	数量	売価	取引先	営業所	社員名
262	BK07-50	黒0.7mm50本	2021/06/28	249	5200	H社	名古屋	斉藤美香
263	BL07-01	青0.7mm単品	2021/06/28	107	130	C社	名古屋	加藤健司
260	BK10-50	黒1.0mm50本	2021/06/27	266	5200	A社	札幌	高橋裕一
245	BK05-10	黒0.5mm10本	2021/06/14	297	1080	J社	福岡	井上直樹
240	BL07-10	青0.7mm10本	2021/06/09	112	1170	D社	名古屋	斉藤美香
230	BK07-50	黒0.7mm50本	2021/06/03	225	5200	J社	大阪	吉田久美
221	BL10-50	青1.0mm50本	2021/05/29	108	5200	E社	札幌	佐藤竜也
218	BL05-50	青0.5mm50本	2021/05/28	115	4800	B社	福岡	松本香織
209	BK03-10	黒0.3mm10本	2021/05/26	221	1080	E社	札幌	渡辺綾
203	BK03-01	黒0.3mm単品	2021/05/22	282	120	E社	札幌	渡辺綾
202	BK07-10	黒0.7mm10本	2021/05/22	297	1170	D社	東京	佐藤美穂
199	BK03-01	黒0.3mm単品	2021/05/19	238	120	B社	大阪	山田誠
192	BL10-01	青1.0mm単品	2021/05/16	100	130	H社	東京	佐藤美穂
185	BK10-01	黒1.0mm単品	2021/05/12	225	130	C社	札幌	高橋裕一
179	BL07-10	青0.7mm10本	2021/05/06	103	1170	H社	札幌	佐藤竜也
171	BK10-01	黒1.0mm単品	2021/05/01	226	130	B社	大阪	吉田久美
169	BK05-10	黒0.5mm10本	2021/04/30	281	1080	I社	東京	佐藤美穂
165	BK07-50	黒0.7mm50本	2021/04/28	255	5200	H社	名古屋	斉藤美香
163	BK10-10	黒1.0mm10本	2021/04/28	291	1170	J社	大阪	山田誠
155	BK10-01	黒1.0mm単品	2021/04/19	229	130	F社	名古屋	小林和美
152	BL03-50	青0.3mm50本	2021/04/18	116	4800	B社	名古屋	斉藤美香
151	BL10-01	青1.0mm単品	2021/04/17	103	130	J社	東京	佐藤美穂
148	BK05-50	黒0.5mm50本	2021/04/16	273	4800	A社	大阪	吉田久美
136	BL05-10	青0.5mm10本	2021/04/10	102	1080	C社	大阪	鈴木千鶴
134	BK07-10	黒0.7mm10本	2021/04/10	280	1170	J社	福岡	井上直樹
131	BK05-50	黒0.5mm50本	2021/04/08	312	4800	C社	福岡	松本香織
128	BK05-01	黒0.5mm単品	2021/04/05	265	120	H社	大阪	鈴木千鶴
125	BK03-10	黒0.3mm10本	2021/04/04	265	1080	E社	大阪	山田誠
115	BK03-10	黒0.3mm10本	2021/03/26	302	1080	E社	名古屋	中村陽子
114	BK07-50	黒0.7mm50本	2021/03/26	225	5200	H社	札幌	佐藤竜也
113	BK05-10	黒0.5mm10本	2021/03/25	252	1080	F社	札幌	鈴木勇

次の**4-4**からは、すべてチェックのある状態へ戻して進めていきます。

4-4 クエリをエクスポートする

Accessのクエリを使って、条件に合うレコードだけを抽出することができました。今度は抽出したレコードをExcelへエクスポートしてみましょう。

4-4-1 クエリをExcelにエクスポートする

4-1ではテーブルをエクスポートすることですべてのフィールドとレコードを書き出しました。条件を付けて抽出したレコードを書き出したい場合は、クエリをエクスポートします。

エクスポートの前に、クエリに名前を付けて保存をする必要があります。クエリ名がExcelでのブック名やシート名になるので、わかりやすい名前を付けておきましょう。クエリのタブを右クリックして、「上書き保存」をクリックし、「名前を付けて保存」ダイアログボックスに任意の名前を入力します（**図21**）。

図21 名前を付けてクエリを保存

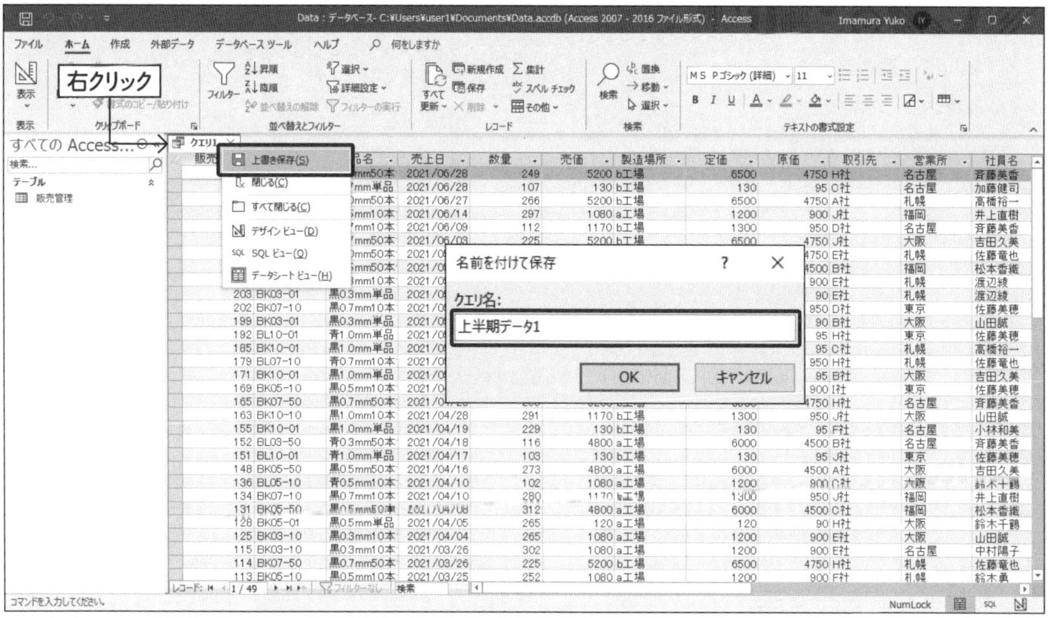

CHAPTER 1
CHAPTER 2
CHAPTER 3
CHAPTER 4
CHAPTER 5
CHAPTER 6
CHAPTER 7
CHAPTER 8
APPENDIX A

クエリが保存されると、画面の左側(ナビゲーションウィンドウ)に、作成されたクエリオブジェクトが表示されます。作成されたクエリオブジェクトを選択すると、色が付いて選択状態になります。この状態で、リボンの「外部データ」タブの「エクスポート」内にある「Excel」をクリックします(**図22**)。

図22 クエリのエクスポート

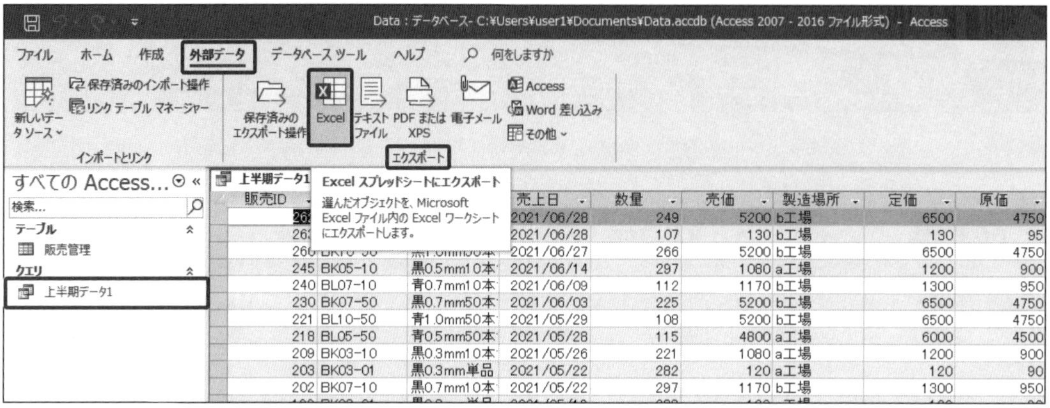

4-1-2で解説した操作と同様に、Excelファイルの場所とファイル名を指定します。デフォルトではクエリ名がそのままExcelのファイル名になります(**図23**)。

図23 Excel のファイル名と保存先の指定

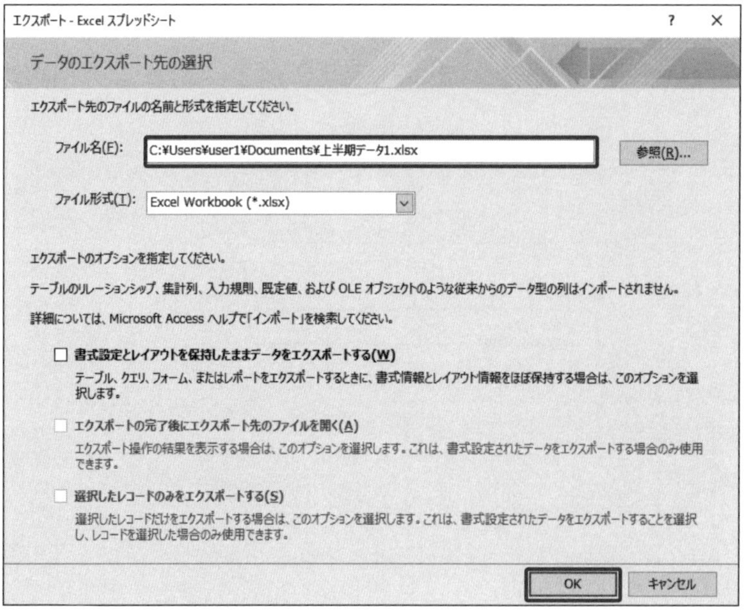

エクスポートしたExcelファイルを開いてみましょう（**図24**）。シート名もクエリ名と同じになっています。

図24　**エクスポート結果**

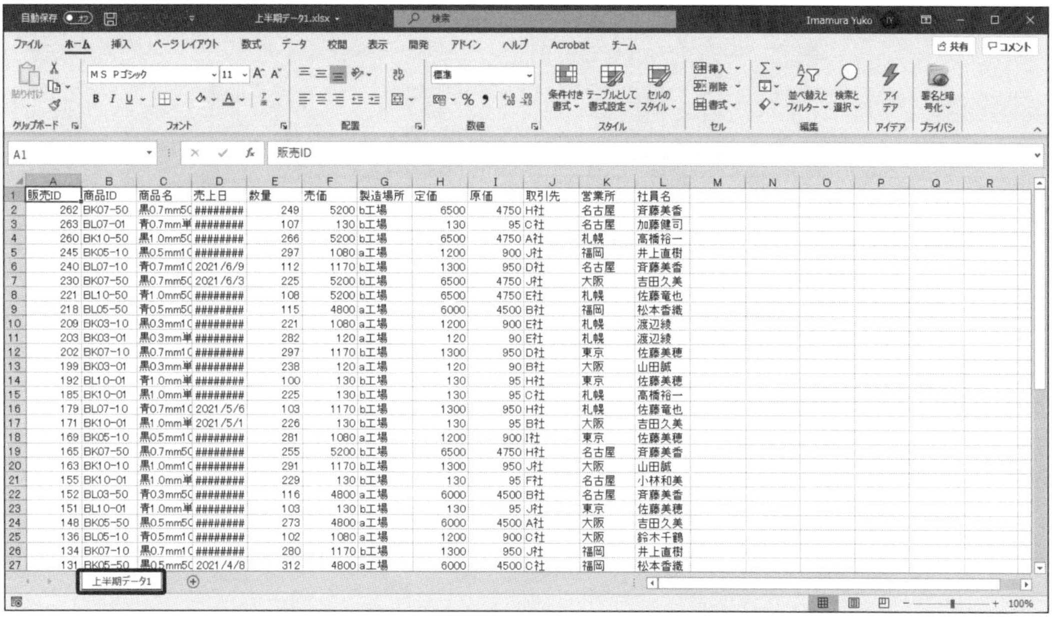

	A	B	C	D	E	F	G	H	I	J	K	L
1	販売ID	商品ID	商品名	売上日	数量	売価	製造場所	定価	原価	取引先	営業所	社員名
2	262	BK07-50	黒0.7mm50	########	249	5200	b工場	6500	4750	H社	名古屋	斉藤美香
3	263	BL07-01	青0.7mm単	########	107	130	b工場	130	95	C社	名古屋	加藤健司
4	260	BK10-50	黒1.0mm50	########	266	5200	b工場	6500	4750	A社	札幌	高橋裕一
5	245	BK05-10	黒0.5mm10	########	297	1080	a工場	1200	900	J社	福岡	井上直樹
6	240	BL07-10	青0.7mm10	2021/6/9	112	1170	b工場	1300	950	D社	名古屋	斉藤美香
7	230	BK07-50	黒0.7mm50	2021/6/3	225	5200	b工場	6500	4750	J社	大阪	吉田久美
8	221	BL10-50	青1.0mm50	########	108	5200	b工場	6500	4750	E社	札幌	佐藤竜也
9	218	BL05-50	青0.5mm50	########	115	4800	a工場	6000	4500	B社	福岡	松本香織
10	209	BK03-10	黒0.3mm10	########	221	1080	a工場	1200	900	E社	札幌	渡辺綾
11	203	BK03-01	黒0.3mm単	########	282	120	a工場	120	90	E社	札幌	渡辺綾
12	202	BK07-10	黒0.7mm10	########	297	1170	b工場	1300	950	D社	東京	佐藤美穂
13	199	BK03-01	黒0.3mm単	########	238	120	a工場	120	90	B社	大阪	山田誠
14	192	BL10-01	青1.0mm単	########	100	130	b工場	130	95	H社	東京	佐藤美穂
15	185	BK10-01	黒1.0mm単	########	225	130	b工場	130	95	C社	札幌	高橋裕一
16	179	BL07-10	青0.7mm10	2021/5/6	103	1170	b工場	1300	950	H社	札幌	佐藤竜也
17	171	BK10-01	黒1.0mm単	2021/5/1	226	130	b工場	130	95	B社	大阪	吉田久美
18	169	BK05-10	黒0.5mm10	########	281	1080	a工場	1200	900	I社	東京	佐藤美穂
19	165	BK07-50	黒0.7mm50	########	255	5200	b工場	6500	4750	H社	名古屋	斉藤美香
20	163	BK10-10	黒1.0mm10	########	291	1170	b工場	1300	950	J社	大阪	山田誠
21	155	BK10-01	黒1.0mm単	########	229	130	b工場	130	95	F社	名古屋	小林和美
22	152	BL03-50	青0.3mm50	########	116	4800	a工場	6000	4500	B社	名古屋	斉藤美香
23	151	BL10-01	青1.0mm単	########	103	130	b工場	130	95	J社	東京	佐藤美穂
24	148	BK05-50	黒0.5mm50	########	273	4800	a工場	6000	4500	A社	大阪	吉田久美
25	136	BL05-10	青0.5mm10	########	102	1080	a工場	1200	900	C社	大阪	鈴木千鶴
26	134	BK07-10	黒0.7mm10	########	280	1170	b工場	1300	950	J社	福岡	井上直樹
27	131	BK05-50	黒0.5mm50	2021/4/8	312	4800	a工場	6000	4500	C社	福岡	松本香織

エクスポートされたExcelファイルはAccessのテーブルには影響を与えず、値のみがシンプルに格納されているので、自由に表やグラフなどの加工をすることができます。

4-4-2　既存ブックの新規シートへエクスポートする

存在するExcelファイルにクエリをエクスポートすることもできます。**4-1**で作成した販売管理.xlsxへ、**4-3**のクエリをエクスポートしてみましょう。

Accessでクエリを選択した状態で、リボンの「外部データ」タブの「エクスポート」内にある「Excel」をクリックし、「参照」から販売管理.xlsxを選択してエクスポートします（**図25**）。

図25 既存ブックを指定してエクスポート

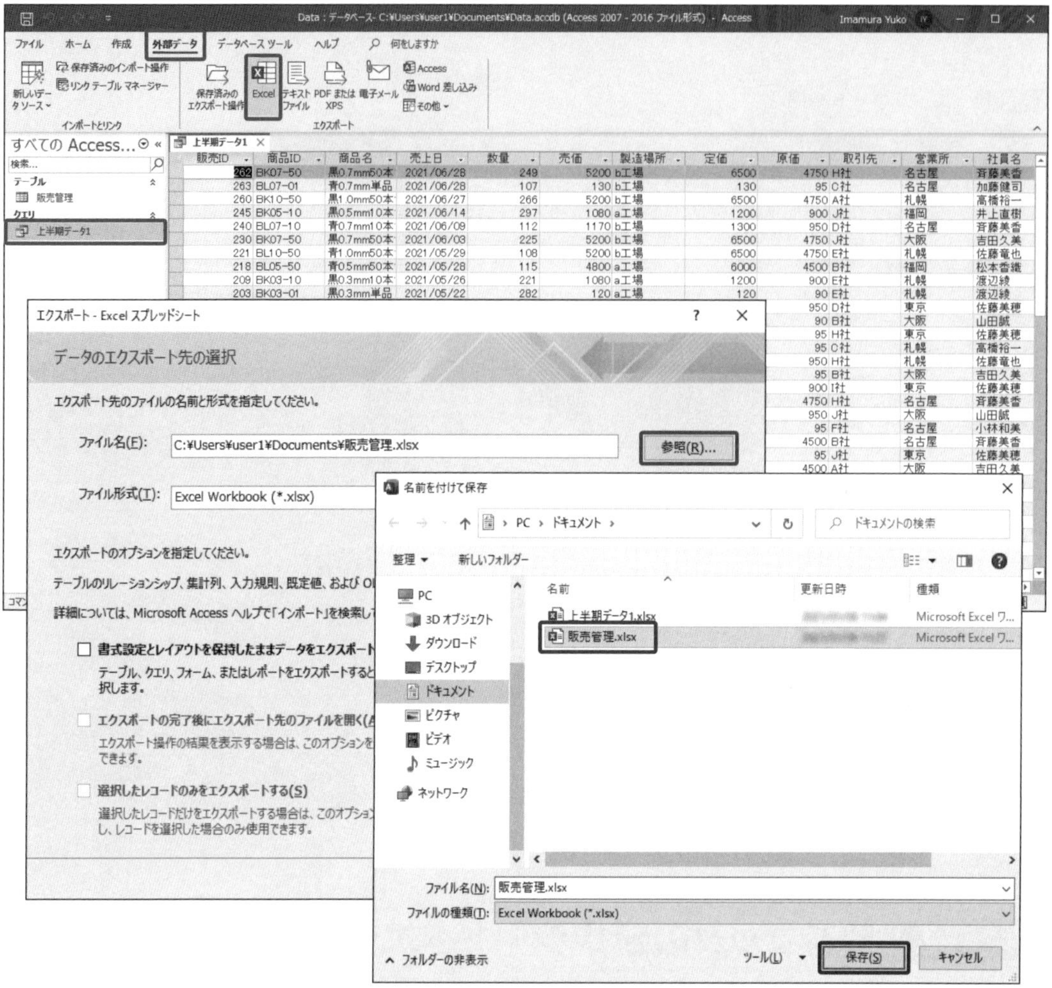

販売管理.xlsx を開いてみると、「上半期データ1」という名前の新規シートが作成され、データがエクスポートされました（図26）。

図26 既存ブックへのエクスポート結果

	A	B	C	D	E	F	G	H	I	J	K	L
1	販売ID	商品ID	商品名	売上日	数量	売価	製造場所	定価	原価	取引先	営業所	社員名
2	262	BK07-50	黒0.7mm5(	########	249	5200	b工場	6500	4750	H社	名古屋	斉藤美香
3	263	BL07-01	青0.7mm単	########	107	130	b工場	130	95	C社	名古屋	加藤健司
4	260	BK10-50	黒1.0mm5(	########	266	5200	b工場	6500	4750	A社	札幌	高橋裕一
5	245	BK05-10	黒0.5mm1(	########	297	1080	a工場	1200	900	J社	福岡	井上直樹
6	240	BL07-10	青0.7mm1(	2021/6/9	112	1170	b工場	1300	950	D社	名古屋	斉藤美香
7	230	BK07-50	黒0.7mm5(	2021/6/3	225	5200	b工場	6500	4750	J社	大阪	吉田久美
8	221	BL10-50	青1.0mm5(	########	108	5200	b工場	6500	4750	E社	札幌	佐藤竜也
9	218	BL05-50	青0.5mm5(	########	115	4800	a工場	6000	4500	B社	福岡	松本香織
10	209	BK03-10	黒0.3mm1(	########	221	1080	a工場	1200	900	E社	札幌	渡辺綾
11	203	BK03-01	黒0.3mm単	########	282	120	a工場	120	90	E社	札幌	渡辺綾
12	202	BK07-10	黒0.7mm1(	########	297	1170	b工場	1300	950	D社	東京	佐藤美穂
13	199	BK03-01	黒0.3mm単	########	238	120	a工場	120	90	B社	大阪	山田誠
14	192	BL10-01	青1.0mm単	########	100	130	b工場	130	95	H社	東京	佐藤美穂
15	185	BK10-01	黒1.0mm単	########	225	130	b工場	130	95	C社	札幌	高橋裕一
16	179	BL07-10	青0.7mm1(	2021/5/6	103	1170	b工場	1300	950	H社	札幌	佐藤竜也
17	171	BK10-01	黒1.0mm単	2021/5/1	226	130	b工場	130	95	B社	大阪	吉田久美
18	169	BK05-10	黒0.5mm1(	########	281	1080	a工場	1200	900	I社	東京	佐藤美穂
19	165	BK07-50	黒0.7mm5(	########	255	5200	b工場	6500	4750	H社	名古屋	斉藤美香
20	163	BK10-10	黒1.0mm1(	########	291	1170	b工場	1300	950	J社	大阪	山田誠
21	155	BK10-01	黒1.0mm単	########	229	130	b工場	130	95	F社	名古屋	小林和美
22	152	BL03-50	青0.3mm5(	########	116	4800	a工場	6000	4500	B社	名古屋	斉藤美香
23	151	BL10-01	青1.0mm単	########	103	130	b工場	130	95	J社	東京	佐藤美穂
24	148	BK05-50	黒0.5mm5(	########	273	4800	a工場	6000	4500	A社	大阪	吉田久美
25	136	BL05-10	青0.5mm1(	########	102	1080	a工場	1200	900	C社	大阪	鈴木千鶴
26	134	BK07-10	黒0.7mm1(	########	280	1170	b工場	1300	950	J社	福岡	井上直樹
27	131	BK05-50	黒0.5mm5(	2021/4/8	312	4800	a工場	6000	4500	C社	福岡	松本香織

販売管理　上半期データ1

4-4-3 既存ブックの既存シートへエクスポートする

クエリ名がそのままシート名になる特性を利用して、あらかじめ書式や数式などを設定したシートへエクスポートすることもできます。**4-4-2**で作成された「上半期データ1」シートを使って試してみましょう。

「上半期データ1」シートの見栄えを整えます。商品名や売上日などはすべて表示されるようにセル幅を広げ、フィールド名は見出しとして背景色を設定しました。また、エクスポートされたデータを使って自動的に総売価、総原価、粗利率が算出できるように数式を入力しておきます(**図27**)。

図27 書式や数式を設定

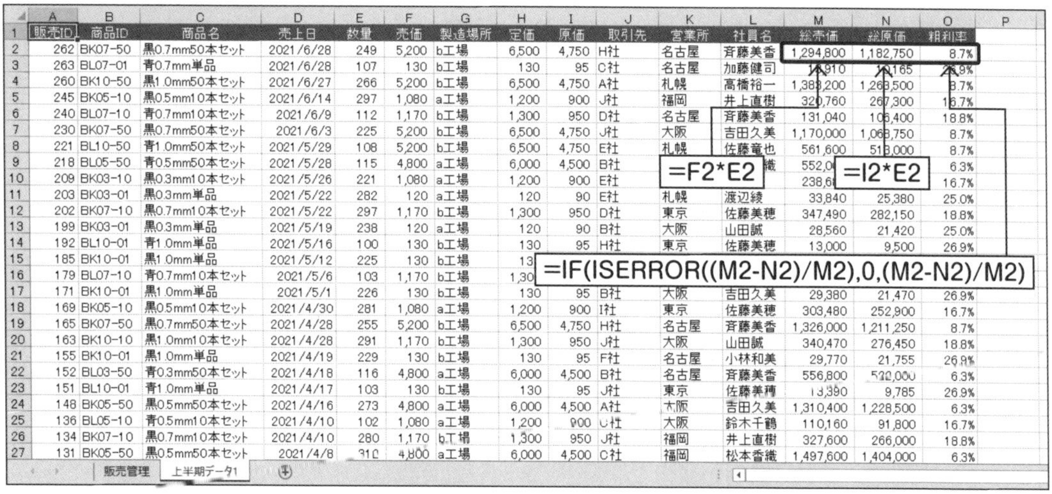

	A	B	C	D	E	F	G	H	I	J	K	L	M	N	O
1	販売ID	商品ID	商品名	売上日	数量	売価	製造場所	定価	原価	取引先	営業所	社員名	総売価	総原価	粗利率
2	262	BK07-50	黒0.7mm50本セット	2021/6/28	249	5,200	b工場	6,500	4,750	H社	名古屋	斉藤美香	1,294,800	1,182,750	8.7%
3	263	BL07-01	青0.7mm単品	2021/6/28	107	130	b工場	130	95	C社	名古屋	加藤健司	13,910	10,165	26.9%
4	260	BK10-50	黒1.0mm50本セット	2021/6/27	266	5,200	b工場	6,500	4,750	A社	札幌	高橋裕一	1,383,200	1,263,500	8.7%
5	245	BK05-10	黒0.5mm10本セット	2021/6/14	297	1,080	a工場	1,200	900	J社	福岡	井上直樹	320,760	267,300	16.7%
6	240	BL07-10	青0.7mm10本セット	2021/6/9	112	1,170	b工場	1,300	950	D社	名古屋	斉藤美香	131,040	106,400	18.8%
7	230	BK07-50	黒0.7mm50本セット	2021/6/3	225	5,200	b工場	6,500	4,750	J社	大阪	吉田久美	1,170,000	1,068,750	8.7%
8	221	BL10-50	青1.0mm50本セット	2021/5/29	108	5,200	b工場	6,500	4,750	E社	札幌	佐藤竜也	561,600	513,000	8.7%
9	218	BL05-50	青0.5mm50本セット	2021/5/28	115	4,800	a工場	6,000	4,500	B社		織	552,0		6.3%
10	209	BK03-10	黒0.3mm10本セット	2021/5/26	221	1,080	a工場	1,200	900	E社			238,6		16.7%
11	203	BK03-01	黒0.3mm単品	2021/5/22	282	120	a工場	120	90	E社	札幌	渡辺綾	33,840	25,380	25.0%
12	202	BK07-10	黒0.7mm10本セット	2021/5/22	297	1,170	b工場	1,300	950	D社	東京	佐藤美穂	347,490	282,150	18.8%
13	199	BK03-01	黒0.3mm単品	2021/5/19	238	120	a工場	120	90	B社	大阪	山田誠	28,560	21,420	25.0%
14	192	BL10-01	青1.0mm単品	2021/5/16	100	130	b工場	130	95	H社	東京	佐藤美穂	13,000	9,500	26.9%
15	185	BK10-01	黒1.0mm単品	2021/5/12	225	130	b工場	13							
16	179	BL07-10	青0.7mm10本セット	2021/5/6	103	1,170	b工場	1,30							
17	171	BK10-01	黒1.0mm単品	2021/5/1	226	130	b工場	130	95	B社	大阪	吉田久美	29,380	21,470	26.9%
18	169	BK05-10	黒0.5mm10本セット	2021/4/30	281	1,080	a工場	1,200	900	I社	東京	佐藤美穂	303,480	252,900	16.7%
19	165	BK07-50	黒0.7mm50本セット	2021/4/28	255	5,200	b工場	6,500	4,750	H社	名古屋	斉藤美香	1,326,000	1,211,250	8.7%
20	163	BK10-10	黒1.0mm10本セット	2021/4/28	291	1,170	b工場	1,300	950	J社	大阪	山田誠	340,470	276,450	18.8%
21	155	BK10-01	黒1.0mm単品	2021/4/19	229	130	b工場	130	95	F社	名古屋	小林和美	29,770	21,755	26.9%
22	152	BL03-50	青0.3mm50本セット	2021/4/18	116	4,800	a工場	6,000	4,500	B社	名古屋	斉藤美香	556,800	522,000	6.3%
23	151	BL10-01	青1.0mm単品	2021/4/17	103	130	b工場	130	95	J社	東京	佐藤美穂	13,390	9,785	26.9%
24	148	BK05-50	黒0.5mm50本セット	2021/4/16	273	4,800	a工場	6,000	4,500	A社	大阪	吉田久美	1,310,400	1,228,500	6.3%
25	136	BL05-10	青0.5mm10本セット	2021/4/10	102	1,080	a工場	1,200	900	C社	大阪	鈴木千鶴	110,160	91,800	16.7%
26	134	BK07-10	黒0.7mm10本セット	2021/4/10	280	1,170	b工場	1,300	950	J社	福岡	井上直樹	327,600	266,000	18.8%
27	131	BK05-50	黒0.5mm50本セット	2021/4/8	312	4,800	a工場	6,000	4,500	C社	福岡	松本香織	1,497,600	1,404,000	6.3%

=F2*E2

=I2*E2

=IF(ISERROR((M2-N2)/M2),0,(M2-N2)/M2)

販売管理　上半期データ1

このままの状態でエクスポートすると新しい情報が値だけ上書きされることになりますが、新旧のデータが混ざってしまうといけないので、AからLまでの列の値は見出しを残してすべて消して、上書き保存して終了しておきます(図28)。

図28 旧データの削除

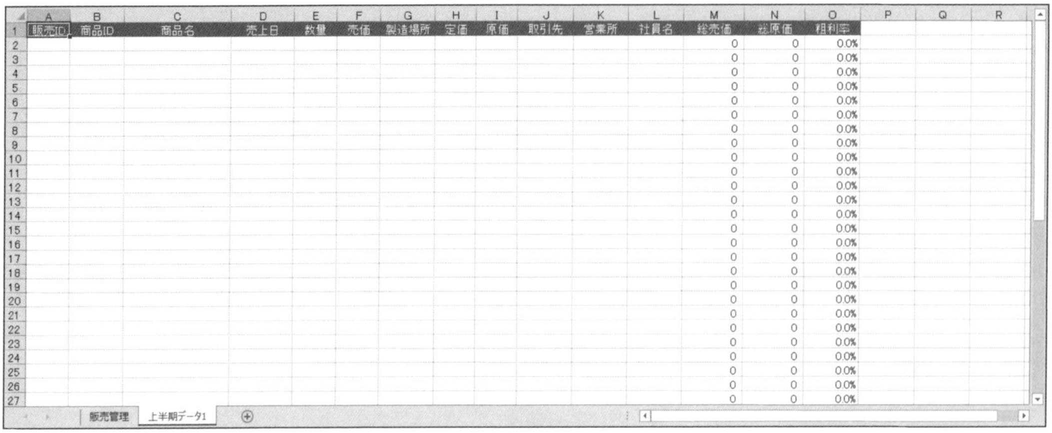

今度は少しクエリを変えて、商品IDが「BK」から始まるものだけのデータを抽出してみました。これを既存のブックにエクスポートします(図29)。クエリを変更した場合、**クエリの上書き保存をしないとエクスポートに反映されない**ので注意してください。

図29 変更したクエリをエクスポート

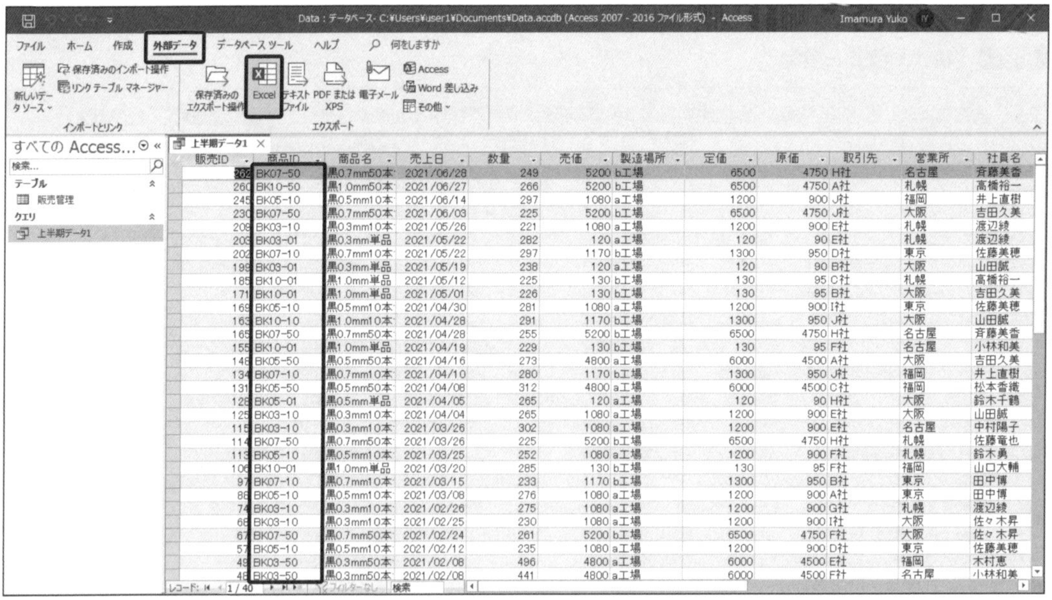

再び販売管理.xlsxを指定してエクスポートします。このファイルには、さきほど書式や数式を設定した「上半期データ1」というクエリと同名のシートが存在しているため、既に同じオブジェクトが存在します、というメッセージが表示されるので、「はい」をクリックします(**図30**)。

図30 既存ファイルを選択してエクスポート

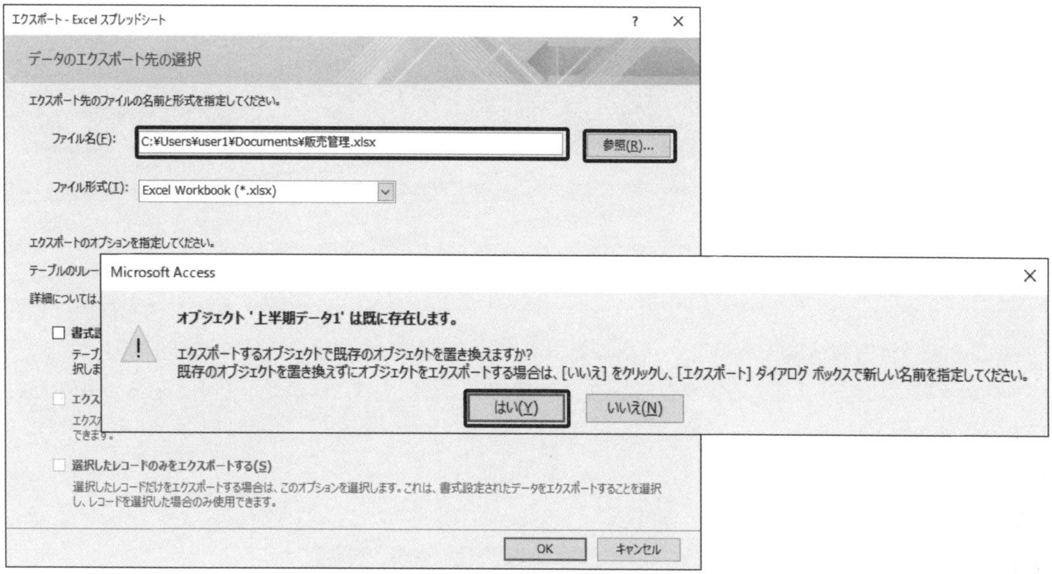
エクスポート - Excel スプレッドシート
データのエクスポート先の選択
エクスポート先のファイルの名前と形式を指定してください。
ファイル名(F): C:¥Users¥user1¥Documents¥販売管理.xlsx
参照(R)...
ファイル形式(T): Excel Workbook (*.xlsx)
エクスポートのオプションを指定してください。
選択したレコードのみをエクスポートする(S)
選択したレコードだけをエクスポートする場合は、このオプションを選択します。これは、書式設定されたデータをエクスポートすることを選択し、レコードを選択した場合のみ使用できます。
OK
キャンセル
Microsoft Access
オブジェクト '上半期データ1' は既に存在します。
エクスポートするオブジェクトで既存のオブジェクトを置き換えますか?
既存のオブジェクトを置き換えずにオブジェクトをエクスポートする場合は、[いいえ] をクリックし、[エクスポート] ダイアログ ボックスで新しい名前を指定してください。
はい(Y)
いいえ(N)

ファイルを開いてみると、書式や数式などを設定したシートへ、データがエクスポートされています(**図31**)。同じテンプレートで繰り返し使う場合、このように書式や数式を設定しておくと便利です。

なお、数式を設定したシートにデータをエクスポートしても、計算結果が反映されていない場合、「数式」タブの「再計算実行」をクリックして再計算してください。

図31 書式が設定されたシートへのエクスポート結果

	A	B	C	D	E	F	G	H	I	J	K	L	M	N	O
1	販売ID	商品ID	商品名	売上日	数量	売価	製造場所	定価	原価	取引先	営業所	社員名	総売価	総原価	粗利率
2	262	BK07-50	黒0.7mm50本セット	2021/6/28	249	5200	b工場	6500	4750	H社	名古屋	斉藤美香	1,294,800	1,182,750	8.7%
3	260	BK10-50	黒1.0mm50本セット	2021/6/27	266	5200	b工場	6500	4750	A社	札幌	高橋裕一	1,383,200	1,263,500	8.7%
4	245	BK05-10	黒0.5mm10本セット	2021/6/14	297	1080	a工場	1200	900	J社	福岡	井上直樹	320,760	267,300	16.7%
5	230	BK07-50	黒0.7mm50本セット	2021/6/3	225	5200	b工場	6500	4750	J社	大阪	吉田久美	1,170,000	1,068,750	8.7%
6	209	BK03-10	黒0.3mm10本セット	2021/5/26	221	1080	a工場	1200	900	E社	札幌	渡辺綾	238,680	198,900	16.7%
7	203	BK03-01	黒0.3mm単品	2021/5/22	282	120	a工場	120	90	E社	札幌	渡辺綾	33,840	25,380	25.0%
8	202	BK07-10	黒0.7mm10本セット	2021/5/22	297	1170	b工場	1300	950	D社	東京	佐藤美穂	347,490	282,150	18.8%
9	199	BK03-01	黒0.3mm単品	2021/5/19	238	120	a工場	120	90	B社	大阪	山田誠	28,560	21,420	25.0%
10	185	BK10-01	黒1.0mm単品	2021/5/12	225	130	b工場	130	95	C社	札幌	高橋裕一	29,250	21,375	26.9%
11	171	BK10-01	黒1.0mm単品	2021/5/1	226	130	b工場	130	95	B社	大阪	吉田久美	29,380	21,470	26.9%
12	169	BK05-10	黒0.5mm10本セット	2021/4/30	281	1080	a工場	1200	900	I社	東京	佐藤美穂	303,480	252,900	16.7%
13	[illegible]	[illegible]10	黒1.0mm[illegible]	2021/4/28	[illegible]	[illegible]70	b工場	[illegible]	950	J社	[illegible]	山田誠	[illegible]	276,450	[illegible]
[illegible]	128	BK05-01	[illegible]mm単品	[illegible]	265	120	[illegible]	120	[illegible]	[illegible]	大阪	[illegible]	31,800	[illegible]	25.0%
20	125	BK03-10	黒0.3mm10本セット	2021/4/4	265	1080	a工場	1200	900	E社	大阪	山田誠	286,200	238,500	16.7%
21	115	BK03-10	黒0.3mm10本セット	2021/3/26	302	1080	a工場	1200	900	E社	名古屋	中村陽子	326,160	[illegible]	16.7%
22	114	BK07-50	黒0.7mm50本セット	2021/3/26	225	5200	b工場	6500	4750	H社	札幌	佐藤竜也	1,170,000	1,068,750	8.7%
23	113	BK05-10	黒0.5mm10本セット	2021/3/25	252	1080	a工場	1200	900	[illegible]	札幌	鈴木勇	272,160	226,800	16.7%
24	106	BK10-01	黒1.0mm単品	2021/3/20	285	130	b工場	130	95	F社	福岡	山口大輔	37,050	27,075	26.9%
25	97	BK07-10	黒0.7mm10本セット	2021/3/10	233	1170	b工場	1300	950	B社	東京	田中博	272,610	221,350	18.8%
26	88	BK05-10	黒0.5mm10本セット	2021/3/8	276	1080	a工場	1200	900	A社	東京	田中博	298,080	248,400	16.7%
27	74	BK03-10	黒0.3mm10本セット	2021/2/26	275	1080	a工場	1200	900	G社	札幌	渡辺綾	297,000	247,500	16.7%

販売管理
上半期データ1

CHAPTER 4

4-5 クエリの種類とその他の活用方法

ここまでの解説でいくつかのクエリを使ってデータを操作してきましたが、クエリにはさまざまな種類と、便利な使い方があります。ここではその例をかんたんに紹介します。

4-5-1 クエリの種類

Access のクエリは大きく分けて、データを計算したり抽出したりする**選択クエリ**（**表5**）と、テーブル内のデータに変更を加える**アクションクエリ**（**表6**）に分類することができます。**2-6**で扱ったのはアクションクエリです。

表5 選択クエリの例

種類	内容
選択クエリ	条件を付けてデータの抽出や並べ替えを行う
パラメータクエリ	条件の値をユーザーへ入力要求してクエリを実行する
重複クエリ	テーブル内で重複したレコードを抽出する
不一致クエリ	2つのテーブルの不一致レコードを抽出する
集計クエリ	データをグループ化して集計する
クロス集計クエリ	行列の項目が交差する位置で集計する

表6 アクションクエリの例

種類	内容
更新クエリ	テーブルのデータを更新する
追加クエリ	テーブルにレコードを追加する
削除クエリ	テーブルのレコードを削除する

本書のサンプルのような売上データをグループごとに合計するときなどは**集計クエリ**が非常に有用です。例として**クロス集計クエリ**を使ってアイテムごとの月別の合計売上数を算出してみましょう。

Data.accdbを開き、「販売管理」テーブルを選択し、「作成」タブの「クエリウィザード」をクリックします(図32)。

図32 クエリウィザードを起動

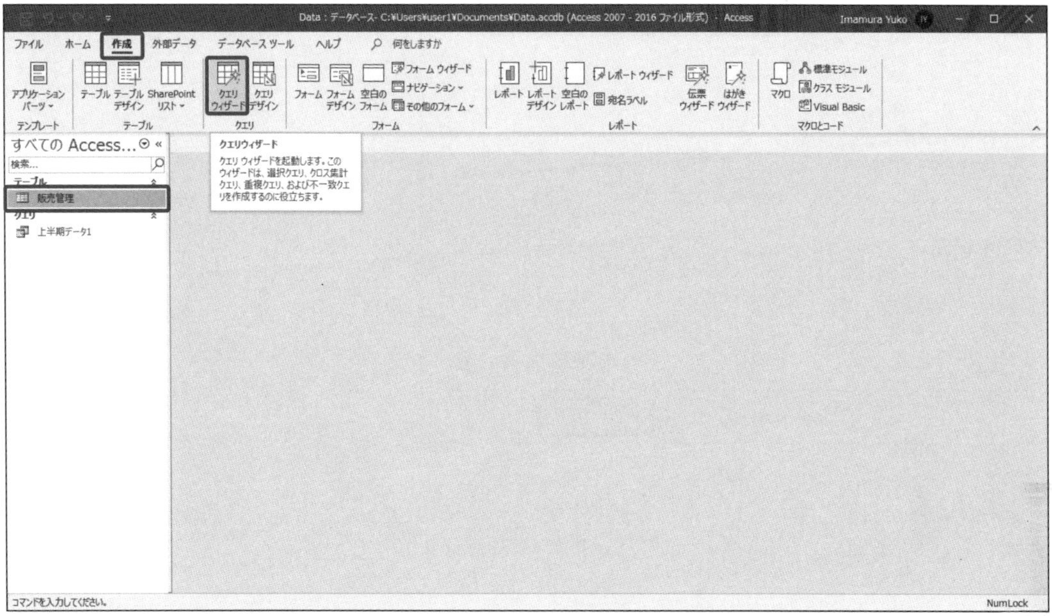

「クロス集計クエリ ウィザード」を選択して次へ進みます(図33)。

図33 クエリの選択

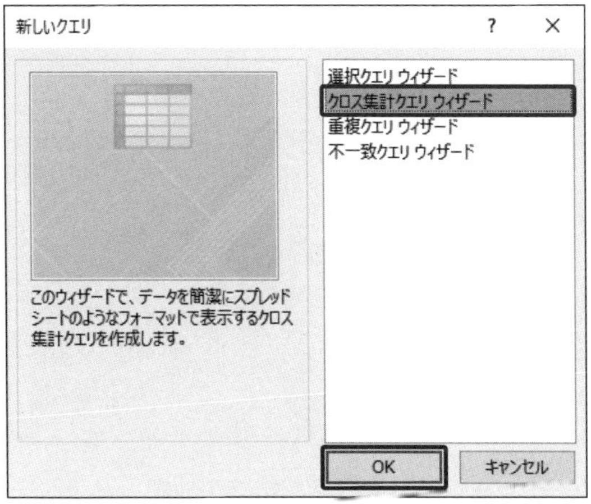

集計元となる「販売管理」テーブルを選択し、「次へ」をクリックします(図34)。

図34 テーブルの選択

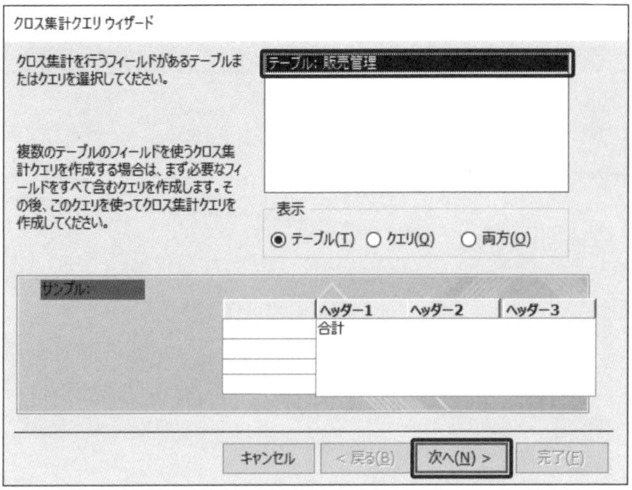

縦軸にしたい「商品ID」フィールドを選択して「>」をクリックすることで、「商品ID」が「選択したフィールド」ボックスに移動します。最後に「次へ」をクリックします(図35)。

図35 縦軸フィールドの選択

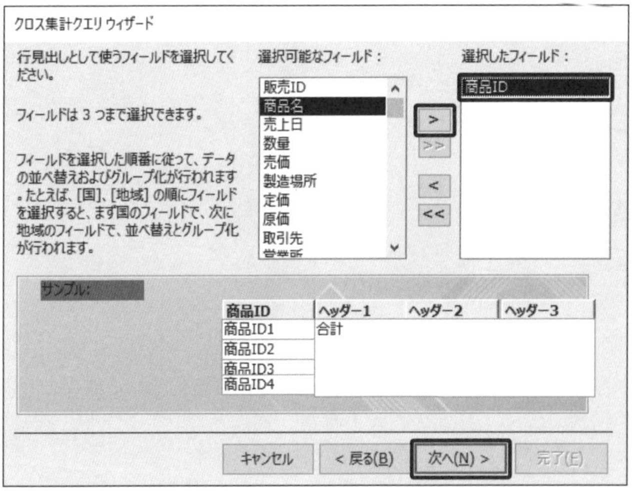

横軸にしたい「売上日」フィールドを選択し、「次へ」をクリックします（図36）。

図36 横軸フィールドの選択

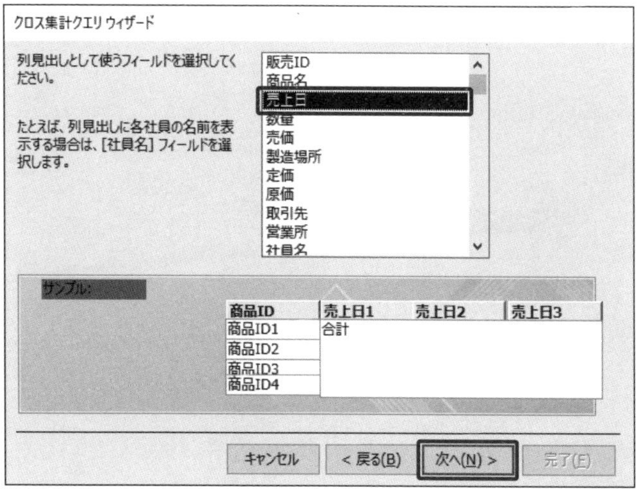

日付型のフィールドの場合、任意の形でグループ化することができるので、「月」を指定し「次へ」をクリックします（図37）。

図37 グループ化の単位指定

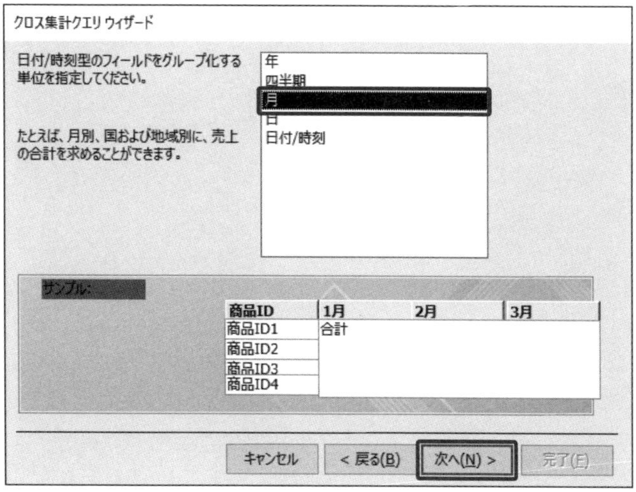

縦軸と横軸によって集計される値となるフィールドと、集計方法を選択し「次へ」をクリックします（図38）。

図38 値フィールドと集計方法の選択

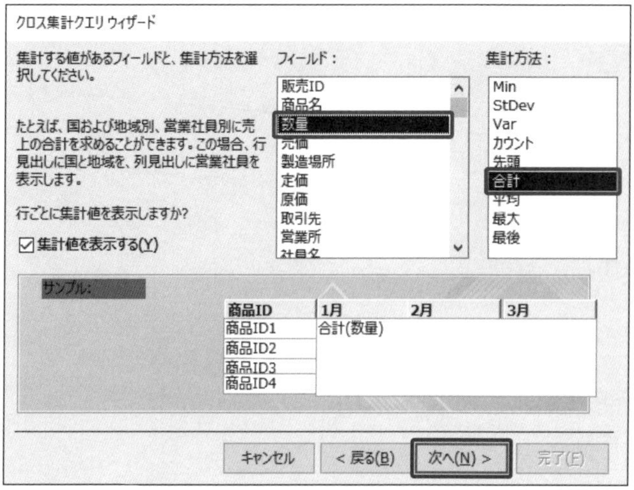

最後にクエリの名称（任意）を設定して、完了します（図39）。

図39 名前を付けて終了

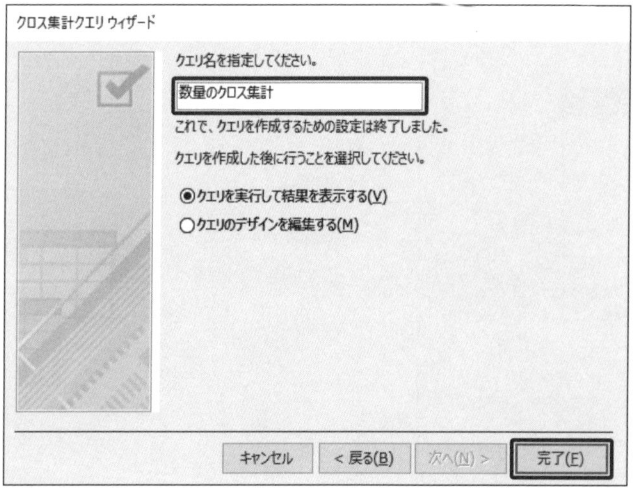

結果がデータシートビューで表示されます（図40）。クロス集計クエリを使うと、このような行と列で異なる項目を設定して集計することができます。

図40 作成されたクロス集計クエリ

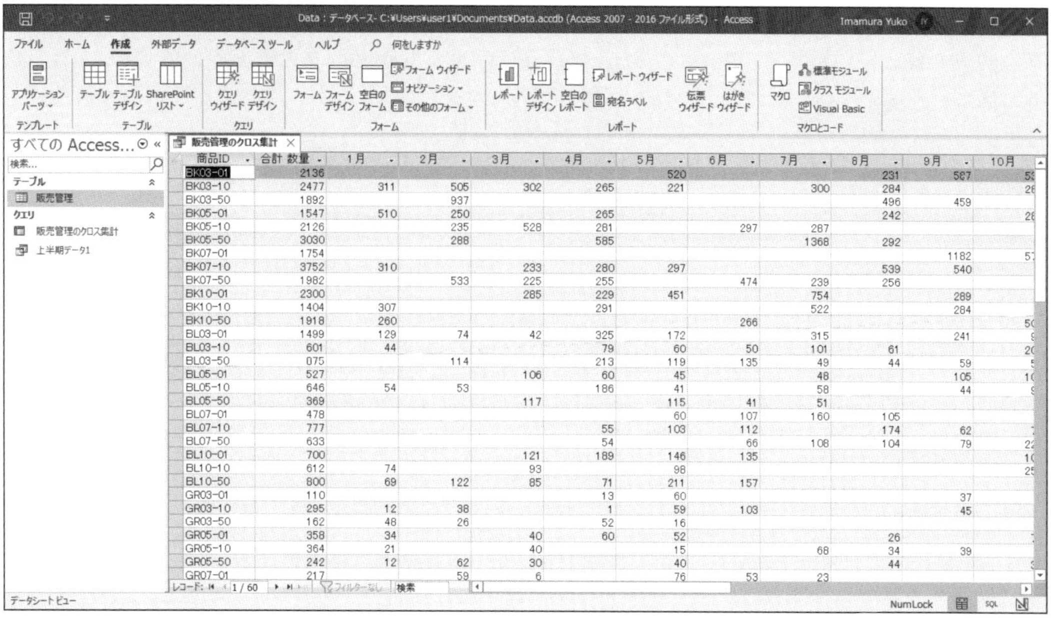

4-5-2 SQLビュー

これまでクエリでは「デザインビュー」と「データシートビュー」を使ってきましたが、もう1つ、「SQLビュー」という表示方法があります。「ホーム」タブの「表示」から「SQLビュー」を選択します(**図41**)。

図41 SQLビューへの切り替え

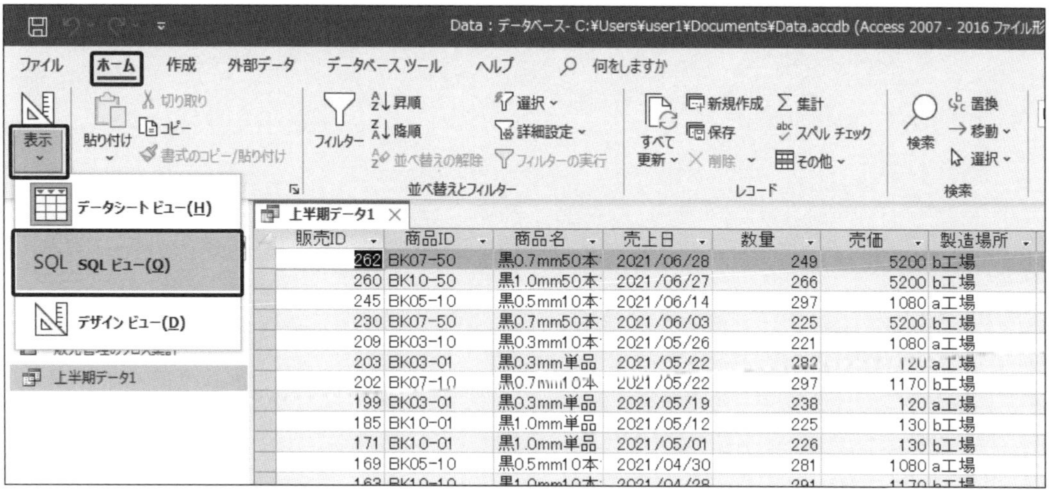

SQLビューでは、クエリのデザインビューで視覚的に作成されたクエリをSQL化したものが参照できます（**図42**）。自動で作成されたSQL文なので、不必要な文字列が含まれていたり、Access特有の関数を使っていたりと、ExcelのVBAで使うには手直しが必要なことも多いですが、「この結果が得られるSQLが欲しい」という場合の参考になります。

図42 SQLビュー

CHAPTER

5

VBAで専用フォームを作成してAccessのデータをExcelに読み込む

5-1 Excelで専用フォームを作成するための知識

CHAPTER 5では、ユーザーフォームという機能を使ってExcelからAccessのデータを操作します。まずはユーザーフォームがなにかということから学んでいきましょう。

5-1-1 ユーザーフォーム

Excelには、ワークシートとセルという入出力画面(ユーザーインターフェース)があらかじめ存在しているので、Excel VBAでのプログラミングにおいてワークシートとセルを利用することができます。セルの値を使ったり、処理の結果をワークシートに表示させたりすることがかんたんにできるので、一般的なプログラミング言語よりも、とっつきやすいのが大きなメリットです。

これだけでもとても有用な機能ですが、Excelにはワークシートとは別に**ユーザーフォーム**(または**フォーム**とも呼ばれます)という独自の画面を作成できる機能があります。

ユーザーフォームを使うことで、表形式に沿ったワークシートでは表現できない、自由なレイアウトの入出力画面を作成することができるのです(**図1**)。

図1 ワークシートとユーザーフォーム

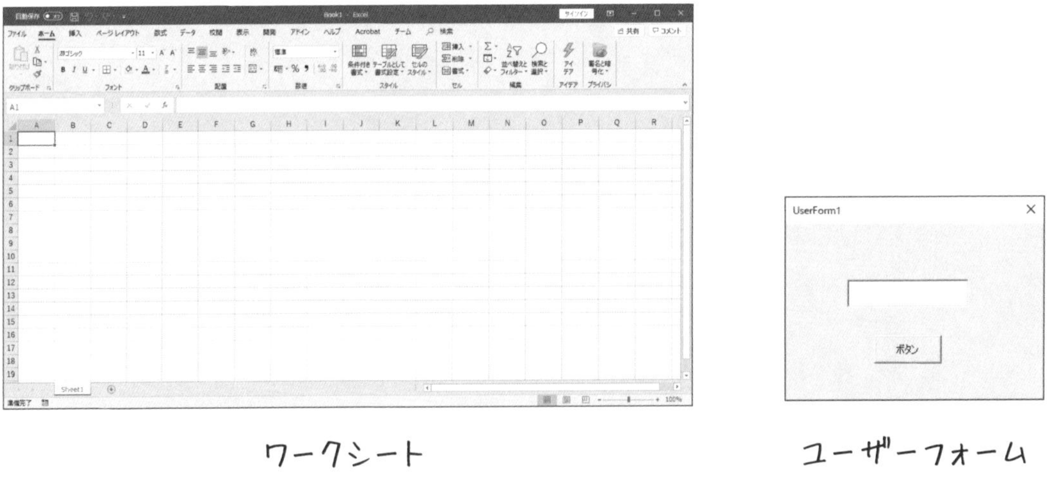

5-1-2 コントロール

ワークシートに対して処理を行うとき、ワークシート自体は土台で、実際はその中のセルに値を入力しますよね。これと同じで、ユーザーフォームは土台です。その上にユーザーが扱う部品を配置していきます。この部品のことを**コントロール**と呼びます（**図2**）。

図2　コントロール

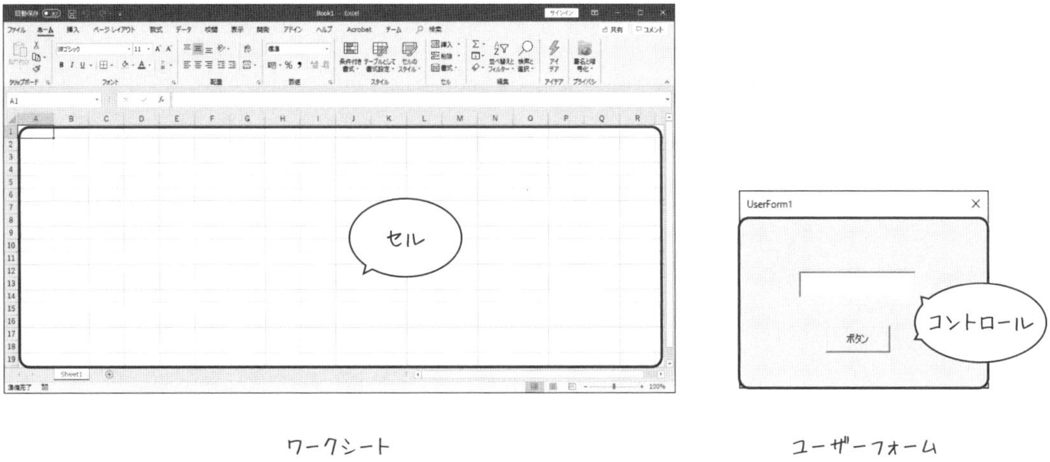

5-1-3 ツールボックス

フォームにコントロールを配置する際、VBE上に表示される**ツールボックス**（**図3**）からコントロールを選択します。

図3　ツールボックス

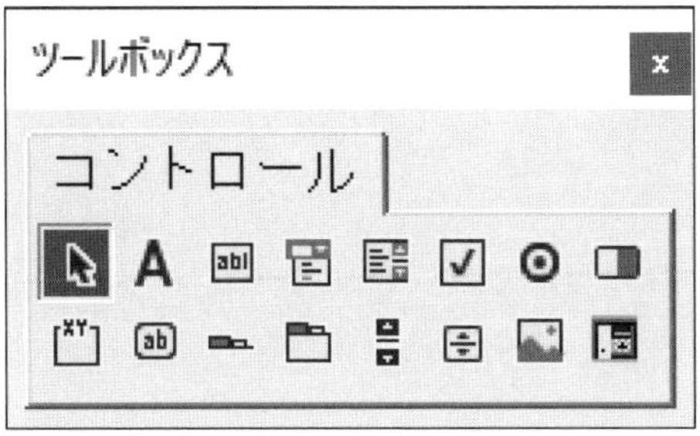

選択できるコントロールの概要を**表1**にまとめました。

表1 ツールボックスで選択できるコントロール

アイコン	名称	概要
	オブジェクトの選択	オブジェクトを選択して位置や大きさを調整したり、プロパティウィンドウ（P.78参照）から設定を行ったりすることができる
	ラベル	タイトルや項目、説明のためのテキストなどを表示する
	テキストボックス	テキストまたはデータの表示・入力・編集を行う
	コンボボックス	項目の一覧がドロップダウンリストで表示され、選択できる
	リストボックス	項目の一覧が表示され、選択できる
	チェックボックス	値の有効または無効を表す
	オプションボタン	複数の選択肢の中の1つを有効にする
	トグルボタン	ボタンで有効/無効の状態を表し、クリックのたびに入れ替わる
	フレーム	オプションボタンやチェックボックスなどと併用され、複数の項目をグループ化する
	コマンドボタン	クリックされたときに任意の動作を設定できる
	タブストリップ	タブ切り替えで異なるデータを表示できる。タブ内はすべて同じレイアウトとなる
	マルチページ	タブ切り替えで異なるデータを表示できる。タブごとに違うレイアウトのコントロールを配置できる
	スクロールバー	最小値と最大値を設定し、値の範囲をスクロールすることができる
	スピンボタン	数値・時刻・日付などの値を一定数ずつ増加または減少させる
	イメージ	BMP・JPG・GIFなどの画像を埋め込む
	RefEdit	ユーザーに任意のセル範囲を選択させ、その選択範囲情報を表示する

なお、ツールボックスのアイテム領域を右クリック→「その他のコントロール」をクリックすると、ここに表示されていないコントロールも追加することができます（**図4**）。追加できるコントロールはPC環境によって異なる場合があります。

図4 その他のコントロール

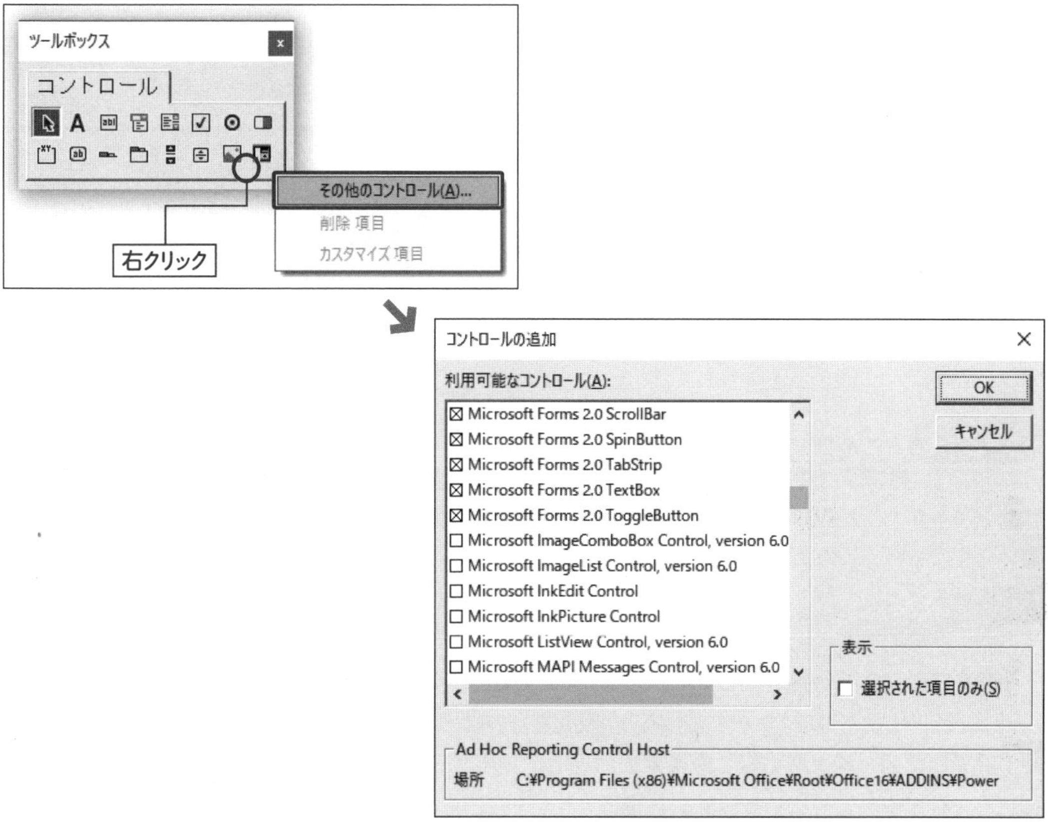

CHAPTER 5

5-2 データを読み込むための準備

それではここから、Accessのテーブルにあるデータを Excelのシートに読み込む処理を実装し、それをユーザーフォームから起動させる仕組みを作ります。フォーム作成の前に、まずはシートの準備をしておきましょう。

5-2-1 シートを整える

サンプルファイルの「CHAPTER5」フォルダー→「Berfore」フォルダーのSampleSystem5.xlsmを開いてください。このファイルはCHAPTER3終了時のファイルと同じものですので、そちらを使っても構いません。

CHAPTER 3でAccessへ書き込んだデータをExcelのシートへ読み込むのですが、現時点ではData,accdbの「販売管理」テーブルにある「販売ID」のフィールドが、Excel側のシートには存在しません。先頭に列を挿入して新しいA列を作成し、見出しが認識しやすいよう、フィールド名の部分に色を付けて中央寄せにしておきます（**図5**）。

図5 シートの変更

販売ID	商品ID	商品名	売上日	数量	売価	製造場所	定価	原価	取引先	営業所	社員名
1	BL10-10	青1.0mm10本セット	2021/1/1	74	1,170	b工場	1,300	950	A社	東京	伊藤孝
2	RD07-10	赤0.7mm10本セット	2021/1/1	137	1,170	c工場	1,300	950	F社	福岡	木村恵
3	OR03-10	橙0.3mm10本セット	2021/1/2	74	1,080	d工場	1,200	900	J社	大阪	鈴木千鶴
4	GR10-50	緑1.0mm50本セット	2021/1/4	44	5,200	e工場	6,500	4,750	I社	福岡	山口大輔
5	BK03-10	黒0.3mm10本セット	2021/1/6	311	1,080	a工場	1,200	900	I社	名古屋	斉藤美香
6	RD05-50	赤0.5mm50本セット	2021/1/6	161	4,800	c工場	6,000	4,500	D社	福岡	山口大輔
7	RD03-10	赤0.3mm10本セット	2021/1/6	215	1,080	c工場	1,200	900	E社	大阪	吉田久美
8	RD10-10	赤1.0mm10本セット	2021/1/6	160	1,170	c工場	1,300	950	H社	東京	山本徹
9	BK10-10	黒1.0mm10本セット	2021/1/6	307	1,170	b工場	1,300	950	F社	東京	田中博
10	BL03-01	青0.3mm単品	2021/1/7	44	120	a工場	120	90	D社	名古屋	斉藤美香
11	GR03-10	緑0.3mm10本セット	2021/1/7	12	1,080	d工場	1,200	900	A社	東京	佐藤美穂
12	OR07-50	橙0.7mm50本セット	2021/1/9	53	5,200	e工場	6,500	4,750	D社	札幌	渡辺綾
13	RD03-50	赤0.3mm50本セット	2021/1/11	209	4,800	c工場	6,000	4,500	A社	札幌	高橋裕一
14	BL03-01	青0.3mm単品	2021/1/11	85	120	a工場	120	90	G社	大阪	山田誠
15	GR05-50	緑0.5mm50本セット	2021/1/12	12	4,800	d工場	6,000	4,500	E社	福岡	山口大輔
16	GR07-10	緑0.7mm10本セット	2021/1/17	28	1,170	e工場	1,300	950	B社	大阪	佐々木昇
17	BL10-50	青1.0mm50本セット	2021/1/17	69	5,200	b工場	6,500	4,750	F社	大阪	吉田久美
18	BK07-10	黒0.7mm10本セット	2021/1/17	310	1,170	b工場	1,300	950	C社	名古屋	小林和美
19	GR07-10	緑0.7mm10本セット	2021/1/18	19	1,170	e工場	1,300	950	D社	東京	田中博
20	BK05-01	黒0.5mm単品	2021/1/19	236	120	a工場	120	90	H社	名古屋	加藤健司
21	GR10-50	緑1.0mm50本セット	2021/1/19	78	5,200	e工場	6,500	4,750	F社	福岡	木村恵
22	RD05-01	赤0.5mm単品	2021/1/20	162	120	c工場	120	90	J社	東京	田中博

また、4-4-3と同じように自動的に総売価、総原価、粗利率が算出できるように数式を設定します（図6）。

図6　書式や数式を設定

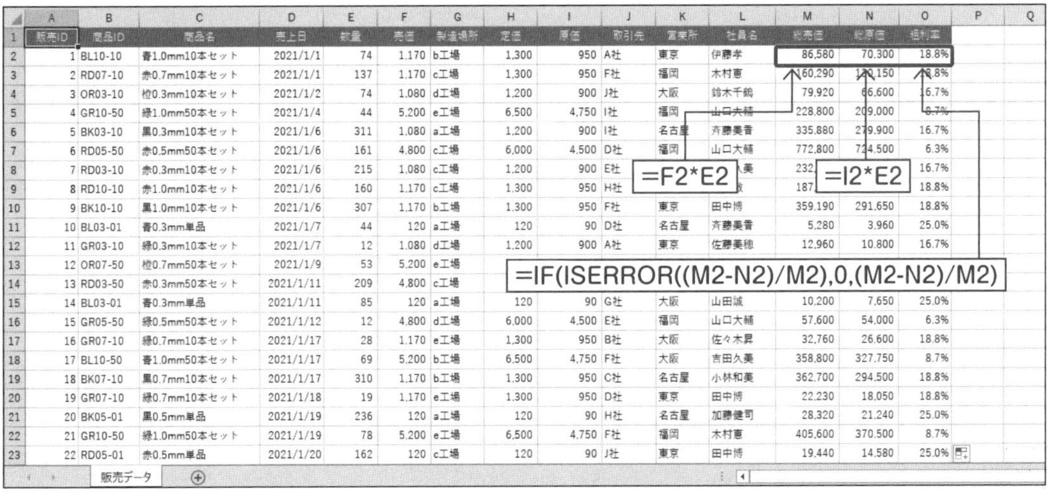

このままだとスクロールするとフィールド名が画面から外れてしまうので、リボンの「表示」タブの「ウインドウ枠の固定」から「先頭行の固定」を設定しておきましょう（図7）。

図7　先頭行の固定

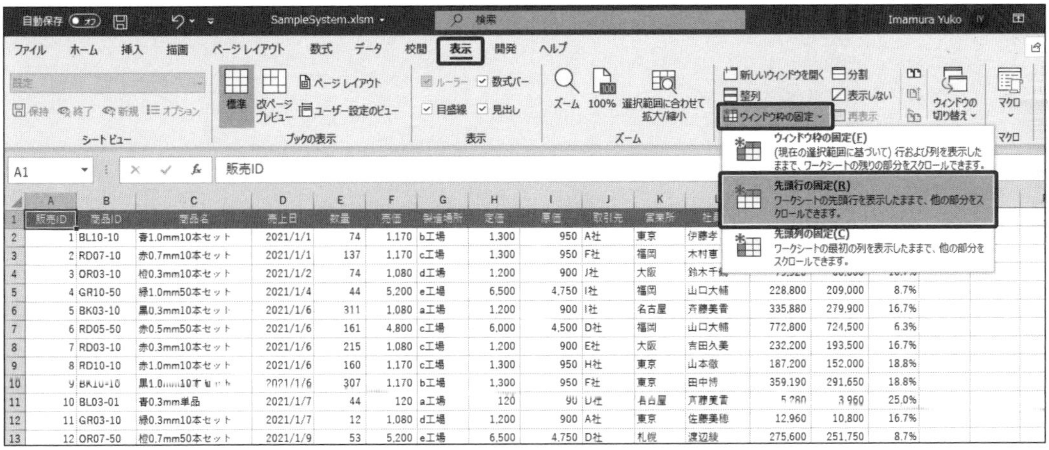

こうすると、縦にスクロールしても先頭行のフィールド名が固定されて、データが見やすくなります。

5-2-2 コードをシートに対応させる

「販売ID」をA列に追加したため、**CHAPTER 3**で作成した「一括書込」機能のコードでは、フィールドが1列ずつズレてしまいます。このまま実行すると、意図しない値をフィールドに入れようとして型が違うのでエラーが起こります。

Alt+F11キーでVBEを開き、「M_DataTransfer」モジュールの「insertRecord」プロシージャの該当部分を修正します。INSERT部分の「.Cells(tgtRow, *)」を、フィールド名と対応するセルへ修正しましょう（**コード1**）。

コード1 セル位置の修正

```
Public Sub insertRecord()
  '## レコードの挿入
～～～～～～～～～～～～ 略 ～～～～～～～～～～～～

  'SQL文リストの作成
  Dim tgtRow As Long '繰り返し用変数の宣言
  Dim sql As String 'SQL文用変数の宣言
  For tgtRow = startRow To endRow '指定行を繰り返す
    With S_Sales
      sql = _
        "INSERT INTO 販売管理(" & _
          "商品ID, " & _
          "商品名, " & _
          "売上日, " & _
          "数量, " & _
          "売価, " & _
          "製造場所, " & _
          "定価, " & _
          "原価, " & _
          "取引先, " & _
          "営業所, " & _
          "社員名) " & _
        "VALUES(" & _
          "'" & .Cells(tgtRow, 2).Value & "', " & _ ← 商品ID
          "'" & .Cells(tgtRow, 3).Value & "', " & _ ← 商品名
          "#" & .Cells(tgtRow, 4).Value & "#, " & _ ← 売上日
          .Cells(tgtRow, 5).Value & ", " & _ ← 数量
          .Cells(tgtRow, 6).Value & ", " & _ ← 売価
          "'" & .Cells(tgtRow, 7).Value & "', " & _ ← 製造場所
          .Cells(tgtRow, 8).Value & ", " & _ ← 定価
          .Cells(tgtRow, 9).Value & ", " & _ ← 原価
          "'" & .Cells(tgtRow, 10).Value & "', " & _ ← 取引先
```

```
            "'" & .Cells(tgtRow, 11).Value & "', " & _ ← 営業所
            "'" & .Cells(tgtRow, 12).Value & "');" ← 社員名
    End With

    sqlList.Add sql 'コレクションへ追加
  Next tgtRow

  '実行
〜〜〜〜〜〜〜〜〜〜 略 〜〜〜〜〜〜〜〜〜〜
End Sub
```

なお、Data.accdbの「販売管理」テーブルの「販売ID」フィールドはオートナンバー型のため、書込時に自動で割り当てられます。Excelシート上A列の販売IDはAccessからの読込専用で、Excelからの書込(INSERT)の際はその値は使われません。

また、オートナンバー型は一度割り振られた数値は再利用されません。たとえば現時点でData.accdb の「販売管理」テーブルには「販売ID」フィールドNo.1から500まで登録されていますが、この状態で「一括書込」を実行すると1～500のデータは消去され、同じExcelデータがNo.501から1000まで追加されることになります。

ただし、「最適化と修復(**1-4-3**参照)」を行うと数値がリセットされて、重複しない範囲で若い番号から新たに割り振られます。

5-3 「メニュー」フォームを作成する

準備が整ったので、最初のユーザーフォームから作っていきましょう。

5-3-1 「メニュー」フォームを作成する

5-2でシートを整えたSampleSystem5.xlsmにユーザーフォームを挿入します。VBE画面で、「挿入」→「ユーザーフォーム」をクリックすると、**図8**のような画面になります。

プロジェクトエクスプローラーに「フォーム」というフォルダーアイコンと、その中に「UserForm1」という項目が追加されました。ツールボックスがプロジェクトエクスプローラー上に表示される場合がありますが、見やすい位置へ移動できます。ツールボックスが表示されていないならば、「表示」→「ツールボックス」から表示できます。

図8 ユーザーフォームの挿入

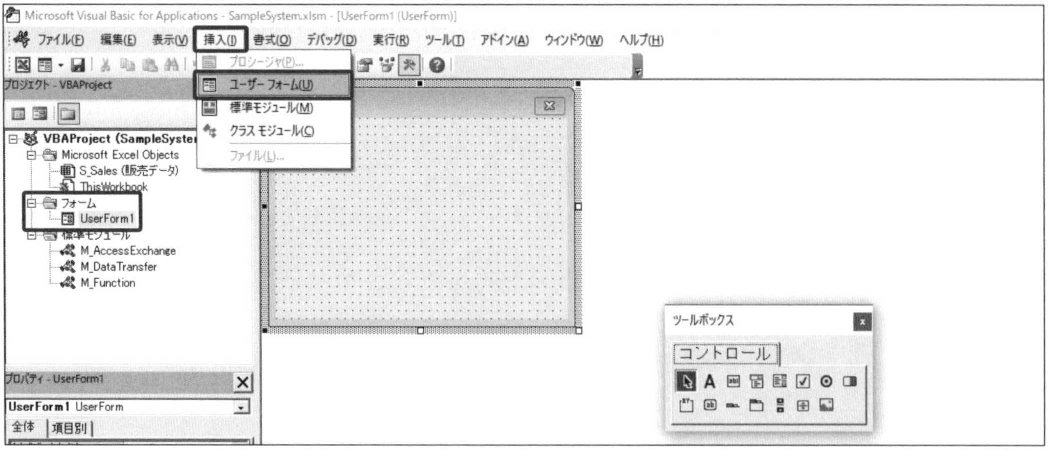

ここまでの命名規則にならって、このユーザーフォームのオブジェクト名を「F_Menu」にします。Captionプロパティではフォームのタイトルバーの文字列を設定することができるので、「メニュー」にしておきましょう（**図9**）。

図9 オブジェクト名とCaptionの変更

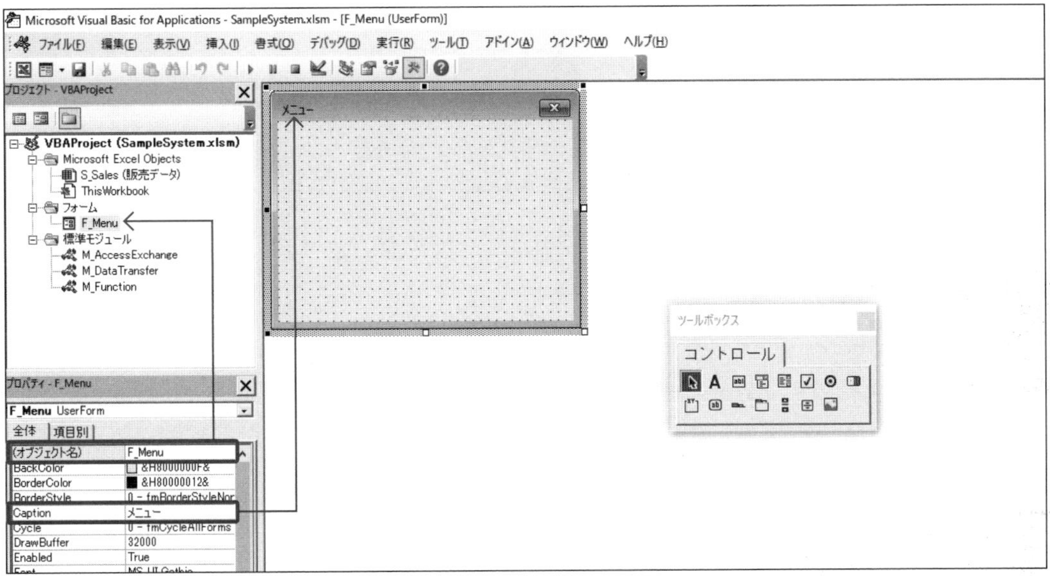

5-3-2 フォームを表示させる

作成したユーザーフォームを表示させるには、そのためのコードを書かねばなりません。ここまで作ってきたモジュールとは目的が異なるので、「挿入」→「標準モジュール」から新たなモジュールを作成しましょう。このアプリの起動に関するプロシージャを書く予定なので、「M_StartUp」と命名します（図10）。

図10 スタート用のモジュールを作成

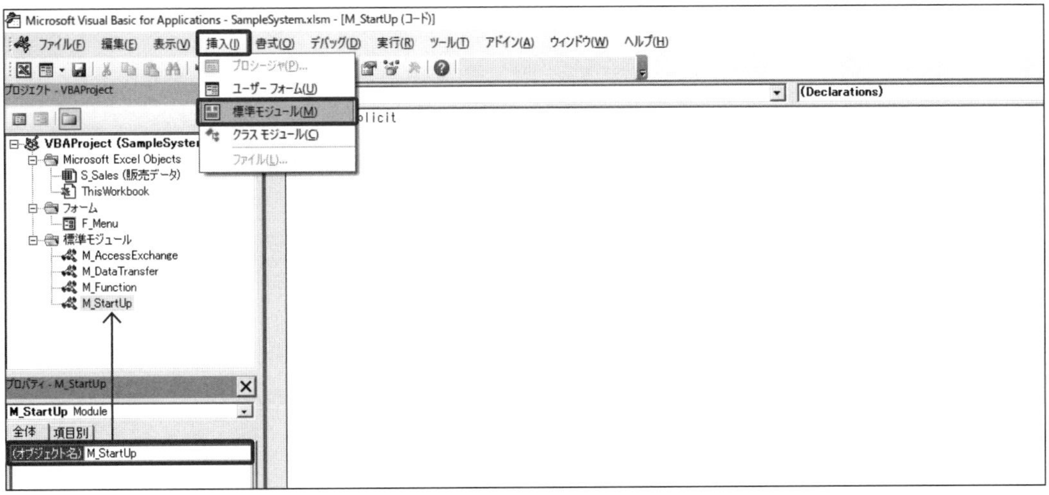

この「M_StartUp」に**コード2**を記述します。

コード2 フォームを開くプロシージャ

```
01  '# アプリの起動
02  Option Explicit
03  
04  Public Sub showMenu()
05      '## 「メニュー」フォームを開く
06      F_Menu.Show
07  End Sub
```

3-2-5で紹介した通り、Excel画面にてリボンの「開発」タブ→「マクロ」（Alt + F8キーでも可）で「showMenu」プロシージャを選択して実行すると、「メニュー」フォームが開きます（**図11**）。このフォームが開いている間、プロシージャは**コード2**の6行目で一時停止しており、×ボタンでフォームを閉じるとプロシージャが再開し、End Subへ到達して終了します。

図11 プロシージャの実行

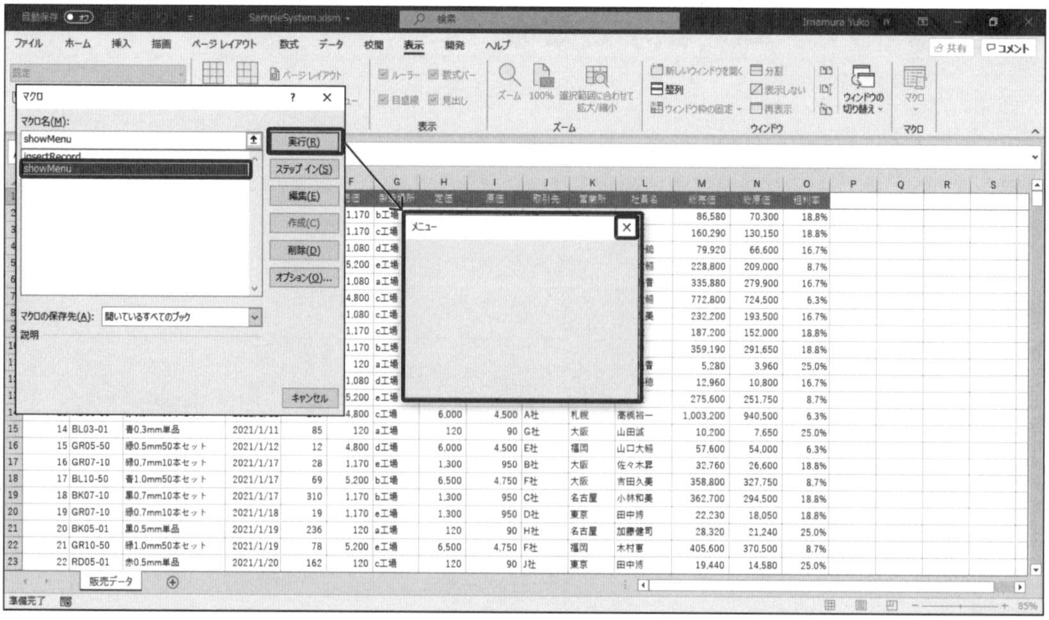

ここからは、この「メニュー」フォームへ機能を実装していきたいのですが、毎回「showMenu」プロシージャを選択して実行するのも少々面倒に感じます。もっとかんたんに特定のプロシージャを起動させてみましょう。

まず1つの方法として、シートの上にプロシージャの起動ボタンを作成する、という方法があります。「開発」タブの「挿入」から、「フォームコントロール」内の「ボタン」を選択します（図12）。

図12　フォームコントロールのボタンを選択

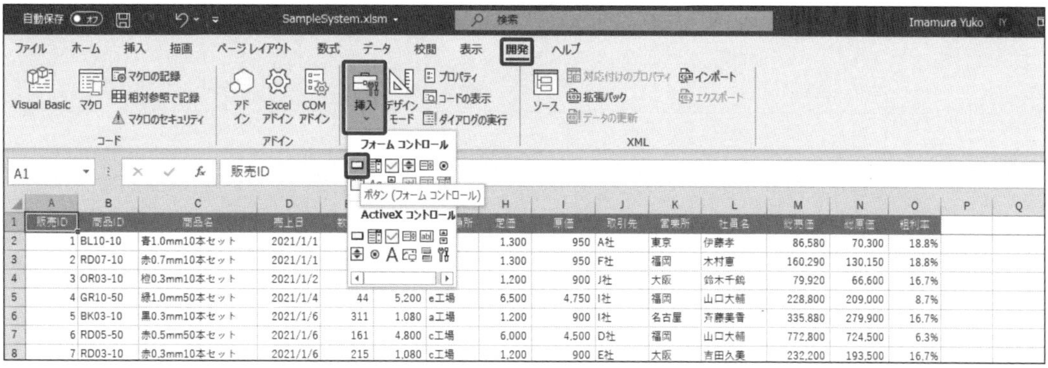

そのまま任意の場所でドラッグすると「マクロの登録」画面が開くので、実行したいプロシージャ（「showMenu」）を選択して「OK」ボタンをクリックします（図13）。

図13　マクロの登録

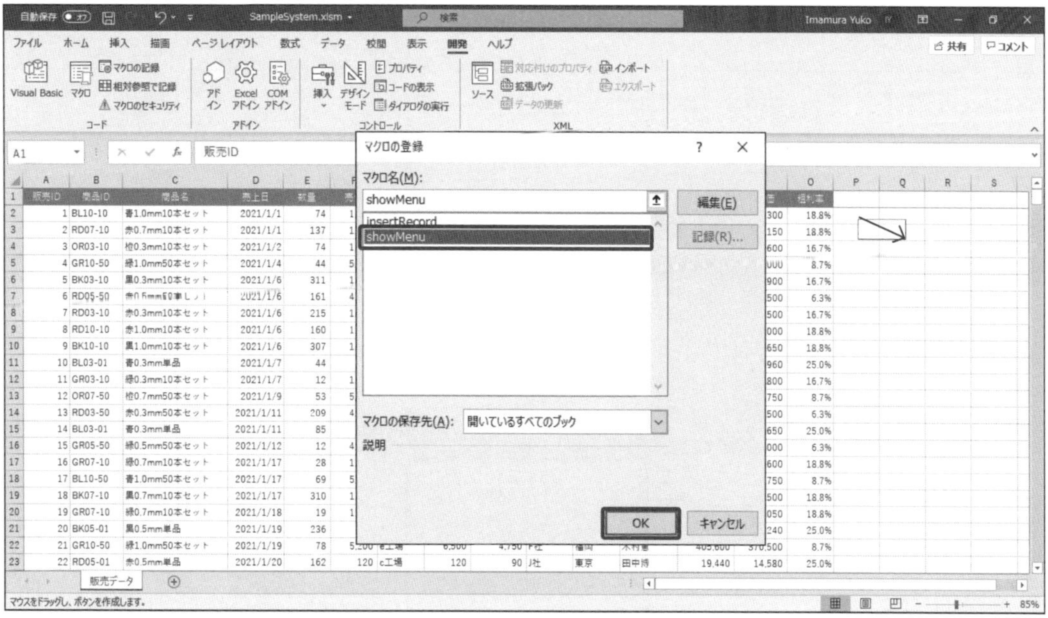

すると、マクロが登録されたボタンが作成されます（図14）。

図14 シート上に作成されたボタン

このボタンは、大きさや表示テキストの変更はもちろん、右クリックから「マクロの登録」でプロシージャの再登録も行うこともできます（**図15**）。なお、**5-2-1**で先頭行を固定したので、ボタンも1行目に収まるように置くと、スクロールしても表示されたままになります。狭い場合は1行目の高さを広げても構いません。

図15 ボタンの変更

ボタンをクリックすると、指定のプロシージャが起動します（**図16**）。

図16 ボタンからプロシージャを起動

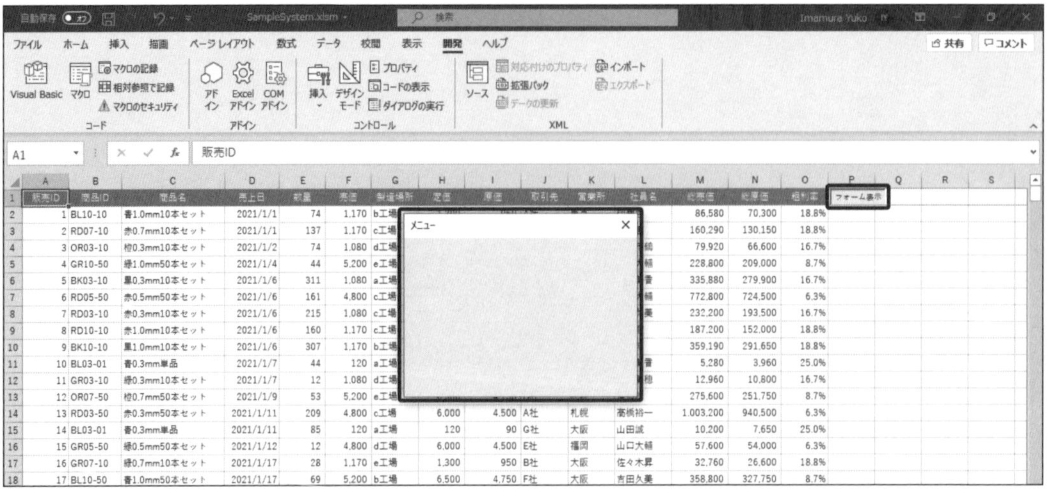

もう1つの方法として、キーボードのショートカットで特定のプロシージャを実行させることができます。リボンの「開発」タブ→「マクロ」でマクロの一覧を表示します。「showMenu」プロシージャを選択しておいて、「オプション」をクリックします（**図17**）。

図17 マクロの一覧

「マクロ オプション」の画面が開くので、キーを登録します。すると、「Ctrl+登録したキー」のショートカットで「showMenu」プロシージャを実行することができます。ここで登録したキーは、もともとあるキーよりも優先されるので、「Ctrl+c」（コピー）や「Ctrl+v」（ペースト）、「Ctrl+s」（保存）などのよく使うキーと重ならないキーを設定しましょう。ここでは、「m」のキーを設定しておきます（**図18**）。

図18 ショートカットキーの設定

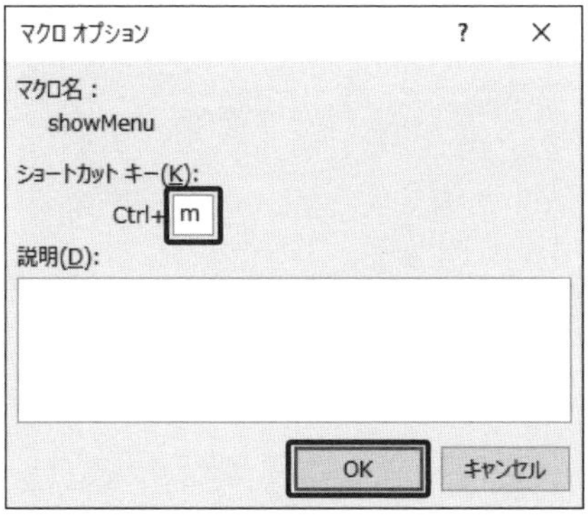

キーの設定ができたら、シート画面で Ctrl + m キーを押してみましょう。「showMenu」プロシージャが実行され、フォームが開きました（図19）。

図19 ショートカットキーでプロシージャを実行

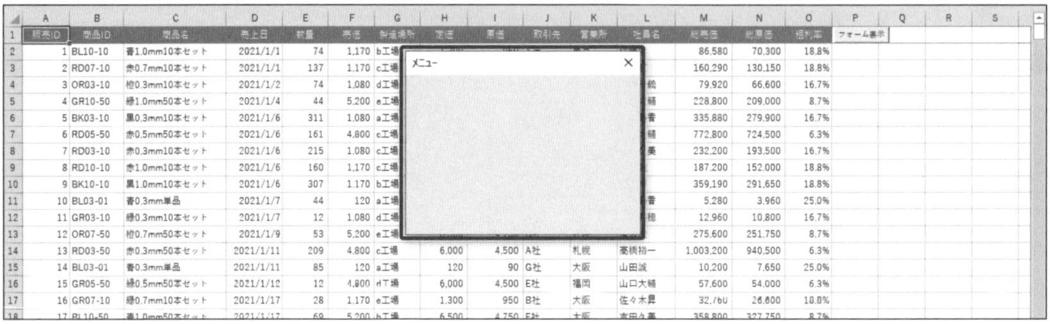

どちらの方法で実行しても構いませんので、お好みで選択してください。

5-3-3 イベントプロシージャ

ここまで、モジュールは標準モジュールを中心に解説してきましたが、実はユーザーフォームも**フォームモジュール**というモジュールの仲間です。

標準モジュールはコードしか持ちませんが、フォームモジュールは**オブジェクト**と**コード**の2種類の情報を持っています。試しにフォームモジュールである「F_Menu」を右クリックして「オブジェクトの表示」を選択すると、**5-3-1**で作成したフォームの外観を設定する画面が表示されます（図20）。

図20 オブジェクトの表示

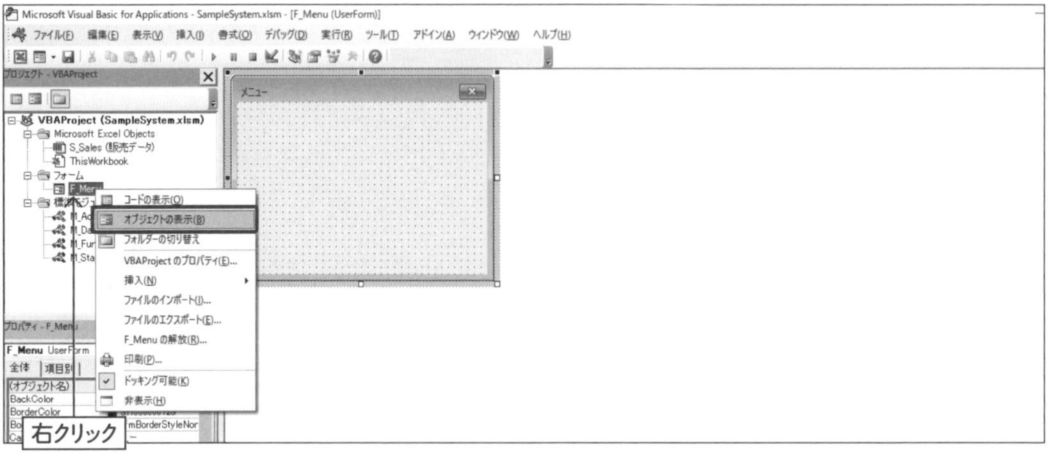

もう一度「F_Menu」を右クリックして今度は「コードの表示」を選択してみると、コードウィンドウが開きました（**図21**）。ここでフォームモジュールにコードを書くことができます。

図21 コードの表示

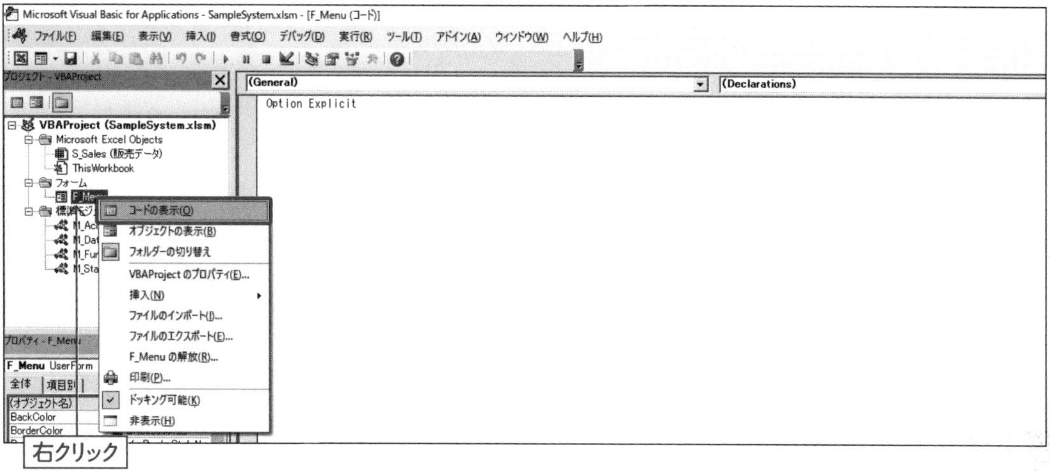

オブジェクトを持つモジュールの大きな特徴は、**対象オブジェクト上で特定の動作が行われた場合、自動的に起動する**という性質のプロシージャ（**イベントプロシージャ**）を作ることができるということです。

標準モジュールはオブジェクトを持たないので、自動で起動しない標準のプロシージャ（**ジェネラルプロシージャ**）しか作ることができません（**図22**）。

図22 ジェネラルプロシージャとイベントプロシージャ

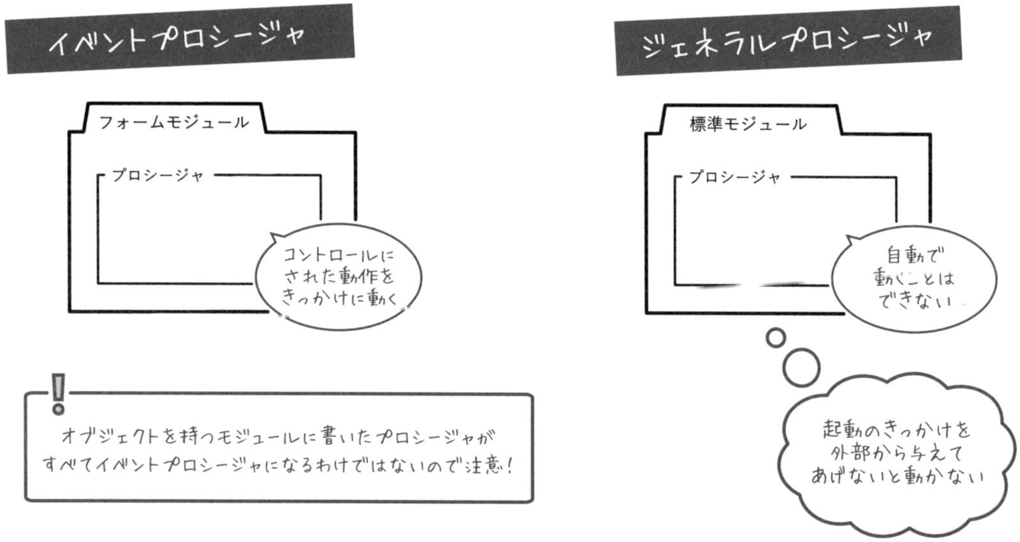

実際にイベントプロシージャを作ってみましょう。「F_Menu」にコマンドボタンコントロールを配置して、「ボタンをクリックしたら」起動するイベントプロシージャを作成します。

最初に、プロジェクトエクスプローラー上で「F_Menu」モジュールをダブルクリックするとオブジェクト画面が開くので、ツールボックスの「コマンドボタン」を選択してフォーム上で任意の大きさにドラッグします(図23)。

図23 コマンドボタンの挿入

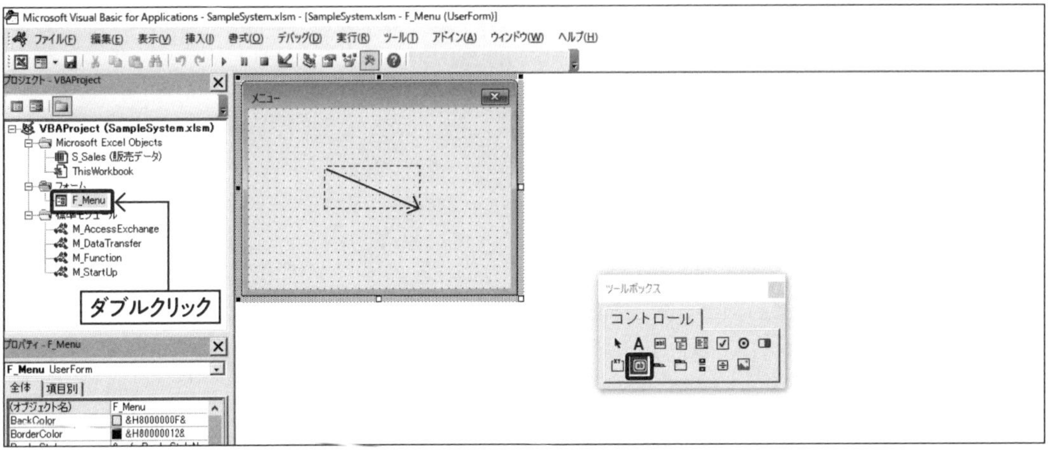

ボタンが選択されている状態で、「Caption」プロパティを変更すると、ボタン上のテキストを設定することができます。ここでは「閉じる」にしてみましょう(図24)。

図24 Captionの変更

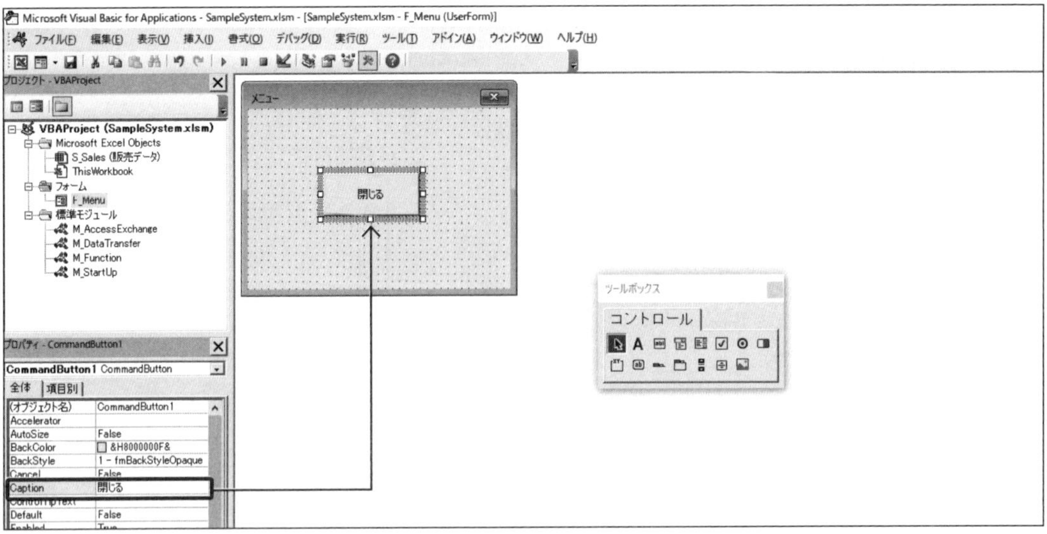

フォーム上に配置されたコントロールはプログラムで多用します。今回のようにフォーム上に1つのコントロールだけならともかく、これ以降作成していくプログラムでは、フォーム上に多数のコントロールを配置することになり、コントロールの名前を明確に付けていないと区別することができません。そのため、コントロールの命名が大切です。本書ではフォームの上に配置するコントロールの命名規則を、

種類(英略称/小文字)+_(アンダースコア)+機能名(英名詞/小文字始まりで区切りを大文字)

と定義します。

この「閉じる」ボタンのオブジェクト名は「btn_close」にします(**図25**)。続けてこのボタンをダブルクリックします。

図25　オブジェクト名を変更してダブルクリック

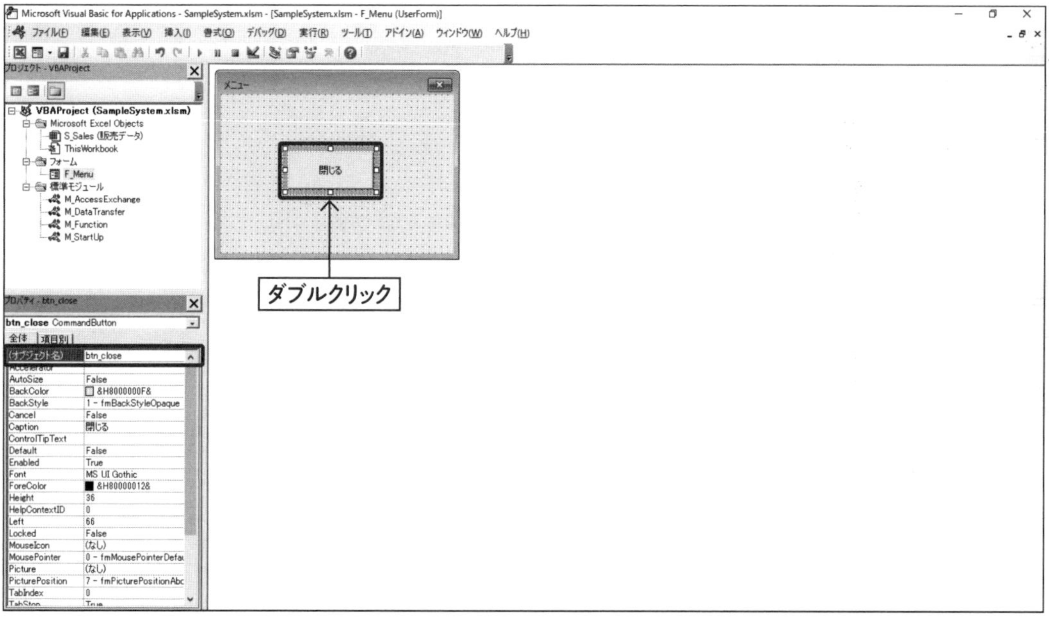

すると、**図26**のような画面になりました。プロジェクトエクスプローラーを見ると、「F_Menu」がグレーになっているので、この画面は「F_Menu」フォームモジュールの「コードの表示」状態だということがわかります。

図26 「コードの表示」状態になった

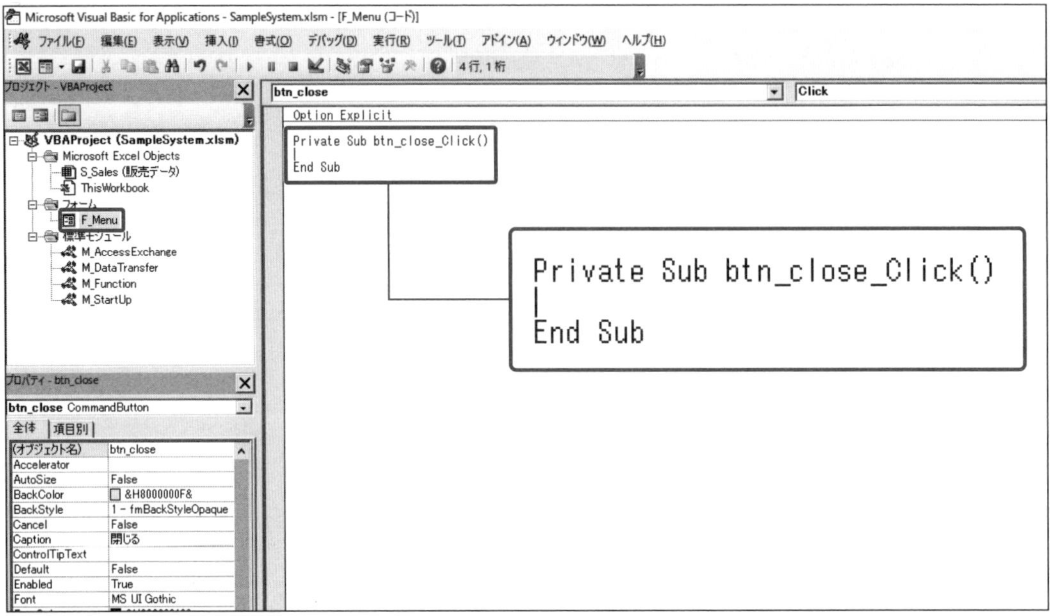

ここに自動でプロシージャの枠が挿入されていますね。先頭行を詳しく見てみましょう（**図27**）。

フォームなどのオブジェクトを持つモジュールに「オブジェクト名_イベント名」という名称で作成されたプロシージャは、イベントプロシージャと認識されるという特徴があります。この名称であれば、このプロシージャは「btn_close」ボタンがクリックされたときに自動で起動します。

図27 自動挿入されたイベントプロシージャ

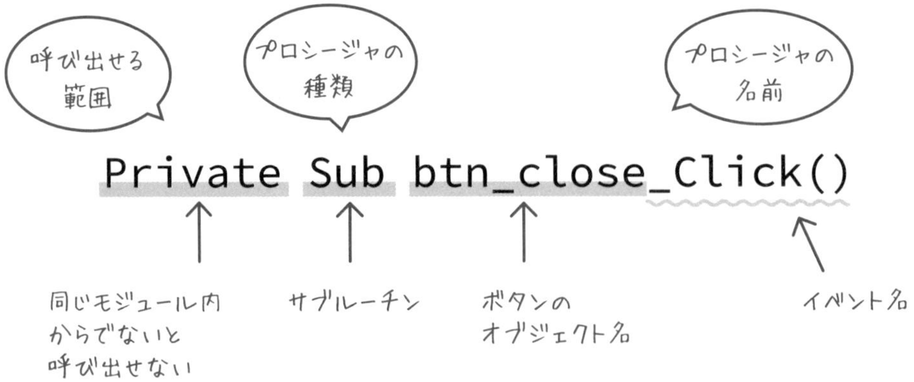

もちろん、イベントプロシージャと認識されるには、実際に存在するオブジェクトとイベントでないといけません。存在しないコントロールなど、記述に不備がある場合はジェネラルプロシージャと認識されます。

ちなみに、イベントはそのオブジェクトに対して複数存在します。コードウィンドウ上部、左側のドロップダウンリストには、現在選択されているモジュールに存在するオブジェクトの一覧が表示されます（図28）。

図28 存在するオブジェクト一覧

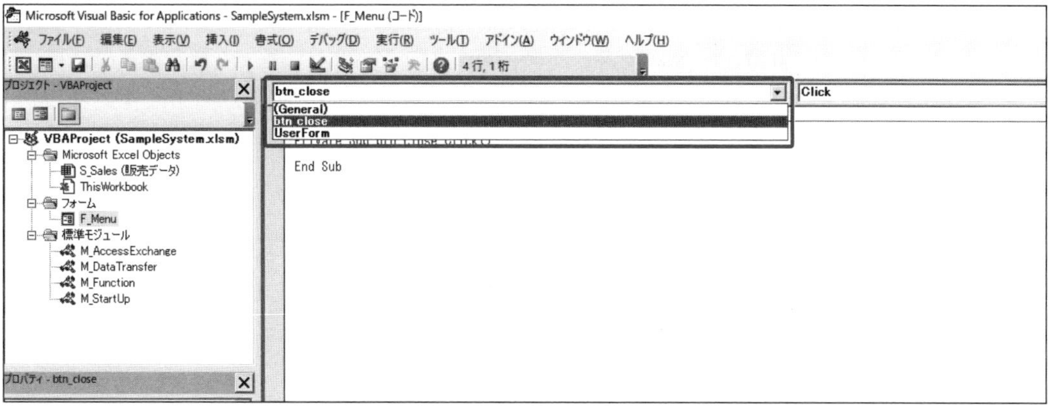

コマンドボタンである「btn_close」を選択すると、右側のドロップダウンリストには、そのオブジェクトに対応したイベントの一覧が表示されます（図29）。

図29 対応するイベント一覧

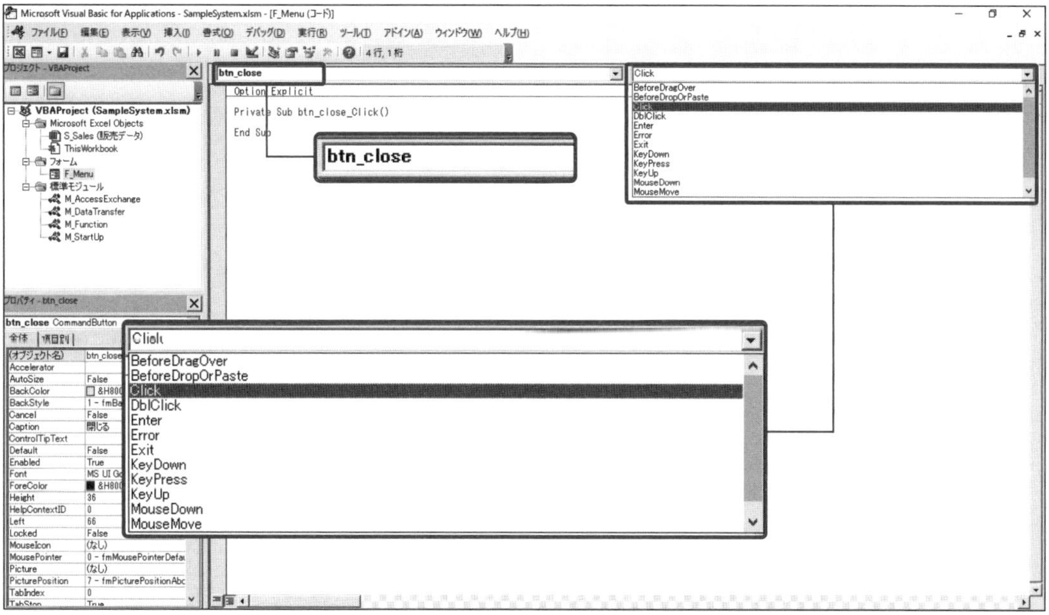

見てみると、コマンドボタンには「Click（クリック時）」だけでなく、「DblClick（ダブルクリック時）」や「Enter（フォーカスイン時）」、「Exit（フォーカスアウト時）」など、たくさんのイベントが存在していますね。このイベントのどれかを選択すると、その記述のイベントプロシージャが自動で挿入されます。

さて、こんなにイベントがたくさんあるのに、なぜ「Click（クリック時）」のイベントが自動挿入されたのでしょうか？　これは、「Click（クリック時）」がコマンドボタンに対する**既定のイベント**として定められているからです。オブジェクトの種類によって、規定のイベントは異なります。

なお、イベントプロシージャは直接入力でも記述に不備がなければ認識されますが、自動挿入を利用した方が、入力間違いがなくておすすめです。

では、このフォームモジュールの概要とイベントプロシージャの内容「フォームを閉じる」コードを書きます（**コード3**）。

コード3　フォームを閉じるプロシージャ

```
01 '#「メニュー」フォーム
02 Option Explicit
03 ────────────────────────────────
04 Private Sub btn_close_Click()
05   '##「閉じる」ボタンクリック時
06 
07   Unload Me 'フォームを閉じる
08 End Sub
```

7行目の「Me」とは、現在コードが書かれているモジュール、つまり自分自身である「F_Menu」のことであり、「F_Menu」と置き換えても同じ動作となります。

動作確認してみましょう。シート画面に配置したボタンまたはCtrl+mを押すとフォームが表示され、実装した「閉じる」ボタンでフォームが閉じます（**図30**）。

図30 動作確認

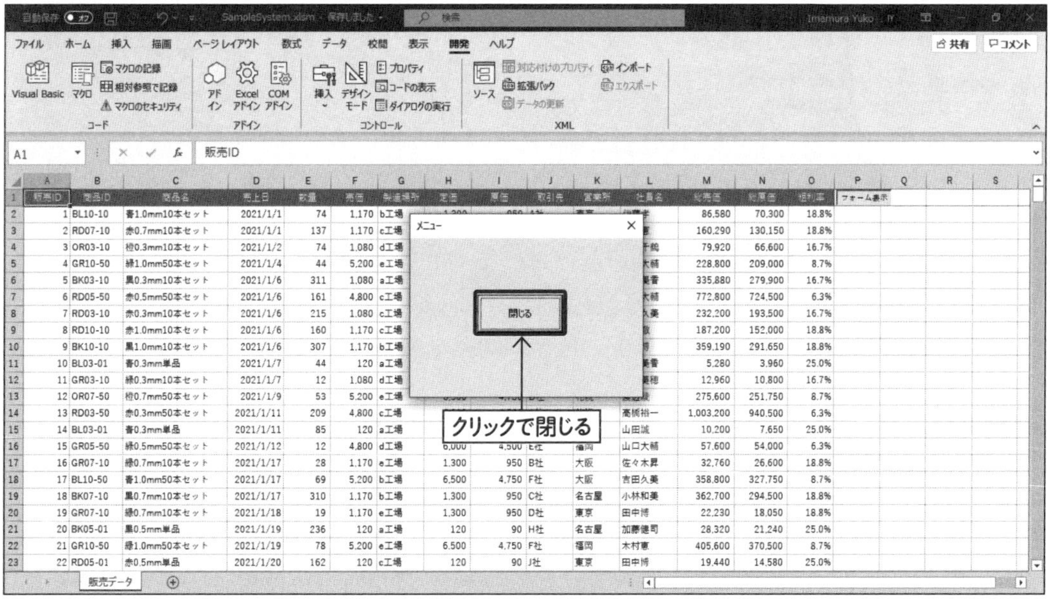
メニュー
閉じる
クリックで閉じる

5-4 読込機能を実装する

5-3で作成した「メニュー」フォームに、Accessのデータを Excelシートに展開する「読込」機能を実装していきます。

5-4-1 レコードセットとSELECT構文

「挿入」→「標準モジュール」から新たなモジュールを作成して、「M_Loader」と命名します（**図31**）。ここへ読込に関する処理を書いていきます。

図31 新規標準モジュールの挿入

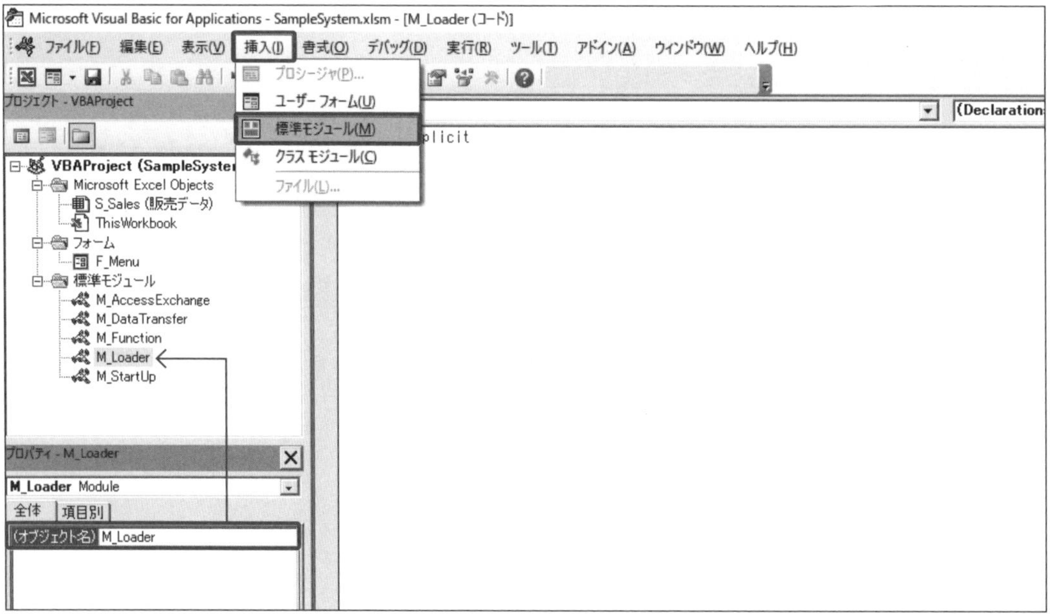

「M_Loader」モジュールに**コード4**を書きます。

コード4 「M_Loader」モジュール

```
'# AccessからExcelへの読込
Option Explicit
────────────────────────────────────────
Public Sub loadRecord()
  '## レコードの読込

  '接続
  Dim cn As Object 'ADOコネクションオブジェクト
  Set cn = CreateObject("ADODB.Connection") 'ADOコネクションを作成
  cn.Open "Provider=Microsoft.ACE.OLEDB.12.0;" & _
          "Data Source=" & ThisWorkbook.Path & "¥Data.accdb;" 'Accessファイルを指定してコネクションを開く

  'SQL文の作成
  Dim sql As String
  sql = _
    "SELECT * " & _
    "FROM 販売管理 " & _
    "ORDER BY 売上日 DESC;"

  'レコードセットのオープン
  Dim rs As Object ←レコードセット用変数宣言
  Set rs = CreateObject("ADODB.RecordSet") ←ADOレコードセットオブジェクトを作成
  rs.Open sql, cn ←レコードセットを開く

  'シートに展開(5-4-2にて)

  'レコードセットを閉じる
  rs.Close
  Set rs = Nothing

  '接続解除
  cn.Close
  Set cn = Nothing

End Sub
```

このコードを詳しく見ていきます。「loadRecord」プロシージャでは大きく分けて「Accessへの接続」「SQL文の作成」「レコードセットのオープン」「レコードセットの展開」「レコードセットを閉じる」「Accessとの接続解除」の6つの動作を行います(図32)。

図32 全体の流れ

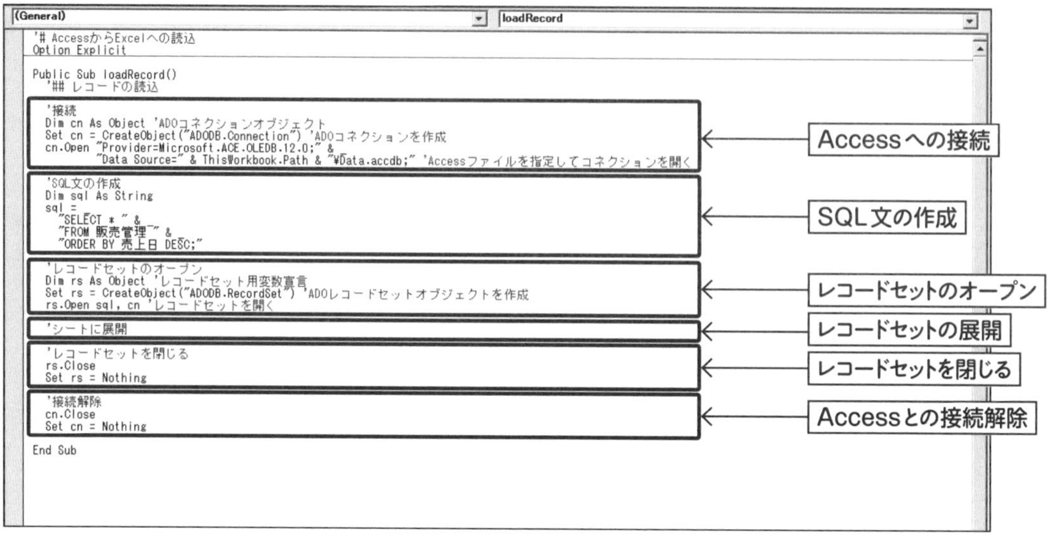

```
(General)    loadRecord
'# AccessからExcelへの読込
Option Explicit

Public Sub loadRecord()
  '## レコードの読込
   '接続
   Dim cn As Object 'ADOコネクションオブジェクト
   Set cn = CreateObject("ADODB.Connection") 'ADOコネクションを作成
   cn.Open "Provider=Microsoft.ACE.OLEDB.12.0;" &
           "Data Source=" & ThisWorkbook.Path & "¥Data.accdb;" 'Accessファイルを指定してコネクションを開く
   'SQL文の作成
   Dim sql As String
   sql =
     "SELECT * " & _
     "FROM 販売管理 " & _
     "ORDER BY 売上日 DESC;"
   'レコードセットのオープン
   Dim rs As Object 'レコードセット用変数宣言
   Set rs = CreateObject("ADODB.RecordSet") 'ADOレコードセットオブジェクトを作成
   rs.Open sql, cn 'レコードセットを開く
   'シートに展開
   'レコードセットを閉じる
   rs.Close
   Set rs = Nothing
   '接続解除
   cn.Close
   Set cn = Nothing
End Sub
```


ここで、**レコードセット**の概念について覚えましょう。

レコードセットとは、データベースのレコードが集まった表形式のデータ構造です。Accessでテーブルやクエリをデータシートビューで開いた時と同じイメージのものをVBA上で保持、扱うことができます。

このコードでは、Accessへ接続後、SQLによって開かれたレコードセットの内容をExcel側に書き込み、レコードセットを閉じて接続解除、という流れになっています(**図33**)。

図33 イメージ

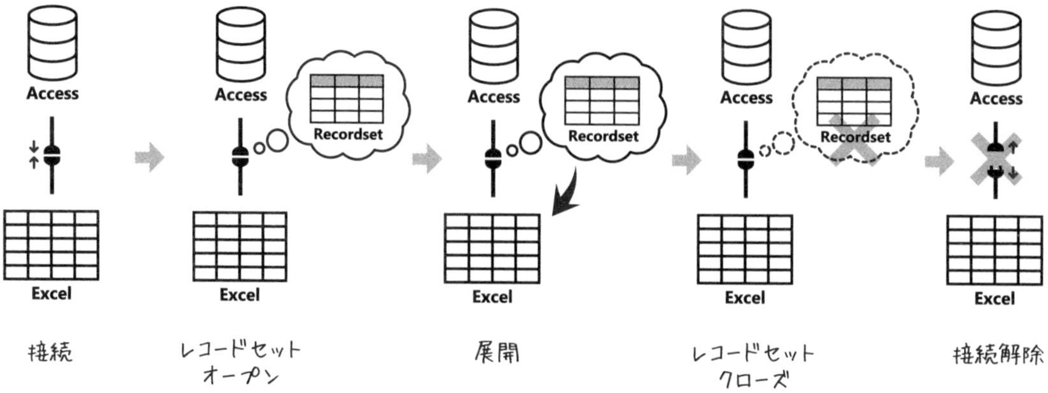

任意のレコードセットを取り出すためには、**SELECT構文**と呼ばれるSQLを使います。

ちなみに、**4-5-2**で紹介した「SQLビュー」では、クエリの「デザインビュー」で設定した条件が

反映されたSELECT構文が閲覧できます。

SELECT構文を詳しく見ていきましょう。図34のように書きます。

図34 SELECT構文

```
SELECT フィールド名1, フィールド名2, … FROM テーブル名;
```

半角スペース

テーブルから抽出したいフィールド名を1つずつ指定するのですが、「そのテーブル上にあるすべてのフィールド」を抽出したい場合、*と書くことができます（図35）。

図35 すべてのフィールドを指定

```
SELECT * FROM テーブル名;
```

すべてのフィールド

テーブル名の後に条件を記述することで、その条件に合うレコードを抽出することができます（図36）。

図36 条件を付ける

```
SELECT * FROM テーブル名 条件;
```

具体的な値と置き換えると、図37となります。ここでの条件は「売上日を降順（新しい順）に並べ替える」と記述しています。

図37 具体的な値と置き換える

```
SELECT * FROM 販売管理 ORDER BY 売上日 DESC;
```

テーブル名　　条件

SQLはVBA上では文字列として扱うため、「"（ダブルクォーテーション）」で括ります（図38）。

図38 文字列として扱うためにダブルクォーテーションで括る

```
"SELECT * FROM 販売管理 ORDER BY 売上日 DESC;"
```

読みやすい部分で改行します（**図39**）。

図39 文字列を改行する

スペース忘れずに

```
"SELECT * " & _
"FROM 販売管理 " & _
"ORDER BY 売上日 DESC;"
```

この形が**コード4**に書かれています。

5-4-2 レコードセットの展開

開いたレコードセットの内容をExcel側へ書き込む処理を実装しましょう。

この処理は今後も繰り返し行われるので、まずは前のデータを消す処理が必要です。プロシージャの冒頭に**コード5**を追記します。

コード5 前データの削除

```
Public Sub loadRecord()
  '## レコードの読込

  '対象シートを設定
  Dim ws As Worksheet
  Set ws = S_Sales

  'シート上のデータをクリア
  Dim endRow As Long
  endRow = getLastRow(ws) ←最終行を取得
  If endRow < 2 Then endRow = 2 ←データがなかった場合見出しを消さないように
  Range(ws.Range("A2"), ws.Cells(endRow, 12)).ClearContents ←指定範囲の値をクリア

```

```
14      '接続
〜〜〜〜〜〜〜〜〜〜 略 〜〜〜〜〜〜〜〜〜〜
15
16  End Sub
```

変数を含んだ範囲の指定(12行目)は、「Range(開始セル位置, 終了セル位置)」のように書くことができます。

レコードセットの展開は複数の方法があって、本書では3パターン紹介します。

まず1つ目は「CopyFromRecordset」を使うパターンです。指定したセルが左上端の起点となり、一気にコピーされます(**コード6**)。

コード6　レコードセットの展開(パターン1)

```
Public Sub loadRecord()
    '## レコードの読込

〜〜〜〜〜〜〜〜〜〜 略 〜〜〜〜〜〜〜〜〜〜
    'レコードセットのオープン
〜〜〜〜〜〜〜〜〜〜 略 〜〜〜〜〜〜〜〜〜〜

    'シートに展開(パターン1)
    ws.Range("A2").CopyFromRecordset rs

    'レコードセットを閉じる
〜〜〜〜〜〜〜〜〜〜 略 〜〜〜〜〜〜〜〜〜〜

    '接続解除
〜〜〜〜〜〜〜〜〜〜 略 〜〜〜〜〜〜〜〜〜〜

End Sub
```

動作確認してみましょう。AccessのData.accdbファイルがExcelファイルと同じフォルダーに保存されていることを確認し、「loadRecord」プロシージャを実行します。すると、Excel のシート上から一度データが消えて、新たにデータが読み込まれます。SELECT文に売上日で並べ替える条件を付けたので、並び順が逆になっていますね(**図40**)。なお、日付が同じデータの並び順はAccessの仕様によります。

図40 動作確認

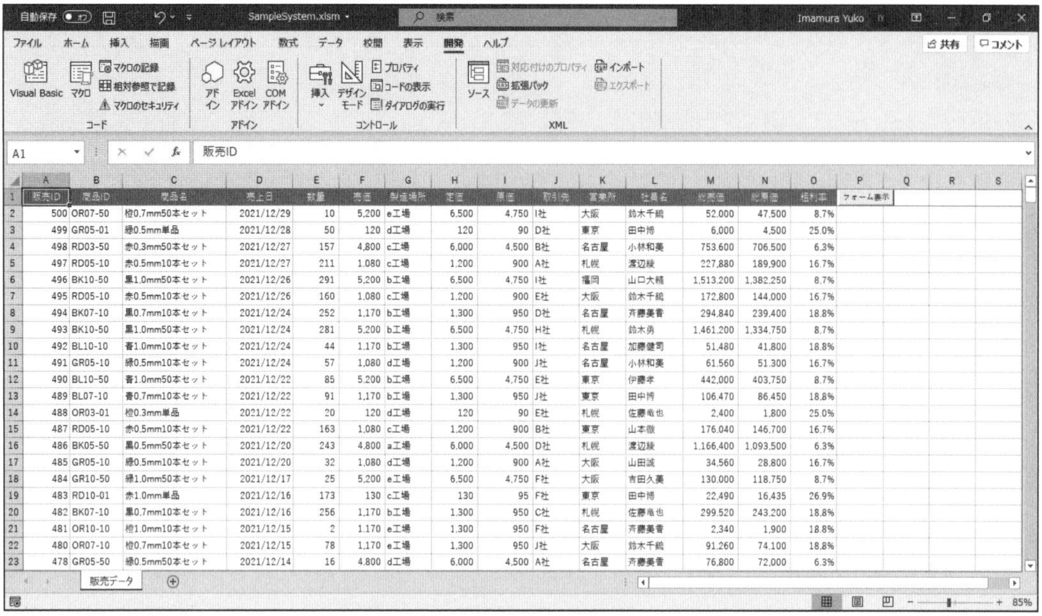

	A	B	C	D	E	F	G	H	I	J	K	L	M	N	O
1	販売ID	商品ID	商品名	売上日	数量	売価	製造場所	定価	原価	取引先	営業所	社員名	総売価	総原価	粗利率
2	500	OR07-50	橙0.7mm50本セット	2021/12/29	10	5,200	e工場	6,500	4,750	I社	大阪	鈴木千鶴	52,000	47,500	8.7%
3	499	GR05-01	緑0.5mm単品	2021/12/28	50	120	d工場	120	90	D社	東京	田中博	6,000	4,500	25.0%
4	498	RD03-50	赤0.3mm50本セット	2021/12/27	157	4,800	c工場	6,000	4,500	B社	名古屋	小林和美	753,600	706,500	6.3%
5	497	RD05-10	赤0.5mm10本セット	2021/12/27	211	1,080	c工場	1,200	900	A社	札幌	渡辺綾	227,880	189,900	16.7%
6	496	BK10-50	黒1.0mm50本セット	2021/12/26	291	5,200	b工場	6,500	4,750	I社	福岡	山口大輔	1,513,200	1,382,250	8.7%
7	495	RD05-10	赤0.5mm10本セット	2021/12/26	160	1,080	c工場	1,200	900	E社	大阪	鈴木千鶴	172,800	144,000	16.7%
8	494	BK07-10	黒0.7mm10本セット	2021/12/24	252	1,170	b工場	1,300	950	D社	名古屋	斉藤美香	294,840	239,400	18.8%
9	493	BK10-50	黒1.0mm50本セット	2021/12/24	281	5,200	b工場	6,500	4,750	H社	札幌	鈴木勇	1,461,200	1,334,750	8.7%
10	492	BL10-10	青1.0mm10本セット	2021/12/24	44	1,170	b工場	1,300	950	I社	名古屋	加藤健司	51,480	41,800	18.8%
11	491	GR05-10	緑0.5mm10本セット	2021/12/24	57	1,080	d工場	1,200	900	J社	名古屋	小林和美	61,560	51,300	16.7%
12	490	BL10-50	青1.0mm50本セット	2021/12/22	85	5,200	b工場	6,500	4,750	E社	東京	伊藤孝	442,000	403,750	8.7%
13	489	BL07-10	青0.7mm10本セット	2021/12/22	91	1,170	b工場	1,300	950	J社	東京	田中博	106,470	86,450	18.8%
14	488	OR03-01	橙0.3mm単品	2021/12/22	20	120	d工場	120	90	E社	札幌	佐藤竜也	2,400	1,800	25.0%
15	487	RD05-10	赤0.5mm10本セット	2021/12/22	163	1,080	c工場	1,200	900	B社	東京	山本徹	176,040	146,700	16.7%
16	486	BK05-50	黒0.5mm50本セット	2021/12/20	243	4,800	a工場	6,000	4,500	D社	札幌	渡辺綾	1,166,400	1,093,500	6.3%
17	485	GR05-10	緑0.5mm10本セット	2021/12/20	32	1,080	d工場	1,200	900	A社	大阪	山田誠	34,560	28,800	16.7%
18	484	GR10-50	緑1.0mm50本セット	2021/12/17	25	5,200	e工場	6,500	4,750	F社	大阪	吉田久美	130,000	118,750	8.7%
19	483	RD10-01	赤1.0mm単品	2021/12/16	173	130	c工場	130	95	F社	東京	田中博	22,490	16,435	26.9%
20	482	BK07-10	黒0.7mm10本セット	2021/12/16	256	1,170	b工場	1,300	950	C社	札幌	佐藤竜也	299,520	243,200	18.8%
21	481	OR10-10	橙1.0mm10本セット	2021/12/15	2	1,170	e工場	1,300	950	F社	名古屋	斉藤美香	2,340	1,900	18.8%
22	480	OR07-10	橙0.7mm10本セット	2021/12/15	78	1,170	e工場	1,300	950	J社	大阪	鈴木千鶴	91,260	74,100	18.8%
23	478	GR05-50	緑0.5mm50本セット	2021/12/14	16	4,800	d工場	6,000	4,500	A社	名古屋	斉藤美香	76,800	72,000	6.3%

さて、この「CopyFromRecordset」を使うパターンは記述が少なくかんたんなのですが、Excel側のセルの書式設定が反映されなくなる場合があるということに注意してください。たとえば日付を一部「○月○日」形式に設定した後、このプロシージャを実行すると、値は入りますが設定した書式設定が消えてしまいます（**図41**）。

図41 書式設定に注意

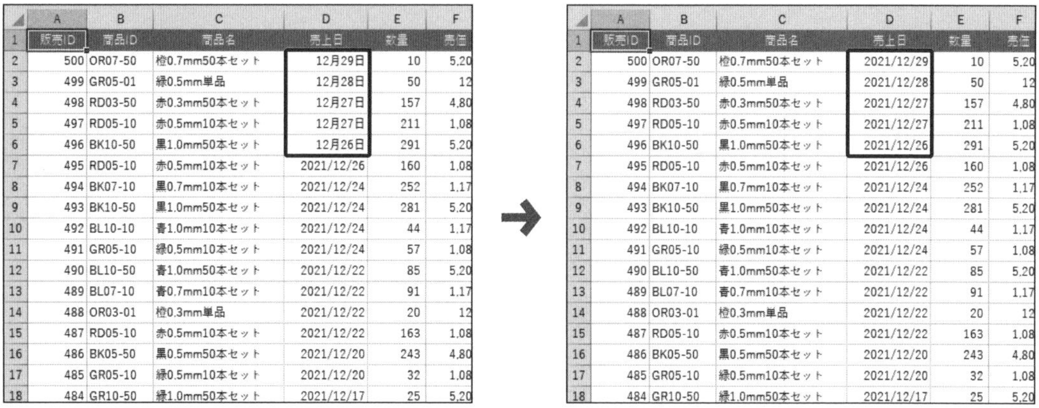

	A	B	C	D	E	F
1	販売ID	商品ID	商品名	売上日	数量	売価
2	500	OR07-50	橙0.7mm50本セット	12月29日	10	5,20
3	499	GR05-01	緑0.5mm単品	12月28日	50	12
4	498	RD03-50	赤0.3mm50本セット	12月27日	157	4,80
5	497	RD05-10	赤0.5mm10本セット	12月27日	211	1,08
6	496	BK10-50	黒1.0mm50本セット	12月26日	291	5,20
7	495	RD05-10	赤0.5mm10本セット	2021/12/26	160	1,08
8	494	BK07-10	黒0.7mm10本セット	2021/12/24	252	1,17
9	493	BK10-50	黒1.0mm50本セット	2021/12/24	281	5,20
10	492	BL10-10	青1.0mm10本セット	2021/12/24	44	1,17
11	491	GR05-10	緑0.5mm10本セット	2021/12/24	57	1,08
12	490	BL10-50	青1.0mm50本セット	2021/12/22	85	5,20
13	489	BL07-10	青0.7mm10本セット	2021/12/22	91	1,17
14	488	OR03-01	橙0.3mm単品	2021/12/22	20	12
15	487	RD05-10	赤0.5mm10本セット	2021/12/22	163	1,08
16	486	BK05-50	黒0.5mm50本セット	2021/12/20	243	4,80
17	485	GR05-10	緑0.5mm10本セット	2021/12/20	32	1,08
18	484	GR10-50	緑1.0mm50本セット	2021/12/17	25	5,20

➜

	A	B	C	D	E	F
1	販売ID	商品ID	商品名	売上日	数量	売価
2	500	OR07-50	橙0.7mm50本セット	2021/12/29	10	5,20
3	499	GR05-01	緑0.5mm単品	2021/12/28	50	12
4	498	RD03-50	赤0.3mm50本セット	2021/12/27	157	4,80
5	497	RD05-10	赤0.5mm10本セット	2021/12/27	211	1,08
6	496	BK10-50	黒1.0mm50本セット	2021/12/26	291	5,20
7	495	RD05-10	赤0.5mm10本セット	2021/12/26	160	1,08
8	494	BK07-10	黒0.7mm10本セット	2021/12/24	252	1,17
9	493	BK10-50	黒1.0mm50本セット	2021/12/24	281	5,20
10	492	BL10-10	青1.0mm10本セット	2021/12/24	44	1,17
11	491	GR05-10	緑0.5mm10本セット	2021/12/24	57	1,08
12	490	BL10-50	青1.0mm50本セット	2021/12/22	85	5,20
13	489	BL07-10	青0.7mm10本セット	2021/12/22	91	1,17
14	488	OR03-01	橙0.3mm単品	2021/12/22	20	12
15	487	RD05-10	赤0.5mm10本セット	2021/12/22	163	1,08
16	486	BK05-50	黒0.5mm50本セット	2021/12/20	243	4,80
17	485	GR05-10	緑0.5mm10本セット	2021/12/20	32	1,08
18	484	GR10-50	緑1.0mm50本セット	2021/12/17	25	5,20

この問題を回避する方法として、レコードセット内のレコードを1行ずつループさせて、フィールド名を指定して値を書き込んでいくパターンがあります（**コード7**）。

コード7 レコードセットの展開（パターン2）

```
Public Sub loadRecord()
  '## レコードの読込

～～～～～～～～～～ 略 ～～～～～～～～～～

  'シートに展開(パターン2)
  Dim tgtRow As Long
  tgtRow = 2 ←スタートの行
  Do Until rs.EOF ←レコードセットが終了するまで処理を繰り返す
    ws.Cells(tgtRow, 1).Value = rs("販売ID") ←対象セルにフィールド名を指定して書き込む
    ws.Cells(tgtRow, 2).Value = rs("商品ID")
    ws.Cells(tgtRow, 3).Value = rs("商品名")
    ws.Cells(tgtRow, 4).Value = rs("売上日")
    ws.Cells(tgtRow, 5).Value = rs("数量")
    ws.Cells(tgtRow, 6).Value = rs("売価")
    ws.Cells(tgtRow, 7).Value = rs("製造場所")
    ws.Cells(tgtRow, 8).Value = rs("定価")
    ws.Cells(tgtRow, 9).Value = rs("原価")
    ws.Cells(tgtRow, 10).Value = rs("取引先")
    ws.Cells(tgtRow, 11).Value = rs("営業所")
    ws.Cells(tgtRow, 12).Value = rs("社員名")

    tgtRow = tgtRow + 1 ←行をカウントアップする
    rs.MoveNext ←次のレコードに移動する
  Loop

  'レコードセットを閉じる
～～～～～～～～～～ 略 ～～～～～～～～～～

End Sub
```

このパターンで実行すると、書式設定に影響を及ぼしません。ただし、フィールドを1つずつ書き込んでいるので、レコードが大量になるほど動作が遅くなる場合があります。ループ中にExcelのセルへ書き込まれる描写を止めておくことで動作の遅延を緩和させることができます（**コード8**）。

コード8 ループ中の画面更新をOFFにする

```
Public Sub loadRecord()
  '## レコードの読込

～～～～～～～～～～ 略 ～～～～～～～～～～
  'レコードセットのオープン
```

```

    'シートに展開(パターン2)
    Dim tgtRow As Long
    tgtRow = 2 'スタートの行
    Application.ScreenUpdating = False  ←画面更新OFF
    Do Until rs.EOF 'レコードセットが終了するまで処理を繰り返す
～～～～～～～～～～～～～～～～～～～～～ 略 ～～～～～～～～～～～～～～～～～～～～～
    Loop
    Application.ScreenUpdating = True  ←画面更新ON

    'レコードセットを閉じる
～～～～～～～～～～～～～～～～～～～～～ 略 ～～～～～～～～～～～～～～～～～～～～～

End Sub
```

パターン2(**コード7**)では、フィールドとセルの場所を1つずつ指定して書き込みました。動作は問題ありませんが、すべてのフィールドとセルを書かなくてはならないのは少し面倒な気もします。

レコードセットは「rs("フィールド名")」と名称で指定する方法の他に、**図42**のようにゼロ始まりの並び順で「rs(数値)」と書くこともできるので、こちらを使ってみましょう。

図42 フィールドは並び順の番号でも指定できる

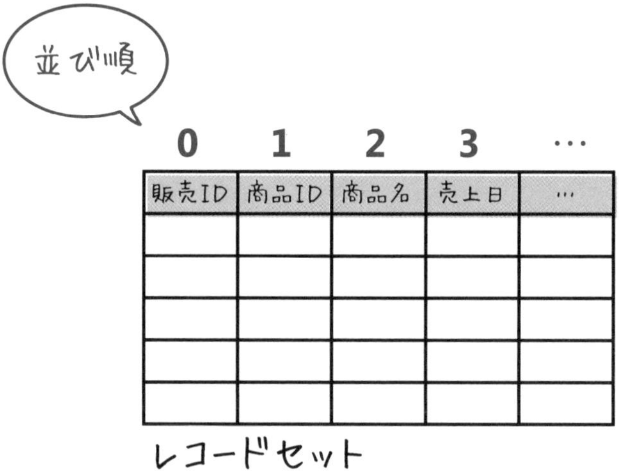

開いたレコードセットと同じ並び順でシートに展開させたい場合、**コード9**のようにフィールド部分を繰り返し処理で書くことができます。

コード9 レコードセットの展開（パターン3）

```
Public Sub loadRecord()
  '## レコードの読込

～～～～～～～～～ 略 ～～～～～～～～～

  'シートに展開(パターン3)
  Dim tgtRow As Long
  tgtRow = 2 'スタートの行
  Dim tgtCol As Long
  tgtCol = 1 ← スタートの列
  Application.ScreenUpdating = False '画面更新OFF
  Do Until rs.EOF 'レコードセットが終了するまで処理を繰り返す
    Dim fldNum As Long ← フィールドの繰り返し用変数
    For fldNum = 0 To rs.Fields.Count - 1 ← フィールドの数だけ繰り返す
      ws.Cells(tgtRow, tgtCol + fldNum).Value = rs(fldNum) ← フィールドの並び順でセルに書き込む
    Next fldNum ← 次のフィールドへ
    tgtRow = tgtRow + 1 '行をカウントアップする
    rs.MoveNext '次のレコードに移動する
  Loop
  Application.ScreenUpdating = True '画面更新ON

  'レコードセットを閉じる
～～～～～～～～～ 略 ～～～～～～～～～

End Sub
```

パターン2よりも記述が少なく、SELECT構文で開いたレコードセットそのままの形を展開してくれるので、汎用性が高くなります。

なお、今回のように「SELECT *」で開いたレコードセットのフィールド順は、元テーブルの形に沿います。シートに展開するフィールドの順番を変えたい場合、SQLを書く際に「SELECT 1番目のフィールド, 2番目のフィールド…」のように抽出したいフィールドを指定する必要があります。

5-4-3 プロシージャを分割する

ここまでで、1つのプロシージャでAccessのデータをExcelシートに展開する処理ができました。**3-4-1**と同様に、共通部分を分割して使いまわせるようにしましょう。

Accessとのやりとりを書くために作った「M_AccessExchange」モジュールに、レコードセットをシートへ展開する目的の「putRsOnSheet」プロシージャを作成します（**コード10**）。別のモジュールからも呼び出せるように、有効範囲は「Public」にします。

コード10 プロシージャの作成（「M_AccessExchange」モジュール）

```
Public Sub putRsOnSheet()
    '## レコードセットをシートへ展開

End Sub
```

「M_Loader」モジュールの「loadRecord」から、**図43**の部分を「M_AccessExchange」モジュールの「putRsOnSheet」プロシージャへ移動させます。移動後、「loadRecord」は**図44**の状態に、「putRsOnSheet」は**図45**の状態になります。

図43 変更前

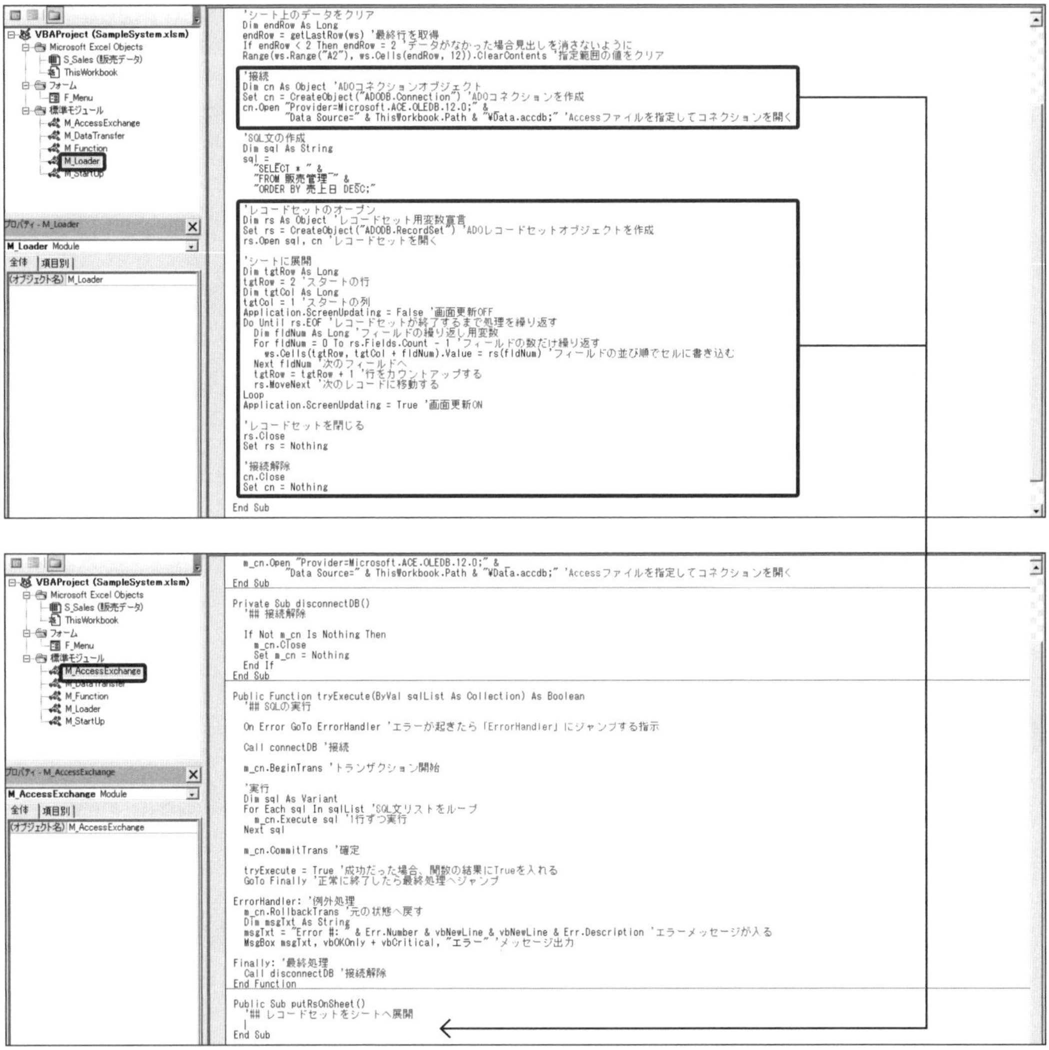
VBAProject (SampleSystem.xlsm)
Microsoft Excel Objects
S_Sales (販売データ)
ThisWorkbook
フォーム
F_Menu
標準モジュール
M_AccessExchange
M_DataTransfer
M_Function
M_Loader
M_StartUp
プロパティ - M_Loader
M_Loader Module
全体
項目別
(オブジェクト名) M_Loader
'シート上のデータをクリア
Dim endRow As Long
endRow = getLastRow(ws) '最終行を取得
If endRow < 2 Then endRow = 2 'データがなかった場合見出しを消さないように
Range(ws.Range("A2"), ws.Cells(endRow, 12)).ClearContents '指定範囲の値をクリア
'接続
Dim cn As Object 'ADOコネクションオブジェクト
Set cn = CreateObject("ADODB.Connection") 'ADOコネクションを作成
cn.Open "Provider=Microsoft.ACE.OLEDB.12.0;" &
"Data Source=" & ThisWorkbook.Path & "¥Data.accdb;" 'Accessファイルを指定してコネクションを開く
'SQL文の作成
Dim sql As String
sql =
"SELECT * " &
"FROM 販売管理 " &
"ORDER BY 売上日 DESC;"
'レコードセットのオープン
Dim rs As Object 'レコードセット用変数宣言
Set rs = CreateObject("ADODB.RecordSet") 'ADOレコードセットオブジェクトを作成
rs.Open sql, cn 'レコードセットを開く
'シートに展開
Dim tgtRow As Long
tgtRow = 2 'スタートの行
Dim tgtCol As Long
tgtCol = 1 'スタートの列
Application.ScreenUpdating = False '画面更新OFF
Do Until rs.EOF 'レコードセットが終了するまで処理を繰り返す
Dim fldNum As Long 'フィールドの繰り返し用変数
For fldNum = 0 To rs.Fields.Count - 1 'フィールドの数だけ繰り返す
ws.Cells(tgtRow, tgtCol + fldNum).Value = rs(fldNum) 'フィールドの並び順でセルに書き込む
Next fldNum '次のフィールドへ
tgtRow = tgtRow + 1 '行をカウントアップする
rs.MoveNext '次のレコードに移動する
Loop
Application.ScreenUpdating = True '画面更新ON
'レコードセットを閉じる
rs.Close
Set rs = Nothing
'接続解除
cn.Close
Set cn = Nothing
End Sub
プロパティ - M_AccessExchange
M_AccessExchange Module
(オブジェクト名) M_AccessExchange
m_cn.Open "Provider=Microsoft.ACE.OLEDB.12.0;" &
"Data Source=" & ThisWorkbook.Path & "¥Data.accdb;" 'Accessファイルを指定してコネクションを開く
End Sub
Private Sub disconnectDB()
'## 接続解除
If Not m_cn Is Nothing Then
m_cn.Close
Set m_cn = Nothing
End If
End Sub
Public Function tryExecute(ByVal sqlList As Collection) As Boolean
'## SQLの実行
On Error GoTo ErrorHandler 'エラーが起きたら「ErrorHandler」にジャンプする指示
Call connectDB '接続
m_cn.BeginTrans 'トランザクション開始
'実行
Dim sql As Variant
For Each sql In sqlList 'SQL文リストをループ
m_cn.Execute sql '1行ずつ実行
Next sql
m_cn.CommitTrans '確定
tryExecute = True '成功だった場合、関数の結果にTrueを入れる
GoTo Finally '正常に終了したら最終処理へジャンプ
ErrorHandler: '例外処理
m_cn.RollbackTrans '元の状態へ戻す
Dim msgTxt As String
msgTxt = "Error #: " & Err.Number & vbNewLine & vbNewLine & Err.Description 'エラーメッセージが入る
MsgBox msgTxt, vbOKOnly + vbCritical, "エラー" 'メッセージ出力
Finally: '最終処理
Call disconnectDB '接続解除
End Function
Public Sub putRsOnSheet()
'## レコードセットをシートへ展開
End Sub

図44 変更後のloadRecordプロシージャ

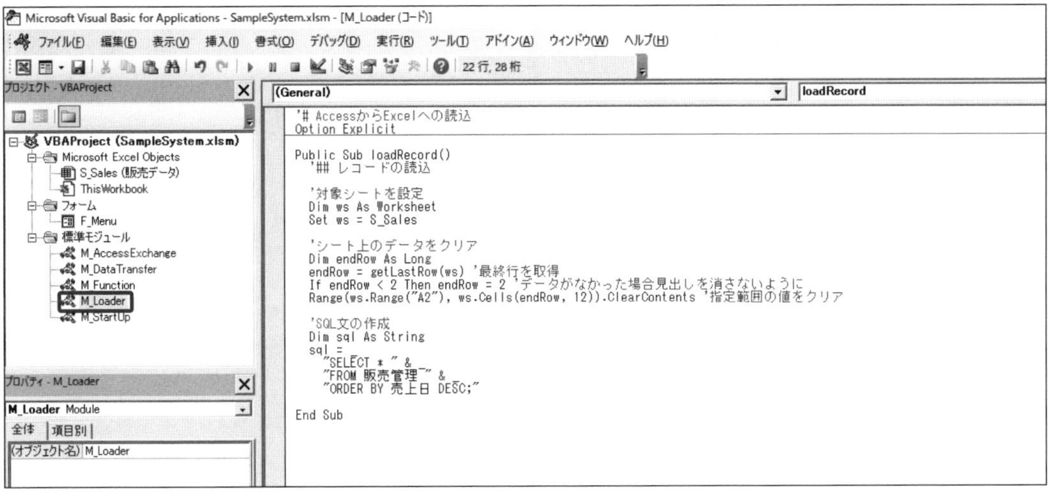
Microsoft Visual Basic for Applications - SampleSystem.xlsm - [M_Loader (コード)]
ファイル(F) 編集(E) 表示(V) 挿入(I) 書式(O) デバッグ(D) 実行(R) ツール(T) アドイン(A) ウィンドウ(W) ヘルプ(H)
22 行, 28 桁
プロジェクト - VBAProject
VBAProject (SampleSystem.xlsm)
Microsoft Excel Objects
S_Sales (販売データ)
ThisWorkbook
フォーム
F_Menu
標準モジュール
M_AccessExchange
M_DataTransfer
M_Function
M_Loader
M_StartUp
プロパティ - M_Loader
M_Loader Module
全体 項目別
(オブジェクト名) M_Loader
(General)
loadRecord
'# AccessからExcelへの読込
Option Explicit
Public Sub loadRecord()
'## レコードの読込
'対象シートを設定
Dim ws As Worksheet
Set ws = S_Sales
'シート上のデータをクリア
Dim endRow As Long
endRow = getLastRow(ws) '最終行を取得
If endRow < 2 Then endRow = 2 'データがなかった場合見出しを消さないように
Range(ws.Range("A2"), ws.Cells(endRow, 12)).ClearContents '指定範囲の値をクリア
'SQL文の作成
Dim sql As String
sql = _
"SELECT * " & _
"FROM 販売管理 " & _
"ORDER BY 売上日 DESC;"
End Sub

図45 変更後のputRsOnSheetプロシージャ

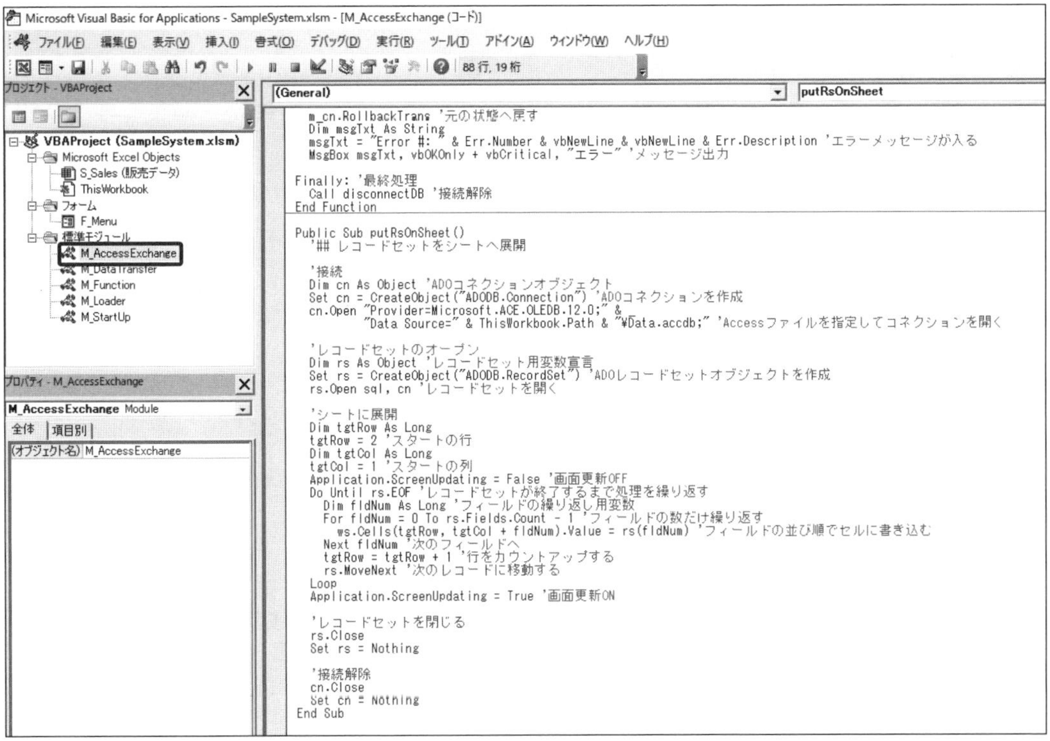
Microsoft Visual Basic for Applications - SampleSystem.xlsm - [M_AccessExchange (コード)]
ファイル(F) 編集(E) 表示(V) 挿入(I) 書式(O) デバッグ(D) 実行(R) ツール(T) アドイン(A) ウィンドウ(W) ヘルプ(H)
88 行, 19 桁
プロジェクト - VBAProject
VBAProject (SampleSystem.xlsm)
Microsoft Excel Objects
S_Sales (販売データ)
ThisWorkbook
フォーム
F_Menu
標準モジュール
M_AccessExchange
M_DataTransfer
M_Function
M_Loader
M_StartUp
プロパティ - M_AccessExchange
M_AccessExchange Module
全体 項目別
(オブジェクト名) M_AccessExchange
(General)
putRsOnSheet
m_cn.RollbackTrans '元の状態へ戻す
Dim msgTxt As String
msgTxt = "Error #: " & Err.Number & vbNewLine & vbNewLine & Err.Description 'エラーメッセージが入る
MsgBox msgTxt, vbOKOnly + vbCritical, "エラー" 'メッセージ出力
Finally: '最終処理
Call disconnectDB '接続解除
End Function
Public Sub putRsOnSheet()
'## レコードセットをシートへ展開
'接続
Dim cn As Object 'ADOコネクションオブジェクト
Set cn = CreateObject("ADODB.Connection") 'ADOコネクションを作成
cn.Open "Provider=Microsoft.ACE.OLEDB.12.0;" & _
"Data Source=" & ThisWorkbook.Path & "¥Data.accdb;" 'Accessファイルを指定してコネクションを開く
'レコードセットのオープン
Dim rs As Object 'レコードセット用変数宣言
Set rs = CreateObject("ADODB.RecordSet") 'ADOレコードセットオブジェクトを作成
rs.Open sql, cn 'レコードセットを開く
'シートに展開
Dim tgtRow As Long
tgtRow = 2 'スタートの行
Dim tgtCol As Long
tgtCol = 1 'スタートの列
Application.ScreenUpdating = False '画面更新OFF
Do Until rs.EOF 'レコードセットが終了するまで処理を繰り返す
Dim fldNum As Long 'フィールドの繰り返し用変数
For fldNum = 0 To rs.Fields.Count - 1 'フィールドの数だけ繰り返す
ws.Cells(tgtRow, tgtCol + fldNum).Value = rs(fldNum) 'フィールドの並び順でセルに書き込む
Next fldNum '次のフィールドへ
tgtRow = tgtRow + 1 '行をカウントアップする
rs.MoveNext '次のレコードに移動する
Loop
Application.ScreenUpdating = True '画面更新ON
'レコードセットを閉じる
rs.Close
Set rs = Nothing
'接続解除
cn.Close
Set cn = Nothing
End Sub

「M_Loader」モジュールの「loadRecord」プロシージャへ、コードを移動した「putRsOnSheet」プロシージャを呼び出す記述を追加します。このとき、SQL文、データ展開する対象シート、展開時の左上端セルの3点を引数に持たせます（**コード11**）。

コード11　「loadRecord」プロシージャへ追記（「M_Loader」モジュール）

```
Public Sub loadRecord()
  '## レコードの読込

  '対象シートを設定
  Dim ws As Worksheet
  Set ws = S_Sales

  'シート上のデータをクリア
  Dim endRow As Long
  endRow = getLastRow(ws) '最終行を取得
  If endRow < 2 Then endRow = 2 'データがなかった場合見出しを消さないように
  Range(ws.Range("A2"), ws.Cells(endRow, 12)).ClearContents '指定範囲の値をクリア

  'SQL文の作成
  Dim sql As String
  sql = _
    "SELECT * " & _
    "FROM 販売管理 " & _
    "ORDER BY 売上日 DESC;"

  'レコードセットをシートへ展開
  Call putRsOnSheet(sql, ws, ws.Range("A2"))
End Sub
```

「M_AccessExchange」モジュールの「putRsOnSheet」プロシージャに手を加えます。引数を受け取って、起点セルから行列を取得したり、**3-4-1**で分割したAccessとの接続/接続解除のプロシージャを利用したり、細かい修正をしていきます（**コード12**）。

コード12　「putRsOnSheet」プロシージャを修正（「M_AccessExchange」モジュール）

```
Public Sub putRsOnSheet(ByVal sql As String, ByVal ws As Worksheet, ByVal rng As Range)
  '## レコードセットをシートへ展開

  Call connectDB

  'レコードセットのオープン
```

（01行目の引数部分に注記：引数を受け取る）
（04行目に注記：接続）

```
    Dim rs As Object 'レコードセット用変数宣言
    Set rs = CreateObject("ADODB.RecordSet") 'ADOレコードセットオブジェクトを作成
    rs.Open sql, m_cn ←コネクションオブジェクトの変数名を合わせる

    'シートに展開
    Dim tgtRow As Long
    tgtRow = rng.Row ←引数で持ってきたセルから行を取得
    Dim tgtCol As Long
    tgtCol = rng.Column ←引数で持ってきたセルから列を取得
    Application.ScreenUpdating = False '画面更新OFF
    Do Until rs.EOF 'レコードセットが終了するまで処理を繰り返す
      Dim fldNum As Long 'フィールドの繰り返し用変数
      For fldNum = 0 To rs.Fields.Count - 1 'フィールドの数だけ繰り返す
        ws.Cells(tgtRow, tgtCol + fldNum).Value = rs(fldNum) 'フィールドの並び順でセルに書き込む
      Next fldNum
      tgtRow = tgtRow + 1 '行をカウントアップする
      rs.MoveNext '次のレコードに移動する
    Loop
    Application.ScreenUpdating = True '画面更新ON

    'レコードセットを閉じる
    rs.Close
    Set rs = Nothing

    Call disconnectDB ←接続解除
End Sub
```

これで、自由度の高いSELECT文を任意のシート・セルへ展開できるようになりました。

最後に、SQLが間違っていた場合や、レコードが存在しなかった場合の例外処理を追加します(**コード13、14**)。

コード13 「M_AccessExchange」の宣言部分に追加

```
'# Accessとのやりとり
Option Explicit
Private m_cn As Object 'ADOコネクション用オブジェクトの宣言
Private Const adStateOpen = 1 ←レコードセットが開いている場合の設定値(定数)
```

コード14 例外処理を追加（「putRsOnSheet」プロシージャ）

```
Public Sub putRsOnSheet(ByVal sql As String, ByVal ws As Worksheet, ByVal rng As Range)
  '## レコードセットをシートへ展開

  On Error GoTo Err_Handler ← エラーが起きたら「ErrorHandler」にジャンプする指示

  Call connectDB '接続

  'レコードセットのオープン
  Dim rs As Object 'レコードセット用変数宣言
  Set rs = CreateObject("ADODB.RecordSet") 'ADOレコードセットオブジェクトを作成
  rs.Open sql, m_cn 'レコードセットを開く

  '空だったら最終処理へ
  If rs Is Nothing Or (rs.BOF And rs.EOF) Then ← レコードセットやレコードが存在しなかった場合
    MsgBox "対象レコードがありません", vbInformation, "確認" ← メッセージ出力
    GoTo Finally ← 最終処理へジャンプ
  End If

  'シートに展開
                              略
  Application.ScreenUpdating = True '画面更新ON

  GoTo Finally ← 正常に終了したら最終処理へジャンプ

Err_Handler: ← 例外処理
  Dim msgTxt As String
  msgTxt = "Error #: " & Err.Number & vbNewLine & vbNewLine & Err.Description ← エラーメッセージが入る
  MsgBox msgTxt, vbOKOnly + vbCritical, "エラー" ← メッセージ出力

Finally: ← 最終処理
  If Not rs Is Nothing Then ← レコードセットオブジェクトが存在している場合のみ
    If rs.State = adStateOpen Then rs.Close ← レコードセットが開いていたら閉じる
    Set rs = Nothing
  End If

  Call disconnectDB '接続解除
End Sub
```

引数のSQLに不備がある場合やなんらかの問題が起きた場合、レコードセットオブジェクトが存在しなかったり、レコードセットが開かれていなかったりするケースが考えられます。開いていないレコードセットを閉じることはできないので、閉じる前に存在確認をしています。

5-4-4 「メニュー」フォームから呼び出す

それでは、このレコード読込の処理をユーザーフォームからできるようにしてみましょう。「F_Menu」フォームに新たにコマンドボタンを配置して、オブジェクト名を「btn_load」、Captionを「読込」とします（図46）。フォームの大きさもお好みで整えましょう。

図46 「読込」ボタンを追加

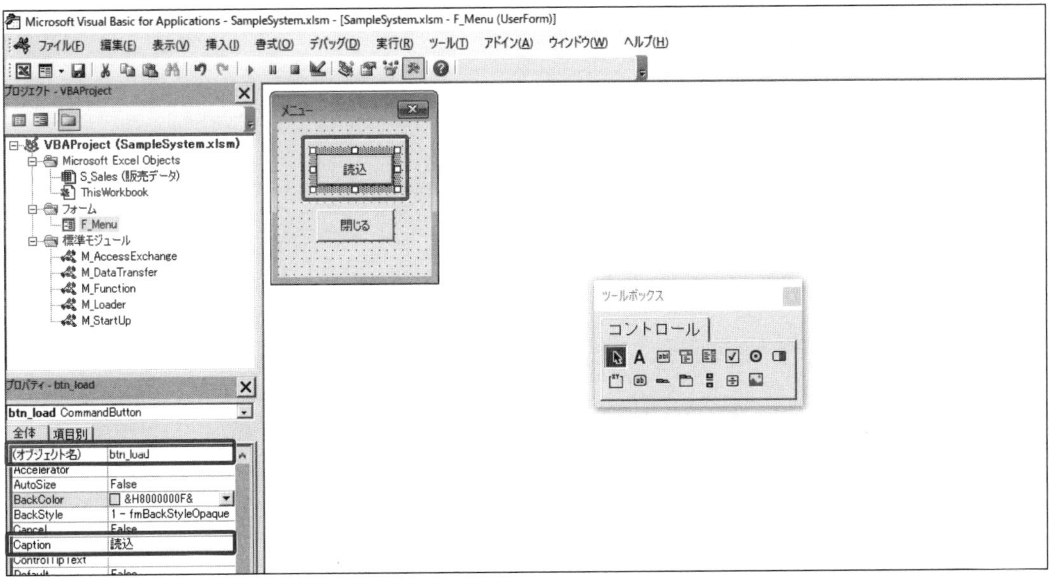

作成した「btn_load」ボタンをダブルクリックして、イベントプロシージャを作成します（図47）。

図47 イベントプロシージャの作成

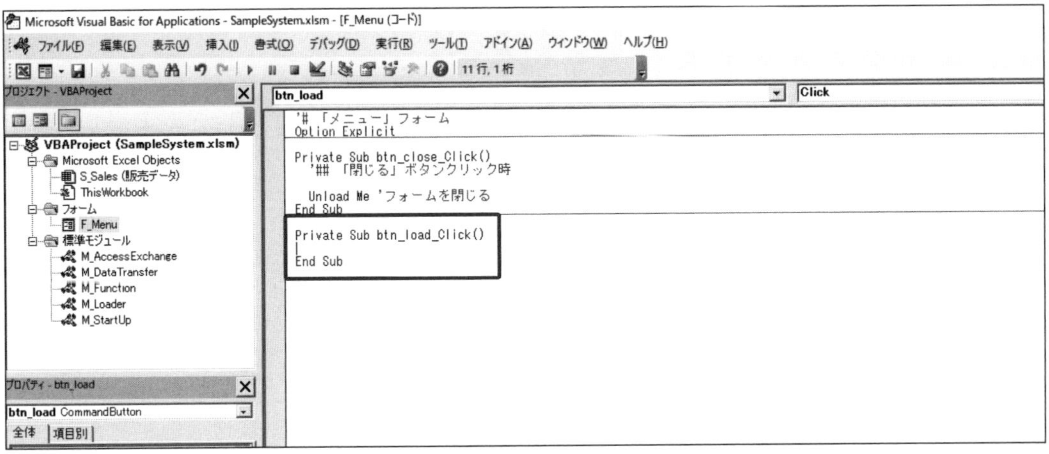

このイベントプロシージャに、**5-4-3**で作成した「loadRecord」プロシージャの呼び出し、その後フォームを閉じる記述をします（**コード15**）。

コード15 「読込」ボタンのイベントプロシージャ

```
Private Sub btn_load_Click()
  '## 「読込」ボタンクリック時

  Call loadRecord ←レコード読込
  Unload Me ←フォームを閉じる
End Sub
```

動作確認をしましょう。シート上に配置したボタンまたはCtrl+mキーで「メニュー」フォームを表示させ、「読込」ボタンを押すとデータが再び読み込まれてフォームが閉じます（**図48**）。

図48 動作確認

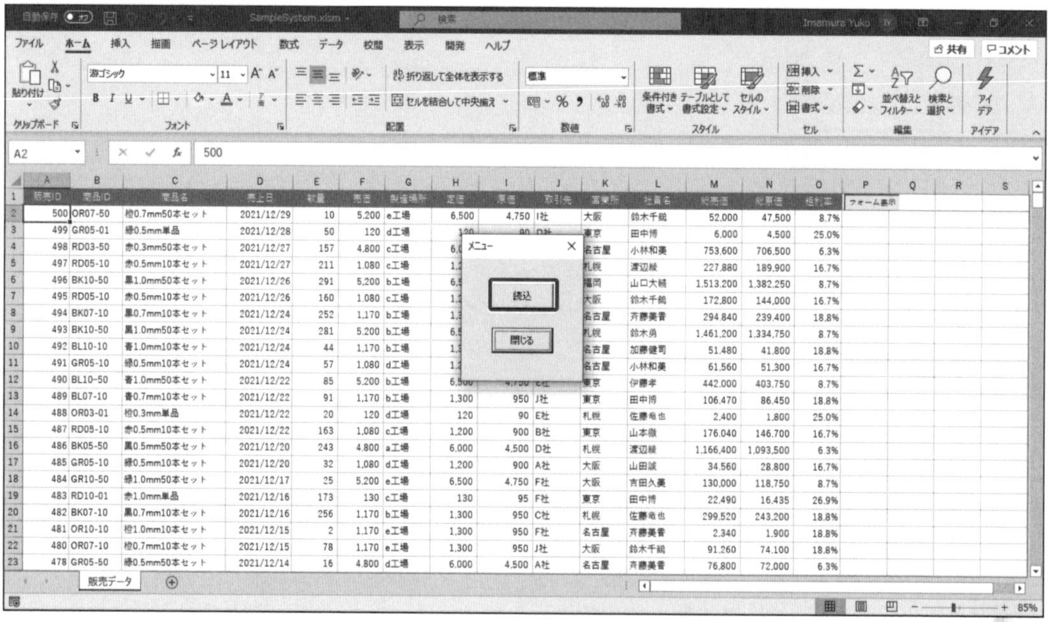

CHAPTER

6

専用フォームを使って Excelからデータを 追加・更新・削除する

CHAPTER 6

6-1 データの追加・更新・削除用のフォームを作成する

CHAPTER 5ではレコードの読込を実装しました。ここからはさらに機能を追加して、レコードの編集や削除、条件を付けた読込もできるようにしてみましょう。

6-1-1 仕様を考える

作成の前に、どのような形にするか構想を決めておきます。

「メニュー」フォームにはデータを操作するために複数のボタンを追加します。また「メニュー」フォームとは別に、レコードの追加・更新を行う「編集」フォームを作ります(**図1**)。

図1 構想

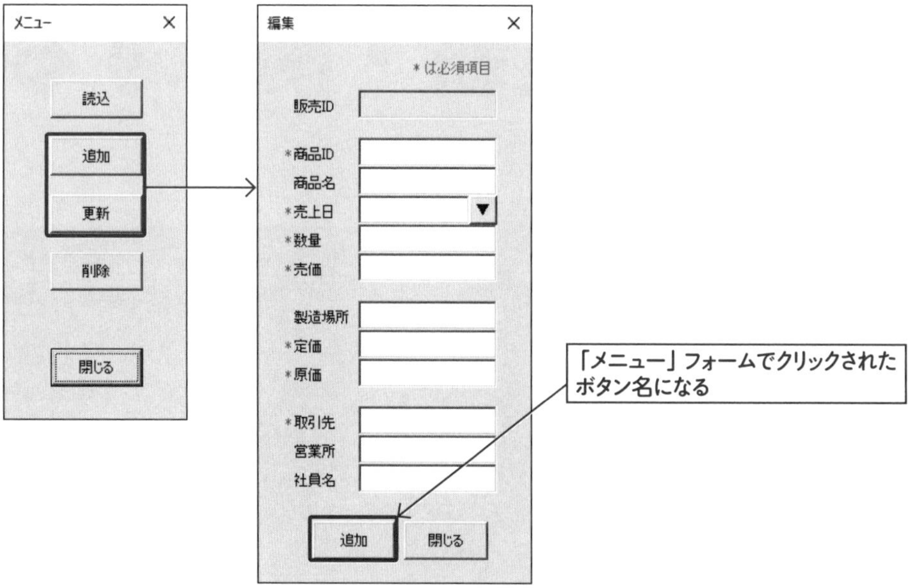

「メニュー」フォームから「追加」「更新」のボタンが選択された場合、共通して「編集」フォームを表示します。「編集」フォームの左下のボタンに、「メニュー」フォームでクリックされたボタンのキャプションが表示されるようにします。

更新や削除を行う場合は、対象のデータが必要です。そのため、あらかじめ更新や削除を行いたい対象レコードを選択しておく、という仕様にしておきます。たとえば、「販売ID」が500のデータを対象にしたい場合、「販売ID」が500であるレコード、つまり2行目のいずれかのセルを選択してから「メニュー」フォームを呼び出します。

そこから「削除」ボタンをクリックすると、削除処理を行い、「更新」ボタンをクリックすると、選択されたIDのデータが入力された状態で「編集」フォームが開きます（**図2**）。

図2　更新と削除

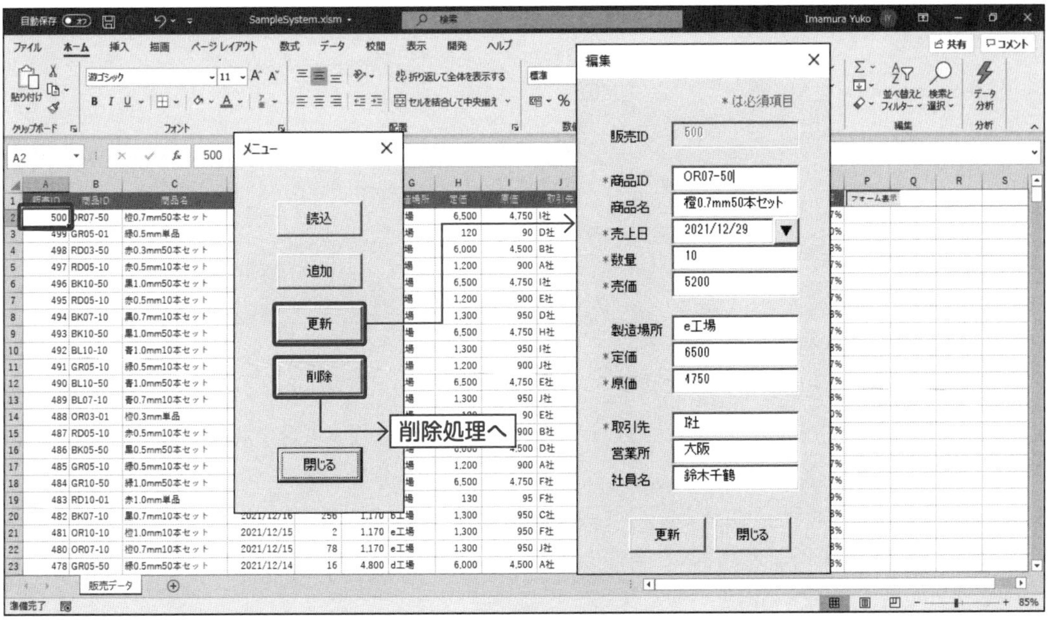

「追加」ボタンをクリックした場合、新規の状態で「編集」フォームが開くべきですが、すべて直接入力となると、過去のデータと表記の統一（全角半角などの一致）が難しくなります。表記の統一が崩れると、Accessを使うメリットが大幅に下がってしまいます。

対策として、「追加」ボタンをクリックした場合、現在選択されているセル位置のデータを一部利用して入力できるようにします。ただし、すべてのデータが入っていると、それはそれで使い勝手がよくないので、「追加」ボタンの場合は、商品情報に関わる項目だけ表示する仕様にします（**図3**）。

図3 追加

この部分の仕様は、本来はテキストボックスの入力式ではなくコンボボックスの選択式にした方が使い勝手がよくなります。この方法は**CHAPTER 7**で機能を拡張する形で解説を行います。

「メニュー」フォームから「読込」ボタンをクリックされたときには、新たに「読込」フォームを開く仕様にし、このフォームに入力された条件で抽出するレコードを絞り込めるようにします(**図4**)。入力欄が空白の場合は「すべて」という条件にします。

図4 読込

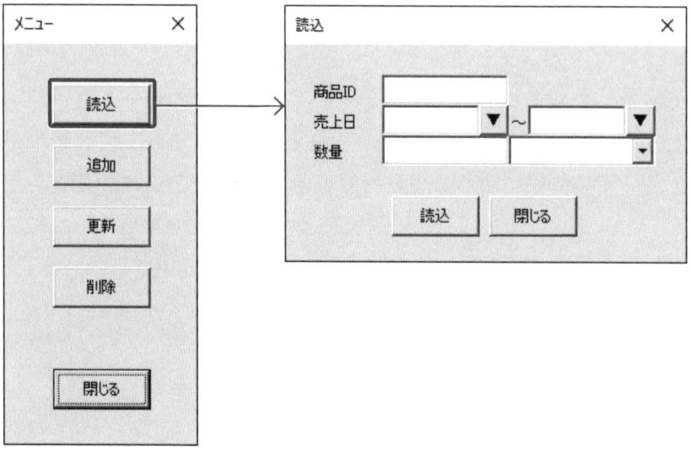

6-1-2 「編集」フォームを作成する

CHAPTER 5まで拡張してきたExcelファイルを続けて使ってもよいですし、サンプルファイルの「Chapter6」フォルダー→「Before」フォルダーの「SampleSystem6.xlsm」を使っても問題ありません。

それでは「編集」フォームを作成します。VBE画面で「挿入」→「ユーザーフォーム」で新たなユーザーフォームを挿入し、オブジェクト名を「F_Editor」、Captionを「編集」に変更します（図5）。

図5 「編集」フォームの作成

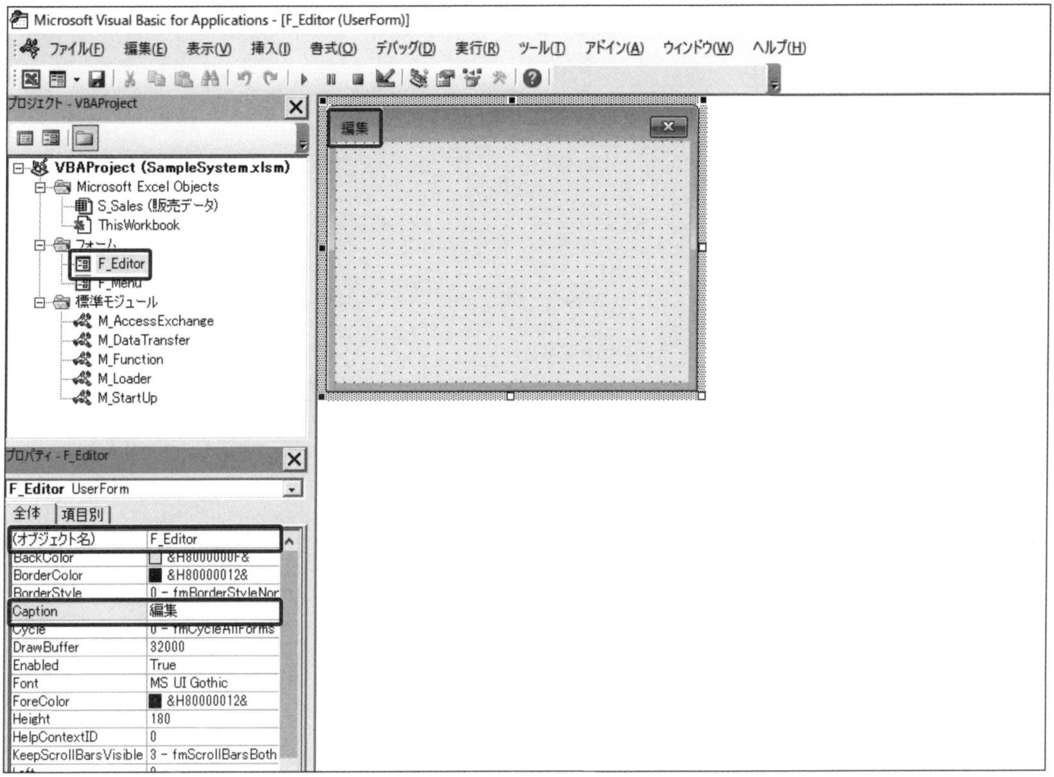

図6と表1を参考に、1対ずつラベルとテキストボックスを配置します。テキストボックスの「Tag」プロパティは6-2-1で使います。

図6 「編集」フォームの配置

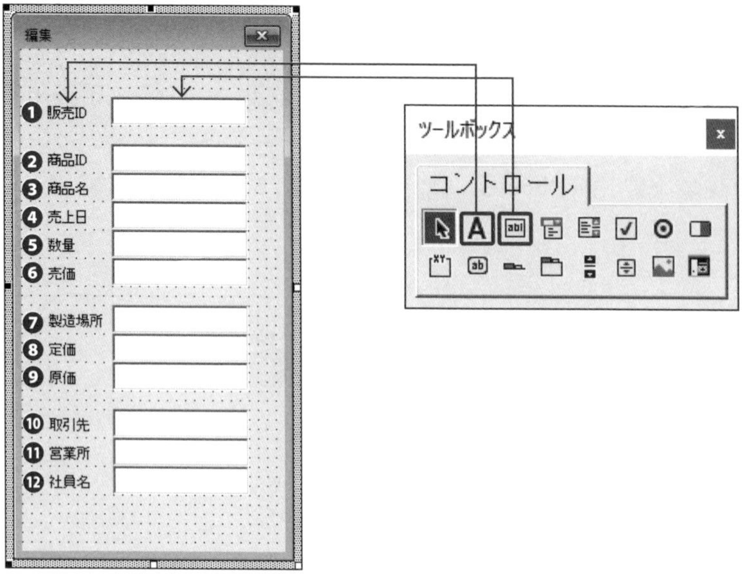

表1 「編集」フォームのラベルとテキストボックス

番号	ラベル		テキストボックス		
	オブジェクト名	Caprion	オブジェクト名	Tag	IMEMode
❶	lbl_odrId	販売ID	txb_odrId	—	3-fmIMEModeDisable
❷	lbl_prdId	商品ID	txb_prdId	—	3-fmIMEModeDisable
❸	lbl_prdName	商品名	txb_prdName	—	—
❹	lbl_date	売上日	txb_date	売上日	3-fmIMEModeDisable
❺	lbl_qty	数量	txb_qty	数量	3-fmIMEModeDisable
❻	lbl_salePrice	売価	txb_salePrice	売価	3-fmIMEModeDisable
❼	lbl_location	製造場所	txb_location	—	—
❽	lbl_fixedPrice	定価	txb_fixedPrice	定価	3-fmIMEModeDisable
❾	lbl_costPrice	原価	txb_costPrice	原価	3-fmIMEModeDisable
❿	lbl_client	取引先	txb_client	—	—
⓫	lbl_office	営業所	txb_office	—	—
⓬	lbl_staff	社員名	txb_staff	—	—

テキストボックスはユーザーに直接入力してもらうコントロールなので、入力の自由度を制御しておくとトラブルが少なくなります。ユーザーが思いもよらぬ値を書き込むことを防ぐ意味です。

図7のように、フォーム上でID・日付・数値を扱うテキストボックスを選択（Ctrl キーを押しながらクリックすると複数選択できます）して、プロパティウィンドウにて「IMEMode」プロパティを

「3-fmIMEModeDisable」にしておくと、日本語入力ができないようになり、無用なエラーを引き起こす可能性が低くなります。逆に日本語を入力するテキストボックスの「IMEMode」プロパティを「3-fmIMEModeDisable」にすると日本語は入力できなくなるので、「0-fmIMEModeNoControl」や「1-fmIMEModeOn」にしておきましょう。

図7 日本語入力を無効にする

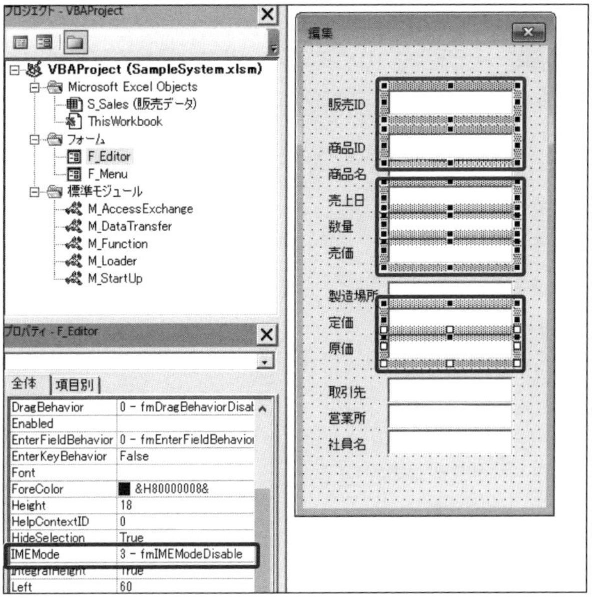

続けて**図8**と**表2**を参考に、3つのコマンドボタンを配置します。「売上日」ラベルの横のテキストボックスわきに配置する▼もコマンドボタンです。コマンドボタンの大きさは自由に変更できます。

図8 ボタンの配置

表2 「編集」フォームのコマンドボタン

番号	オブジェクト名	Caption
❶	btn_calendar	▼
❷	btn_execute	実行
❸	btn_close	閉じる

「販売ID」はData.accdbではオートナンバー型なので、Excel側から上書きすることができません。したがって「txb_odrId」テキストボックスは編集不可にしておきます。

テキストボックスの「Enable」プロパティを「False」にすれば編集不可になるのですが、併せて背景色をグレーにしておくとさらに視覚的にわかりやすくなります。背景色は、「BackColor」プロパティを「ボタンの表面」の色にするのがおすすめです（図9）。

図9 「txb_odrId」テキストボックスを編集不可にする

また、ラベルを使って必須項目も明示しておきましょう。色はプロパティウィンドウの「ForeColor」で変更できます。このラベルはプログラムでは使いませんが、オブジェクト名もきちんと命名しておくとよいでしょう。サンプルのデータでは、「lbl_notes」「lbl_asterisk1（連番）」というオブジェクト名を付けてあります（図10）。「lbl_notes」のCaptionは「*は必須項目」、「lbl_asterisk1（連番）」のCaptionは「*」にしています。

図10 必須項目のラベルを作成

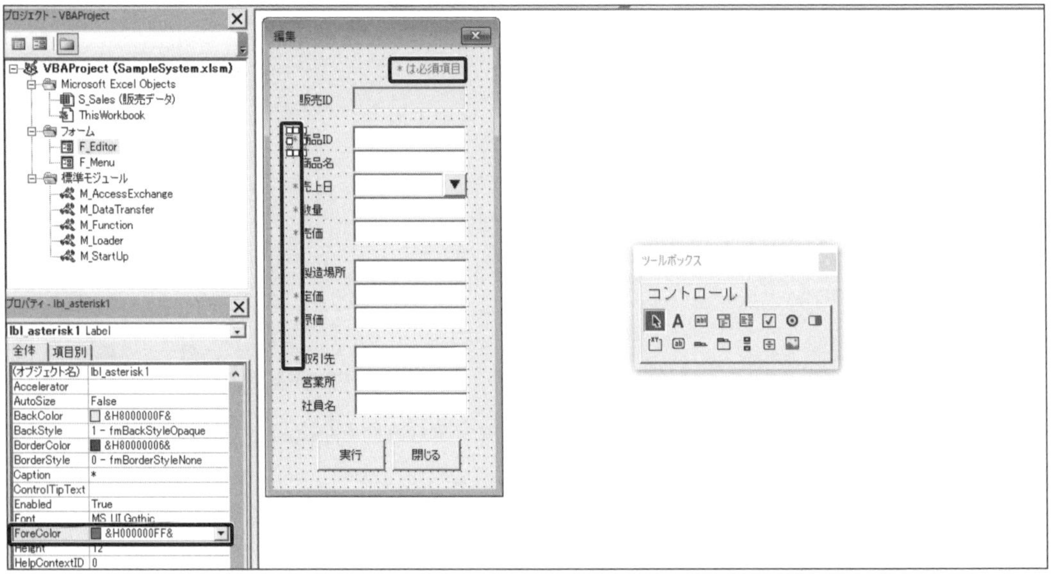

また、フォームを表示したとき、コントロールのフォーカス（選択状態）は Tab キーで移動することができますが、この移動する順番はそれぞれのコントロールのプロパティウィンドウにて「TabIndex」プロパティで制御することができます。**図11**を参考に設定しておきましょう。

コントロールを複数作成して配置を入れ替えるなどすると、意図しない順番でフォーカスが動いてしまうので、フォームを作成し終わったら最後にこの項目をチェックするとよいでしょう。

なお、フォーカスは「TabStop」が「True」のコントロールのみ遷移します。

図11 TabIndexでフォーカスの順番を制御

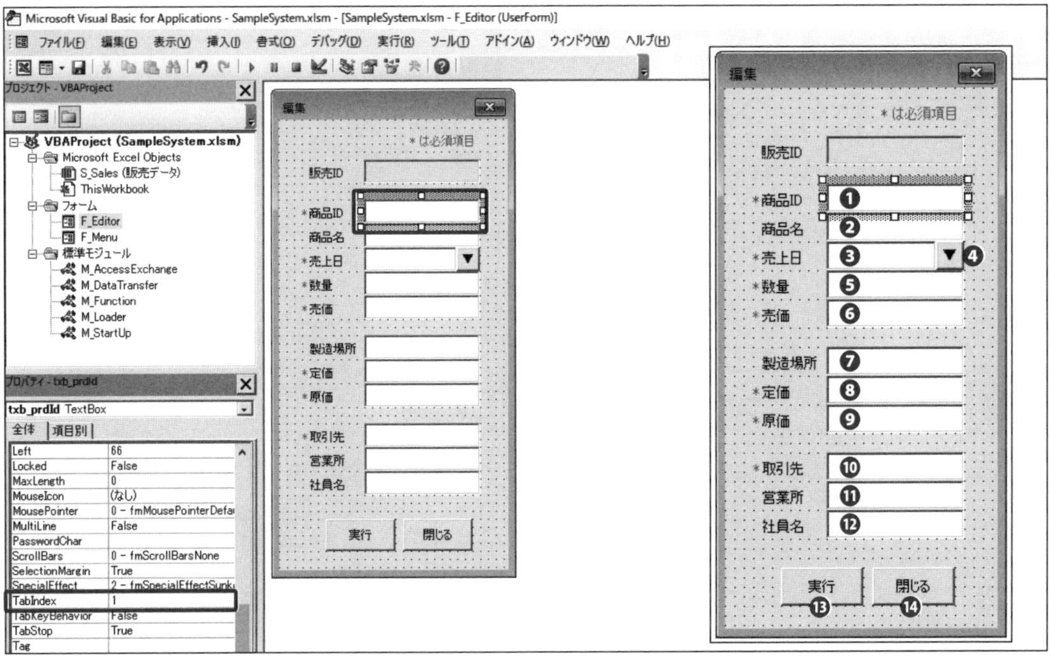

フォームができたので、「閉じる」ボタンの実装を行いましょう。「閉じる」ボタンをダブルクリックしてイベントプロシージャを作成し、モジュールの概要部分も併せて**コード1**を書きます（**図12**）。

コード1 「閉じる」ボタンのイベントプロシージャ

```
'#「編集」フォーム ←モジュールの概要
Option Explicit

Private Sub btn_close_Click()
    '##「閉じる」ボタンクリック時
    Unload Me ←フォームを閉じる
End Sub
```

図12 「閉じる」ボタンの実装

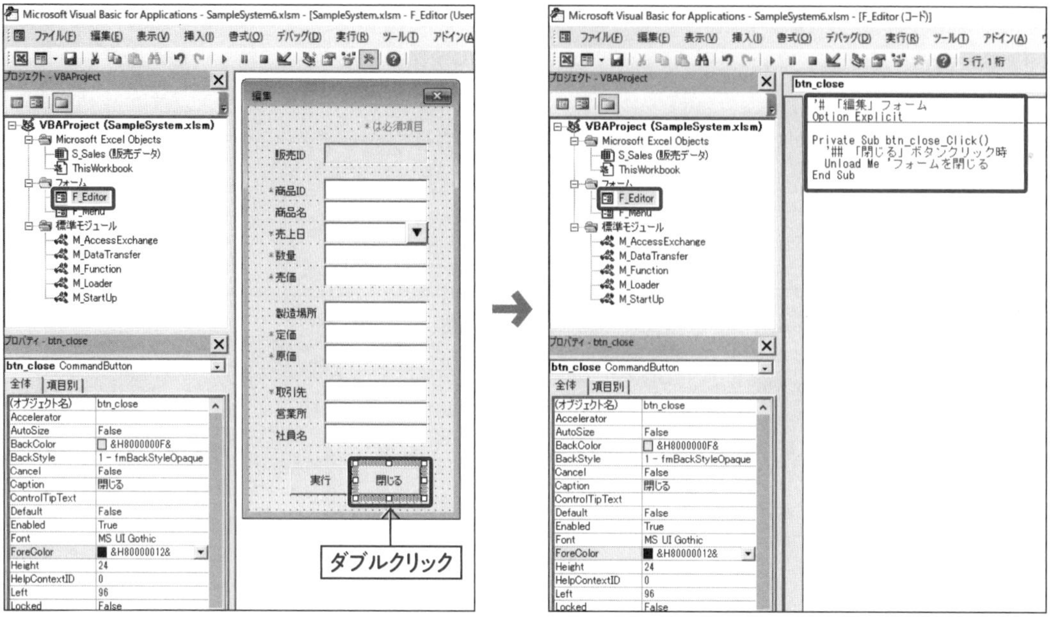

6-1-3 「メニュー」フォームの拡張

「メニュー」フォームに、**図13**と**表3**を参考に3つのコマンドボタンを追加します。

表3 「メニュー」フォームのコマンドボタン

番号	オブジェクト名	Caption
❶	btn_insert	追加
❷	btn_update	更新
❸	btn_delete	削除

図13 「メニュー」フォームの追加

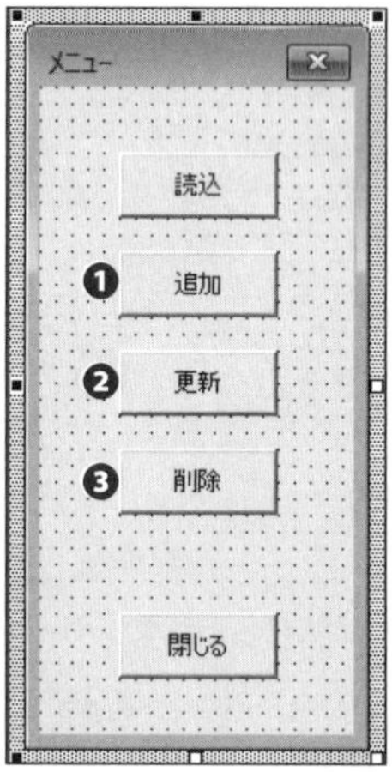

それぞれのボタンをダブルクリックして、ボタンをクリックしたときのイベントプロシージャを作成します。自動挿入のプロシージャはabc順に並びますが、この順番を変えても動作には問題ありません。ボタンの配置順に並べ替えてもよいでしょう。概要も記述しておきます（**図14**）。

図14 イベントプロシージャを追加した「F_Menu」モジュール

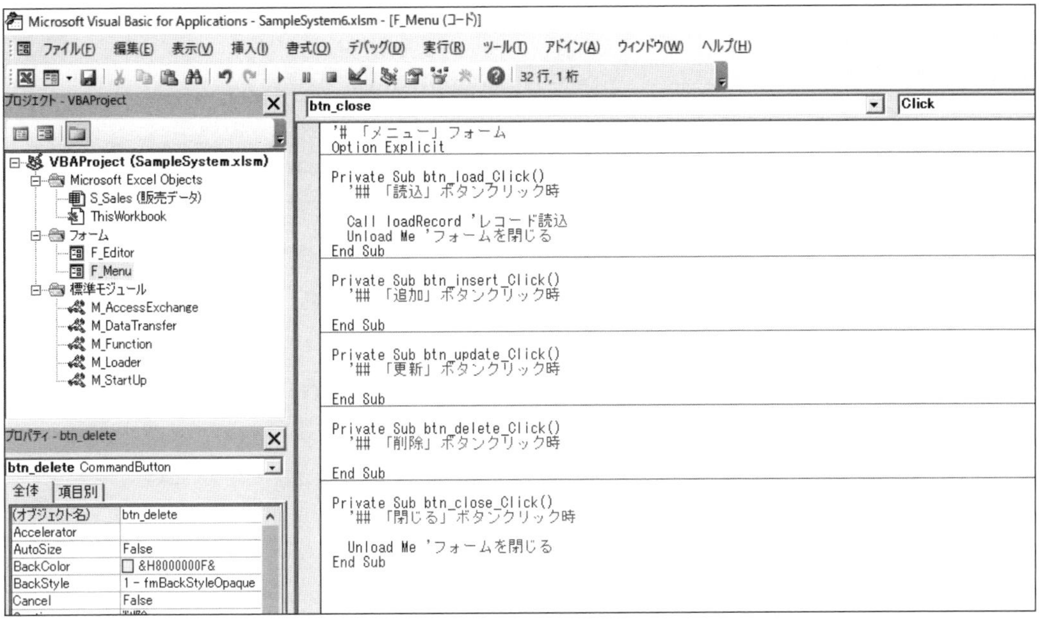

それでは、新しく作ったボタンのクリックイベントプロシージャの中身を書いていきます。**コード2**が「追加」ボタンです。

コード2 「追加」ボタンのイベントプロシージャ

```
Private Sub btn_insert_Click()
  '## 「追加」ボタンクリック時

  'フォームを閉じる
  Unload Me

  '「編集」フォームの代入と表示
  With F_Editor  ← モジュールを「.」で省略
    Cells(ActiveCell.Row, 1).Select  ← A列へ移動
    If ActiveCell.Value <> "" And ActiveCell.Row <> 1 Then ← 販売IDがあるセルだったら
      '変数設定
      Dim ws As Worksheet
      Set ws = ActiveSheet  ← ワークシート
      Dim tgtRow As Long
      tgtRow = ActiveCell.Row  ← 行数

      '代入
      .txb_prdId.Value = ws.Cells(tgtRow, 2).Value ← 商品ID
```

```
19          .txb_prdName.Value = ws.Cells(tgtRow, 3).Value   ← 商品名
20          .txb_location.Value = ws.Cells(tgtRow, 7).Value  ← 製造場所
21          .txb_fixedPrice.Value = ws.Cells(tgtRow, 8).Value ← 定価
22          .txb_costPrice.Value = ws.Cells(tgtRow, 9).Value  ← 原価
23        End If
24
25        '表示
26        .btn_execute.Caption = "追加"  ← 実行ボタンのCaptionを変更
27        .Show ← フォームを表示
28      End With
29  End Sub
```

13行目でワークシートの変数に格納するシートを、「ActiveSheet（現在表示されているシート）」にしています。この部分は該当シートのオブジェクト名である「S_Sales」を入れても同じですが、今回の仕様として「レコードを選択してからメニューを開く」という前提があるため、このプロシージャが動いているときは「S_Sales = ActiveSheet」であるので、このような記述にしました。

動作確認してみると、選択されている販売IDに関する商品情報のみ転記された状態で「編集」フォームが開き、ボタンのCaptionは「追加」になります（**図15**）。

図15 「追加」ボタンの動作確認

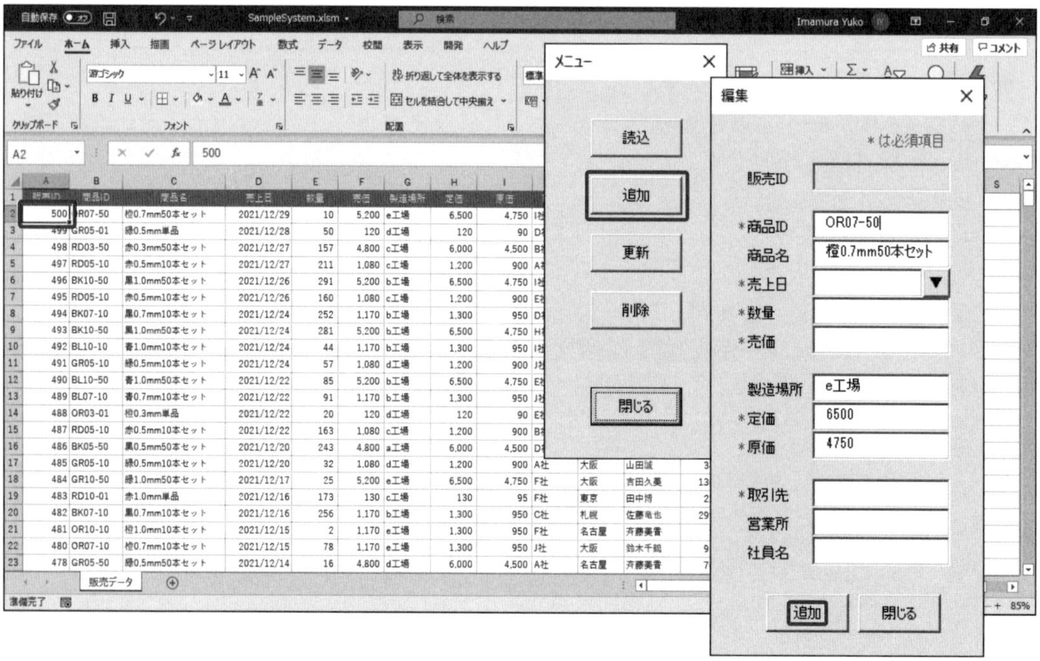

もし、なにもデータが読み込まれなかった場合、Excelシートで読み込むデータを選択していない状態です。実行する前に、読み込みたいデータがある行を選択状態にしてから実行してください。

続いて、**コード3**は「更新」ボタンのコードです。

コード3 「更新」ボタンのイベントプロシージャ

```
Private Sub btn_update_Click()
  '## 「更新」ボタンクリック時

  'フォームを閉じる
  Unload Me

  '対象チェック
  Cells(ActiveCell.Row, 1).Select  ←A列へ移動
  If ActiveCell.Value = "" Or ActiveCell.Row = 1 Then←販売IDがないセルだったら
    MsgBox "レコードを選択してください。", vbExclamation, "注意" ←メッセージ出力
    Exit Sub ←終了
  End If

  '「編集」フォームの代入と表示
  With F_Editor
    '変数設定
    Dim ws As Worksheet
    Set ws = ActiveSheet 'ワークシート
    Dim tgtRow As Long
    tgtRow = ActiveCell.Row '行数

    '代入
    .txb_odrId.Value = ws.Cells(tgtRow, 1).Value ←販売ID
    .txb_prdId.Value = ws.Cells(tgtRow, 2).Value ←商品ID
    .txb_prdName.Value = ws.Cells(tgtRow, 3).Value←商品名
    .txb_date.Value = ws.Cells(tgtRow, 4).Value ←売上日
    .txb_qty.Value = ws.Cells(tgtRow, 5).Value ←数量
    .txb_salePrice.Value = ws.Cells(tgtRow, 6).Value ←売価
    .txb_location.Value = ws.Cells(tgtRow, 7).Value ←製造場所
    .txb_fixedPrice.Value = ws.Cells(tgtRow, 8).Value ←定価
    .txb_costPrice.Value = ws.Cells(tgtRow, 9).Value ←原価
    .txb_client.Value = ws.Cells(tgtRow, 10).Value←取引先
    .txb_office.Value = ws.Cells(tgtRow, 11).Value←営業所
    .txb_staff.Value = ws.Cells(tgtRow, 12).Value ←社員名

    '表示
    .btn_execute.Caption = "更新" '実行ボタンのCaptionを変更
    .Show
  End With
```

```
End Sub
```

「追加」ボタンと違う部分は、選択されているセル（ActiveCell）をチェックして、条件が当てはまらなければ途中終了すること、すべての情報をテキストボックスに代入することです。

動作確認してみると、レコードではないセルを選択していると途中終了します。レコードがあれば、情報がすべて転記された状態で「編集」フォームが開き、ボタンのCaptionは「更新」になります（**図16**）。

図16 「更新」ボタンの動作確認

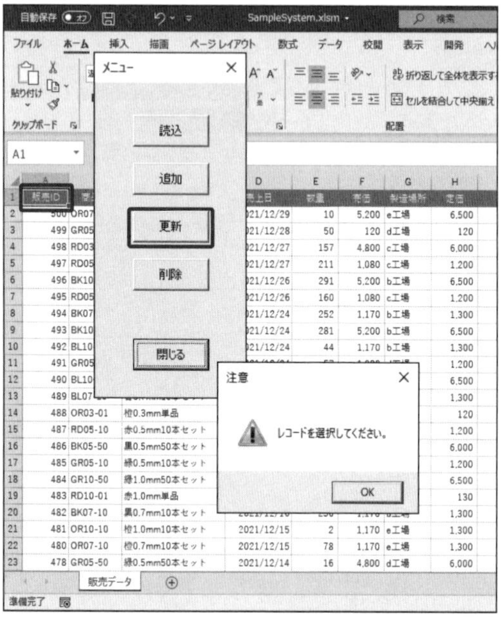

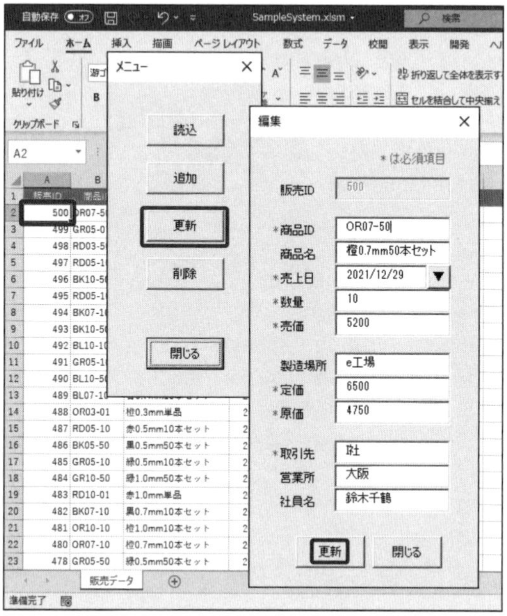

続いて、**コード4**は「削除」ボタンのコードです。

コード4 「削除」ボタンのイベントプロシージャ

```
Private Sub btn_delete_Click()
  '## 「削除」ボタンクリック時

  'フォームを閉じる
  Unload Me

  '対象チェック
  Cells(ActiveCell.Row, 1).Select  ← A列へ移動
```

```
    If ActiveCell.Value = "" Or ActiveCell.Row = 1 Then ← 販売IDがないセルだったら
      MsgBox "レコードを選択してください。", vbExclamation, "注意" 'メッセージ出力
      Exit Sub '終了
    End If

    '削除処理(6-2-4にて)

End Sub
```

「削除」ボタンからは「編集」フォームを開く必要がないので、対象のデータが存在する行かどうかのみチェックします。実際の削除処理の実装は**6-2-4**で行います。

6-1-4 「カレンダー」フォームの設定

6-1-2で作成した「▼(btn_calendar)」ボタンは、カレンダーを表示するために使います。

サンプルファイルの「CalendarForm」フォルダーに、作成済みの「カレンダー」フォームを収録していますので、これを読み込んで使えるようにしてみましょう。

VBEのプロジェクトエクスプローラー内の「VBAProject」を右クリックして「ファイルのインポート」を選択し、「F_Calendar.frm」と「M_CalendarSetting.bas」をそれぞれ読み込みます(**図17**)。

図17 ファイルをインポートする

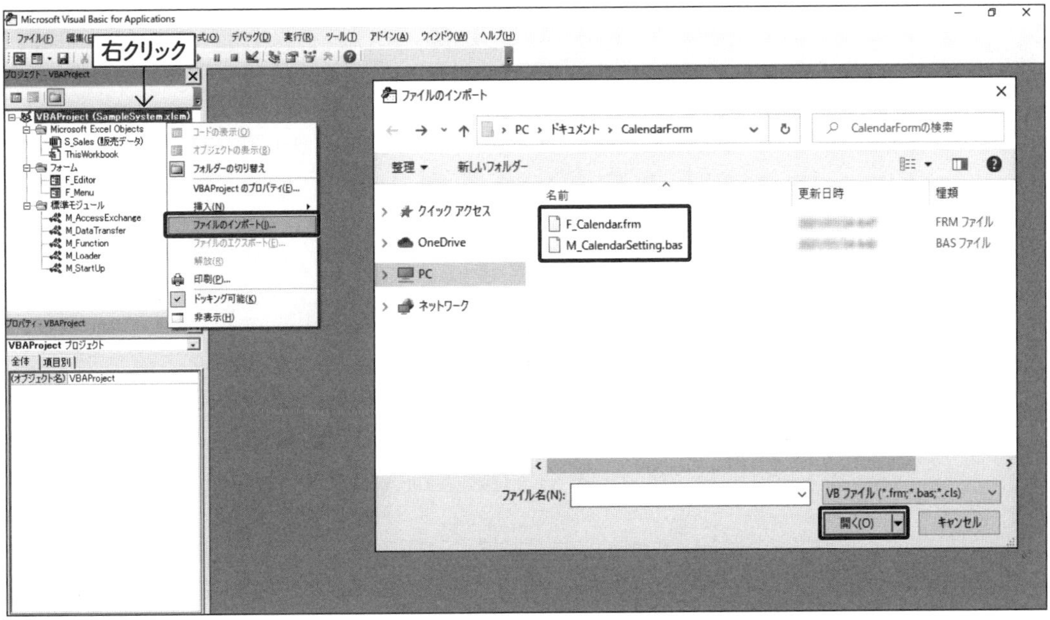

プロジェクトエクスプローラーが図18のようになっていれば、正しくユーザーフォーム「F_Calendar」と標準モジュール「M_CalendarSetting」が読み込まれています。

図18 2つのモジュールが読み込まれた

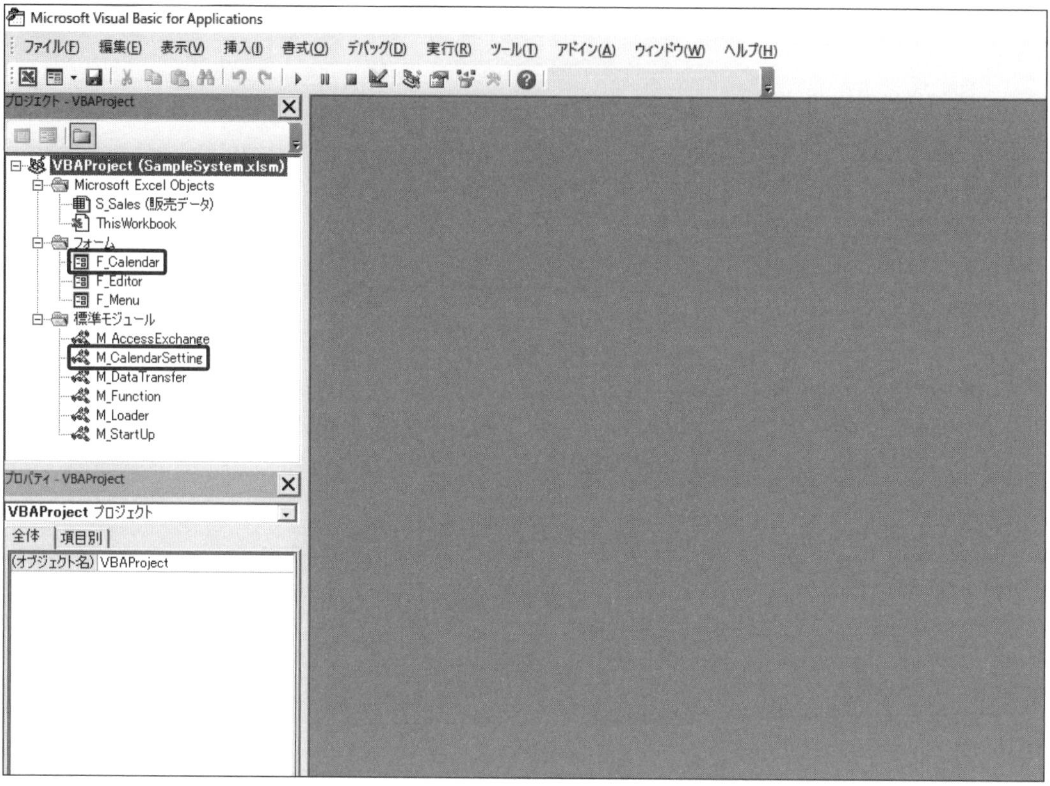

使い方は、「F_Editor」フォーム上に配置した「▼」ボタン(btn_calendar)コントロールをダブルクリックし、イベントプロシージャを作成して(図19)、「M_CalendarSetting」モジュール内にある「setCalendarDate」プロシージャを呼び出します。その際、引数に対象となるテキストボックスを指定します(コード5)。

コード5 カレンダー利用のコード

```
Private Sub btn_calendar_Click()
    '## 「▼(カレンダー)」ボタンクリック時
    Call setCalendarDate(Me.txb_date) ←カレンダー利用
End Sub
```

図19 「カレンダー」フォームの利用

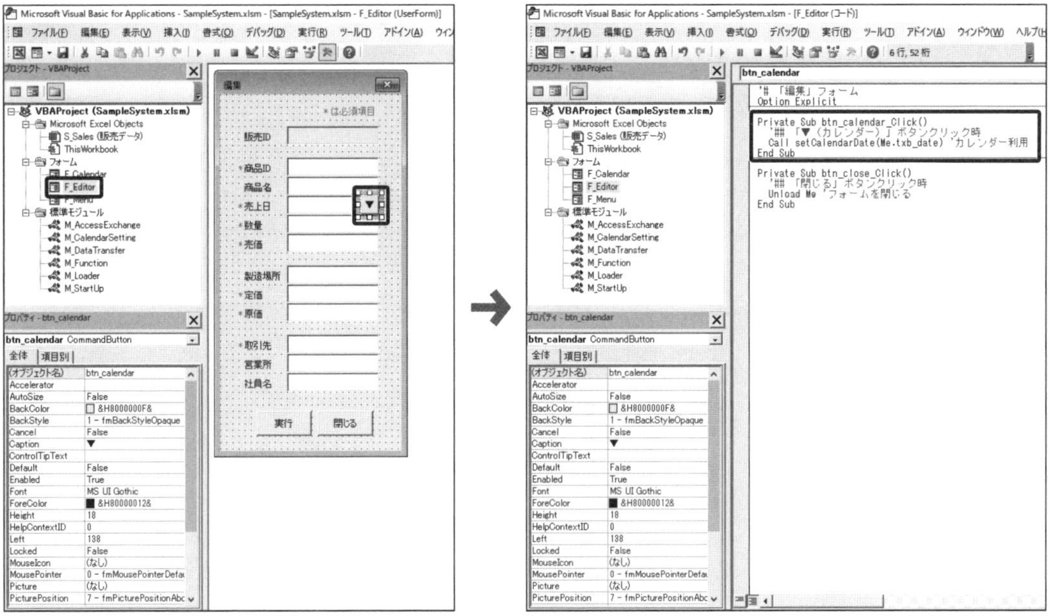

動作確認してみましょう。「メニュー」フォームの「追加」または「更新」ボタンをクリックし、「編集」フォームを開きます。「▼」ボタンをクリックすると「カレンダー」フォームが現れます（図20）。

図20 カレンダーの動作確認

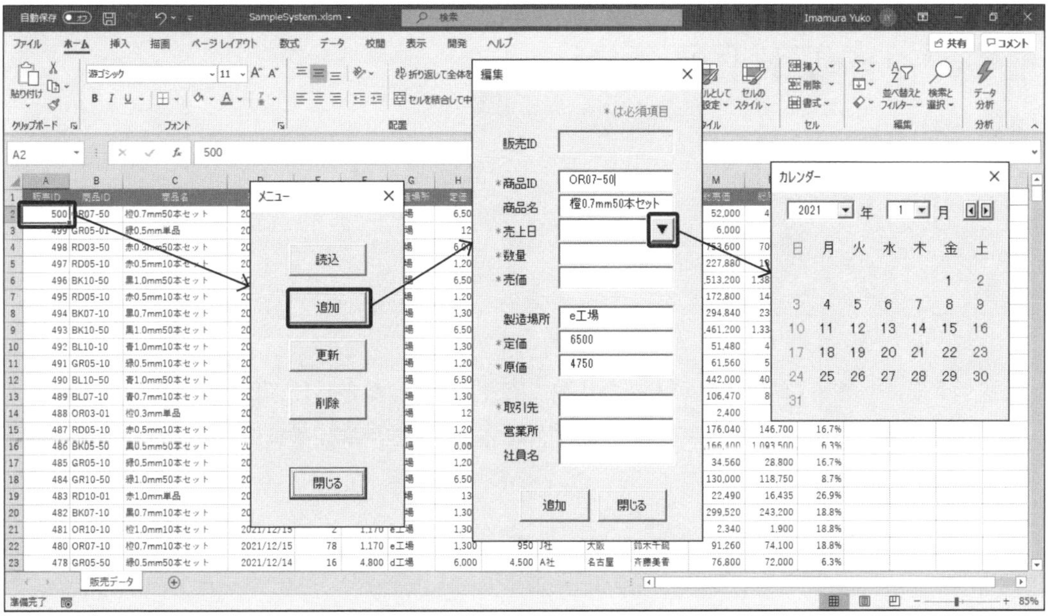

日付をクリックすると、対象のテキストボックスに選択した日付が挿入されます（**図21**）。

図21 日付をクリックすると挿入される

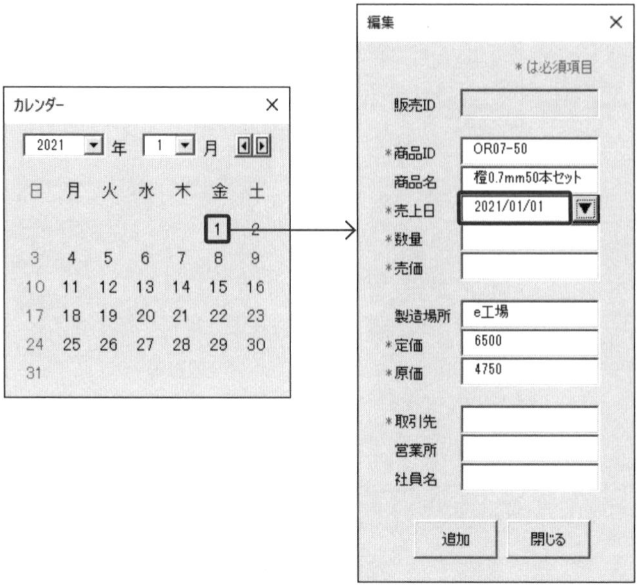

年月は各コンボボックスから選択でき、左右のスピンボタンで1月ずつ前後します（**図22**）。

図22 年月の変更

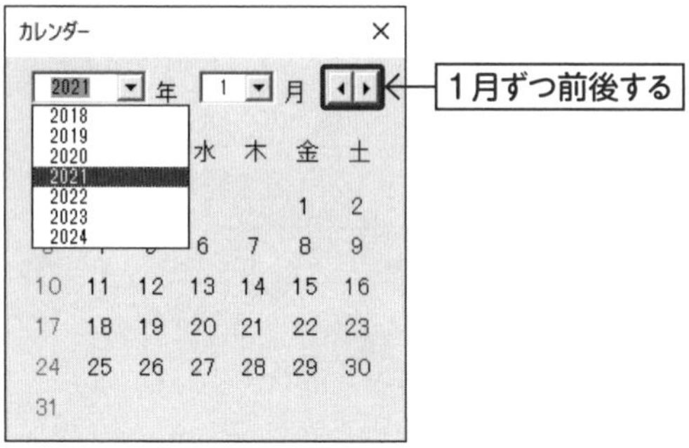

対象のテキストボックスに日付が入った状態で実行すると、その日付に色が付いた状態で開きます（**図23**）。空欄または日付と認識できない文字列が入っていた状態の場合は、現在の日付に色が付きます。

図23 対象日に色が付いた状態で開く

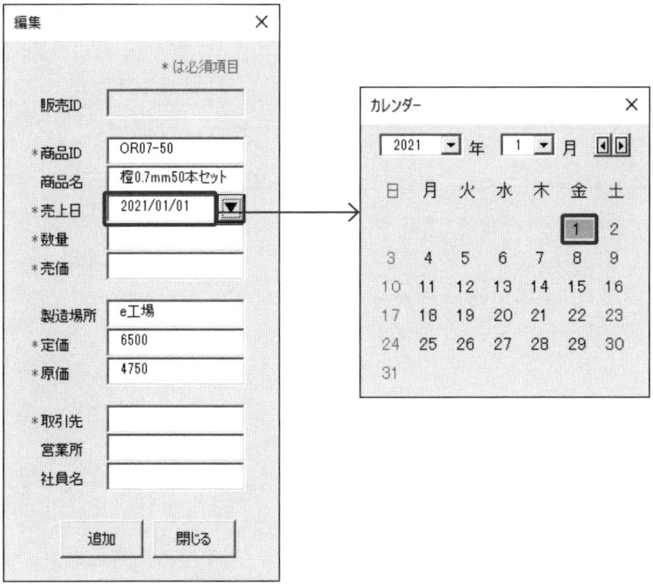

このカレンダー機能はユーザーフォーム上でかんたんにご使用いただけますので、この書籍以外の用途でもお使いいただけます。なお、ユーザーフォームを介さずに直接セルに日付を挿入したい場合のコードを次に紹介します（この内容はサンプルファイルには収録されていません）。

「カレンダー」フォームを使用したいワークシートのコード画面に**コード6**を書きます（**図24**）。これは、ワークシートをダブルクリックした時に実行されるイベントプロシージャです。

コード6 実行プロシージャ

```
Private Sub Worksheet_BeforeDoubleClick(ByVal Target As Range, Cancel As Boolean)
  '## ワークシートダブルクリック時
  Call setCalendarDateForCell(Target)
End Sub
```

図24 ワークシートのコード画面

これで、コードを書いたワークシートのいずれかのセルをダブルクリックすると「カレンダー」フォームが起動し、クリックした日付が対象セルに挿入されます（**図25**）。

図25 ワークシートからカレンダーを起動する

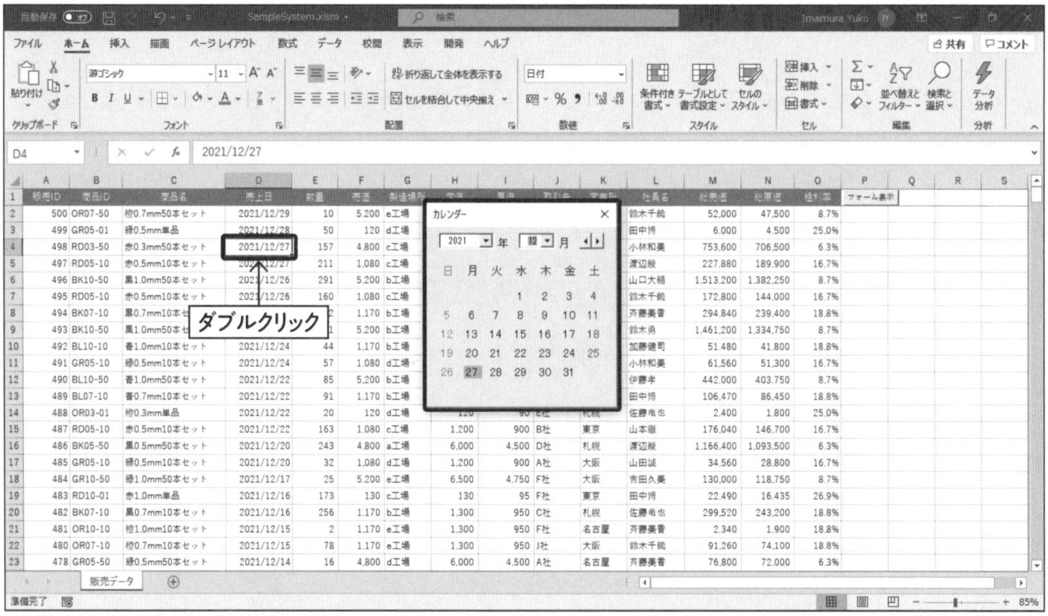

特定の列だけ「カレンダー」フォームを起動させたい場合は、**コード7**のように列を指定するとよいでしょう。

コード7 特定の列だけカレンダーを開く

```
Private Sub Worksheet_BeforeDoubleClick(ByVal Target As Range, Cancel As Boolean)
  '## ワークシートダブルクリック時
  If Target.Column = 4 Then ← 4列目(D列)のみ
    Call setCalendarDateForCell(Target)
  End If
End Sub
```

CHAPTER 6

6-2 データの追加・更新・削除に対応するVBAを記述する

6-1で作成した「編集」フォームからの「追加」「更新」の処理と、「メニュー」フォームからの「削除」の処理を、それぞれAccess側のファイルに反映させる実装をします。

6-2-1 実行前に値をチェックする

CHAPTER 3でINSERT構文を使ったレコードの追加を行う処理を書きました。今回もそれと同じようにSQL文を作ればよいのですが、**CHAPTER 3**ではあらかじめ表記が整った状態のシートを用意して、そのデータを使いました。今回は「編集」フォーム上のテキストボックスの値を使うので、フィールドの過不足がないか、数値の形・日付の形になっているかなどのチェックを事前に行う必要があります。

まずは全体の流れを把握しましょう。「編集」フォームの「実行」ボタンをダブルクリックしてイベントプロシージャを作成し、**コード8**を書きます（**図26**）。

コード8　「実行」ボタンのイベントプロシージャ

```
Private Sub btn_execute_Click()
  '##「実行」ボタンクリック時

  '未入力チェック

  '数値チェック

  '日付チェック

  '販売ID存在チェック

  '実行

  Unload Me 'フォームを閉じる
End Sub
```

図26 全体の流れ

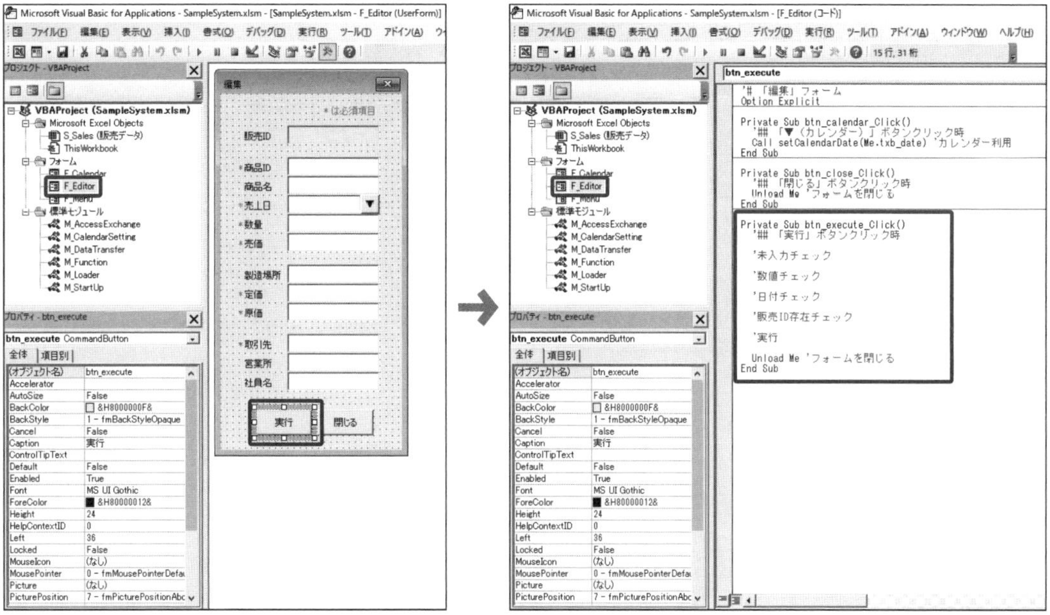

1つずつ機能を実装していきましょう。まずは「未入力チェック」部分です。**コード9**を書きます。

コード9 未入力チェック

```
Private Sub btn_execute_Click()
  '## 「実行」ボタンクリック時

  '未入力チェック
  If Me.txb_prdId.Value = "" Or Me.txb_date.Value = "" Or _
     Me.txb_qty.Value = "" Or Me.txb_salePrice.Value = "" Or _
     Me.txb_fixedPrice.Value = "" Or Me.txb_costPrice.Value = "" Or _
     Me.txb_client.Value = "" Then
    MsgBox "未入力の項目があります。", vbInformation, "確認"
    Exit Sub
  End If

～～～～～～～～～～ 略 ～～～～～～～～～～
End Sub
```

6-1-2でフォームを作ったときに7つの必須項目をラベルで明示したので、そのテキストボックスが1つでも空だったらメッセージを出力して、btn_execute_Clickイベントプロシージャが終了します（**図27**）。

図27 未入力チェック

次に数値のチェックですが、これは汎用性を持たせた方が便利なので、関数を作ります。「M_Function」モジュールに「isAcceptNum」というFunctionプロシージャを新たに作成します（**コード10**）。

コード10 「isAcceptNum」プロシージャ（「M_Function」モジュール）

```
Public Function isAcceptNum(ByVal tgtTxb As MSForms.TextBox) As Boolean
  '## 数値チェック

  Dim chkText As String '文字列型の変数宣言
  If IsNumeric(tgtTxb.Value) Then '数値だったら
    If CDbl(tgtTxb.Value) < 0 Then '負の数値だったら
      chkText = "正の数値"
    ElseIf CDbl(tgtTxb.Value) <> Int(tgtTxb.Value) Then '整数じゃなければ
      chkText = "整数"
    End If
  Else '数値じゃなければ
    chkText = "数値"
  End If

  If chkText <> "" Then 'チェックワードがあったら
    chkText = "'" & tgtTxb.Tag & "'には" & chkText & "を入力してください" 'メッセージを成形
    MsgBox chkText, vbExclamation, "注意" 'メッセージボックスを出力
  Else
    isAcceptNum = True '正の整数ならOK
```

```
    End If
End Function
```

「編集」フォームの「実行」ボタンの数値チェックで、「isAcceptNum」関数を利用します（**コード11**）。

コード11　「btn_execute_Click」プロシージャ（「F_Editor」モジュール）

```
Private Sub btn_execute_Click()
  '##「実行」ボタンクリック時

〜〜〜〜〜〜〜〜〜〜 略 〜〜〜〜〜〜〜〜〜〜

  '数値チェック
  If Not isAcceptNum(Me.txb_qty) Then Exit Sub ←数量
  If Not isAcceptNum(Me.txb_salePrice) Then Exit Sub ←売価
  If Not isAcceptNum(Me.txb_fixedPrice) Then Exit Sub ←定価
  If Not isAcceptNum(Me.txb_costPrice) Then Exit Sub ←原価

  '日付チェック

〜〜〜〜〜〜〜〜〜〜 略 〜〜〜〜〜〜〜〜〜〜

End Sub
```

「数量」「売価」「定価」「原価」のいずれかのテキストボックスの値が正の整数以外だった場合、修正を促すメッセージボックス（ここでP.190の**表1**で設定した「Tag」プロパティが使われます）を出力して、イベントプロシージャを終了します（**図28**）。

図28　数値チェック

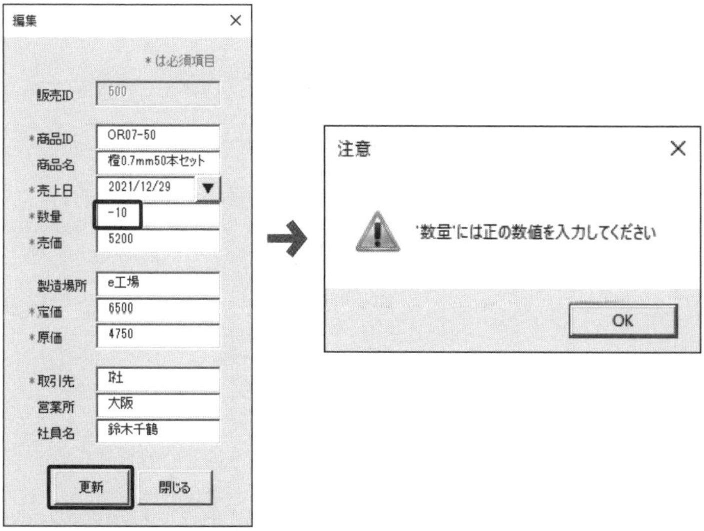

次に日付のチェックです。こちらも関数を作成します。「M_Function」モジュールに「isAcceptDate」というFunctionプロシージャを新たに作成します(**コード12**)。

コード12 「isAcceptDate」プロシージャ(「M_Function」モジュール)

```
Public Function isAcceptDate(ByVal tgtTxb As MSForms.TextBox) As Boolean
  '## 日付チェック

  If IsDate(tgtTxb.Value) Then '日付だったら
    isAcceptDate = True '戻り値をTrueにする
  Else '日付じゃなければ
    Dim chkText As String '文字列型の変数宣言
    chkText = "'" & tgtTxb.Tag & "'には日付を入力してください" 'メッセージを成形
    MsgBox chkText, vbExclamation, "注意" 'メッセージボックスを出力
  End If
End Function
```

「編集」フォームの「実行」ボタンの日付チェックで、「isAcceptDate」関数を利用します(**コード13**)。

コード13 「btn_execute_Click」プロシージャ(「F_Editor」モジュール)

```
Private Sub btn_execute_Click()
  '## 「実行」ボタンクリック時

〜〜〜〜〜〜〜〜〜〜 略 〜〜〜〜〜〜〜〜〜〜

  '日付チェック
  If Not isAcceptDate(Me.txb_date) Then Exit Sub ← 売上日

  '販売ID存在チェック
〜〜〜〜〜〜〜〜〜〜 略 〜〜〜〜〜〜〜〜〜〜
End Sub
```

「売上日」テキストボックスの値が日付と判定されなかった場合、メッセージボックスを出力してプロシージャを終了します(**図29**)。

図29　日付チェック

最後のチェックとして、指定された販売IDが存在するかチェックしておくと安心です。「編集」フォーム上の販売IDはグレーアウトしていても、Excel上のセルを手違いで編集してしまった場合に存在しないIDになってしまう可能性があるためです。

このチェックには、その販売IDのレコードの有無を調べなければなりません。**CHAPTER 5**でレコードを読み込む処理を書きましたが、その時はレコードセットをワークシートに出力するところまで書きました。今回はレコードセットが存在するか判定するだけでよいので、その内容の関数を作りましょう。「M_AccessExchange」モジュールに「hasRs」というFunctionプロシージャを新たに作成します（**コード14**）。

コード14　「hasRs」プロシージャ（「M_AccessExchange」モジュール）

```
Public Function hasRs(ByVal sql As String) As Boolean
    '## レコードセットが存在したらTrueを返す

    On Error GoTo Err_Handler 'エラーが起きたら「ErrorHandler」にジャンプする指示

    Call connectDB '接続

    'レコードセットのオープン
    Dim rs As Object 'レコードセット用変数宣言
    Set rs = CreateObject("ADODB.RecordSet") 'ADOレコードセットオブジェクトを作成
    rs.Open sql, m_cn 'レコードセットを開く

    '空だったら最終処理へ
```

```
  If rs Is Nothing Or (rs.BOF And rs.EOF) Then 'レコードセットやレコードが存在しなかった場合
    GoTo Finally '最終処理へジャンプ
  End If

  hasRs = True 'レコードが存在していたらTrue

  GoTo Finally '正常に終了したら最終処理へジャンプ

Err_Handler: '例外処理
  Dim msgTxt As String
  msgTxt = "Error #: " & Err.Number & vbNewLine & vbNewLine & Err.Description 'エラーメッセージが入る
  MsgBox msgTxt, vbCritical, "エラー" 'メッセージ出力

Finally: '最終処理
  If Not rs Is Nothing Then 'レコードセットオブジェクトが存在している場合のみ
    If rs.State = adStateOpen Then rs.Close 'レコードセットが開いていたら閉じる
    Set rs = Nothing
  End If

  Call disconnectDB '接続解除
End Function
```

「編集」フォームの「実行」ボタンの販売ID存在チェックで、「hasRs」関数を利用します（**コード15**）。

コード15 「btn_execute_Click」プロシージャ（「F_Editor」モジュール）

```
Private Sub btn_execute_Click()
  '## 「実行」ボタンクリック時

～～～～～～～～～～ 略 ～～～～～～～～～～

  '販売ID存在チェック
  If Me.btn_execute.Caption = "更新" Then ←「更新」の場合のみ
    Dim sql As String
    sql = "SELECT * FROM 販売管理 WHERE 販売ID = " & Me.txb_odrId.Value & ";" ← SQL作成
    If Not hasRs(sql) Then
      MsgBox "該当の販売IDが存在しないため、更新できません。", vbExclamation, "注意" ← メッセージ
      Exit Sub ← 終了
    End If
  End If

～～～～～～～～～～ 略 ～～～～～～～～～～

```

```
End Sub
```

Excelのセルを誤って編集してしまったなど、存在しない販売IDを更新しようとすると、メッセージボックスを出力してプロシージャを終了します(**図30**)。

図30 販売ID存在チェック

ここまでで、実行前のチェックができました。

6-2-2 レコードの追加

それでは、いよいよExcelフォームに入力された値を使って、Accessテーブルにレコードの追加処理を行うプログラムを記述します。「F_Editor」モジュールに追加用のプロシージャを新しく作って、「実行」ボタンからそれを呼び出す記述をしておきます(**コード16**)。

コード16 プロシージャの追加と呼び出し

```
Private Sub btn_execute_Click()
  '## 「実行」ボタンクリック時

～～～～～～～～ 略 ～～～～～～～～

  '実行
```

```
  If MsgBox("レコードの" & Me.btn_execute.Caption & "を行います。よろしいですか?", _
      vbOKCancel + vbQuestion, "確認") = vbCancel Then ←メッセージ
    Exit Sub ←キャンセルなら終了
  End If
  If Me.btn_execute.Caption = "追加" Then Call insertFromEditor ←追加

  Unload Me 'フォームを閉じる
End Sub

Private Sub insertFromEditor()
  '## フォームからレコードの追加

End Sub
```

「insertFromEditor」プロシージャの中身を記述します(**コード17**)。**CHAPTER 3**で書いたINSERT文と基本は同じで、書き込む値をユーザーフォーム上のコントロールの値に置き換えます。

コード17 「insertFromEditor」プロシージャ

```
Private Sub insertFromEditor()
  '## フォームからレコードの追加

  'SQL文作成
  Dim sql As String
  sql = _
    "INSERT INTO 販売管理(" & _
      "商品ID, " & _
      "商品名, " & _
      "売上日, " & _
      "数量, " & _
      "売価, " & _
      "製造場所, " & _
      "定価, " & _
      "原価, " & _
      "取引先, " & _
      "営業所, " & _
      "社員名) " & _
    "VALUES(" & _
      "'" & Me.txb_prdId.Value & "', " & _ ←商品ID
      "'" & Me.txb_prdName.Value & "', " & _ ←商品名
      "#" & Me.txb_date.Value & "#, " & _ ←売上日
      Me.txb_qty.Value & ", " & _ ←数量
      Me.txb_salePrice.Value & ", " & _←売価
```

```
        "'" & Me.txb_location.Value & "', " & _  ← 製造場所
        Me.txb_fixedPrice.Value & ", " & _  ← 定価
        Me.txb_costPrice.Value & ", " & _  ← 原価
        "'" & Me.txb_client.Value & "', " & _  ← 取引先
        "'" & Me.txb_office.Value & "', " & _  ← 営業所
        "'" & Me.txb_staff.Value & "');"  ← 社員名

    'コレクションの作成
    Dim sqlList As Collection
    Set sqlList = New Collection
    sqlList.Add sql 'コレクションへ追加

    '実行
    If tryExecute(sqlList) Then '処理が成功した場合
      MsgBox "正常に追加されました", vbOKCancel + vbInformation, "終了" '終了メッセージ
      Call loadRecord 'レコードの再読込
    End If
End Sub
```

これで「追加」機能に関するコードはいったん完成です。では、動作確認してみましょう。「編集」フォームへ新しいレコードの情報を入力します。レコードが再び読み込まれたときに新しい日付順に並ぶようになっているので、日付は2022年にしておくとわかりやすくなります（**図31**）。

図31　追加処理の動作確認

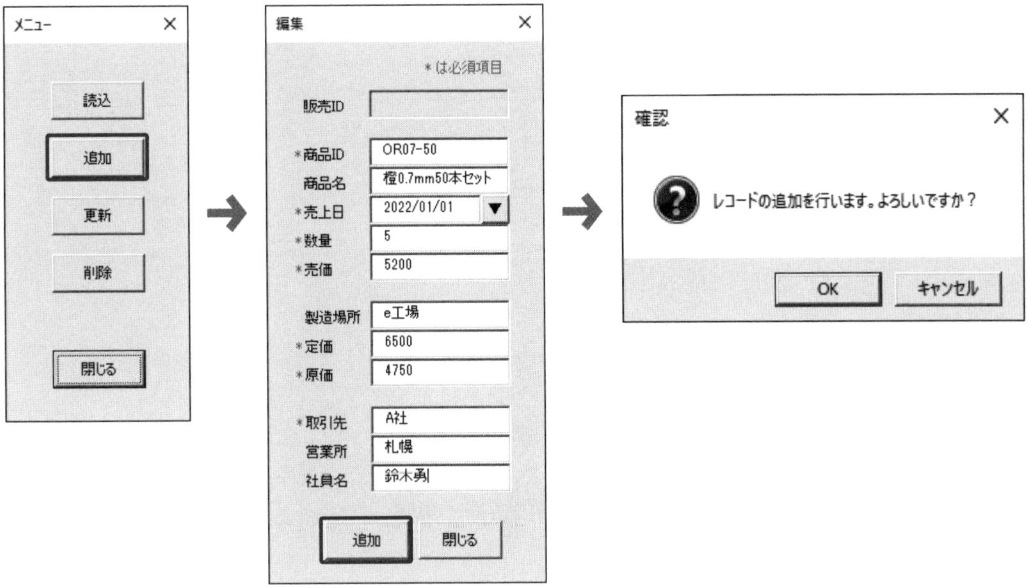

正常に処理されるとメッセージが表示され、ワークシート上にも新しく追加したレコードが読み込まれます(図32)。

図32 結果

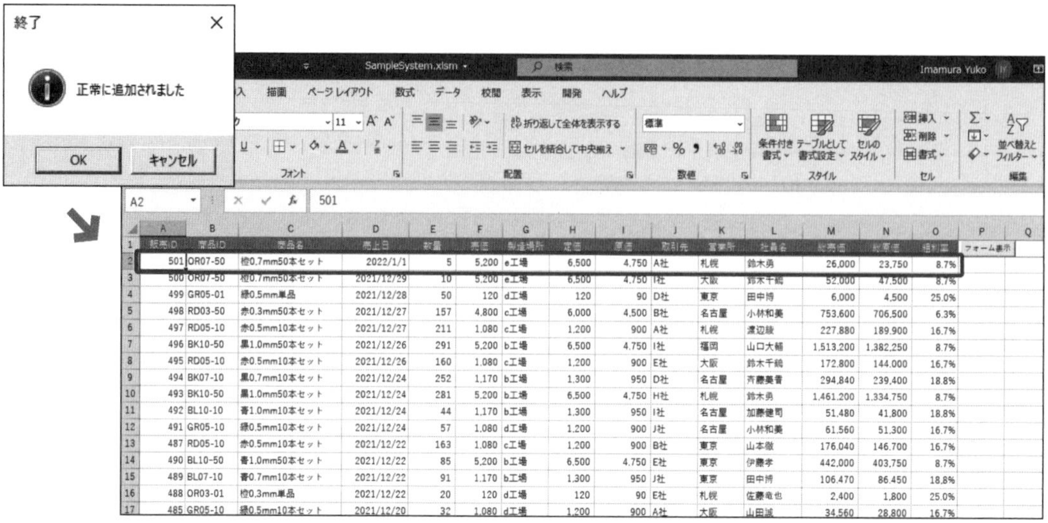

6-2-3 レコードの更新

続いて「F_Editor」モジュールに更新用のプロシージャを新しく作って、それを呼び出す記述をしておきます(コード18)。

コード18 プロシージャの追加と呼び出し

```
Private Sub btn_execute_Click()
  '## 「実行」ボタンクリック時

～～～～～～～～～～ 略 ～～～～～～～～～～

  '実行
  If MsgBox("レコードの" & Me.btn_execute.Caption & "を行います。よろしいですか?", _
      vbOKCancel + vbQuestion, "確認") = vbCancel Then 'メッセージ
    Exit Sub 'キャンセルなら終了
  End If
  If Me.btn_execute.Caption = "追加" Then Call insertFromEditor '追加
  If Me.btn_execute.Caption = "更新" Then Call updateFromEditor  ←更新

  Unload Me 'フォームを閉じる
```

```
End Sub

Private Sub insertFromEditor()
  '## フォームからレコードの追加
～～～～～～～～～～～～～～～～ 略 ～～～～～～～～～～～～～～～～

End Sub

Private Sub updateFromEditor()
  '## フォームからレコードの更新

End Sub
```

「updateFromEditor」プロシージャの中身を書きます(**コード19**)。レコードの更新はSQLの**UPDATE構文**を使います。「**UPDATE テーブル名 SET フィールド名=値 WHERE 条件;**」がUPDATE構文の基本形になります。

コード19 「updateFromEditor」プロシージャ

```
Private Sub updateFromEditor()
  '## フォームからレコードの更新

  'SQL文作成
  Dim sql As String
  sql = _
    "UPDATE 販売管理 " & _
    "SET " & _
      "商品ID = '" & Me.txb_prdId.Value & "', " & _
      "商品名 = '" & Me.txb_prdName.Value & "', " & _
      "売上日 = #" & Me.txb_date.Value & "#, " & _
      "数量 = " & Me.txb_qty.Value & ", " & _
      "売価 = " & Me.txb_salePrice.Value & ", " & _
      "製造場所 = '" & Me.txb_location.Value & "', " & _
      "定価 = " & Me.txb_fixedPrice.Value & ", " & _
      "原価 = " & Me.txb_costPrice.Value & ", " & _
      "取引先 = '" & Me.txb_client.Value & "', " & _
      "営業所 = '" & Me.txb_office.Value & "', " & _
      "社員名 = '" & Me.txb_staff.Value & "' " & _
    "WHERE 販売ID = " & Me.txb_odrId.Value & ";"

  'コレクションの作成
  Dim sqlList As Collection
  Set sqlList = New Collection
```

```
  sqlList.Add sql 'コレクションへ追加

  '実行
  If tryExecute(sqlList) Then '処理が成功した場合
    MsgBox "正常に更新されました", vbOKCancel + vbInformation, "終了" '終了メッセージ
    Call loadRecord 'レコードの再読込
  End If
End Sub
```

動作確認してみましょう。「編集」フォームで既存レコードの情報を修正します（**図33**）。

図33　更新処理の動作確認

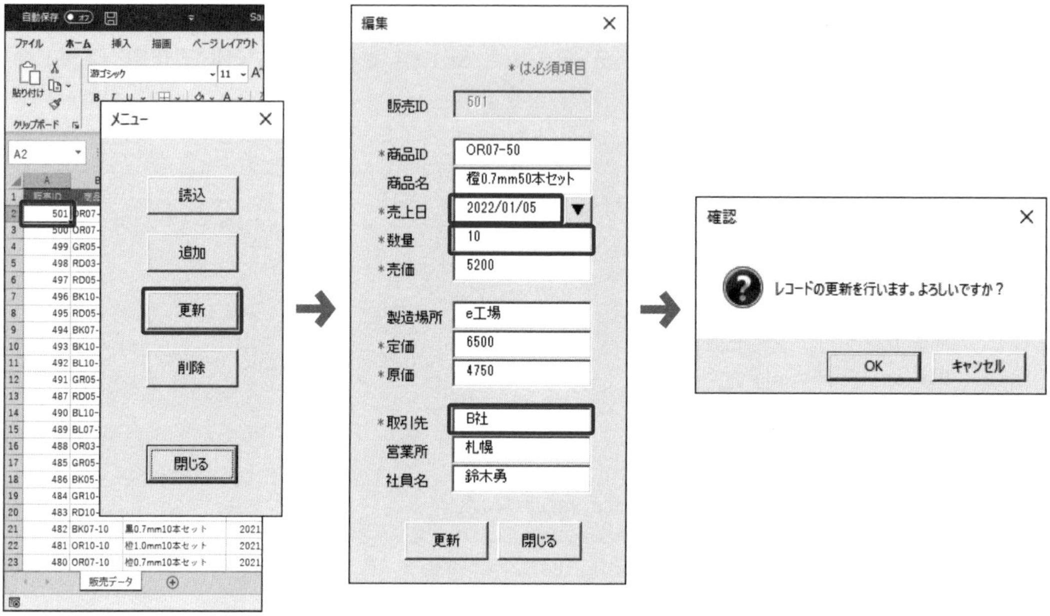

正常に処理されるとワークシート上のデータが再び読み込まれ、修正された内容に変更されました（**図34**）。

図34 結果

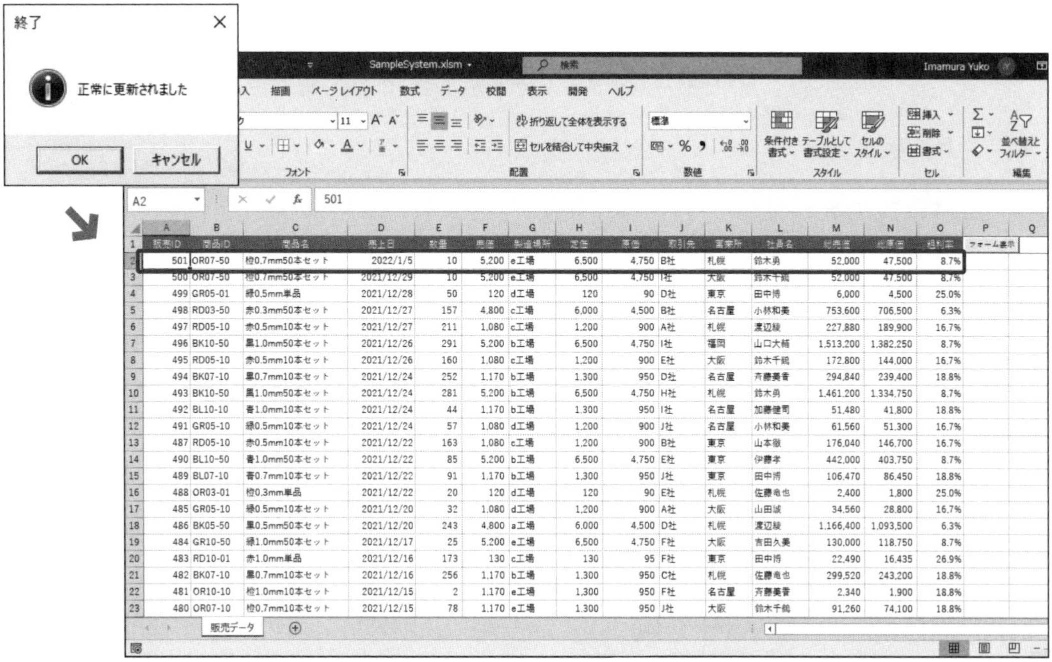

6-2-4 レコードの削除

削除処理は、「メニュー」フォームの「削除」ボタンから行います。**6-1-3**で書いた「btn_delete_Click」プロシージャ（P.198の**コード4**）の続きを**コード20**のように追加しましょう。レコードの削除はSQLの**DELETE構文**を使います。「**DELETE FROM テーブル名 WHERE 条件;**」が基本の形で、そこへセルの値を組み込みます。

コード20 「btn_delete_Click」プロシージャ（「F_Menu」モジュール）

```
Private Sub btn_delete_Click()
  '## 「削除」ボタンクリック時

  'フォームを閉じる
  Unload Me

  '対象チェック
  Cells(ActiveCell.Row, 1).Select 'A列へ移動
  If ActiveCell.Value = "" Or ActiveCell.Row = 1 Then '販売IDがないセルだったら
    MsgBox "レコードを選択してください。", vbExclamation, "注意" 'メッセージ出力
    Exit Sub '終了
  End If
```

```

  '確認
  If MsgBox("販売ID " & ActiveCell.Value & " に該当するレコードの削除を行います。よろしいですか?", _
      vbOKCancel + vbQuestion, "確認") = vbCancel Then 'メッセージ
    Exit Sub 'キャンセルなら終了
  End If

  '販売ID存在チェック
  Dim sql As String
  sql = "SELECT * FROM 販売管理 WHERE 販売ID = " & ActiveCell.Value & ";" 'SQL作成
  If Not hasRs(sql) Then
    MsgBox "該当の販売IDが存在しないため、削除できません。", vbExclamation, "注意" 'メッセージ
    Exit Sub '終了
  End If

  'SQL文作成
  sql = "DELETE FROM 販売管理 WHERE 販売ID = " & ActiveCell.Value & ";"

  'コレクションの作成
  Dim sqlList As Collection
  Set sqlList = New Collection
  sqlList.Add sql 'コレクションへ追加

  '実行
  If tryExecute(sqlList) Then '処理が成功した場合
    MsgBox "正常に削除されました", vbOKCancel + vbInformation, "終了" '終了メッセージ
    Call loadRecord 'レコードの再読込
  End If
End Sub
```

動作確認してみましょう。フォームで対象のレコードを選択して「メニュー」フォームを表示し、「削除」処理を行います（図35）。

図35　削除処理の動作確認

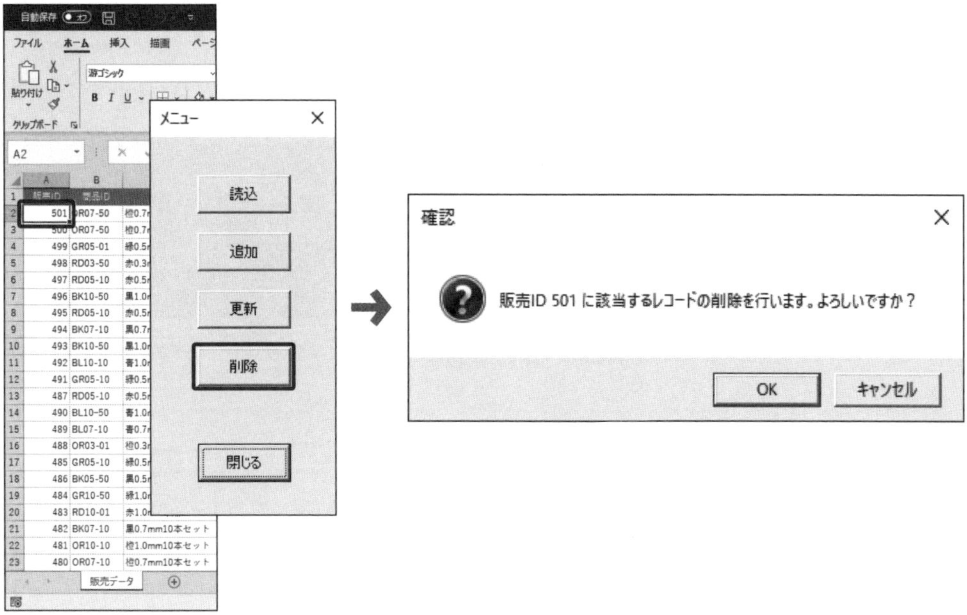

正常に処理されるとワークシート上のデータが再び読み込まれ、削除されたレコード（販売ID 501）は読み込まれなくなります（**図36**）。

図36　結果

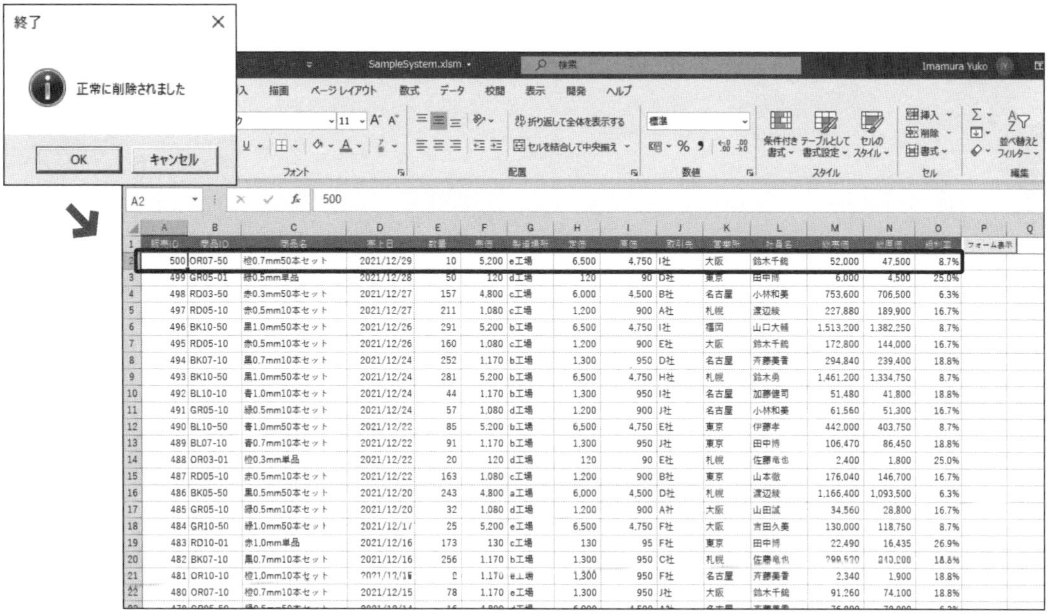

6-3 読込機能を拡張するフォームを作成する

ここまで、AccessのデータをExcelに読み込む際、条件なしですべて抽出してきましたが、新たにフォームを作成して、既存の「読込」機能を条件付きで抽出できるよう機能を拡張させましょう。

6-3-1 「読込」フォームを作成する

条件を設定するための「読込」フォームを作成します。VBE画面で「挿入」→「ユーザーフォーム」で新たなユーザーフォームを挿入し、オブジェクト名を「F_Loader」、Captionを「読込」に変更します（図37）。

図37 「読込」フォームの作成

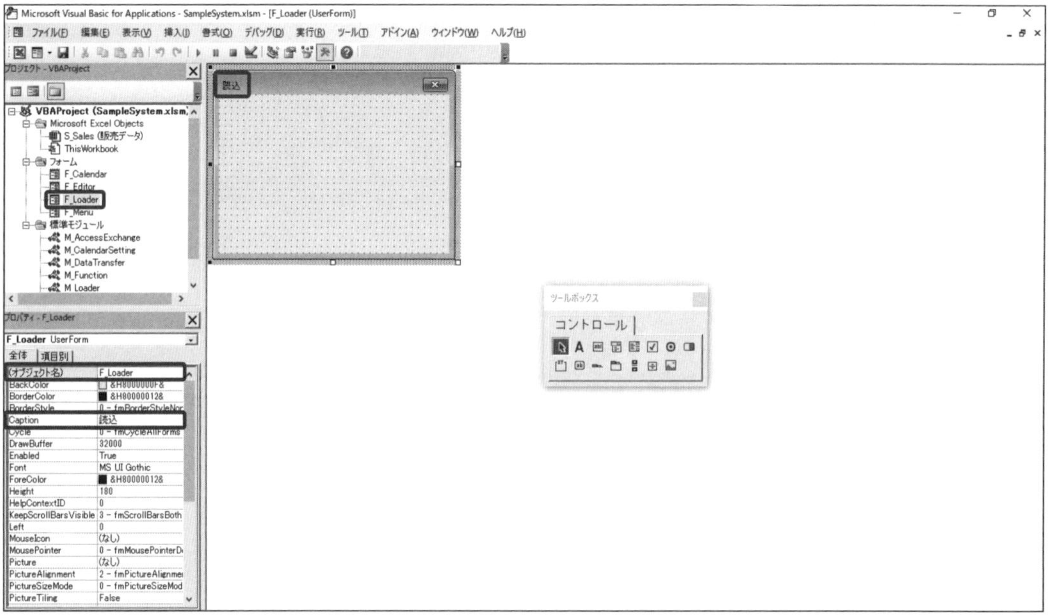

図38と**表4**を参考に、コントロールを配置し、プロパティをそれぞれ設定します。TabIndexはお好みで設定してください。

図38　「読込」フォームの配置

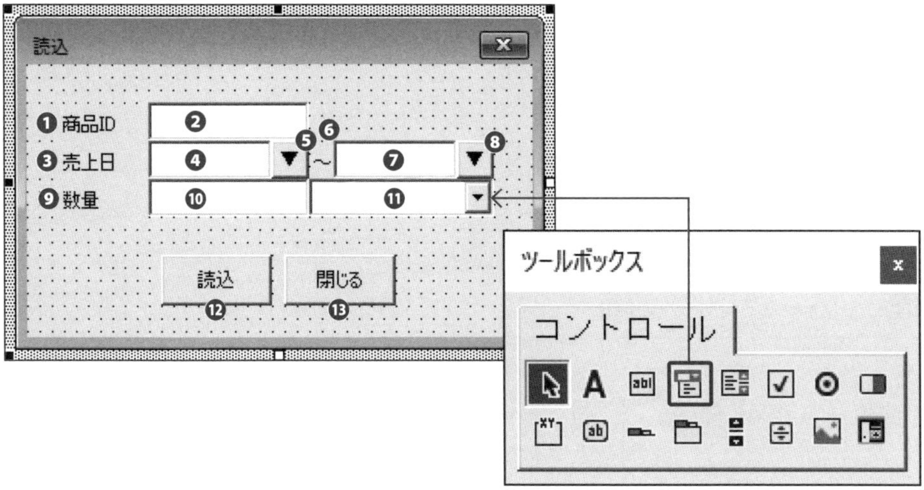

表4　「読込」フォームのコントロール設定

番号	コントロール種類	オブジェクト名	Caption	Tag	IMEMode
❶	ラベル	lbl_prdId	商品ID	—	—
❷	テキストボックス	txb_prdId	—	—	3-fmIMEModeDisable
❸	ラベル	lbl_date	売上日	—	—
❹	テキストボックス	txb_date1	—	開始日	3-fmIMEModeDisable
❺	コマンドボタン	btn_calendar1	▼	—	—
❻	ラベル	lbl_between	～	—	—
❼	テキストボックス	txb_date2	—	終了日	3-fmIMEModeDisable
❽	コマンドボタン	btn_calendar2	▼	—	—
❾	ラベル	lbl_qty	数量	—	—
❿	テキストボックス	txb_qty	—	数量	3-fmIMEModeDisable
⓫	コンボボックス	cmb_scope	—	—	—
⓬	コマンドボタン	btn_load	読込	—	—
⓭	コマンドボタン	btn_close	閉じる	—	—

6-3-2 関連するコードを記述する

まずは「メニュー（F_Menu）」フォームの「読込（btn_load）」ボタン（**図39**）のイベントプロシージャを修正します。ここではレコードの読込処理の呼び出しを削除して、作成した「読込（F_Loader）」フォームを開きます（**コード21**）。

コード21 「btn_load_Click」プロシージャ（「F_Menu」モジュール）

```
Private Sub btn_load_Click()
  '## 「読込」ボタンクリック時

  Call loadRecord 'レコード読込
  Unload Me 'フォームを閉じる
  F_Loader.Show  ←「読込」フォームを表示
End Sub
```

図39 「メニュー」フォームモジュールの修正

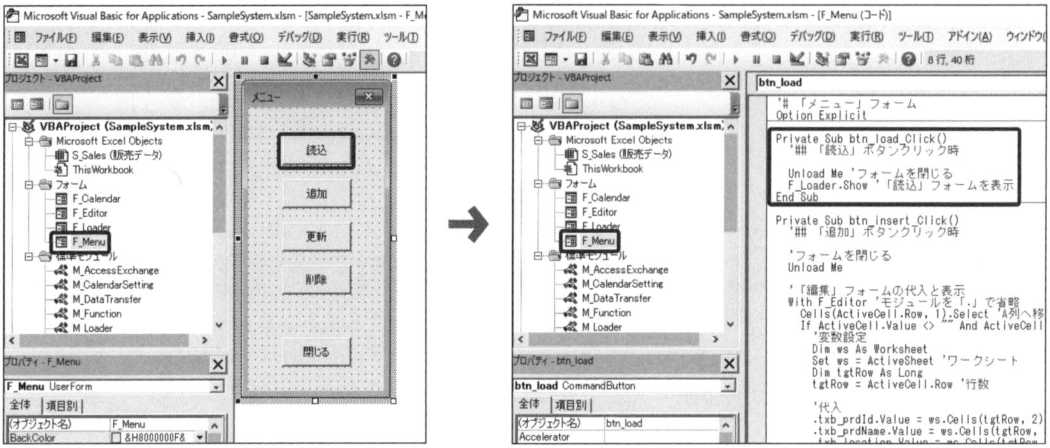

続いて、**6-3-1**で新しく作った「読込（F_Loader）」フォームに関するコードを書いていきます。2つの「▼（カレンダー）」ボタンと「閉じる」ボタン（**図40**）のイベントプロシージャを書きましょう（**コード22**）。

コード22 「▼」・「閉じる」ボタンのイベントプロシージャ（「F_Loader」フォーム）

```
'# 「読込」フォーム
Option Explicit
------------------------------------------------------------
Private Sub btn_calendar1_Click()
  '## 「▼(カレンダー)」ボタンクリック時
  Call setCalendarDate(Me.txb_date1)
End Sub
------------------------------------------------------------
Private Sub btn_calendar2_Click()
  '## 「▼(カレンダー)」ボタンクリック時
  Call setCalendarDate(Me.txb_date2)
End Sub
```

```
Private Sub btn_close_Click()
  '##「閉じる」ボタンクリック時
  Me.Hide 'フォームを閉じる
End Sub
```

図40 「編集」フォームモジュールへの記述

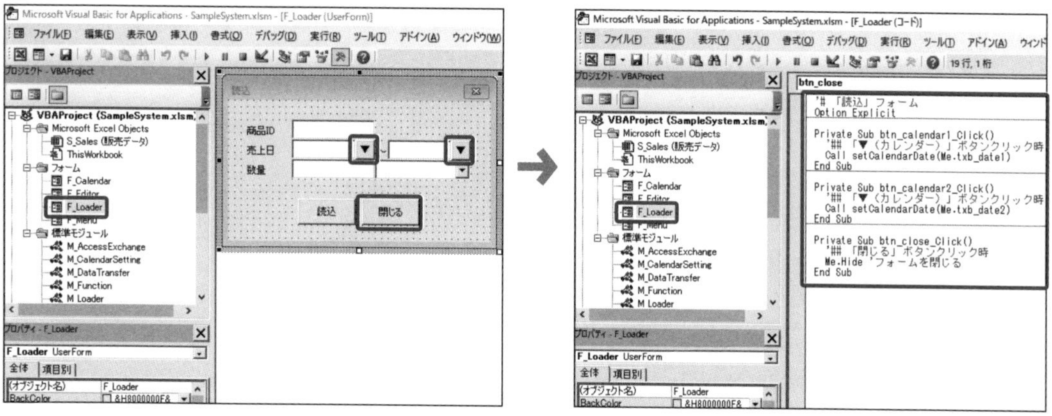

ここまで「閉じる」ボタンでは「Unload Me」と書きましたが、今回は「Me.Hide」としています。**Unload**は作成したフォームを消去するイメージで、消去後はそのフォームにアクセスすることができません。アクセスする場合、再び呼び出す必要があります。対して**Hide**は隠すイメージで、フォームを閉じても存在はしているので、そのフォームやフォーム上のコントロールにアクセスすることができます。

「読込」フォームでは、再度フォームを表示させたときに前回の条件が残っていたり、前回と同じ条件で読込を行ったりした方が便利なので、「Me.Hide」でフォームを閉じています。

次に、数量の条件を付けるときに使用する「cmb_scope」コンボボックスに「（空白）」「以上」「以下」の3つの選択肢を設定します。これには、「UserForm_Initialize」プロシージャを使います（**コード23**）。「UserForm_Initialize」プロシージャは、そのフォームが初めて使われるときに自動で実行されるイベントプロシージャです。

コード23 「UserForm_Initialize」プロシージャの追加（「F_Loader」モジュール）

```
Private Sub UserForm_Initialize()
  '## 初期値の設定
```

```

  With Me.cmb_scope  ←数値範囲のリスト
    .AddItem ""
    .AddItem "以上"
    .AddItem "以下"
  End With
End Sub
```

最後に「読込(F_Loader)」フォームの「読込(btn_load)」ボタンをクリックしたときのイベントプロシージャを作成します。**6-2-1**で作成したチェック関数を利用して、事前に値チェックを行ってから読み込みます(**コード24**)。

コード24 「btn_load_Click」プロシージャ(「F_Loader」モジュール)

```
Private Sub btn_load_Click()
  '##「読込」ボタンクリック時

  '日付チェック
  If Not (Me.txb_date1.Value = "" And Me.txb_date2.Value = "") Then '両日空白ではない場合
    'どちらか空白だったら
    If Me.txb_date1.Value = "" Or Me.txb_date2.Value = "" Then
      MsgBox "開始日と終了日の両日の日付を設定してください。", vbExclamation, "注意" 'メッセージ
      Exit Sub
    End If

    '型チェック
    If Not isAcceptDate(Me.txb_date1) Then Exit Sub
    If Not isAcceptDate(Me.txb_date2) Then Exit Sub

    '前後チェック
    If Me.txb_date1.Value > Me.txb_date2.Value Then
      MsgBox "開始日 < 終了日の形で設定してください。", vbExclamation, "注意" 'メッセージ
      Exit Sub
    End If
  End If

  '数値チェック
  If Me.txb_qty <> "" Then
    If Not isAcceptNum(Me.txb_qty) Then Exit Sub
  End If

  Me.Hide 'フォームを閉じる
  Call loadRecord 'レコードの読込
End Sub
```

動作検証してみましょう。日付のどちらかしか入力されていなかったり、日付や数値の型が違ったりするとメッセージが出て終了します(**図41**)。

図41　**「読込」フォームの動作確認**

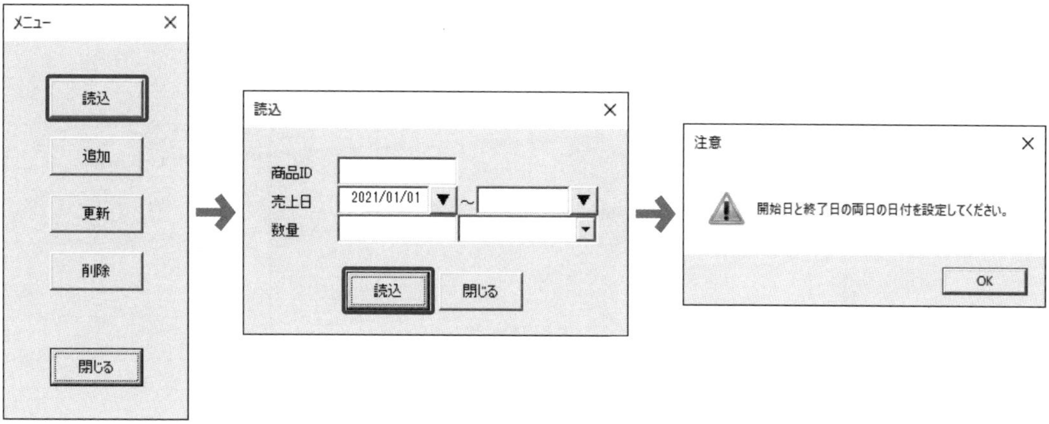

問題がなければレコードの読込が行われますが、まだこの時点では、条件を付けてもすべてのレコードを読み込んでしまいます。条件付けての抽出は**6-4**で実装します。

6-3-3 読込機能を移植する

CHAPTER 5の時点では「読込(F_Loader)」フォームがなかったので、レコードの読込に関するコードは「M_Loader」モジュールに書いていました。しかし「読込(F_Loader)」フォームを作成したので、こちらのモジュールへ統合しましょう。

「M_Loader」標準モジュールの「loadRecord」プロシージャを「F_Loader」フォームモジュールに移植します(**図42**)。

図42 「loadRecord」プロシージャの移植

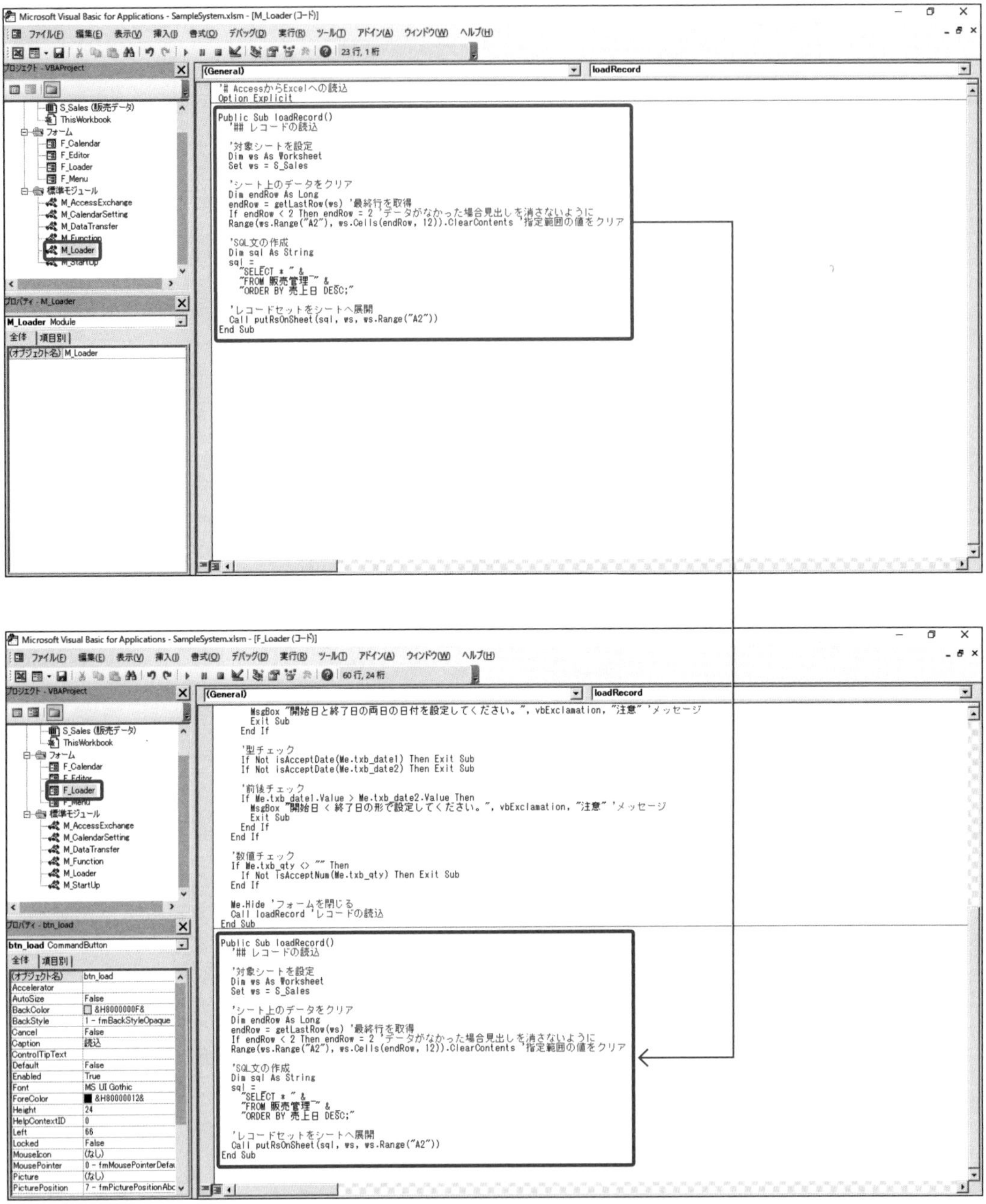
Microsoft Visual Basic for Applications - SampleSystem.xlsm - [M_Loader (コード)]
23 行, 1 桁
(General)
loadRecord
'# AccessからExcelへの読込
Option Explicit
Public Sub loadRecord()
'## レコードの読込
'対象シートを設定
Dim ws As Worksheet
Set ws = S_Sales
'シート上のデータをクリア
Dim endRow As Long
endRow = getLastRow(ws) '最終行を取得
If endRow < 2 Then endRow = 2 'データがなかった場合見出しを消さないように
Range(ws.Range("A2"), ws.Cells(endRow, 12)).ClearContents '指定範囲の値をクリア
'SQL文の作成
Dim sql As String
sql = _
"SELECT * " & _
"FROM 販売管理 " & _
"ORDER BY 売上日 DESC;"
'レコードセットをシートへ展開
Call putRsOnSheet(sql, ws, ws.Range("A2"))
End Sub
Microsoft Visual Basic for Applications - SampleSystem.xlsm - [F_Loader (コード)]
60 行, 24 桁
MsgBox "開始日と終了日の両日の日付を設定してください。", vbExclamation, "注意" 'メッセージ
Exit Sub
End If
'型チェック
If Not isAcceptDate(Me.txb_date1) Then Exit Sub
If Not isAcceptDate(Me.txb_date2) Then Exit Sub
'前後チェック
If Me.txb_date1.Value > Me.txb_date2.Value Then
MsgBox "開始日 < 終了日の形で設定してください。", vbExclamation, "注意" 'メッセージ
Exit Sub
End If
End If
'数値チェック
If Me.txb_qty <> "" Then
If Not IsAcceptNum(Me.txb_qty) Then Exit Sub
End If
Me.Hide 'フォームを閉じる
Call loadRecord 'レコードの読込
End Sub
Public Sub loadRecord()
…

これで「M_Loader」モジュールは削除します。モジュールの削除は、プロジェクトエクスプローラー上で、目的のモジュールを選択し、右クリックメニューの「モジュールの解放」で行います（**図43**）。この場合は必要ないのでエクスポートは「いいえ」にしておきますが、モジュールのエクスポートを

行うと、**6-1-4**のカレンダーのように別ファイルで読み込むことができます。

図43 モジュールの削除

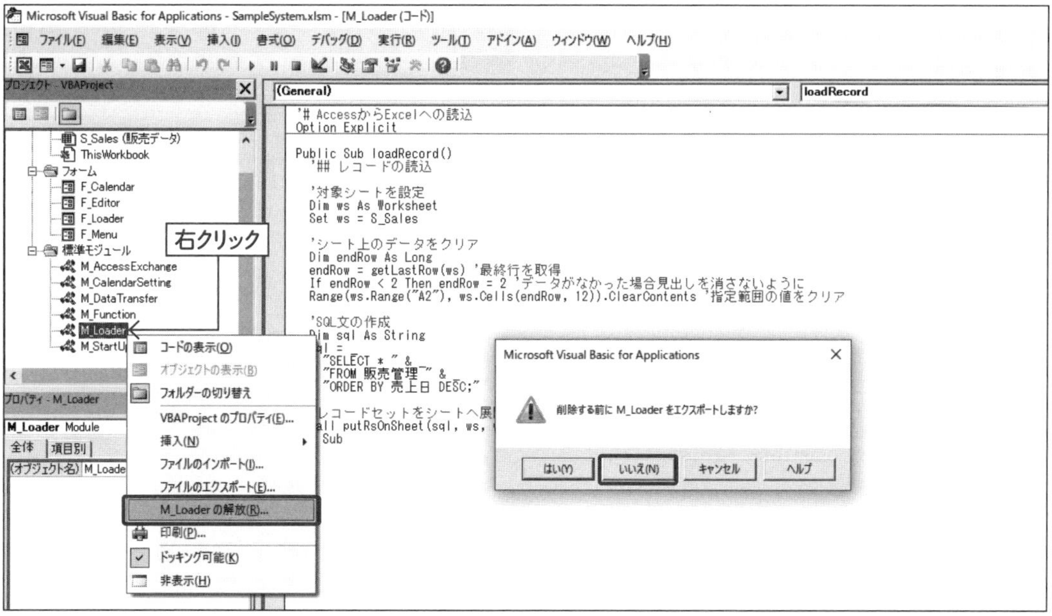

この変更で3箇所の修正が必要です。標準モジュールに書かれたPublicプロシージャを呼び出す際はモジュール名を省略することができたのですが、フォームモジュールに移動した場合はモジュール名の指定が必要になります。

6-2で実装したレコードの削除・追加・更新において、処理後にレコードの読込を呼び出す部分にモジュール名を追加します（**コード25**、**コード26**、**コード27**）。

コード25 「btn_delete_Click」プロシージャ（「F_Menu」モジュール）

```
Private Sub btn_delete_Click()
  '## 「削除」ボタンクリック時

〜〜〜〜〜〜〜〜〜〜 略 〜〜〜〜〜〜〜〜〜〜

  '実行
  If tryExecute(sqlList) Then '処理が成功した場合
    MsgBox "正常に削除されました", vbOKCancel + vbInformation, "終了" '終了メッセージ
    Call F_Loader.loadRecord 'レコードの再読込
  End If
End Sub
```

コード26 「insertFromEditor」プロシージャ（「F_Editor」モジュール）

```
Private Sub insertFromEditor()
  '## フォームからレコードの追加

略

  '実行
  If tryExecute(sqlList) Then '処理が成功した場合
    MsgBox "正常に追加されました", vbOKCancel + vbInformation, "終了" '終了メッセージ
    Call F_Loader.loadRecord 'レコードの再読込
  End If
End Sub
```

コード27 「updateFromEditor」プロシージャ（「F_Editor」モジュール）

```
Private Sub updateFromEditor()
  '## フォームからレコードの更新

略

  '実行
  If tryExecute(sqlList) Then '処理が成功した場合
    MsgBox "正常に更新されました", vbOKCancel + vbInformation, "終了" '終了メッセージ
    Call F_Loader.loadRecord 'レコードの再読込
  End If
End Sub
```

これで読込の機能を1つのモジュールに統合することができました。

6-4 フォームに合わせて読込のコードを変更する

6-3-3で移植した「loadRecord」プロシージャに変更を加えて、「読込」フォームに入力された条件でレコードを抽出できるようにしていきます。

6-4-1 条件文の組込

「F_Loader」モジュールの「loadRecord」プロシージャのSELECT文に条件を組み込むための準備をします。SELECT文での条件は、1つ目は「WHERE～」、それ以降は「AND～」と続けていきます（図44）。

図44 SELECT文の条件の書き方

```
SELECT フィールド名1, フィールド名2, …
FROM テーブル名
WHERE 条件1
AND 条件2
AND 条件3
ORDER BY 並び順;
```

「読込（F_Loader）」フォームでは、「商品ID」が条件1、「売上日」が条件2、「数量」が条件3となっていますが、空白の場合は条件なしになるため、条件1～3のどのタイミングで「WHERE」と「AND」のどちらを使うのか、そのつど判断しなければなりません。これには、「WHERE」が使われたかどうかを記憶しておく必要があるため、「F_Loader」モジュールの先頭で、モジュールレベルの変数を宣言しておきます。併せて「loadRecord」プロシージャに次の変更を記述します（**コード28**）。

コード28 「F_Loader」モジュール

```
'#「読込」フォーム
Option Explicit
Private m_hasWhere As Boolean  ←「WHERE」が使われたかどうかを保持するフラグ
--------------------------------------------------------------------------------
Public Sub loadRecord()
  '## レコードの読込

〜〜〜〜〜〜〜〜〜〜 略 〜〜〜〜〜〜〜〜〜〜

  'WHEREフラグをOFFにしておく
  m_hasWhere = False

  'SQL文の作成
  Dim sql As String
  sql = _
    "SELECT * " & _
    "FROM 販売管理 " & _  ←文字列の結合と改行を削除

  sql = sql & getWhereTxt1  ←条件1(6-4-2)のSQLを結合
  sql = sql & getWhereTxt2  ←条件2(6-4-3)のSQLを結合
  sql = sql & getWhereTxt3  ←条件3(6-4-4)のSQLを結合

  sql = sql & "ORDER BY 売上日 DESC;" '並べ替え  ←並べ替え条件を結合

〜〜〜〜〜〜〜〜〜〜 略 〜〜〜〜〜〜〜〜〜〜

End Sub
```

3つの条件は、それぞれ「getWhereTxt○」という関数を作ってSELECT文に合成していきます。

6-4-2 条件1（ID指定）のコードを実装する

条件1部分となる「getWhereTxt1」プロシージャを、「F_Loader」モジュールに追加します（**コード29**）。

コード29 「getWhereTxt1」プロシージャ（「F_Loader」モジュール）

```
Private Function getWhereTxt1() As String
  '## 条件1

  '商品IDが空なら終了
```

```
  If Me.txb_prdId.Value = "" Then Exit Function

  '条件文
  getWhereTxt1 = "WHERE 商品ID = '" & Me.txb_prdId.Value & "' "
  m_hasWhere = True 'フラグON
End Function
```

「編集」フォームの「商品ID」テキストボックスが空でなかった場合、これが最初の条件となるので「WHERE」から始まる条件文を生成します。

ここでは、「WHERE 商品ID = 'BK03-01'」のような条件文ができあがります。

6-4-3 条件2（日付指定）のコードを実装する

条件2部分となる「getWhereTxt2」プロシージャを、「F_Loader」モジュールに追加します（**コード30**）。

コード30 「getWhereTxt2」プロシージャ（「F_Loader」モジュール）

```
Private Function getWhereTxt2() As String
  '## 条件2

  '日付がいずれか空なら終了
  If Me.txb_date1.Value = "" Or Me.txb_date2.Value = "" Then Exit Function

  '接続詞
  If m_hasWhere Then
    getWhereTxt2 = "AND " '「WHERE」が既出だったら
  Else
    getWhereTxt2 = "WHERE " '「WHERE」が未出だったら
    m_hasWhere = True 'フラグON
  End If

  '条件文
  getWhereTxt2 = getWhereTxt2 & "売上日 " & _
    "BETWEEN #" & Me.txb_date1.Value & "# AND #" & Me.txb_date2.Value & "# "
End Function
```

条件1が存在していれば「m_hasWhere」がTrueになっているはずなので、その値でこの条件の冒頭句がWHEREかANDかを判断します。

ここでは、2つの日付に挟まれた範囲を示す**BETWEEN**（**4-2-3**参照）を使い、「WHERE(AND) 売上日 BETWEEN #2021/01/01# AND #2021/06/30#」のような条件文ができあがります。

6-4-4 条件3（数量指定）のコードを実装する

条件3部分となる「getWhereTxt3」プロシージャを、「F_Loader」モジュールに追加します（**コード31**）。

コード31 「getWhereTxt3」プロシージャ（「F_Loader」モジュール）

```
Private Function getWhereTxt3() As String
  '## 条件3

  '数量が空なら終了
  If Me.txb_qty.Value = "" Then Exit Function

  '接続詞
  If m_hasWhere Then
    getWhereTxt3 = "AND " '「WHERE」が既出だったら
  Else
    getWhereTxt3 = "WHERE " '「WHERE」が未出だったら
    m_hasWhere = True 'フラグON
  End If

  '条件文
  getWhereTxt3 = getWhereTxt3 & "数量 "
  Select Case Me.cmb_scope.Value
    Case "以上"
      getWhereTxt3 = getWhereTxt3 & ">= "
    Case "以下"
      getWhereTxt3 = getWhereTxt3 & "<= "
    Case Else
      getWhereTxt3 = getWhereTxt3 & "= "
  End Select
  getWhereTxt3 = getWhereTxt3 & Me.txb_qty.Value & " "
End Function
```

条件2のときと同じく、この条件の冒頭句が「WHERE」か「AND」か判断した後、コンボボックスの値を使って、等号や不等号を合成した条件文を作成します。ここでは、たとえば「数量が100以上」という条件ならば、「WHERE(AND) 数量 >= 100」という条件文ができあがります。

6-4-5 条件付き読込の動作検証

それでは動作検証をしてみましょう。「メニュー(F_Menu)」フォームの「読込(btn_load)」ボタンをクリックして、「読込(F_Loader)」フォームを開きます。空白のまま実行すると、すべてのレコードが読み込まれます(図45)。

図45　すべてのレコードの読込

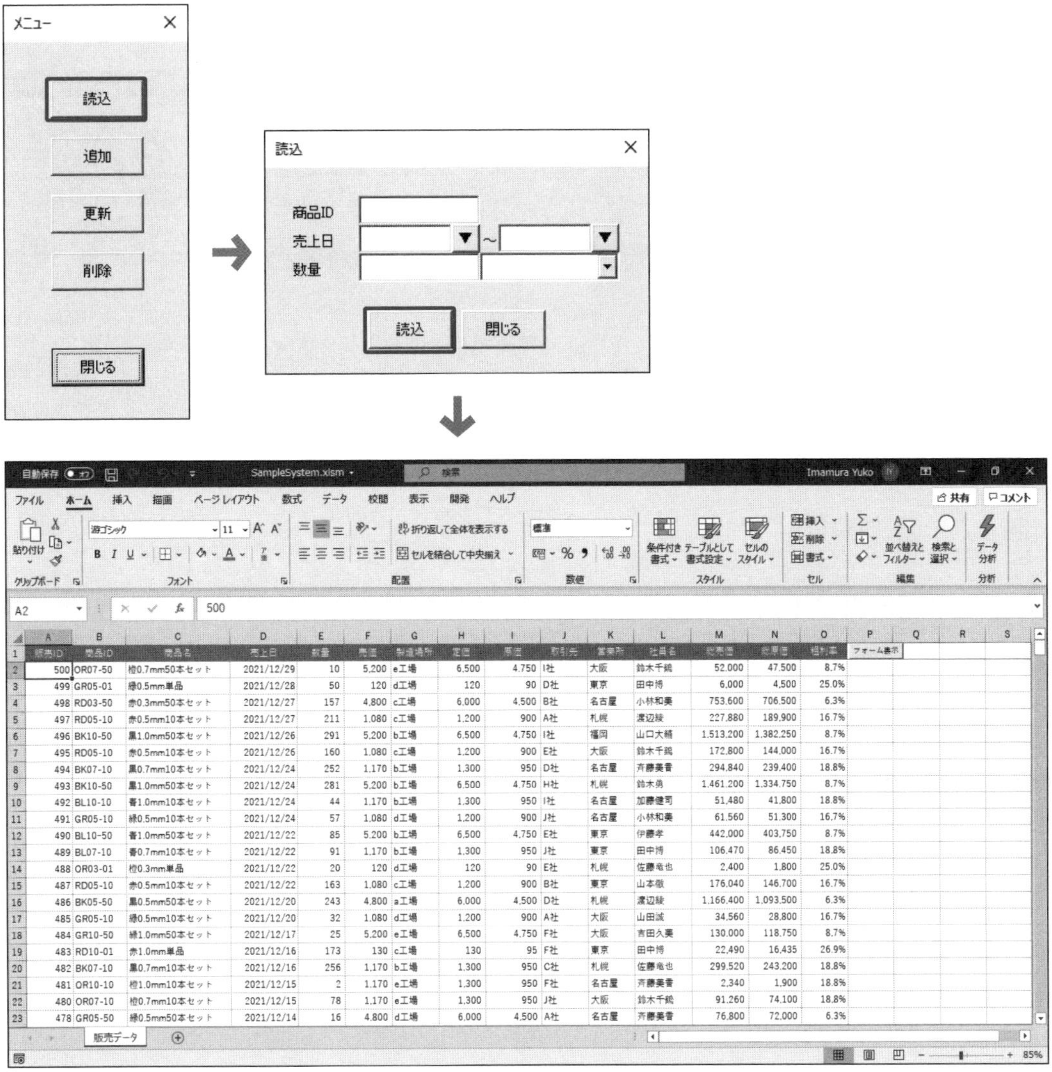

	A	B	C	D	E	F	G	H	I	J	K	L	M	N	O
1	販売ID	商品ID	商品名	売上日	数量	売価	製造場所	定価	原価	取引先	営業所	社員名	総売価	総原価	粗利率
2	500	OR07-50	橙0.7mm50本セット	2021/12/29	10	5,200	e工場	6,500	4,750	I社	大阪	鈴木千鶴	52,000	47,500	8.7%
3	499	GR05-01	緑0.5mm単品	2021/12/28	50	120	d工場	120	90	D社	東京	田中博	6,000	4,500	25.0%
4	498	RD03-50	赤0.3mm50本セット	2021/12/27	157	4,800	c工場	6,000	4,500	B社	名古屋	小林和美	753,600	706,500	6.3%
5	497	RD05-10	赤0.5mm10本セット	2021/12/27	211	1,080	c工場	1,200	900	A社	札幌	渡辺綾	227,880	189,900	16.7%
6	496	BK10-50	黒1.0mm50本セット	2021/12/26	291	5,200	b工場	6,500	4,750	I社	福岡	山口大輔	1,513,200	1,382,250	8.7%
7	495	RD05-10	赤0.5mm10本セット	2021/12/26	160	1,080	c工場	1,200	900	E社	大阪	鈴木千鶴	172,800	144,000	16.7%
8	494	BK07-10	黒0.7mm10本セット	2021/12/24	252	1,170	b工場	1,300	950	D社	名古屋	斉藤美香	294,840	239,400	18.8%
9	493	BK10-50	黒1.0mm50本セット	2021/12/24	281	5,200	b工場	6,500	4,750	H社	札幌	鈴木勇	1,461,200	1,334,750	8.7%
10	492	BL10-10	青1.0mm10本セット	2021/12/24	44	1,170	b工場	1,300	950	I社	名古屋	加藤健司	51,480	41,800	18.8%
11	491	GR05-10	緑0.5mm10本セット	2021/12/24	57	1,080	d工場	1,200	900	J社	名古屋	小林和美	61,560	51,300	16.7%
12	490	BL10-50	青1.0mm50本セット	2021/12/22	85	5,200	b工場	6,500	4,750	E社	東京	伊藤孝	442,000	403,750	8.7%
13	489	BL07-10	青0.7mm10本セット	2021/12/22	91	1,170	b工場	1,300	950	J社	東京	田中博	106,470	86,450	18.8%
14	488	OR03-01	橙0.3mm単品	2021/12/22	20	120	d工場	120	90	E社	札幌	佐藤竜也	2,400	1,800	25.0%
15	487	RD05-10	赤0.5mm10本セット	2021/12/22	163	1,080	c工場	1,200	900	B社	東京	山本徹	176,040	146,700	16.7%
16	486	BK05-50	黒0.5mm50本セット	2021/12/20	243	4,800	a工場	6,000	4,500	D社	札幌	渡辺綾	1,166,400	1,093,500	6.3%
17	485	GR05-10	緑0.5mm10本セット	2021/12/20	32	1,080	d工場	1,200	900	A社	大阪	山田誠	34,560	28,800	16.7%
18	484	GR10-50	緑1.0mm50本セット	2021/12/17	25	5,200	e工場	6,500	4,750	F社	大阪	吉田久美	130,000	118,750	8.7%
19	483	RD10-01	赤1.0mm単品	2021/12/16	173	130	c工場	130	95	F社	東京	田中博	22,490	16,435	26.9%
20	482	BK07-10	黒0.7mm10本セット	2021/12/16	256	1,170	b工場	1,300	950	C社	札幌	佐藤竜也	299,520	243,200	18.8%
21	481	OR10-10	橙1.0mm10本セット	2021/12/15	2	1,170	e工場	1,300	950	F社	名古屋	斉藤美香	2,340	1,900	18.8%
22	480	OR07-10	橙0.7mm10本セット	2021/12/15	78	1,170	e工場	1,300	950	J社	大阪	鈴木千鶴	91,260	74,100	18.8%
23	478	GR05-50	緑0.5mm50本セット	2021/12/14	16	4,800	d工場	6,000	4,500	A社	名古屋	斉藤美香	76,800	72,000	6.3%

図46のような条件を設定して実行すると、条件に一致するレコードのみが読み込まれます。M、N、O列は数式なので、データがなければゼロになります。

図46 条件付きレコードの読込

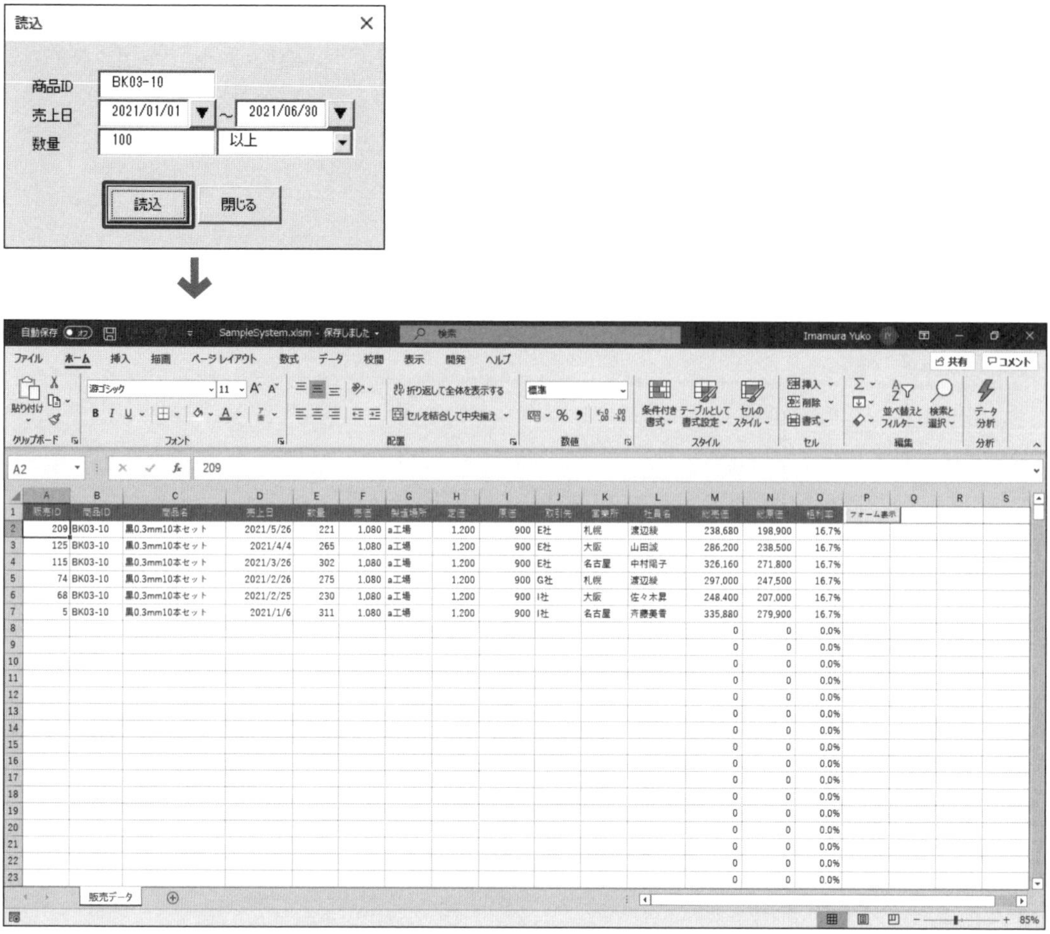

6-5 自分用にカスタマイズするには

自分で使っていくにはこの条件をちょっとだけ変更したいとか、ああいう条件を追加したいとか、そういう考えが出てきますよね。CHAPTER 6の最後に、そんなときのカスタマイズのヒントを紹介します。

6-5-1 条件を変更するには

例として、条件1の「商品ID」を「取引先」にしてみましょう。「読込(F_Loader)」フォームを**図47**のように変更します。

図47 「読込」フォームの変更(「F_Loader」フォーム)

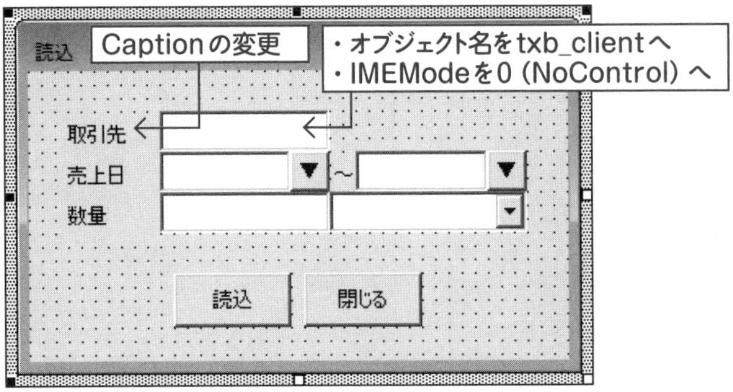

「F_Loader」モジュールの「getWhereTxt1」プロシージャへ、変更部分を反映させます(**コード32**)。

コード32 「getWhereTxt1」プロシージャの修正(「F_Loader」モジュール)

```
Private Function getWhereTxt1() As String
  '## 条件1

  '取引先が空なら終了
  If Me.txb_client.Value = "" Then Exit Function
```

```

    '条件文
    getWhereTxt1 = "WHERE 取引先 = '" & Me.txb_client.Value & "' "
    m_hasWhere = True 'フラグON
End Function
```

これで、たとえば取引先が「B社」のみのレコードを読み込むことができます（図48）。

図48 動作確認

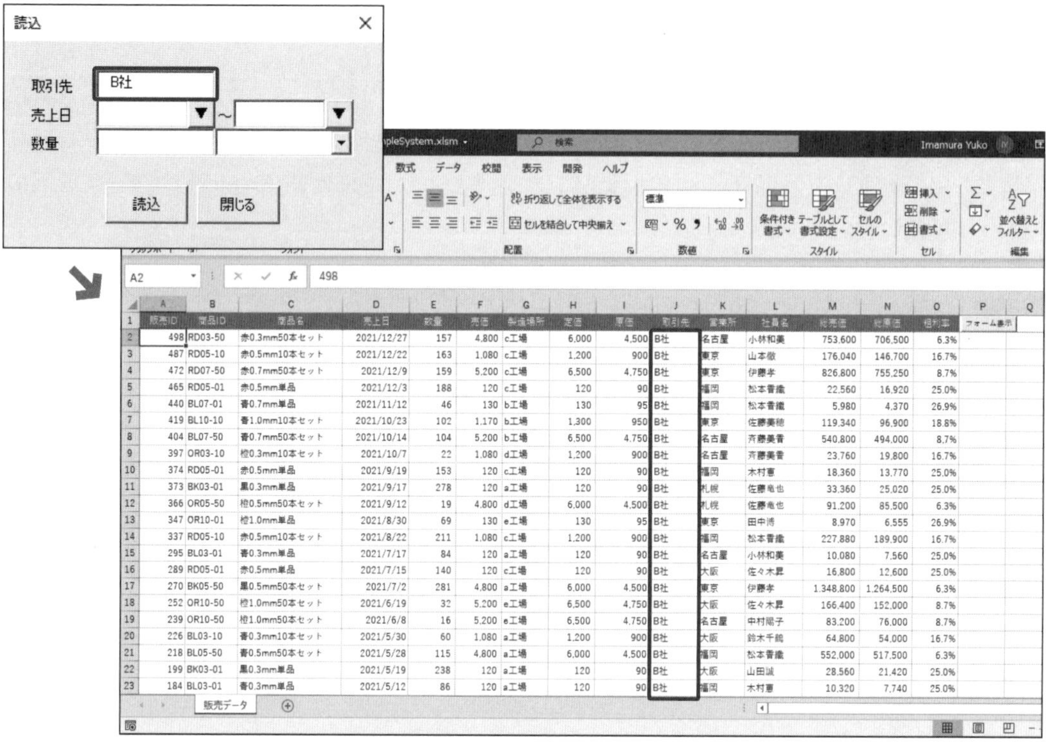

なお、この変更は収録サンプルには反映されていません。

6-5-2 条件を削除するには

既存の条件を削除したい場合は、該当のコントロールとコードを削除します。試しに「数量」の条件を削除してみましょう。

まず該当のコントロールを削除します（図49）。

図49 コントロールの削除

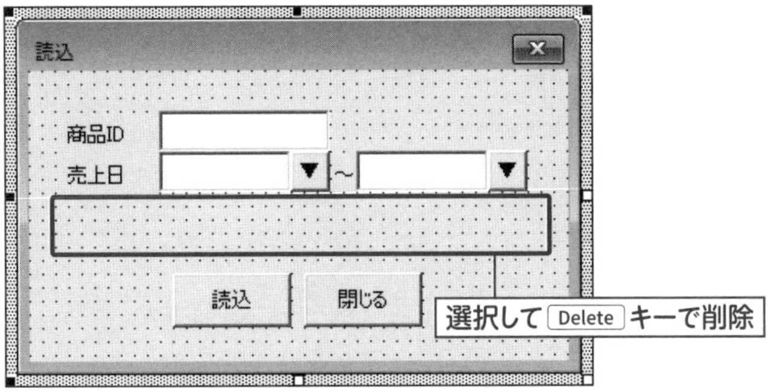

続いて該当のコードも削除したら、完了です（**コード33**、**コード34**、**コード35**）。**コード34**はプロシージャごと削除しても構いません。

コード33 「getWhereTxt3」プロシージャの削除（「F_Loader」モジュール）

```
Public Sub loadRecord()
  '## レコードの読込

〜〜〜 略 〜〜〜

  sql = sql & getWhereTxt1 '条件1
  sql = sql & getWhereTxt2 '条件2
  sql = sql & getWhereTxt3 '条件3

  sql = sql & "ORDER BY 売上日 DESC;" '並べ替え

  'レコードセットをシートへ展開
End Sub
--------------------------------------------------
Private Function getWhereTxt1() As String
〜〜〜 略 〜〜〜
End Function
--------------------------------------------------
Private Function getWhereTxt2() As String
〜〜〜 略 〜〜〜
End Function
--------------------------------------------------
Private Function getWhereTxt3() As String
〜〜〜 略 〜〜〜
End Function
```

コード34 「UserForm_Initialize」プロシージャ（「F_Loader」モジュール）

```
Private Sub UserForm_Initialize()
  '## 初期値の設定

  With Me.cmb_scope '数値範囲のリスト
    .AddItem ""
    .AddItem "以上"
    .AddItem "以下"
  End With
End Sub
```

コード35 「btn_load_Click」プロシージャ（「F_Loader」モジュール）

```
Private Sub btn_load_Click()
  '##「読込」ボタンクリック時

  '日付チェック
～～～～～～～～～～ 略 ～～～～～～～～～～

  '数値チェック
  If Me.txb_qty <> "" Then
    If Not isAcceptNum(Me.txb_qty) Then Exit Sub
  End If

  Me.Hide 'フォームを閉じる
  Call loadRecord 'レコードの読込
End Sub
```

なお、この変更は収録サンプルには反映されていません。

6-5-3 「○○を含む」条件を追加するには

6-4終了時のサンプルに条件を追加してみましょう。ここではフィールド名を選択式にして、「△△（フィールド名）」に「○○を含む」という条件を付けられるように変更します。

4つ目の条件として、**図50**のようなオブジェクト名のコンボボックスとテキストボックスを追加します。ラベルも適宜追加してください。

「txb_keyword」の「IMEMode」は「0-fmIMEModeNoControl」にしておきます。

図50 コントロールの追加

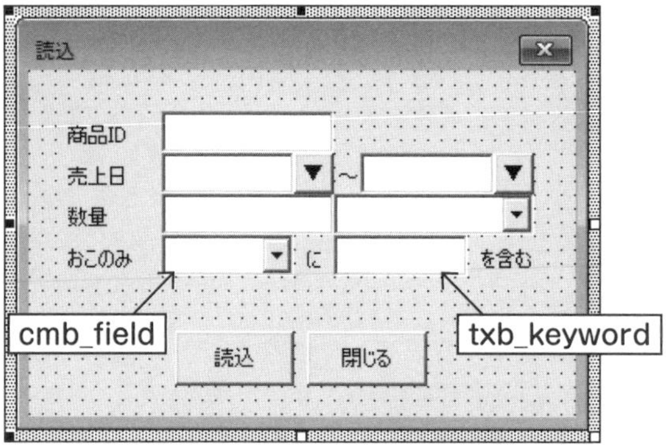

コードを対応させます。まずは「F_Loader」モジュールの「UserForm_Initialize」プロシージャです。フォームが初めて使われるときに自動で実行されるプロシージャで、「cmb_field」コンボボックスへ選択肢となるフィールド名を設定します（**コード36**）。

コード36 「UserForm_Initialize」プロシージャ（「F_Loader」モジュール）

```
Private Sub UserForm_Initialize()
  '## 初期値の設定

  With Me.cmb_scope '数値範囲のリスト
    .AddItem ""
    .AddItem "以上"
    .AddItem "以下"
  End With

  With Me.cmb_field ← 条件フィールドのリスト
    .AddItem ""
    .AddItem "商品名"
    .AddItem "製造場所"
    .AddItem "取引先"
    .AddItem "営業所"
    .AddItem "社員名"
  End With
End Sub
```

次に「btn_load_Click」プロシージャです。新しく追加した「おこのみ」条件のコンボボックスとテキストボックスが両方とも空か、もしくは両方埋まっているかチェックします（**コード37**）。

コード37 「btn_load_Click」プロシージャ（「F_Loader」モジュール）

```
Private Sub btn_load_Click()
  '## 「読込」ボタンクリック時

  '日付チェック
                         略
  '数値チェック
                         略

  '条件チェック
  If (Me.cmb_field.Value <> "" And Me.txb_keyword.Value = "") Or _
     (Me.cmb_field.Value = "" And Me.txb_keyword.Value <> "") Then
    MsgBox "「おこのみ」で絞り込む場合は" & vbNewLine & _
           "フィールド名とキーワードの両方を設定してください。", vbExclamation, "注意"
    Exit Sub
  End If

  'フォームを閉じる
                         略
  'レコードの読込
                         略
End Sub
```

続いて「F_Loader」モジュールの「loadRecord」プロシージャに、4つ目の条件を作成する関数「getWhereTxt4」に関する記述を追記します（**コード38**）。

コード38 「loadRecord」プロシージャ（「F_Loader」モジュール）

```
Public Sub loadRecord()
  '## レコードの読込

                         略

  'SQL文の作成
  Dim sql As String
  sql = _
    "SELECT * " & _
    "FROM 販売管理 "

  sql = sql & getWhereTxt1 '条件1
  sql = sql & getWhereTxt2 '条件2
  sql = sql & getWhereTxt3 '条件3
  sql = sql & getWhereTxt4 ←条件4
```

```

  sql = sql & "ORDER BY 売上日 DESC;" '並べ替え

略
End Sub

Private Function getWhereTxt1() As String
  '## 条件1(略)
End Function

Private Function getWhereTxt2() As String
  '## 条件2(略)
End Function

Private Function getWhereTxt3() As String
  '## 条件3(略)
End Function

Private Function getWhereTxt4() As String
  '## 条件4
End Function
```

4つ目の条件文を作成する関数「getWhereTxt4」の中身を記述します(**コード39**)。

コード39 「getWhereTxt4」プロシージャ(「F_Loader」モジュール)

```
Private Function getWhereTxt4() As String
  '## 条件4

  'おこのみ条件がいずれか空なら終了
  If Me.cmb_field.Value = "" Or Me.txb_keyword.Value = "" Then Exit Function

  '接続詞
  If m_hasWhere Then
    getWhereTxt4 = "AND " '2つ目以降の条件なら
  Else
    getWhereTxt4 = "WHERE " '最初の条件なら
    m_hasWhere = True 'フラグON
  End If

  '条件文
  getWhereTxt4 = getWhereTxt4 & _
    " " & Me.cmb_field.Value & " LIKE '%" & Me.txb_keyword.Value & "%' "
End Function
```

条件2, 3のときと同じく、この条件の冒頭句が「WHERE」か「AND」か判断した後、「～を含む」という形の条件文を作成します。

4-2-3でAccessのクエリでは「○○という文字列を含む」という条件は、「Like "*○○*"」と記述すると説明しました。ADOを使ったVBA上では「*」ではなく「%」という記号を使います。たとえば「商品名に'黒'を含む」という条件ならば、「WHERE(AND) 商品名 LIKE '%黒%'」という条件文が生成されることになります。

動作確認してみましょう。「商品名」に「黒」を含むレコードのみ読み込むことができました(**図51**)。

図51 動作確認

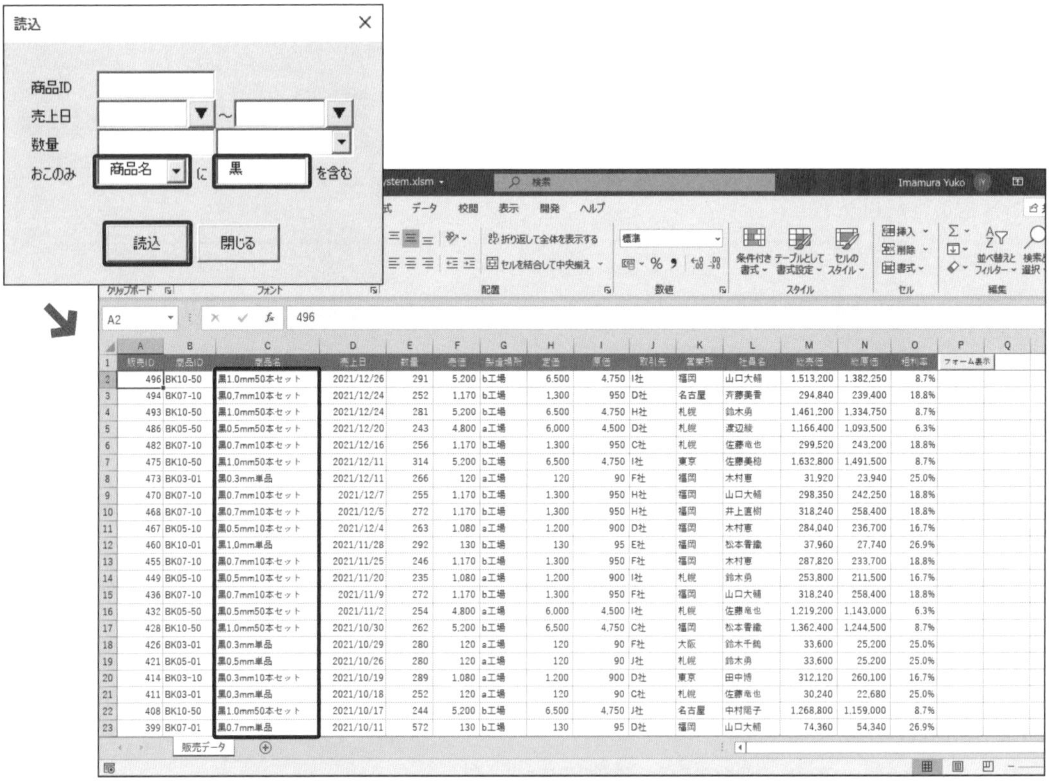

	販売ID	商品ID	商品名	売上日	数量	売価	製造場所	定価	原価	取引先	営業所	社員名	総売価	総原価	粗利率
2	496	BK10-50	黒1.0mm50本セット	2021/12/26	291	5,200	b工場	6,500	4,750	I社	福岡	山口大輔	1,513,200	1,382,250	8.7%
3	494	BK07-10	黒0.7mm10本セット	2021/12/24	252	1,170	b工場	1,300	950	D社	名古屋	斉藤美香	294,840	239,400	18.8%
4	493	BK10-50	黒1.0mm50本セット	2021/12/24	281	5,200	b工場	6,500	4,750	H社	札幌	鈴木勇	1,461,200	1,334,750	8.7%
5	486	BK05-50	黒0.5mm50本セット	2021/12/20	243	4,800	a工場	6,000	4,500	D社	札幌	渡辺綾	1,166,400	1,093,500	6.3%
6	482	BK07-10	黒0.7mm10本セット	2021/12/16	256	1,170	b工場	1,300	950	C社	札幌	佐藤竜也	299,520	243,200	18.8%
7	475	BK10-50	黒1.0mm50本セット	2021/12/11	314	5,200	b工場	6,500	4,750	I社	東京	佐藤美穂	1,632,800	1,491,500	8.7%
8	473	BK03-01	黒0.3mm単品	2021/12/11	266	120	a工場	120	90	F社	福岡	木村恵	31,920	23,940	25.0%
9	470	BK07-10	黒0.7mm10本セット	2021/12/7	255	1,170	b工場	1,300	950	H社	福岡	山口大輔	298,350	242,250	18.8%
10	468	BK07-10	黒0.7mm10本セット	2021/12/5	272	1,170	b工場	1,300	950	H社	福岡	井上直樹	318,240	258,400	18.8%
11	467	BK05-10	黒0.5mm10本セット	2021/12/4	263	1,080	a工場	1,200	900	D社	福岡	木村恵	284,040	236,700	16.7%
12	460	BK10-01	黒1.0mm単品	2021/11/28	292	130	b工場	130	95	E社	福岡	松本香織	37,960	27,740	26.9%
13	455	BK07-10	黒0.7mm10本セット	2021/11/25	246	1,170	b工場	1,300	950	F社	福岡	木村恵	287,820	233,700	18.8%
14	449	BK05-10	黒0.5mm10本セット	2021/11/20	235	1,080	a工場	1,200	900	I社	札幌	鈴木勇	253,800	211,500	16.7%
15	436	BK07-10	黒0.7mm10本セット	2021/11/9	272	1,170	b工場	1,300	950	F社	福岡	山口大輔	318,240	258,400	18.8%
16	432	BK05-50	黒0.5mm50本セット	2021/11/2	254	4,800	a工場	6,000	4,500	I社	札幌	佐藤竜也	1,219,200	1,143,000	6.3%
17	428	BK10-50	黒1.0mm50本セット	2021/10/30	262	5,200	b工場	6,500	4,750	C社	福岡	松本香織	1,362,400	1,244,500	8.7%
18	426	BK03-01	黒0.3mm単品	2021/10/29	280	120	a工場	120	90	F社	大阪	鈴木千鶴	33,600	25,200	25.0%
19	421	BK05-01	黒0.5mm単品	2021/10/26	280	120	a工場	120	90	J社	札幌	鈴木勇	33,600	25,200	25.0%
20	414	BK03-10	黒0.3mm10本セット	2021/10/19	289	1,080	a工場	1,200	900	D社	東京	田中博	312,120	260,100	16.7%
21	411	BK03-01	黒0.3mm単品	2021/10/18	252	120	a工場	120	90	C社	札幌	佐藤竜也	30,240	22,680	25.0%
22	408	BK10-50	黒1.0mm50本セット	2021/10/17	244	5,200	b工場	6,500	4,750	J社	名古屋	中村陽子	1,268,800	1,159,000	8.7%
23	399	BK07-01	黒0.7mm単品	2021/10/11	572	130	b工場	130	95	D社	福岡	山口大輔	74,360	54,340	26.9%

6-5-4 「条件クリアボタン」を追加するには

条件を付けて読込をした後、条件のない全データを読み込みたい、というケースもあると思います。「読込」フォームには最後に読み込んだときの条件が残っているので、これを1つ1つ消してから読み込む、というのは意外と手間がかかります。そんなときに使える、クリックしたらすべての条件がクリアされるボタンを付けてみましょう。

「読込（F_Loader）」フォームに、Captionが「条件クリア」、オブジェクト名が「btn_clear」という設定のコマンドボタンを追加します（**図52**）。

なお、コントロールを追加すると［Tab］キーで遷移するフォーカスの順番が崩れるので、TabIndexの見直しも忘れずに行っておきましょう。

図52　**コントロールの追加**

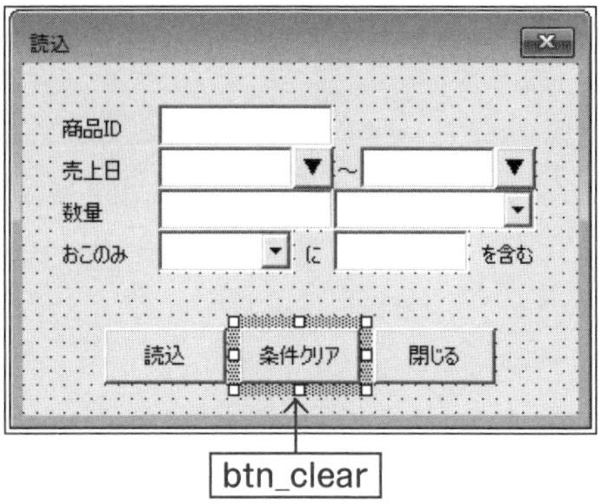

このボタンをダブルクリックして「btn_clear_Click」プロシージャを作成し、中身を記述します（**コード40**）。

コード40　**「btn_clear_Click」プロシージャ（「F_Loader」モジュール）**

```
Private Sub btn_clear_Click()
  '##「条件クリア」ボタンクリック時

  Dim ctrl As MSForms.Control 'コントロール用の変数宣言
  For Each ctrl In Me.Controls 'このフォーム上のコントロールをループ
    If TypeName(ctrl) = "ComboBox" Or TypeName(ctrl) = "TextBox" Then
      ctrl.Value = "" 'コンボボックスまたはテキストボックスだったらValueをクリア
    End If
  Next ctrl
End Sub
```

このコードは、フォーム上のコントロールをすべてループさせて、そのコントロールの種類がコンボボックスまたはテキストボックスだった場合、Valueプロパティ（値）を空にします。

動作確認してみましょう。フォームにさまざまな値が入っている状態で「条件クリア」ボタンをクリックすると、フォーム上のテキストボックスとコンボボックスの値がすべて消えました（**図53**）。

図53 動作確認

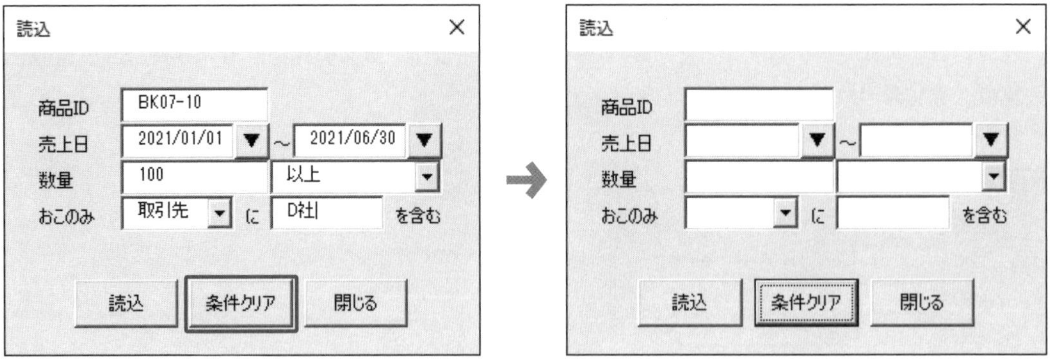
読込
商品ID
BK07-10
売上日
2021/01/01
~
2021/06/30
数量
100
以上
おこのみ
取引先
に
D社
を含む
読込
条件クリア
閉じる
読込
商品ID
売上日
~
数量
おこのみ
に
を含む
読込
条件クリア
閉じる

CHAPTER

7

Excelシートを分割し Accessの複数テーブルで利用する

7-1 列数が増え過ぎて見づらくなったテーブル

列数の多い情報は重複したデータを持っていることがあるので、整理してテーブルを分割することにより、さらに効率的かつ便利にデータを扱うことができます。

7-1-1 データは分割することで使いやすくなる

これまで扱ってきたワークシートはサンプルファイルの「CHAPTER7」フォルダー→「Before」フォルダーにあるSampleSystem7-1.xlsmです。開くと、**図1**のようになっています。

図1 現状のワークシート

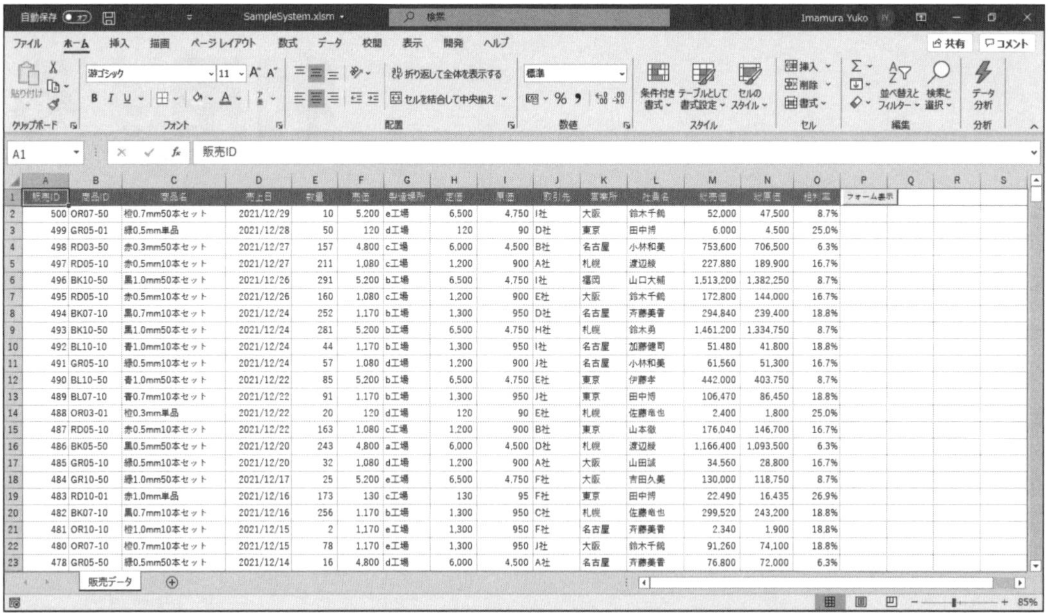

販売ID	商品ID	商品名	売上日	数量	売価	製造場所	定価	原価	取引先	営業所	社員名	総売価	総原価	粗利率
500	OR07-50	橙0.7mm50本セット	2021/12/29	10	5,200	e工場	6,500	4,750	I社	大阪	鈴木千鶴	52,000	47,500	8.7%
499	GR05-01	緑0.5mm単品	2021/12/28	50	120	d工場	120	90	D社	東京	田中博	6,000	4,500	25.0%
498	RD03-50	赤0.3mm50本セット	2021/12/27	157	4,800	c工場	6,000	4,500	B社	名古屋	小林和美	753,600	706,500	6.3%
497	RD05-10	赤0.5mm10本セット	2021/12/27	211	1,080	c工場	1,200	900	A社	札幌	渡辺綾	227,880	189,900	16.7%
496	BK10-50	黒1.0mm50本セット	2021/12/26	291	5,200	b工場	6,500	4,750	I社	福岡	山口大輔	1,513,200	1,382,250	8.7%
495	RD05-10	赤0.5mm10本セット	2021/12/26	160	1,080	c工場	1,200	900	E社	大阪	鈴木千鶴	172,800	144,000	16.7%
494	BK07-10	黒0.7mm10本セット	2021/12/24	252	1,170	b工場	1,300	950	D社	名古屋	斉藤美香	294,840	239,400	18.8%
493	BK10-50	黒1.0mm50本セット	2021/12/24	281	5,200	b工場	6,500	4,750	H社	札幌	鈴木勇	1,461,200	1,334,750	8.7%
492	BL10-10	青1.0mm10本セット	2021/12/24	44	1,170	b工場	1,300	950	I社	名古屋	加藤健司	51,480	41,800	18.8%
491	GR05-10	緑0.5mm10本セット	2021/12/24	57	1,080	d工場	1,200	900	J社	名古屋	小林和美	61,560	51,300	16.7%
490	BL10-50	青1.0mm50本セット	2021/12/22	85	5,200	b工場	6,500	4,750	E社	東京	伊藤孝	442,000	403,750	8.7%
489	BL07-10	青0.7mm10本セット	2021/12/22	91	1,170	b工場	1,300	950	J社	東京	田中博	106,470	86,450	18.8%
488	OR03-01	橙0.3mm単品	2021/12/22	20	120	d工場	120	90	E社	札幌	佐藤竜也	2,400	1,800	25.0%
487	RD05-10	赤0.5mm10本セット	2021/12/22	163	1,080	c工場	1,200	900	B社	東京	山本徹	176,040	146,700	16.7%
486	BK05-50	黒0.5mm50本セット	2021/12/20	243	4,800	a工場	6,000	4,500	D社	札幌	渡辺綾	1,166,400	1,093,500	6.3%
485	GR05-10	緑0.5mm10本セット	2021/12/20	32	1,080	d工場	1,200	900	A社	大阪	山田誠	34,560	28,800	16.7%
484	GR10-50	緑1.0mm50本セット	2021/12/17	25	5,200	e工場	6,500	4,750	F社	大阪	吉田久美	130,000	118,750	8.7%
483	RD10-01	赤1.0mm単品	2021/12/16	173	130	c工場	130	95	F社	東京	田中博	22,490	16,435	26.9%
482	BK07-10	黒0.7mm10本セット	2021/12/16	256	1,170	b工場	1,300	950	C社	札幌	佐藤竜也	299,520	243,200	18.8%
481	OR10-10	橙1.0mm10本セット	2021/12/15	2	1,170	e工場	1,300	950	F社	名古屋	斉藤美香	2,340	1,900	18.8%
480	OR07-10	橙0.7mm10本セット	2021/12/15	78	1,170	e工場	1,300	950	J社	大阪	鈴木千鶴	91,260	74,100	18.8%
478	GR05-50	緑0.5mm50本セット	2021/12/14	16	4,800	d工場	6,000	4,500	A社	名古屋	斉藤美香	76,800	72,000	6.3%

例として、このワークシートの商品ID「RD05-10」の販売データに注目してみましょう。販売ID 497、495、487に売上データがありますが、囲んでいる部分がすべて同じ情報なのに気が付きましたか？　これは、1つの「商品ID」に対して、「商品名」「製造場所」「定価」「原価」が決まっているデー

タだからです（図2）。なお、「売価」は状況によって変わる可能性があるので本書では除外します。

図2　重複しているデータ

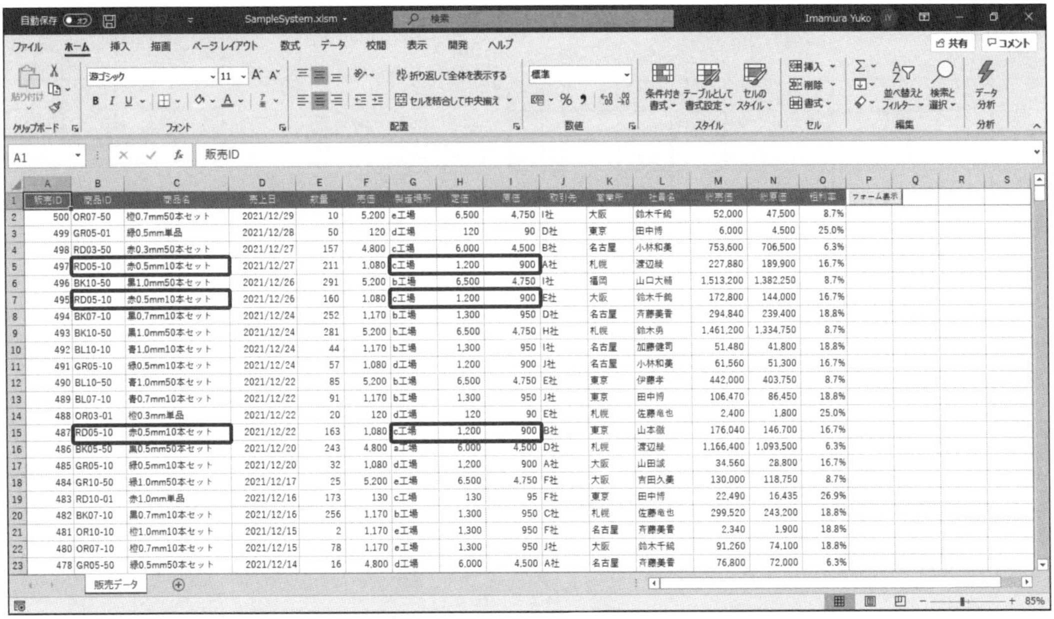

販売ID	商品ID	商品名	売上日	数量	売価	製造場所	定価	原価	取引先	営業所	社員名	総売価	総原価	粗利率
500	OR07-50	橙0.7mm50本セット	2021/12/29	10	5,200	e工場	6,500	4,750	I社	大阪	鈴木千鶴	52,000	47,500	8.7%
499	GR05-01	緑0.5mm単品	2021/12/28	50	120	d工場	120	90	D社	東京	田中博	6,000	4,500	25.0%
498	RD03-50	赤0.3mm50本セット	2021/12/27	157	4,800	c工場	6,000	4,500	B社	名古屋	小林和美	753,600	706,500	6.3%
497	RD05-10	赤0.5mm10本セット	2021/12/27	211	1,080	c工場	1,200	900	A社	札幌	渡辺綾	227,880	189,900	16.7%
496	BK10-50	黒1.0mm50本セット	2021/12/26	291	5,200	b工場	6,500	4,750	I社	福岡	山口大輔	1,513,200	1,382,250	8.7%
495	RD05-10	赤0.5mm10本セット	2021/12/26	160	1,080	c工場	1,200	900	E社	大阪	鈴木千鶴	172,800	144,000	16.7%
494	BK07-10	黒0.7mm10本セット	2021/12/24	252	1,170	b工場	1,300	950	D社	名古屋	斉藤美香	294,840	239,400	18.8%
493	BK10-50	黒1.0mm50本セット	2021/12/24	281	5,200	b工場	6,500	4,750	H社	札幌	鈴木勇	1,461,200	1,334,750	8.7%
492	BL10-10	青1.0mm10本セット	2021/12/24	44	1,170	b工場	1,300	950	I社	名古屋	加藤健司	51,480	41,800	18.8%
491	GR05-10	緑0.5mm10本セット	2021/12/24	57	1,080	d工場	1,200	900	J社	名古屋	小林和美	61,560	51,300	16.7%
490	BL10-50	青1.0mm50本セット	2021/12/22	85	5,200	b工場	6,500	4,750	E社	東京	伊藤孝	442,000	403,750	8.7%
489	BL07-10	青0.7mm10本セット	2021/12/22	91	1,170	b工場	1,300	950	J社	東京	田中博	106,470	86,450	18.8%
488	OR03-01	橙0.3mm単品	2021/12/22	20	120	d工場	120	90	E社	札幌	佐藤竜也	2,400	1,800	25.0%
487	RD05-10	赤0.5mm10本セット	2021/12/22	163	1,080	c工場	1,200	900	B社	東京	山本徹	176,040	146,700	16.7%
486	BK05-50	黒0.5mm50本セット	2021/12/20	243	4,800	a工場	6,000	4,500	D社	札幌	渡辺綾	1,166,400	1,093,500	6.3%
485	GR05-10	緑0.5mm10本セット	2021/12/20	32	1,080	d工場	1,200	900	A社	大阪	山田誠	34,560	28,800	16.7%
484	GR10-50	緑1.0mm50本セット	2021/12/17	25	5,200	e工場	6,500	4,750	F社	大阪	吉田久美	130,000	118,750	8.7%
483	RD10-01	赤1.0mm単品	2021/12/16	173	130	c工場	130	95	F社	東京	田中博	22,490	16,435	26.9%
482	BK07-10	黒0.7mm10本セット	2021/12/16	256	1,170	b工場	1,300	950	C社	札幌	佐藤竜也	299,520	243,200	18.8%
481	OR10-10	橙1.0mm10本セット	2021/12/15	2	1,170	e工場	1,300	950	F社	名古屋	斉藤美香	2,340	1,900	18.8%
480	OR07-10	橙0.7mm10本セット	2021/12/15	78	1,170	e工場	1,300	950	J社	大阪	鈴木千鶴	91,260	74,100	18.8%
478	GR05-50	緑0.5mm50本セット	2021/12/14	16	4,800	d工場	6,000	4,500	A社	名古屋	斉藤美香	76,800	72,000	6.3%

これらのデータは「商品ID」だけわかれば、「商品名」「製造場所」「定価」「原価」は毎回同じ値なので、いちいちデータベースに入力するのは無駄です。データベースというのは膨大なデータを管理することができるので、1つのレコードに対してはほんの少しの無駄でも、数千、数万件になってくると無視できない容量になってしまいます。また、途中で「商品名」が微妙に変わってしまったら、過去のデータをすべて修正しなくてはなりません。その手間も大変なものです。

このように、基本的には変化が少なく、変わったときには過去のデータ含めすべて更新したい、そういったある特定の情報の基礎となるデータを**マスターデータ**と呼びます。それに対して、日々の業務でそのつど追加されていくデータを**トランザクションデータ**と呼び、これらを別のテーブルで管理することによって効率が大幅に上がります。

7-1-2　マスターテーブルとトランザクションテーブル

ここまで、Data.accdbに作成した「販売管理」テーブル1つに対して情報を読み書きしてきました。**CHAPTER 7**では情報を整理し、商品情報に関わる「商品ID」「商品名」「製造場所」「定価」「原価」をマスターデータ、それ以外の情報をトランザクションデータと定義し、それぞれ新たな**マスターテーブル**、**トランザクションテーブル**を作成して格納します（図3）。

図3　データの分割

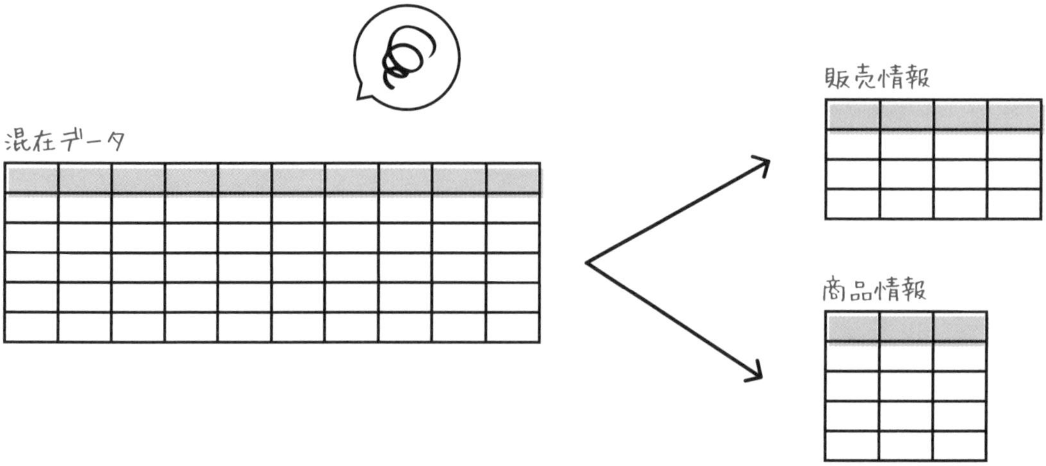

情報を分割してしまうと、データがバラバラになって読みにくくなってしまうのではという懸念があるかもしれませんが、心配はありません。分割した上で、必要なデータのみを複数の場所から取り出して、**図1**と同じ形で並べることができます。こちらは**7-5**以降で解説していきます。

7-2 シートを分割する

Accessで2つのテーブルを運用するため、まずはExcelでトランザクションテーブルとマスターテーブルの元となるシートを作ります。

7-2-1 シートを準備する

現在、SampleSystem.xlsmに存在するワークシートは「販売データ（S_Sales）」です。このシートは分割後のテーブルからも同じ並びのデータを読み込むときに使いたいので、オブジェクト名と名前（Name）をそれぞれ「S_List」と「一覧」へ変えて残しておきます（**図4**）。

図4 ワークシートのオブジェクト名とName(名前)を変更

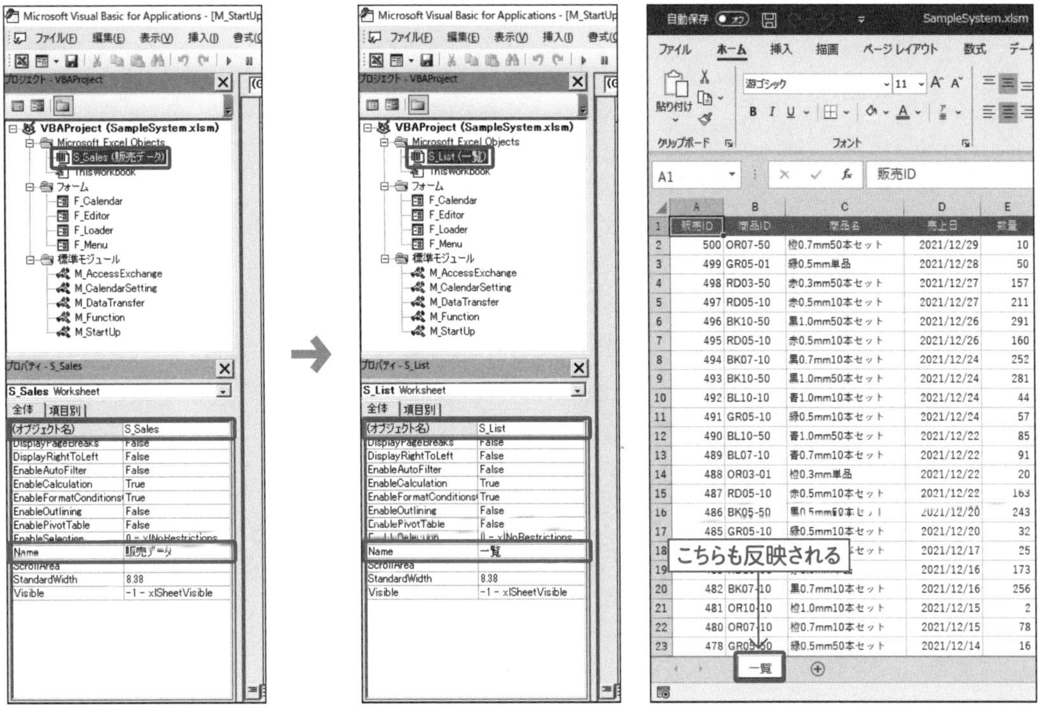

CHAPTER 1
CHAPTER 2
CHAPTER 3
CHAPTER 4
CHAPTER 5
CHAPTER 6
CHAPTER 7
CHAPTER 8
APPENDIX A

新しいマスターテーブルとトランザクションテーブルの元となるワークシートを作成します。新規ワークシートを2つ作り、「商品マスター(S_Mst_Product)」「販売データ(S_Trn_Sales)」という名前とオブジェクト名にします(**図5**)。

図5 2つのワークシートを追加

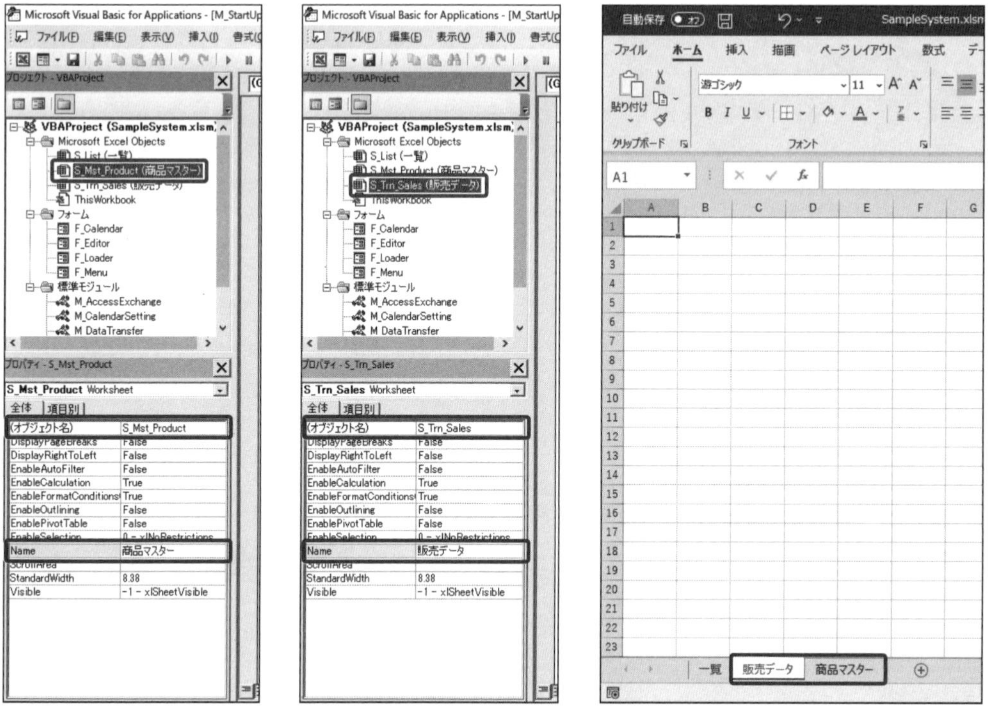

現在「一覧」シートにあるデータを「販売データ」「商品マスター」に分割していきますが、Accessに書き込む際、データは上の行から順番に登録されます。

Accessには「販売ID」順で書き込みたいので、分割の前に「一覧」シートを「販売ID」順に並べ替えておきましょう。「一覧」シートをアクティブにしてリボンの「データ」タブから「並べ替え」を選択します。「先頭行をデータの見出しとして使用する」にチェックを入れ、最優先されるキーを「販売ID」にして、小さい順で並べ替えます(**図6**)。

図6 並べ替え

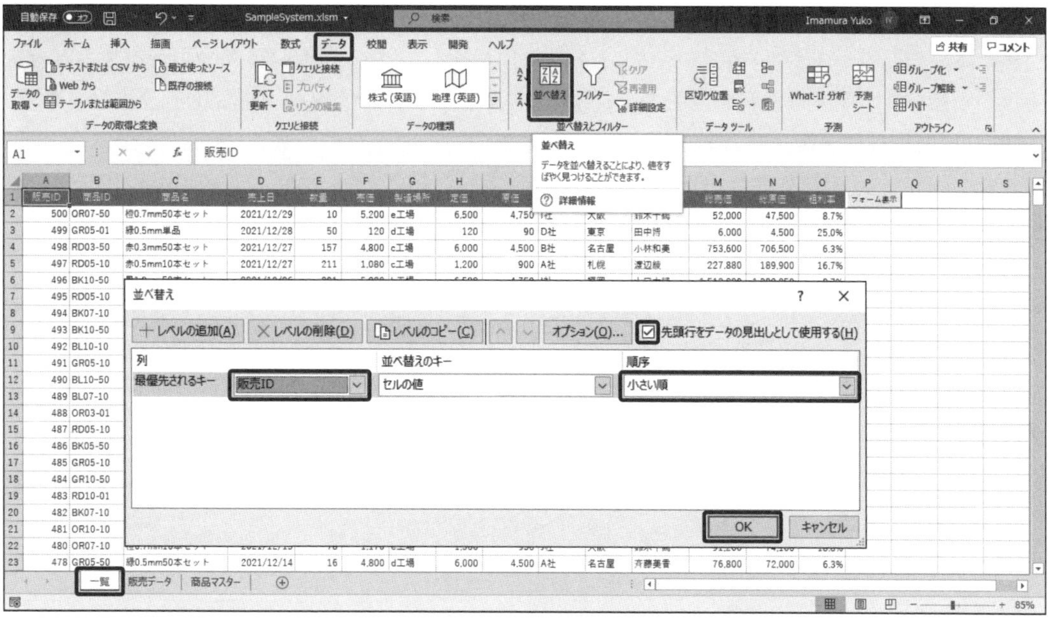

販売ID順に並びました（**図7**）。

図7 並べ替えの結果

	A	B	C	D	E	F	G	H	I	J	K	L	M	N	O	P
1	販売ID	商品ID	商品名	売上日	数量	売価	製造場所	定価	原価	取引先	営業所	社員名	総売価	総原価	粗利率	フォーム表示
2	1	BL10-10	青1.0mm10本セット	2021/1/1	74	1,170	b工場	1,300	950	A社	東京	伊藤孝	86,580	70,300	18.8%	
3	2	RD07-10	赤0.7mm10本セット	2021/1/1	137	1,170	c工場	1,300	950	F社	福岡	木村恵	160,290	130,150	18.8%	
4	3	OR03-10	橙0.3mm10本セット	2021/1/2	74	1,080	d工場	1,200	900	J社	大阪	鈴木千鶴	79,920	66,600	16.7%	
5	4	GR10-50	緑1.0mm50本セット	2021/1/4	44	5,200	e工場	6,500	4,750	I社	福岡	山口大輔	228,800	209,000	8.7%	
6	5	BK03-10	黒0.3mm10本セット	2021/1/6	311	1,080	a工場	1,200	900	I社	名古屋	斉藤美香	335,880	279,900	16.7%	
7	6	RD05-50	赤0.5mm50本セット	2021/1/6	161	4,800	c工場	6,000	4,500	D社	福岡	山口大輔	772,800	724,500	6.3%	
8	7	RD03-10	赤0.3mm10本セット	2021/1/6	215	1,080	c工場	1,200	900	E社	大阪	吉田久美	232,200	193,500	16.7%	
9	8	RD10-10	赤1.0mm10本セット	2021/1/6	160	1,170	c工場	1,300	950	H社	東京	山本徹	187,200	152,000	18.8%	
10	9	BK10-10	黒1.0mm10本セット	2021/1/6	307	1,170	b工場	1,300	950	F社	東京	田中博	359,190	291,650	18.8%	
11	10	BL03-01	青0.3mm単品	2021/1/7	44	120	a工場	120	90	D社	名古屋	斉藤美香	5,280	3,960	25.0%	
12	11	GR03-10	緑0.3mm10本セット	2021/1/7	12	1,080	d工場	1,200	900	A社	東京	佐藤美穂	12,960	10,800	16.7%	
13	12	OR07-50	橙0.7mm50本セット	2021/1/9	53	5,200	e工場	6,500	4,750	D社	札幌	渡辺綾	275,600	251,750	8.7%	
14	13	RD03-50	赤0.3mm50本セット	2021/1/11	209	4,800	c工場	6,000	4,500	A社	札幌	高橋裕一	1,003,200	940,500	6.3%	
15	14	BL03-01	青0.3mm単品	2021/1/11	85	120	a工場	120	90	G社	大阪	山田誠	10,200	7,650	25.0%	
16	15	GR05-50	緑0.5mm50本セット	2021/1/12	12	4,800	d工場	6,000	4,500	E社	福岡	山口大輔	57,600	54,000	6.3%	
17	16	GR07-10	緑0.7mm10本セット	2021/1/17	28	1,170	e工場	1,300	950	B社	大阪	佐々木昇	32,760	26,600	18.8%	
18	17	BL10-50	青1.0mm50本セット	2021/1/17	69	5,200	b工場	6,500	4,750	F社	大阪	吉田久美	358,800	327,750	8.7%	
19	18	BK07-10	黒0.7mm10本セット	2021/1/17	310	1,170	b工場	1,300	950	C社	名古屋	小林和美	362,700	294,500	18.8%	
20	19	GR07-10	緑0.7mm10本セット	2021/1/18	19	1,170	e工場	1,300	950	D社	東京	田中博	22,230	18,050	18.8%	
21	20	BK05-01	黒0.5mm単品	2021/1/19	236	120	a工場	120	90	H社	名古屋	加藤健司	28,320	21,240	25.0%	
22	21	GR10-50	緑1.0mm50本セット	2021/1/19	78	5,200	e工場	6,500	4,750	F社	福岡	木村恵	405,600	370,500	8.7%	
23	22	RD05-01	赤0.5mm単品	2021/1/20	162	120	c工場	120	90	J社	東京	田中博	19,440	14,580	25.0%	

一覧　販売データ　商品マスター

このデータを分割して、「販売データ」（トランザクションテーブル用）と「商品マスター」（マスターテーブル用）のデータを作っていきます。

7-2-2 必要な列をコピーする

まずは「一覧」シートから「販売データ」シートを作ります。Ctrl を押しながらクリックすると複数選択ができるので、該当する列のみをすべて選択してコピーします(**図8**)。「商品ID」「売上日」「数量」「売価」「取引先」「営業所」「社員名」の各列を選択します。

ここに「商品ID」を含めておくことにより、分割後も「商品名」や「定価」などの商品情報を紐付けることができるので、忘れずに入れておきましょう。

なお、「販売ID」は、「販売データ(トランザクションテーブル)」に必要ではあるのですが、Accessのテーブルではオートナンバー型を想定しています。**3-2-1**でも説明していますが、この型はAccessへ書き込む際に自動でナンバーを振ってくれるので、ここでは必要ありません。

図8 列を選択してコピー

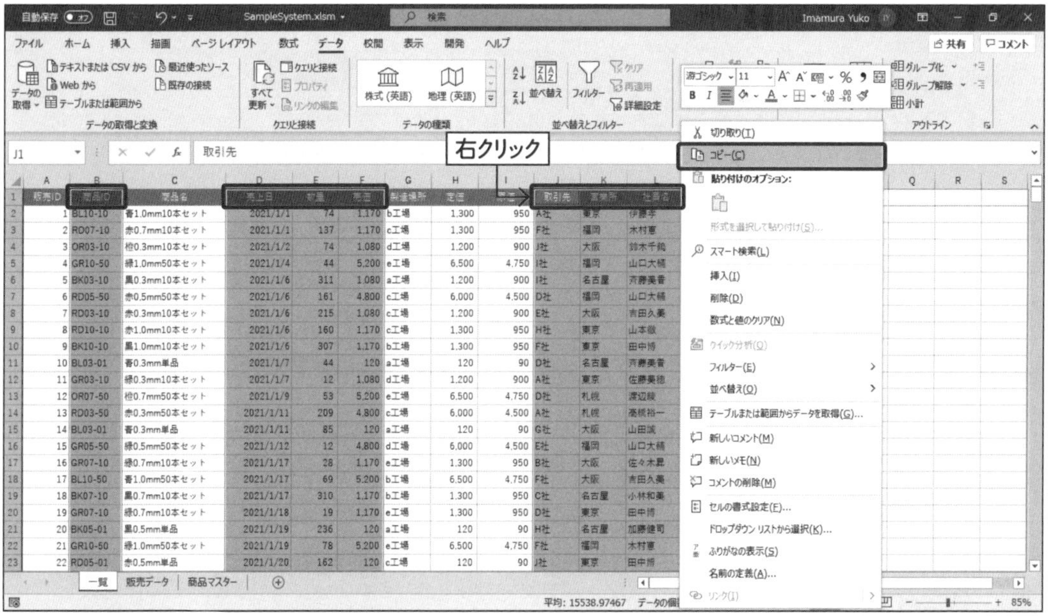

選択行をコピーしたら、「販売データ」シートに移動し、A1セルを右クリックして「貼り付けのオプション」の「値」をクリックします(**図9**)。

図9 「販売データ」シートへ値を貼り付け

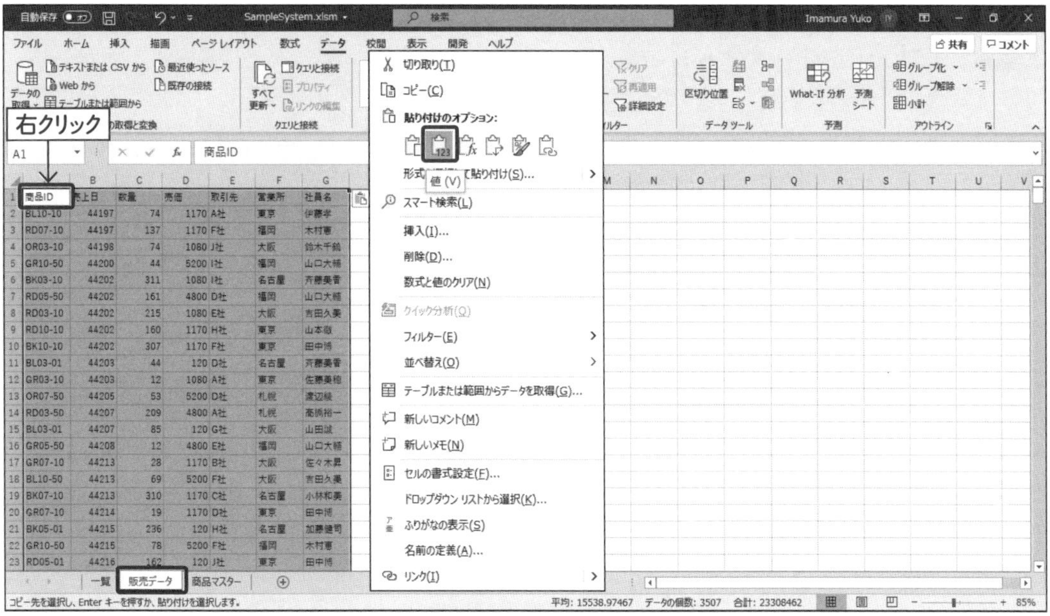

日付が数値（シリアル値）で表示されている場合、その列を選択して右クリックから「セルの書式設定」を選んで、表示形式を日付に設定します（**図10**）。

図10 表示形式を日付へ

これで、「販売データ」テーブルの元となるシートが完成しました(図11)。

図11 完成した「販売データ」シート

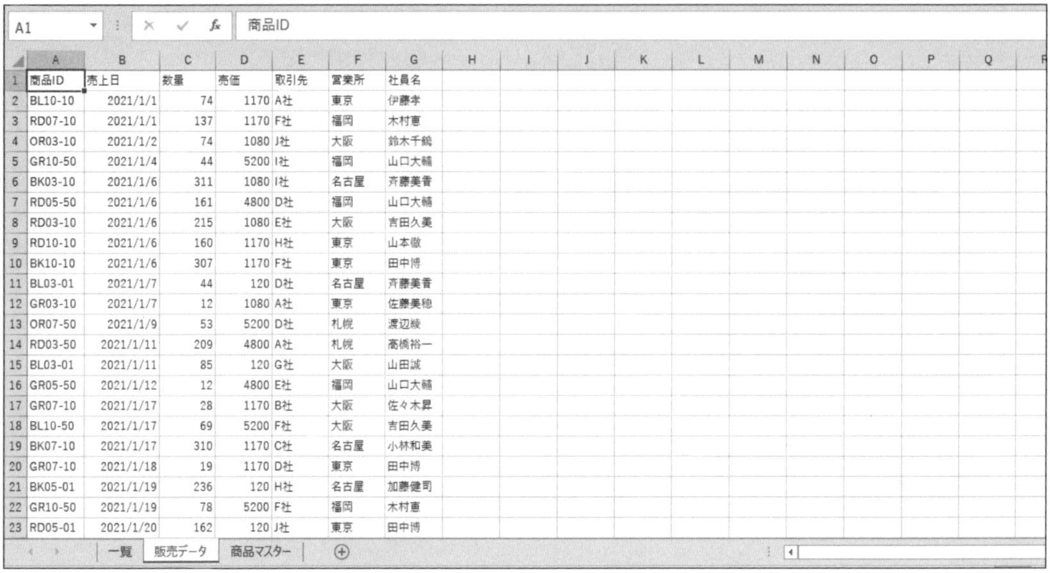

商品ID	売上日	数量	売価	取引先	営業所	社員名
BL10-10	2021/1/1	74	1170	A社	東京	伊藤孝
RD07-10	2021/1/1	137	1170	F社	福岡	木村恵
OR03-10	2021/1/2	74	1080	J社	大阪	鈴木千鶴
GR10-50	2021/1/4	44	5200	I社	福岡	山口大輔
BK03-10	2021/1/6	311	1080	I社	名古屋	斉藤美香
RD05-50	2021/1/6	161	4800	D社	福岡	山口大輔
RD03-10	2021/1/6	215	1080	E社	大阪	吉田久美
RD10-10	2021/1/6	160	1170	H社	東京	山本徹
BK10-10	2021/1/6	307	1170	F社	東京	田中博
BL03-01	2021/1/7	44	120	D社	名古屋	斉藤美香
GR03-10	2021/1/7	12	1080	A社	東京	佐藤美穂
OR07-50	2021/1/9	53	5200	D社	札幌	渡辺綾
RD03-50	2021/1/11	209	4800	A社	札幌	高橋裕一
BL03-01	2021/1/11	85	120	G社	大阪	山田誠
GR05-50	2021/1/12	12	4800	E社	福岡	山口大輔
GR07-10	2021/1/17	28	1170	B社	大阪	佐々木昇
BL10-50	2021/1/17	69	5200	F社	大阪	吉田久美
BK07-10	2021/1/17	310	1170	C社	名古屋	小林和美
GR07-10	2021/1/18	19	1170	D社	東京	田中博
BK05-01	2021/1/19	236	120	H社	名古屋	加藤健司
GR10-50	2021/1/19	78	5200	F社	福岡	木村恵
RD05-01	2021/1/20	162	120	J社	東京	田中博

次に「商品マスター」を作ってみましょう。こちらも同じ要領で「一覧」シートの「商品ID」「商品名」「製造場所」「定価」「原価」の列を Ctrl を押しながら複数選択し、コピーします(図12)。

図12 列を選択してコピー

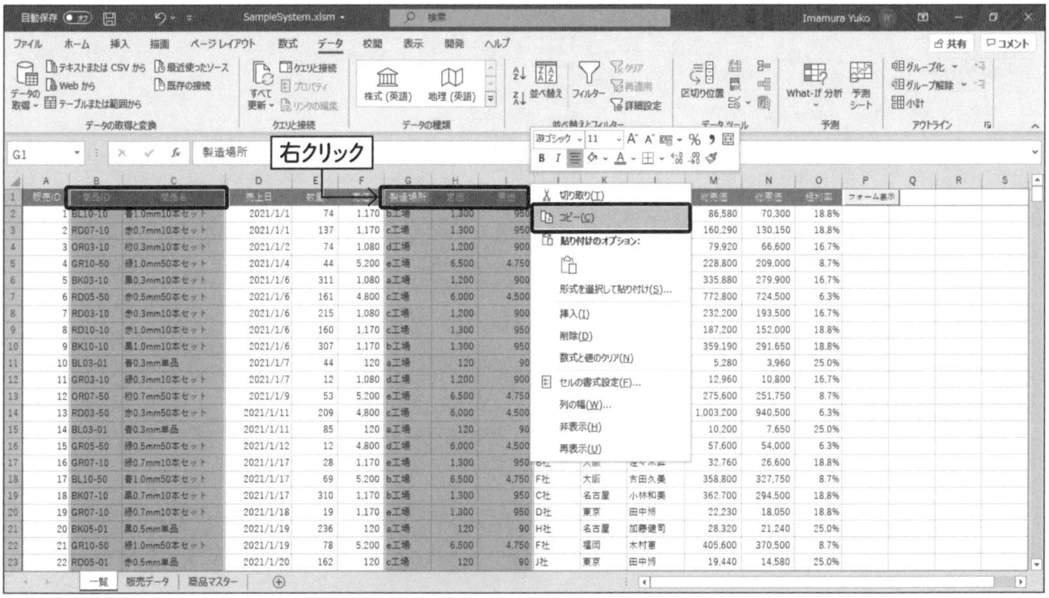

「商品マスター」シートに移動し、A1を右クリックして「貼り付けのオプション」の「値」をクリックします(**図13**)。

図13　「商品マスター」シートへ値を貼り付け

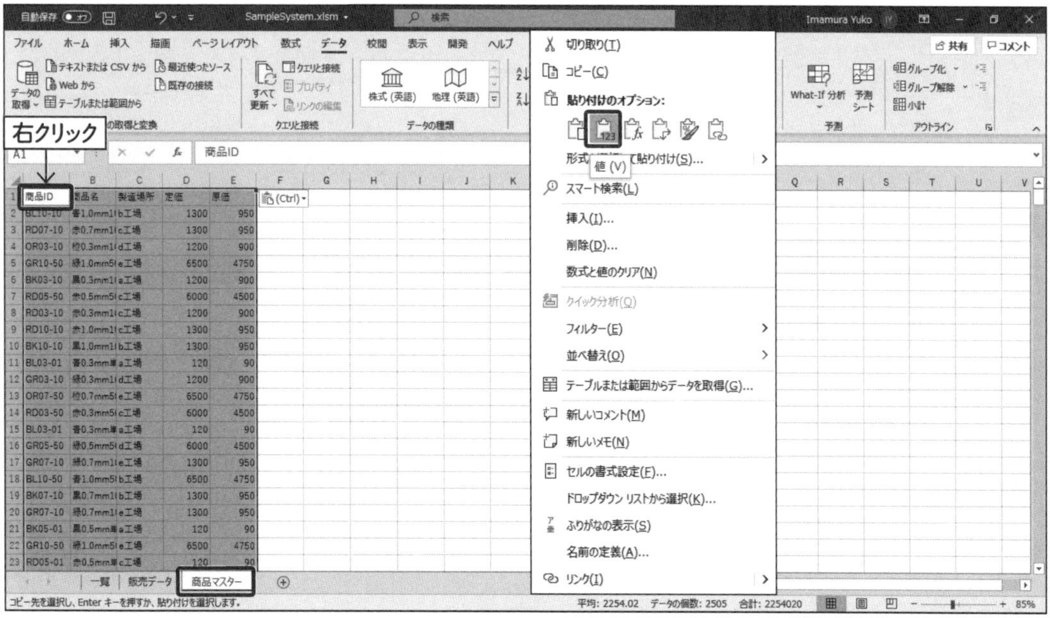

Accessに書き込む際、セル幅は関係ありませんが、データが見切れているのが気になる場合、お好みでセル幅を調整しておきましょう(**図14**)。

図14　「商品マスター」シート

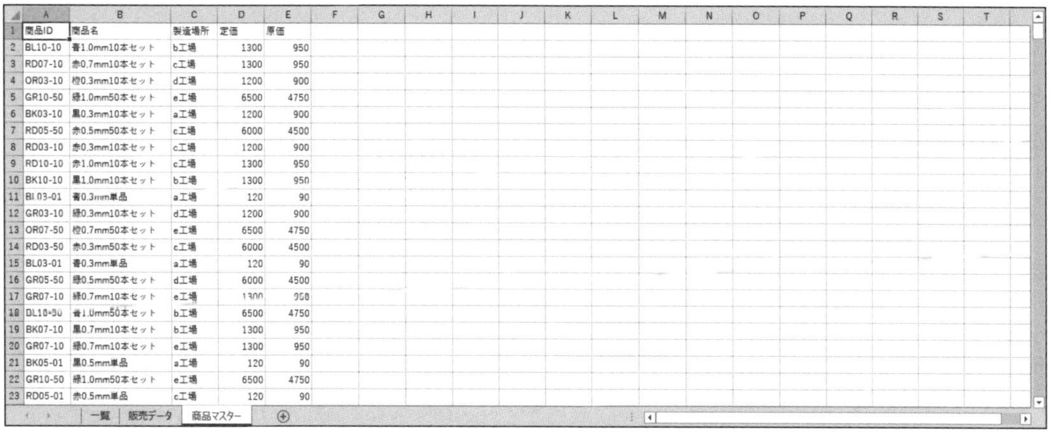

7-2-3 重複部分を削除する

「商品マスター」のシートに必要なデータを取り出すことができましたが、ここには「販売ID」と同数の500件分のデータがあります。このボールペン販売のサンプルファイルは、色が「黒・赤・青・緑・橙」の5色、ボール径が「0.3mm・0.5mm・0.7mm・1.0mm」の4種類、本数が「単品・10本・50本」の3セットで、5×4×3=60種類の想定です。この500件の中から、重複データを削除して60件に絞ります。

リボンの「データ」タブから「重複の削除」をクリックします(図15)。

図15 重複の削除

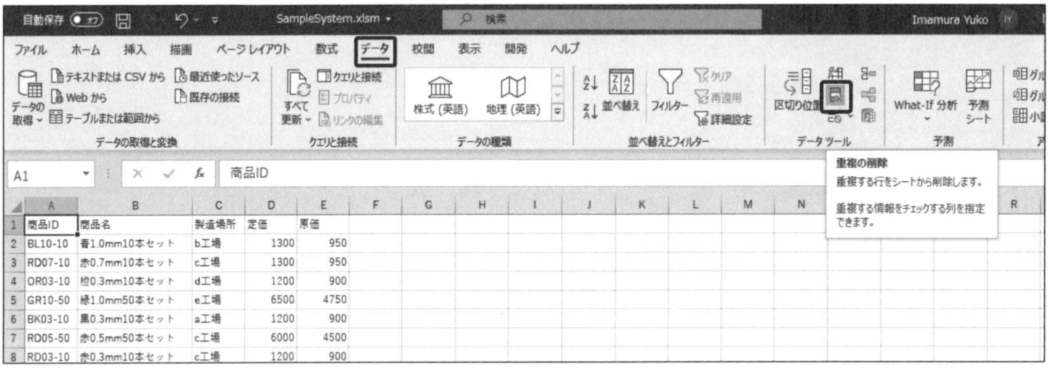

「重複の削除」の設定画面が開きます。ここではすべての列が重複の対象なので、「すべて選択」をクリックし、「先頭行をデータの見出しとして使用する」にチェックを入れて「OK」ボタンをクリックします(図16)。

図16 「重複の削除」の設定画面

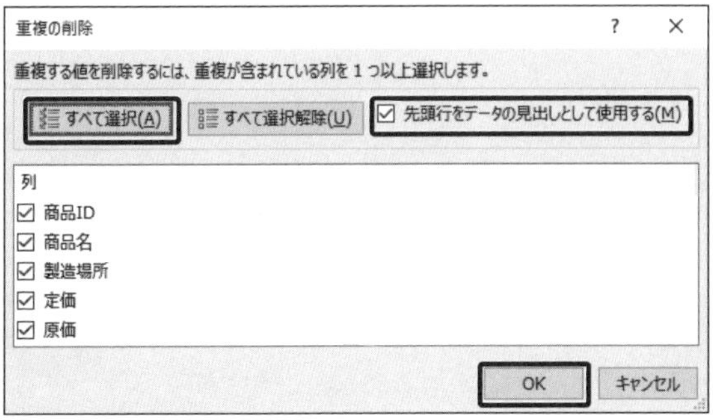

すると、**図17**のようなメッセージが出ました。想定通り、60個残っていますね。

図17　重複削除完了メッセージ

スクロールしてみると、さっきは500件あったデータが、確かに60件で終わっています(**図18**)。

図18　重複データを削除した結果

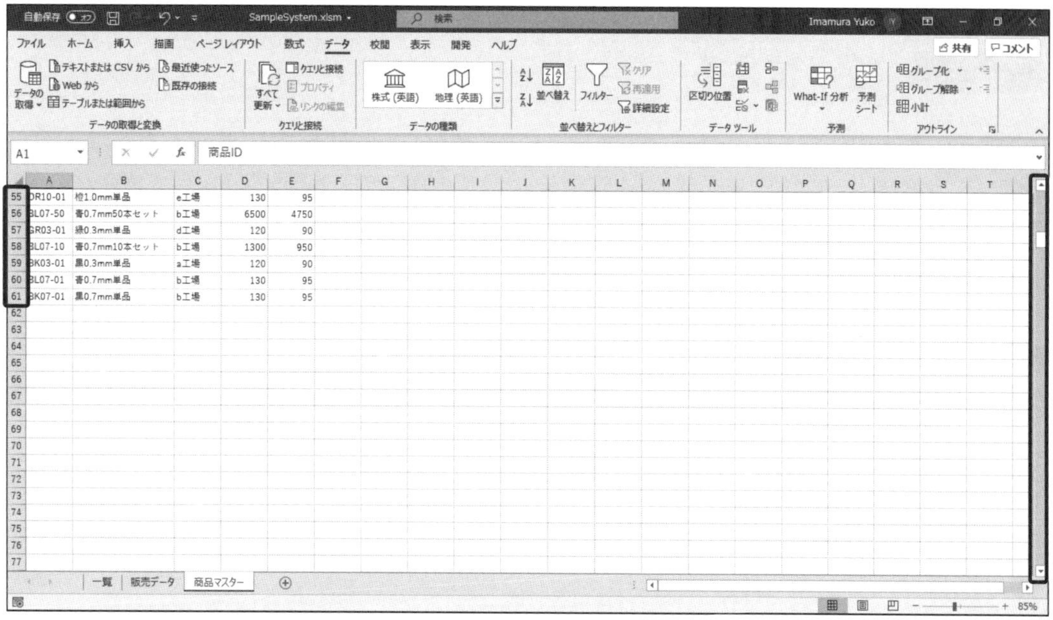

2-4-4でも解説しましたが、重複したデータを削除した直後は、削除されたデータの残骸が「空セル」という形で残っている場合があります。スクロールバーを一番下までおろしたところまでが空セルの目安になるので、そこから最終データ行の下までを削除しておきましょう(**図19**)。

図19 空セルの削除

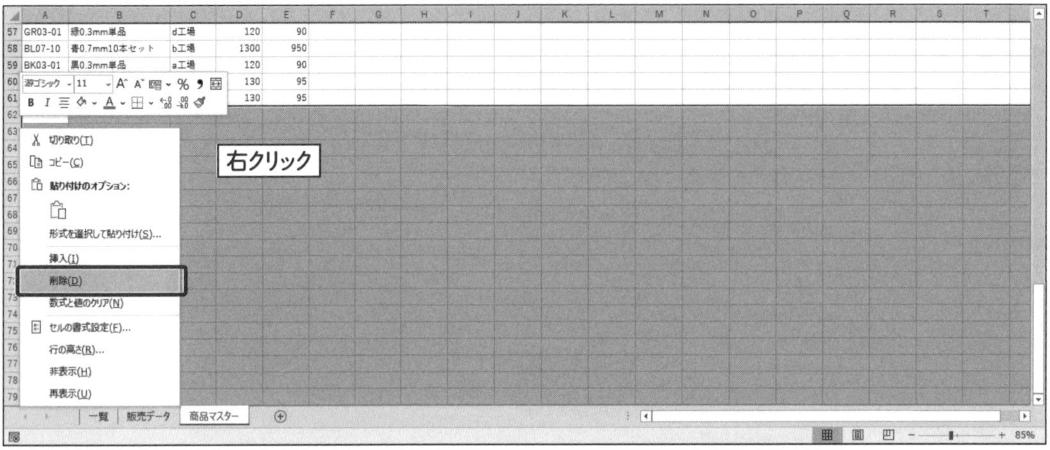

7-2-4 並べ替える

重複データは削除されましたが、マスターデータは使いやすい順番に並んでいた方が便利です。リボンの「データ」タブから「並べ替え」を選択します（図20）。データの内容によって使いやすい並び順が違うと思いますので、任意の列をキーにして並べ替えてください。ここでは「商品ID」をキーに昇順で並べ替えておきます。

図20 並べ替え

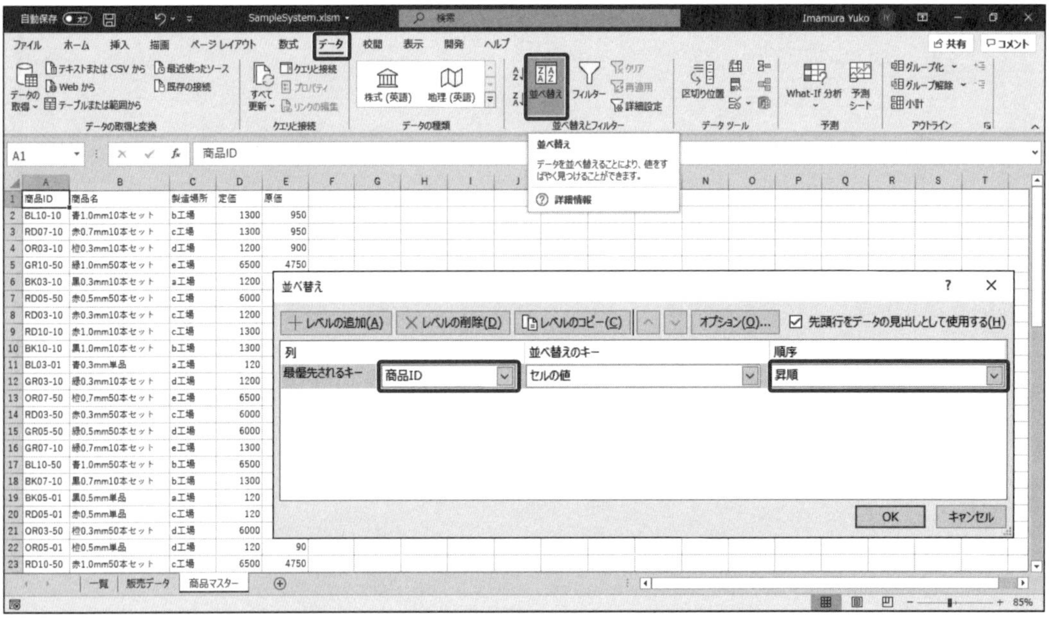

商品ID順に並びました（**図21**）。これで「販売データ」と「商品マスター」のデータの準備が整いました。

図21　完成した「商品マスター」シート

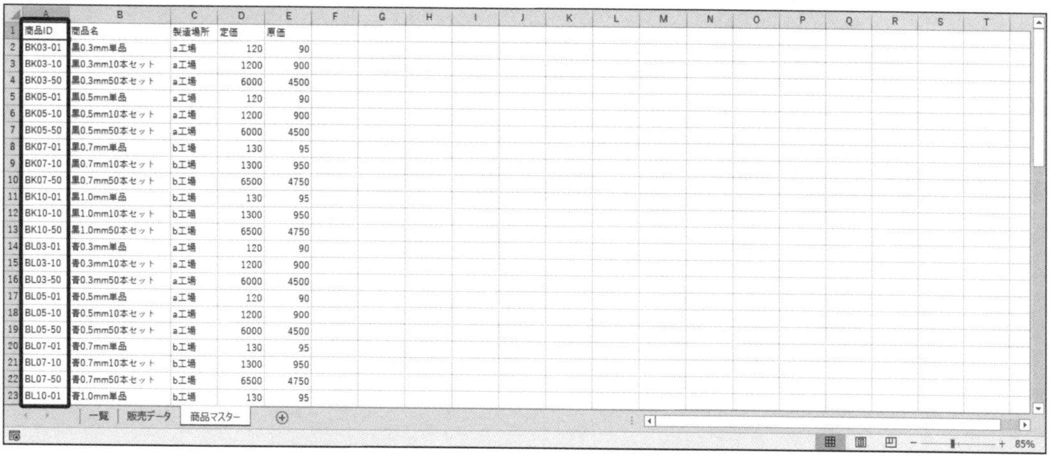

	A	B	C	D	E
1	商品ID	商品名	製造場所	定価	原価
2	BK03-01	黒0.3mm単品	a工場	120	90
3	BK03-10	黒0.3mm10本セット	a工場	1200	900
4	BK03-50	黒0.3mm50本セット	a工場	6000	4500
5	BK05-01	黒0.5mm単品	a工場	120	90
6	BK05-10	黒0.5mm10本セット	a工場	1200	900
7	BK05-50	黒0.5mm50本セット	a工場	6000	4500
8	BK07-01	黒0.7mm単品	b工場	130	95
9	BK07-10	黒0.7mm10本セット	b工場	1300	950
10	BK07-50	黒0.7mm50本セット	b工場	6500	4750
11	BK10-01	黒1.0mm単品	b工場	130	95
12	BK10-10	黒1.0mm10本セット	b工場	1300	950
13	BK10-50	黒1.0mm50本セット	b工場	6500	4750
14	BL03-01	青0.3mm単品	a工場	120	90
15	BL03-10	青0.3mm10本セット	a工場	1200	900
16	BL03-50	青0.3mm50本セット	a工場	6000	4500
17	BL05-01	青0.5mm単品	a工場	120	90
18	BL05-10	青0.5mm10本セット	a工場	1200	900
19	BL05-50	青0.5mm50本セット	a工場	6000	4500
20	BL07-01	青0.7mm単品	b工場	130	95
21	BL07-10	青0.7mm10本セット	b工場	1300	950
22	BL07-50	青0.7mm50本セット	b工場	6500	4750
23	BL10-01	青1.0mm単品	b工場	130	95

ここから「一覧」シートは読込専用になるので、見出しと数式（M〜O列）を残して空にしておきましょう（**図22**）。

図22　「一覧」シートのデータ部分を空にしておく

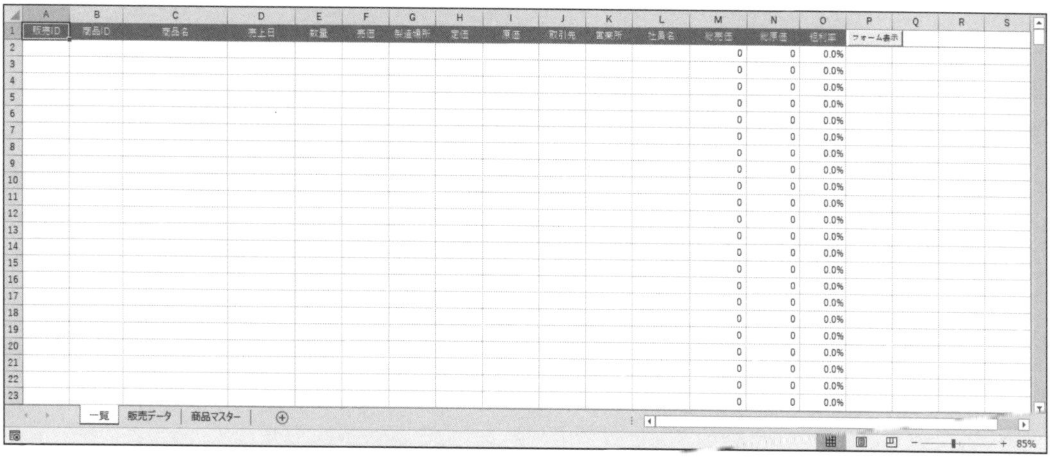

	A	B	C	D	E	F	G	H	I	J	K	L	M	N	O	P
1	販売ID	商品ID	商品名	売上日	数量	売価	製造場所	定価	原価	取引先	営業所	社員名	総売価	総原価	粗利率	フォーム表示
2													0	0	0.0%	
3													0	0	0.0%	
4													0	0	0.0%	
5													0	0	0.0%	
6													0	0	0.0%	
7													0	0	0.0%	
8													0	0	0.0%	
9													0	0	0.0%	
10													0	0	0.0%	
11													0	0	0.0%	
12													0	0	0.0%	
13													0	0	0.0%	
14													0	0	0.0%	
15													0	0	0.0%	
16													0	0	0.0%	
17													0	0	0.0%	
18													0	0	0.0%	
19													0	0	0.0%	
20													0	0	0.0%	
21													0	0	0.0%	
22													0	0	0.0%	
23													0	0	0.0%	

CHAPTER 7

7-3 複数のテーブルを利用する

CHAPTER 3と同じように、Accessを操作して「販売データ」と「商品マスター」のテーブルを作成し、フィールドの設定を行います。

7-3-1 「販売データ」テーブルを作成する

サンプルファイルの「Chapter7」フォルダー→「Before」フォルダーのData.accdbを開き、リボンの「作成」タブから「テーブル」を選択して、新しい空のテーブルを作成します（**図23**）。

図23 新規テーブルを作成

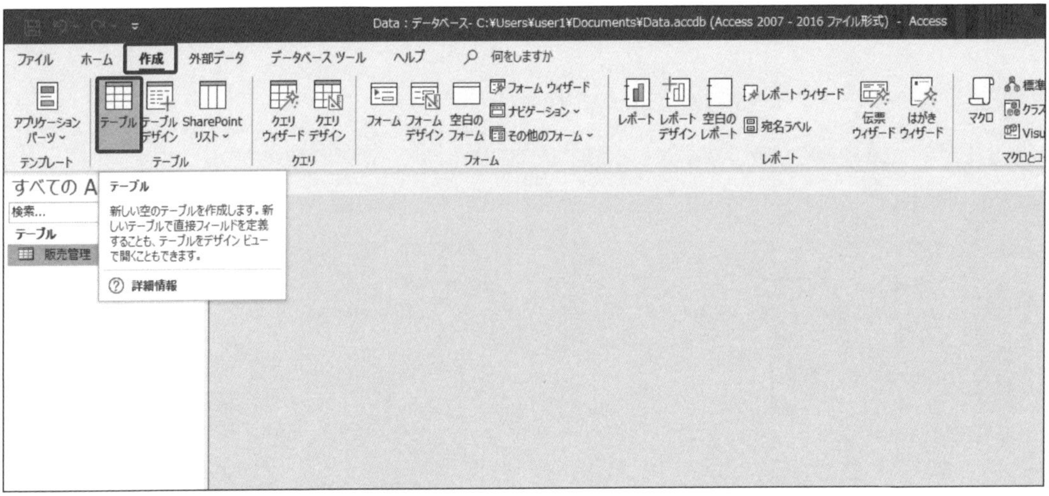

新しく作成した「テーブル1」のタブを右クリックして上書き保存し、「販売データ」という名前を付けます（**図24**）。

図24　名前を付けて保存

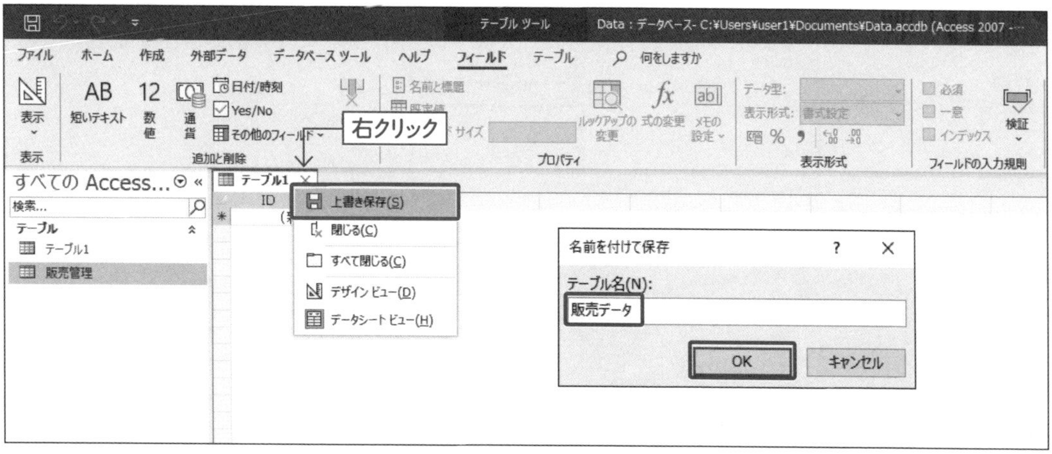

「ホーム」タブの「表示」から「デザインビュー」を選択します（図25）。

図25　「デザインビュー」への切り替え

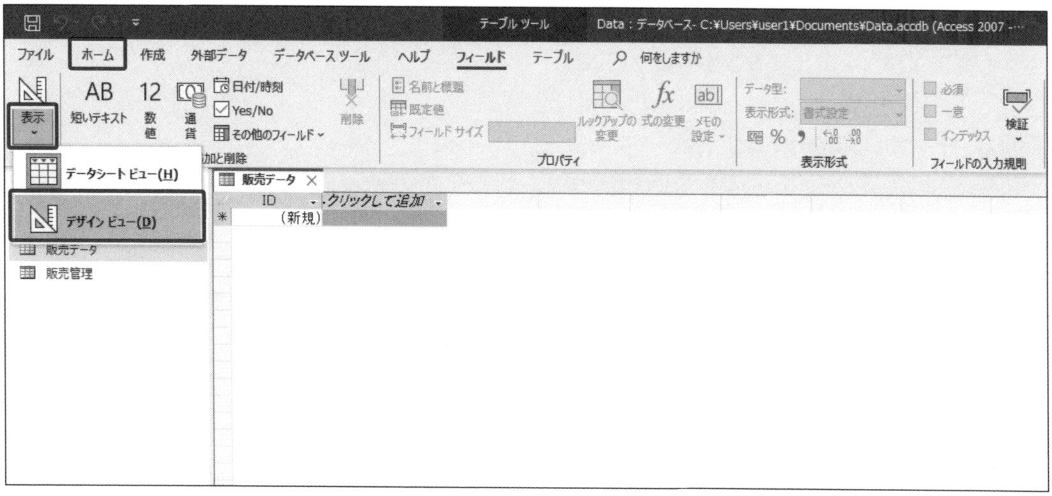

図26にならってフィールド名とデータ型を設定します。あらかじめ設定されている「ID」というフィールド名を「販売ID」に直すのを忘れないようにしてください。「日付／時刻型」については、「日付(S)」を選択しておきます。

図26　テーブルのフィールド名とデータ型を設定

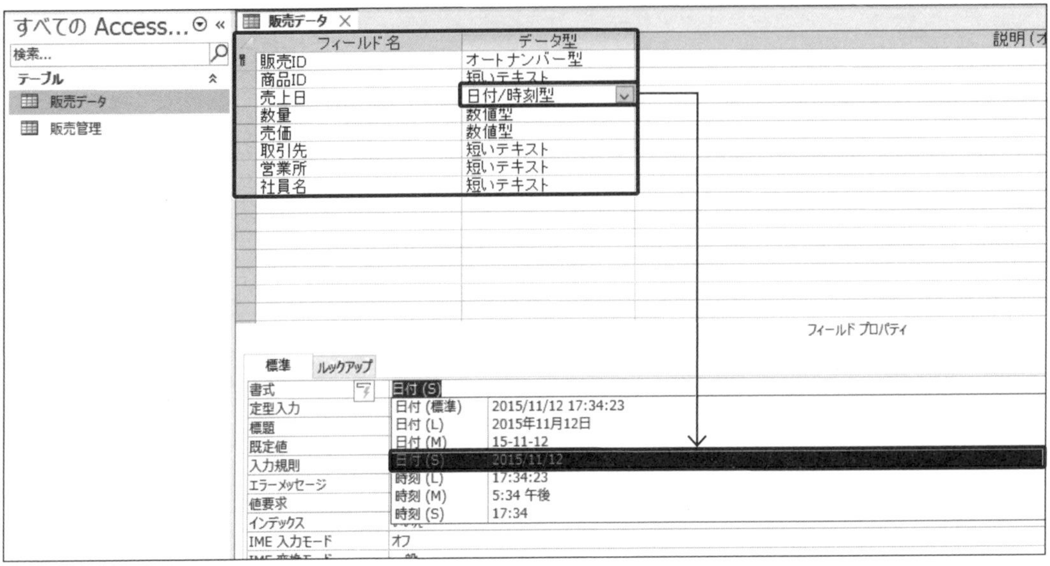

テーブルが開いたままだと、このあとExcelからデータを書き込む際にエラーになってしまうので、必ず上書き保存して閉じておきましょう（図27）。

図27　テーブルは保存して閉じておく

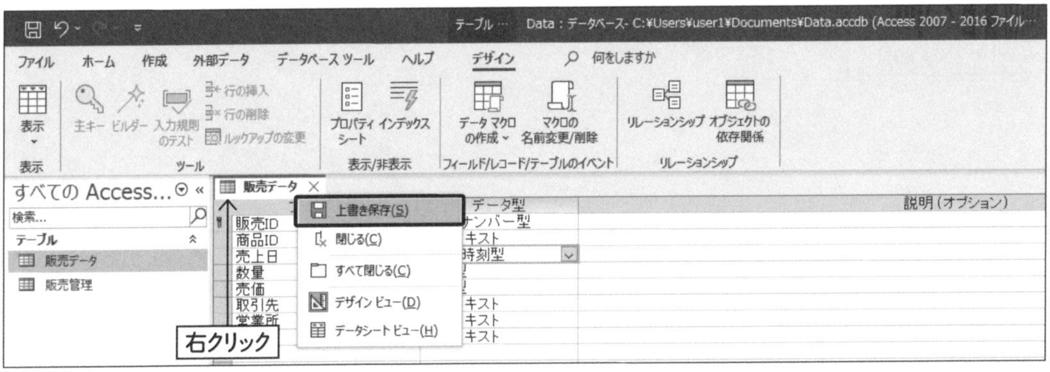

7-3-2 「商品マスター」テーブルを作成する

再度、リボンの「作成」タブから「テーブル」を選択して、新しい空のテーブルを作成します。**7-3-1**と同じ要領で、タブを右クリックして上書き保存し、「商品マスター」という名前を付けます（図28）。

図28　新規テーブルに名前を付ける

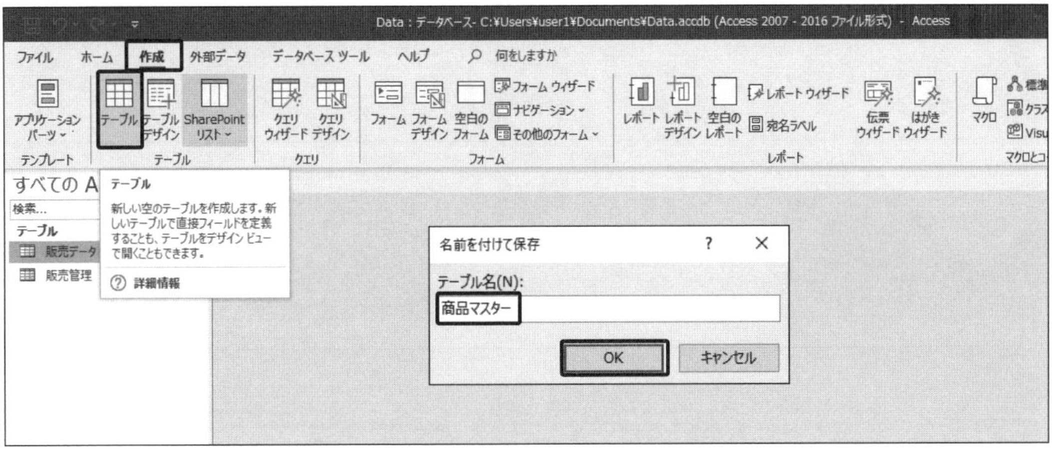

「ホーム」タブの「表示」から「デザインビュー」に切り替え、**図29**にならってフィールド名とデータ型を設定します。ここでは、あらかじめ設定されている「ID」というフィールドを「商品ID」にします。数値ではなく文字列のIDになるので、データ型は「オートナンバー」から「短いテキスト」に変更します。

図29　テーブルのフィールド名とデータ型を設定

設定が終了したら、上書き保存して閉じておきましょう。これで、テーブルの準備が完了しました。

7-4 Accessにエクスポートする

CHAPTER 3とCHAPTER 5で使った、シート上のデータをAccessへ一括で書き込む「M_DataTransfer」モジュールの「insertRecord」プロシージャを利用します。今回の変更点に合わせて修正していきましょう。

7-4-1 一括書込機能のコードを修正する

まず、現状Excelに存在する3つのシートについて確認しておきましょう。「一覧」シートはAccessからデータを「読み込む」専用シートとなります。「販売データ」「商品マスター」のシートは、ExcelからAccessにデータを「書き込む」専用シートです(**図30**)。

また、**1-4-2**で説明している通り、マスターデータはAccessのみで管理する必要があります。書込が完了した後でExcelにデータが残っているのは無用なトラブルの元となり得るため、正常に書込が完了したら「販売データ」「商品マスター」シートを削除する、という機能も「insertRecord」プロシージャに付け加えておきます。

図30 3つのシートの役割

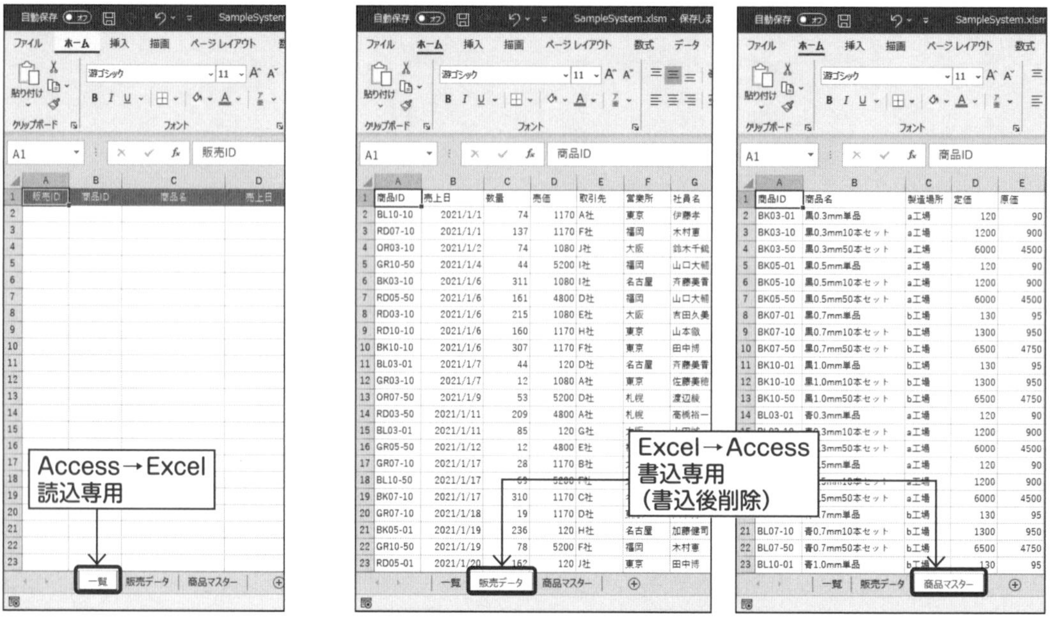

それでは、「M_DataTransfer」モジュールの「insertRecord」プロシージャを、分割したテーブルに合わせて修正します。**CHAPTER 3**で作成した時点で**コード1**のような流れになっているので、部分ごとに見ていきましょう。

コード1 「insertRecord」プロシージャ（「M_DataTransfer」モジュール）のフロー

```
Public Sub insertRecord()
  '## レコードの挿入

  '処理前メッセージ1
～～～～～～～～～～ 略 ～～～～～～～～～～
  '処理前メッセージ2
～～～～～～～～～～ 略 ～～～～～～～～～～
  'スタート行と最終行の取得
～～～～～～～～～～ 略 ～～～～～～～～～～
  'コレクションの作成とテーブル初期化
～～～～～～～～～～ 略 ～～～～～～～～～～
  'SQL文リストの作成
～～～～～～～～～～ 略 ～～～～～～～～～～
  '実行
～～～～～～～～～～ 略 ～～～～～～～～～～
End Sub
```

最初に「処理前メッセージ1」部分を修正します（**コード2**）。プロシージャが実行されているときのアクティブシートを変数に格納し、書き込むことができるシートか否かを判定する記述を追加しています。

コード2 「処理前メッセージ1」部分

```
Public Sub insertRecord()
  '## レコードの挿入

  '処理前メッセージ1
  Dim tgtSheet As Worksheet  ← シート用変数
  Set tgtSheet = ActiveSheet  ← アクティブシートを取得
  Select Case tgtSheet.Name  ← シート名によって処理を変える
    Case "販売データ", "商品マスター"  ← このシート名のいずれかの場合
      If MsgBox("一括書込を実行しようとしています。続けますか?", _
          vbOKCancel + vbQuestion, "確認") = vbCancel Then 'メッセージ
        Exit Sub 'キャンセルなら終了
      End If
    Case Else  ← それ以外のシート名だった場合
      MsgBox "このシートからは実行できません。", vbInformation, "確認"  ← メッセージ
```

```
        Exit Sub ←終了
    End Select

    '処理前メッセージ2
～～～～～～～～～～～～ 略 ～～～～～～～～～～～～
End Sub
```

続いて「処理前メッセージ2」部分を修正します（**コード3**）。メッセージに表示するテーブル名に、現在選択されているシートの名前を使います。

コード3 「処理前メッセージ2」部分

```
Public Sub insertRecord()
    '## レコードの挿入

～～～～～～～～～～～～ 略 ～～～～～～～～～～～～

    '処理前メッセージ2
    If MsgBox( _
        "Accessの「" & tgtSheet.Name & "」テーブルのデータを一度削除し、" & vbNewLine & _
        "現在このシートにある情報のみが書き込まれます。" & vbNewLine & _
        vbNewLine & _
        "実行してよろしいですか?", _
        vbOKCancel + vbExclamation, "一括書込") = vbCancel Then 'メッセージ
      Exit Sub 'キャンセルなら終了
    End If

    'スタート行と最終行の取得
～～～～～～～～～～～～ 略 ～～～～～～～～～～～～
End Sub
```

次に「スタート行と最終行の取得」部分を修正します（**コード4**）。書き込む前にデータの有無を確認する例外処理を追加しています。

コード4 「スタート行と最終行の取得」部分

```
Public Sub insertRecord()
    '## レコードの挿入

～～～～～～～～～～～～ 略 ～～～～～～～～～～～～

    'スタート行と最終行の取得
```

```
  Dim startRow As Long
  startRow = 2 'スタート行
  Dim endRow As Long
  endRow = getLastRow(tgtSheet) '最終行を取得
  If endRow < startRow Then ←例外処理
    MsgBox "書き込むデータがありません", vbInformation, "確認" ←メッセージ
    Exit Sub
  End If

  'コレクションの作成のテーブル初期化
～～～～～～～～～ 略 ～～～～～～～～～
End Sub
```

さらに「コレクションの作成とテーブル初期化」と「SQL文リストの作成」部分を修正します（**コード5**）。この部分は該当テーブル初期化と書込用のSQL文を別の関数を作って呼び出す形にするため、2つのブロックを「SQL文リストの作成」の1つにします。関数は後で解説します。

コード5 「SQL文リストの作成」部分

```
Public Sub insertRecord()
  '## レコードの挿入

～～～～～～～～～ 略 ～～～～～～～～～

  'コレクションの作成とテーブル初期化          ← (取り消し線)
  Dim sqlList As Collection                    ← (取り消し線)
  Set sqlList = New Collection 'コレクションを作成   ← (取り消し線)
  sqlList.Add "DELETE FROM 販売管理;" 'テーブル内データを全削除   ← (取り消し線)

  'SQL文リストの作成
  Dim sqlList As Collection ←コレクションの宣言
  Select Case tgtSheet.Name ←シート名によって処理を変える
    Case "販売データ"
      Set sqlList = getSalesSql(tgtSheet, startRow, endRow) ←販売データ用のSQLを関数で取得
    Case "商品マスター"
      Set sqlList = getProductSql(tgtSheet, startRow, endRow) ←商品マスター用のSQLを関数で取得
  End Select

  '実行
～～～～～～～～～ 略 ～～～～～～～～～
End Sub
```

最後に「実行」部分を修正します（**コード6**）。既存の終了メッセージに追記を行い、シートを削除

するコードを追加します。削除のみのコードだとExcelの警告メッセージが表示されてしまうので、削除のときだけ警告を解除しています。

コード6 「実行」部分

```
Public Sub insertRecord()
  '## レコードの挿入

～～～～～～～～～～ 略 ～～～～～～～～～～

  '実行
  If tryExecute(sqlList) Then '書込が成功した場合
    MsgBox "正常に書き込みました" & vbNewLine & _
      "「" & tgtSheet.Name & "」シートを削除します。", vbInformation, "終了" '終了メッセージ
    Application.DisplayAlerts = False  ← 警告オフ
    tgtSheet.Delete  ← シート削除
    Application.DisplayAlerts = True  ← 警告オン
  End If
End Sub
```

これで、「insertRecord」プロシージャへの修正は完了です。続けて**コード5**で呼び出す関数を2つ作成しましょう。この関数は汎用ではなく、同じモジュールからしか呼び出さないので、「M_DataTransfer」モジュールに「Private」の適用範囲で作成します（**コード7**、**コード8**）。

コード7 「販売データ」用のSQL

```
Private Function getSalesSql _
  (ByVal ws As Worksheet, ByVal startRow As Long, ByVal endRow As Long) As Collection
  '##「販売データ」用のSQLを返す

  'DELETE文作成
  Set getSalesSql = New Collection 'コレクションを作成
  getSalesSql.Add "DELETE FROM 販売データ;" 'テーブル内データを全削除

  'INSERT文作成
  Dim tgtRow As Long '繰り返し用変数の宣言
  Dim sql As String 'SQL文用変数の宣言
  For tgtRow = startRow To endRow '指定行を繰り返す
    sql = _
      "INSERT INTO 販売データ(" & _
        "商品ID, " & _
        "売上日, " & _
        "数量, " & _
```

```
        "売価, " & _
        "取引先, " & _
        "営業所, " & _
        "社員名) " & _
      "VALUES(" & _
        "'" & ws.Cells(tgtRow, 1).Value & "', " & _
        "#" & ws.Cells(tgtRow, 2).Value & "#, " & _
        ws.Cells(tgtRow, 3).Value & ", " & _
        ws.Cells(tgtRow, 4).Value & ", " & _
        "'" & ws.Cells(tgtRow, 5).Value & "', " & _
        "'" & ws.Cells(tgtRow, 6).Value & "', " & _
        "'" & ws.Cells(tgtRow, 7).Value & "');"

    getSalesSql.Add sql 'コレクションへ追加
  Next tgtRow
End Function
```

コード8　「商品マスター」用のSQL

```
Private Function getProductSql _
  (ByVal ws As Worksheet, ByVal startRow As Long, ByVal endRow As Long) As Collection
  '## 「商品マスター」用のSQLを返す

  'DELETE文作成
  Set getProductSql = New Collection 'コレクションを作成
  getProductSql.Add "DELETE FROM 商品マスター;" 'テーブル内データを全削除

  'INSERT文作成
  Dim tgtRow As Long '繰り返し用変数の宣言
  Dim sql As String 'SQL文用変数の宣言
  For tgtRow = startRow To endRow '指定行を繰り返す
    sql = _
      "INSERT INTO 商品マスター(" & _
        "商品ID, " & _
        "商品名, " & _
        "製造場所, " & _
        "定価, " & _
        "原価) " & _
      "VALUES(" & _
        "'" & ws.Cells(tgtRow, 1).Value & "', " & _
        "'" & ws.Cells(tgtRow, 2).Value & "', " & _
        "'" & ws.Cells(tgtRow, 3).Value & "', " & _
        ws.Cells(tgtRow, 4).Value & ", " & _
        ws.Cells(tgtRow, 5).Value & ");"

```

```
    getProductSql.Add sql 'コレクションへ追加
  Next tgtRow
End Function
```

これでコードの修正が完了しました。この時点でのサンプルは「CHAPTER7」フォルダー→「Before」フォルダー→SampleSystem7-2.xlsmという名前で収録されています。

7-4-2 「販売データ」シートのデータをエクスポートする

それでは、動作確認してみましょう。「insertRecord」プロシージャは、リボンの「開発」タブから「マクロ」をクリック(またはAlt+F8キー)して実行します(図31)

図31 「insertRecord」プロシージャの実行方法

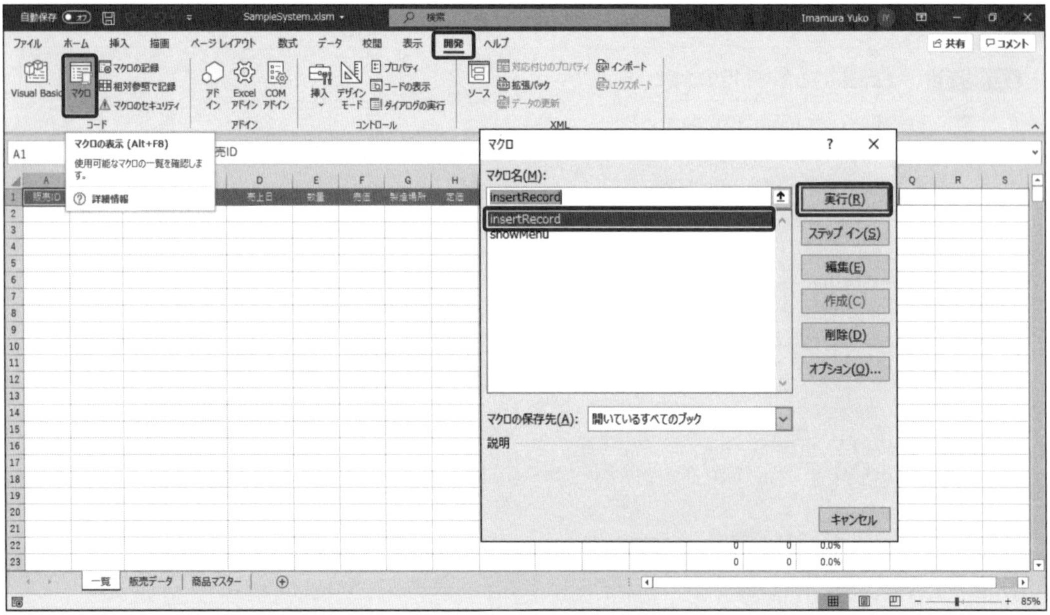

「一覧」シートからでは実行できません(図32)。

図32 対象外のシートで実行

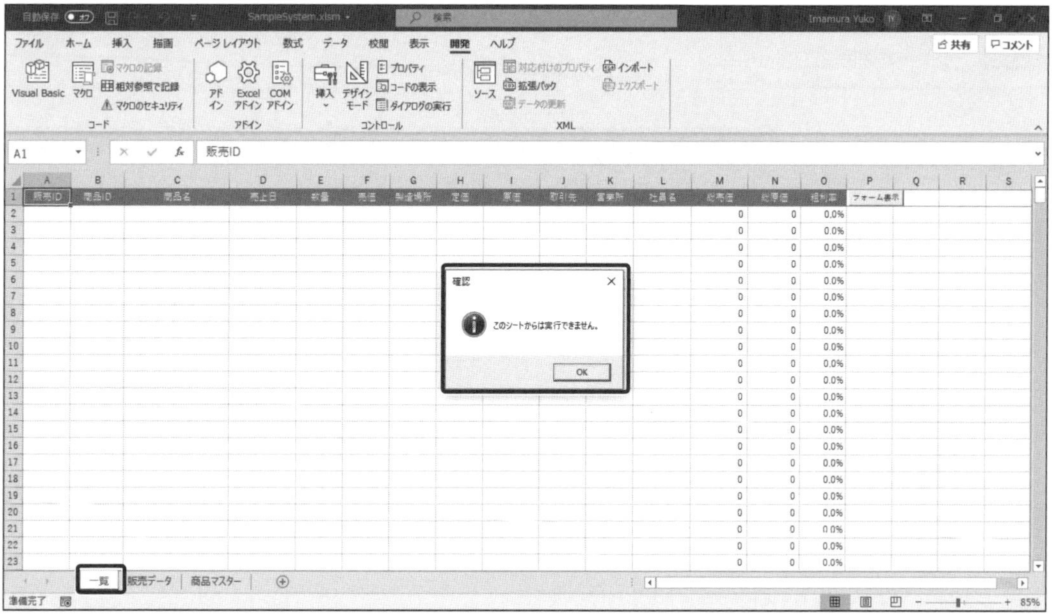
確認
このシートからは実行できません。
OK

「販売データ」シートを選択して「insertRecord」プロシージャを実行します。2段階のメッセージが表示され、それぞれ「OK」をクリックします（図33）。

図33 「販売データ」シートで実行

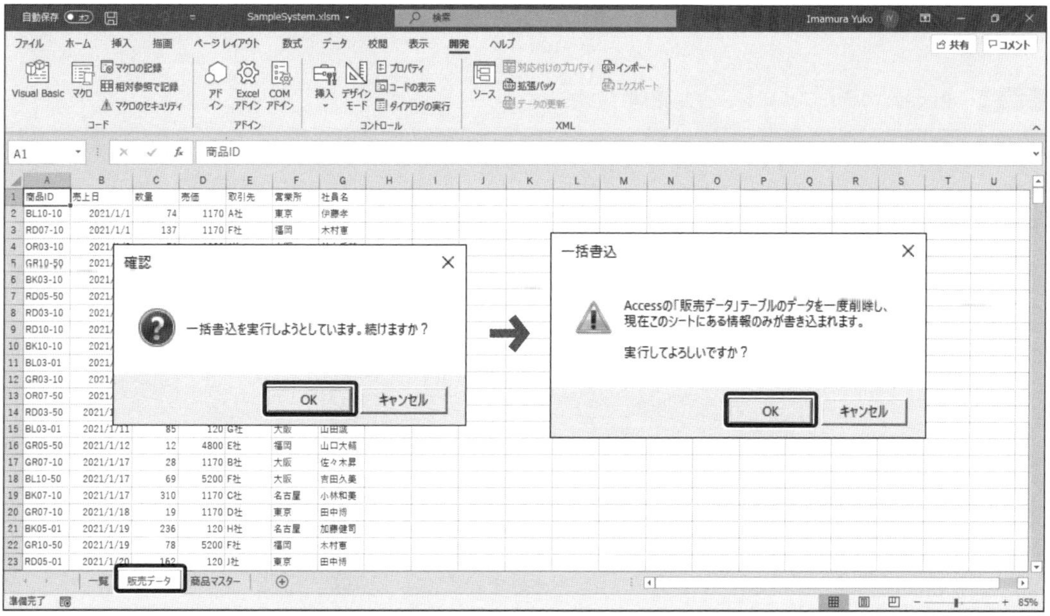
確認
一括書込を実行しようとしています。続けますか？
OK
キャンセル
一括書込
Accessの「販売データ」テーブルのデータを一度削除し、
現在このシートにある情報のみが書き込まれます。
実行してよろしいですか？
OK
キャンセル

すると終了メッセージが表示され、「販売データ」シートが削除されます(図34)。

図34 シートが削除される

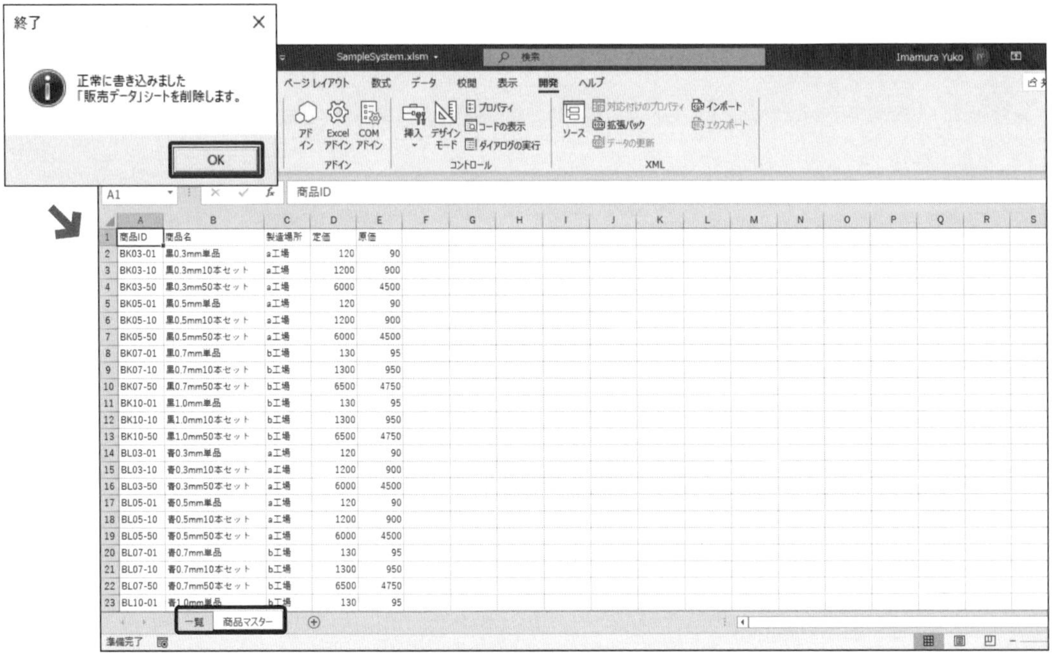

Data.accdbの「販売データ」テーブルを確認すると、データが格納されているのがわかります(図35)。

図35 Accessのテーブルにデータが格納された

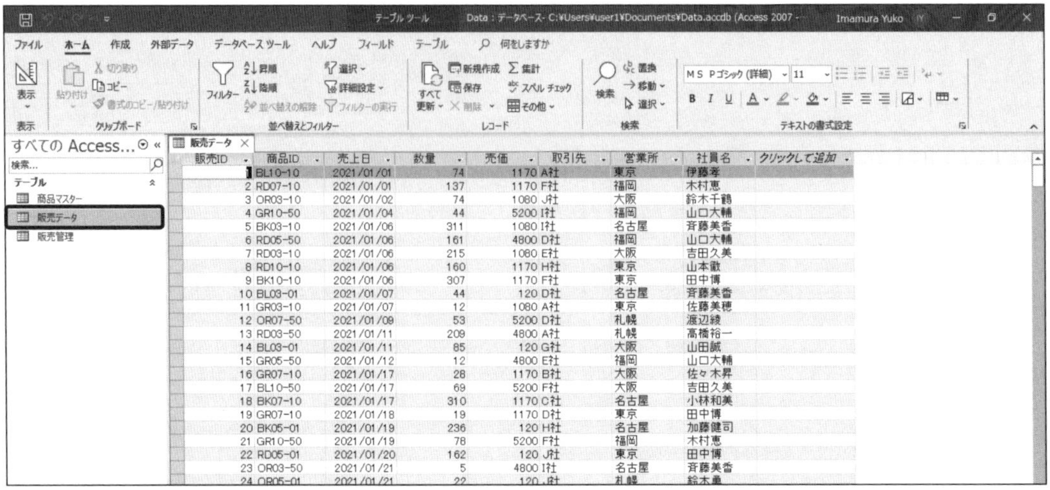

7-4-3 「商品マスター」シートのデータをエクスポートする

続いてExcelに戻り、「商品マスター」シートを選択して「insertRecord」プロシージャを実行します。2段階のメッセージが表示され、それぞれ「OK」をクリックします（図36）。

図36　「商品マスター」シートで実行

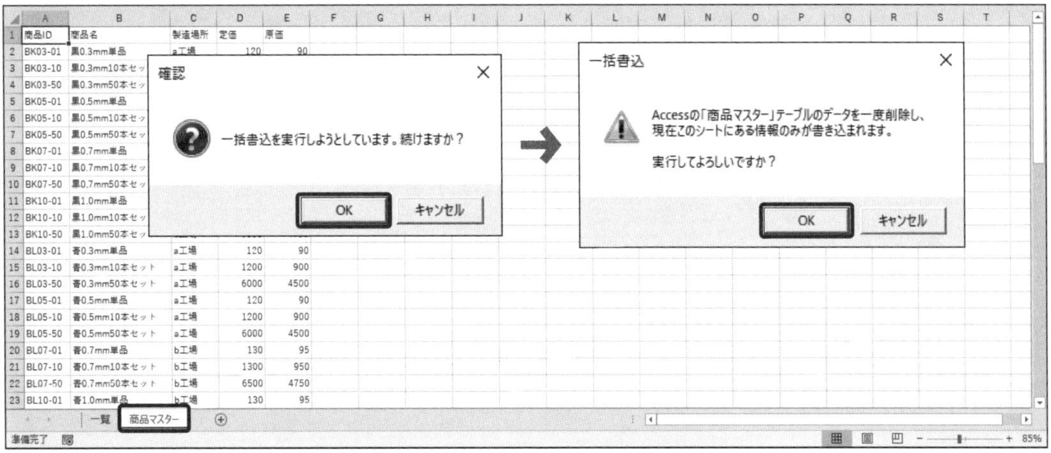

すると終了メッセージが表示され、「販売データ」シートが削除されます（図37）。

図37　シートが削除される

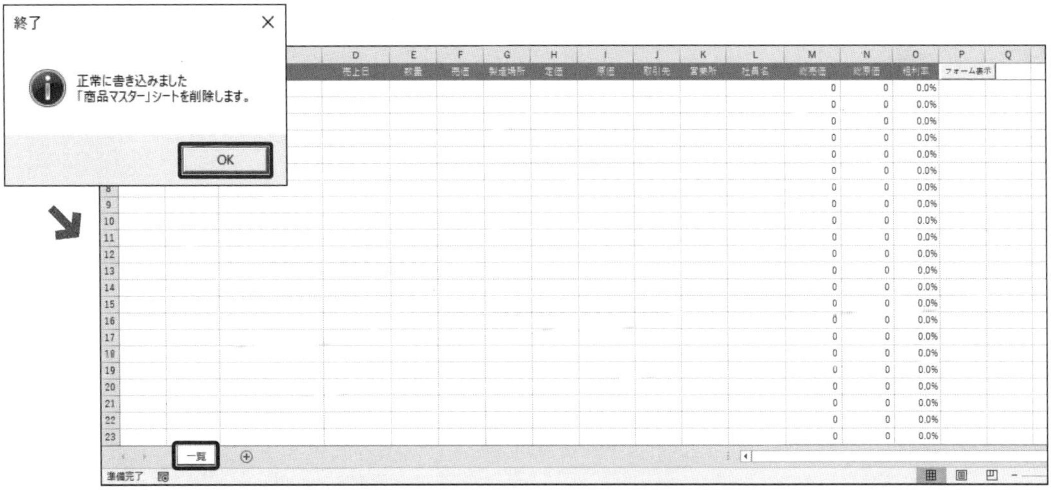

Data.accdbの「商品マスター」テーブルを確認すると、データが格納されています（図38）。

図38 Accessのテーブルにデータが格納された

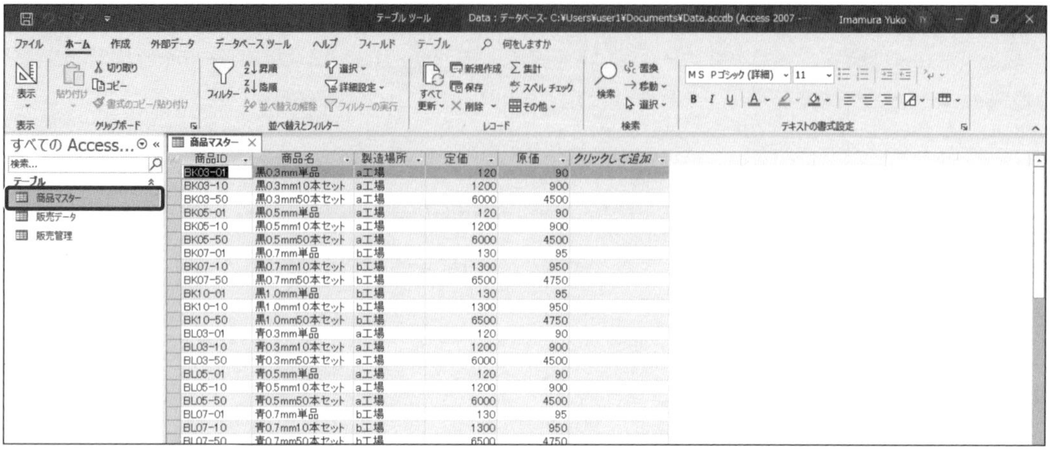

「販売データ」と「商品マスター」のテーブルに分割できたので、「販売管理」テーブルは「元データ」扱いになります。なんども記述してくどいかもしれませんが、データを二重にしないために、「販売管理」テーブルを削除しておきましょう。テーブルを右クリックして「削除」をクリックします（**図39**）。

図39 元データの「販売管理」テーブルを削除

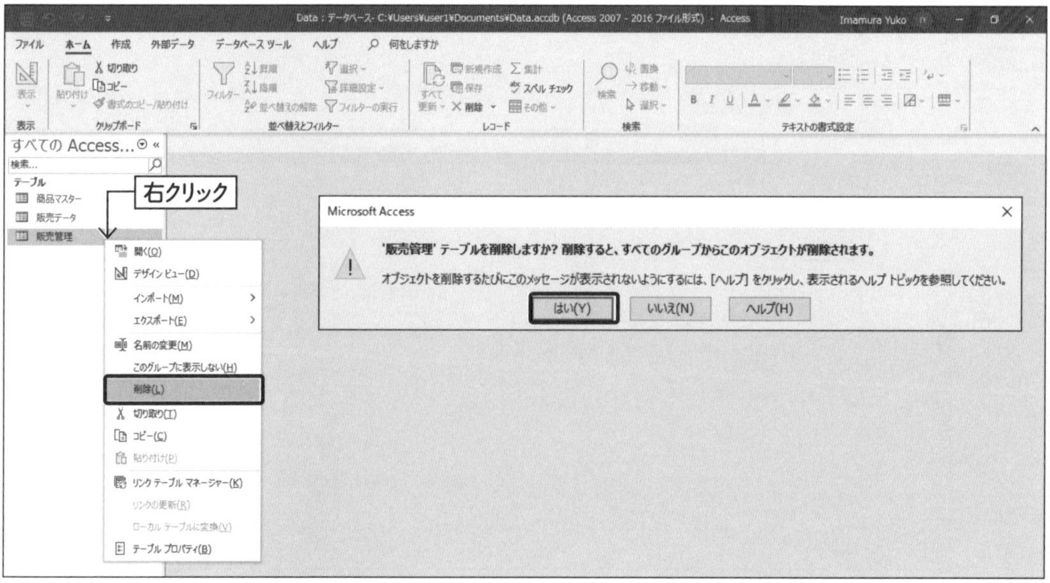

この時点でのExcelサンプルは、「Chapter7」フォルダー→「Before」フォルダーの→SampleSystem7-3.xlsmという名前で収録されています。

7-5 主キーとリレーションシップ

テーブルを2つに分けることができましたが、それぞれのテーブルには違う情報が入っています。一見バラバラに思えるこのデータを、どのように管理すればよいのでしょうか？

7-5-1 データベースで管理するのは必要最低限のデータだけ

テーブルを「販売データ」と「商品マスター」に分けることで、無駄な重複データを削除することができました。これで、「販売データ」テーブルには、「商品ID」と「売上日」や「数量」などの必要最低限のデータだけが追加されていくことになり、商品に関する細かい情報は「商品マスター」テーブルを参照すればよい、ということになりました。

このように、1つのテーブルでたくさんのフィールドを持っているよりも、情報を整理して複数のテーブルで運用すると、管理がスマートになります（図40）。

図40 複数テーブルで運用をスマートに

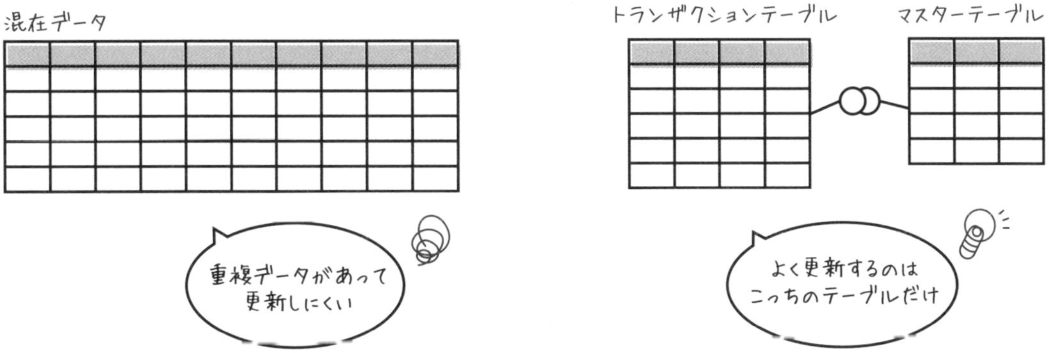

7-5-2 主キーとリレーションシップ

ところで、複数のテーブルにデータが存在する場合、どのように管理すればよいのでしょうか？

ここで、テーブルに最初に設定した**主キー**が重要な役目を果たします。**2-1-3**で、テーブルには**テーブル内のレコード単位で重複しない主キー**となるフィールドを設定しておく、という説明をしましたね。これは、データを探し当てる目的の、その名の通り「キー」になるのですが、**複数テーブルのデータを結び付けるときにも使われます**。

今回の例でいうと、「販売データ」と「商品マスター」の両テーブルには「商品ID」フィールドが共通して存在しています。「販売データ」テーブルでは、「商品ID」フィールドを使って「商品マスター」テーブルをたどることで、そのIDの「商品名」「定価」などのフィールドを参照することが可能になるのです。

このような、他のテーブルを参照するためのフィールドを**外部キー**と呼び、複数のテーブルを特定のフィールドで関連付ける機能のことを**リレーションシップ**、または**リレーションを張る**というい方をします(図41)。

図41 主キーとリレーションシップ

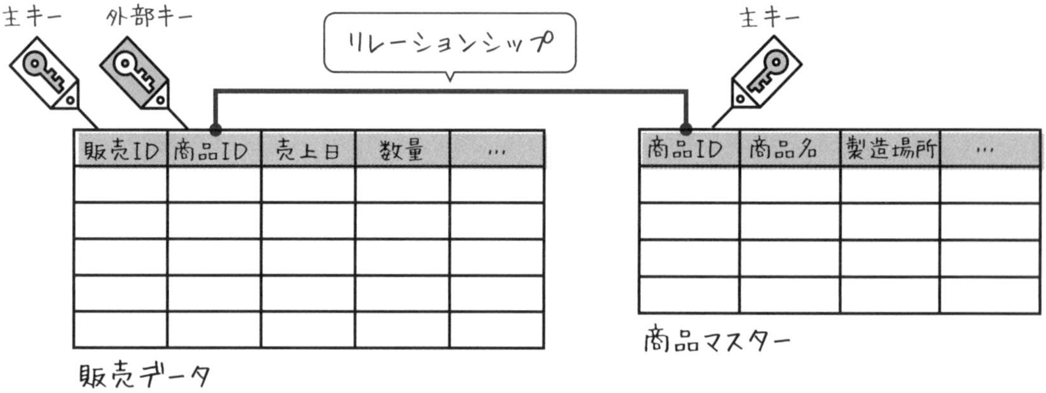

ちなみに、リレーションを張るキーとなるフィールドは、それぞれのテーブルでフィールド名が違っていても(中身の整合性は必要ですが)、リレーションシップは設定できます。しかし、異なるフィールド名では関連性がわかりにくくなるので、同じフィールド名にしておくことをおすすめします。

7-5-3 リレーションシップを設定する

それでは、実際にAccess上でリレーションシップを設定してみましょう。

Data.accdbを開きます。「販売データ」テーブルと「商品マスター」テーブルが開いている場合は上書き保存して閉じておきます。リボンの「データベースツール」タブの「リレーションシップ」を選択します(図42)。

図42　「リレーションシップ」を選択

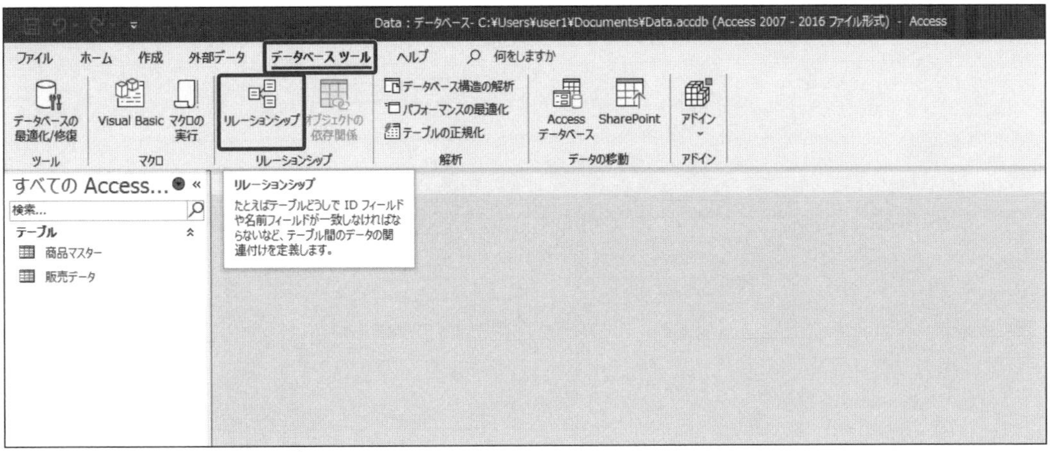

すると**図43**のような画面になるので、右側の「テーブルの追加」ウインドウで Shift キーを押しながら「商品マスター」「販売データ」テーブルの両方を選択し、「選択したテーブルを追加」をクリックします。

図43　テーブルを追加

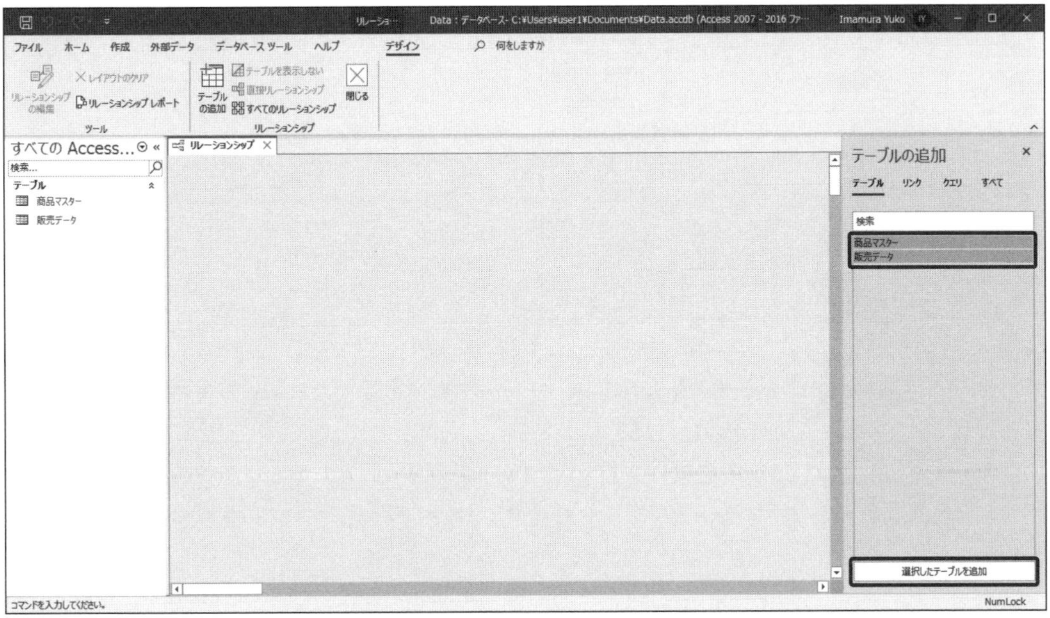

2つのテーブルが表示されるので、「商品マスター」テーブルの「商品ID」フィールドを「販売データ」テーブルの「商品ID」フィールド上へドラッグします（**図44**）。

図44 該当フィールドをドラッグ

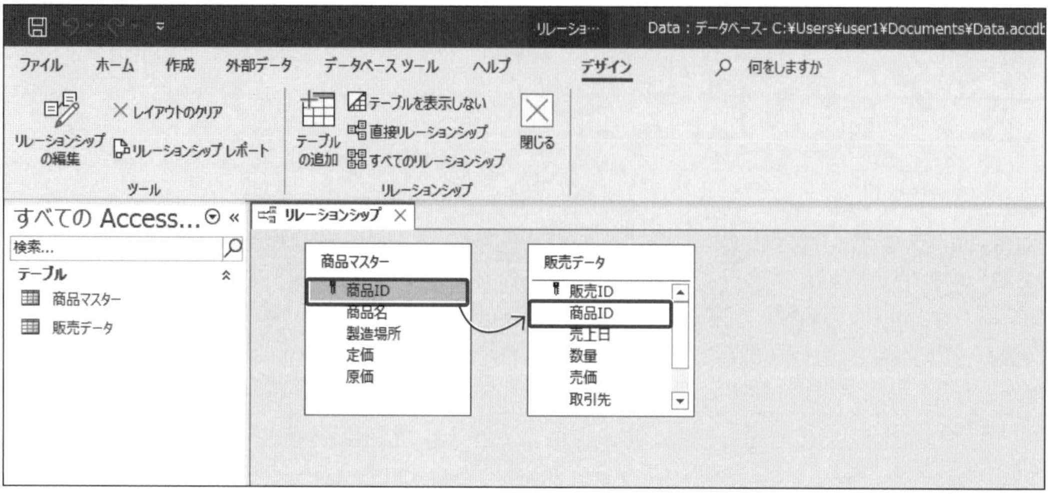

すると「リレーションシップ」ウインドウが表示されるので、「作成」をクリックします(**図45**)。

図45 「リレーションシップ」ウインドウ

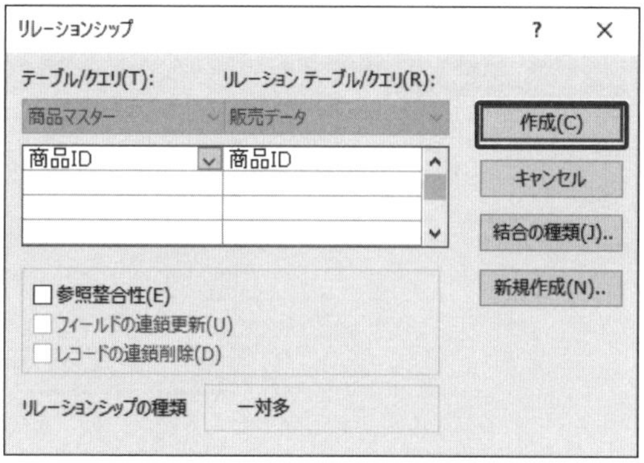

なお、「参照整合性」にチェックを入れると、リレーションを張ったフィールドに関連性を保った入力しかできないという制限が付けられます。このサンプルでたとえると、「商品マスター」テーブルに存在しない「商品ID」は、「販売データ」テーブルの「商品ID」に入力することができなくなります。正しいデータしか入らない反面、仮でデータを入れておいて後からマスター登録するといった融通が利かないということもありますので注意してください。

設定が終わると、画面上の2つのテーブル間において、「商品ID」のフィールド同士が線でつながれました。これが、テーブル間でリレーションシップが設定されている状態です。「閉じる」ボタンをクリックし、変更の保存を行って終了します(**図46**)。

図46　リレーションシップの設定が完了

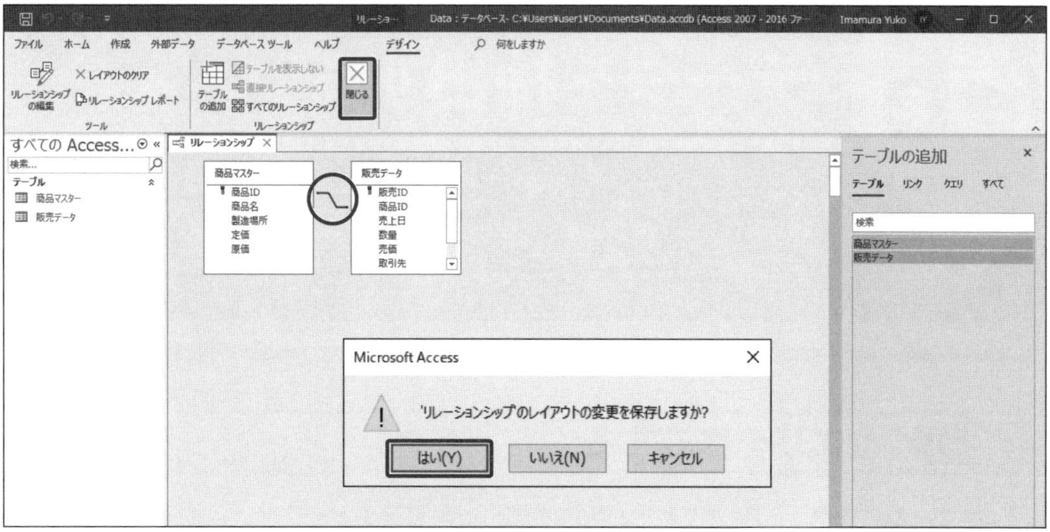

確認のため、「商品マスター」テーブルを開いてみましょう。

すると今までなかった「+」マークが表示されます。クリックすると「商品ID」ごとに「販売データ」テーブルとリンクしている情報が現れます（**図47**）。これを**サブデータシート**と呼びます。リレーションシップが設定されているテーブルでは、このようにリンクした情報を確認することができます。

図47　サブデータシート

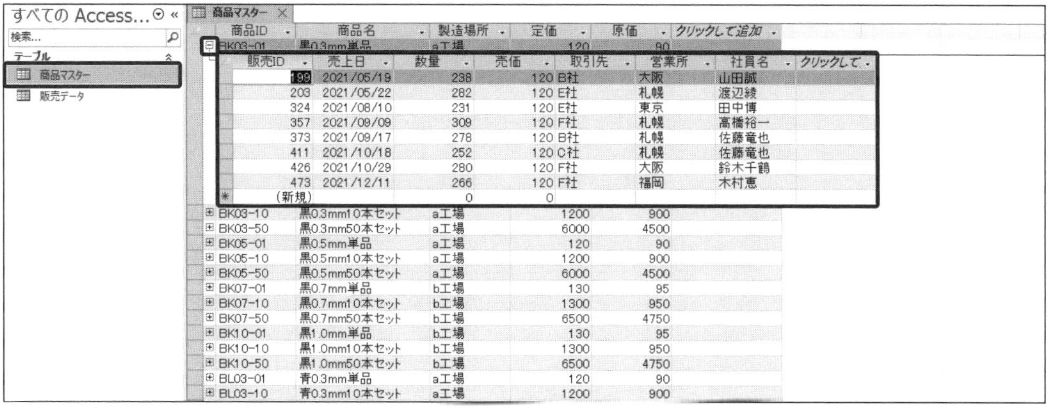

なお、サブデータシートが表示されるのは1つのレコードに対して複数のデータを持っている（1対多）場合に現れるものなので、「販売データ」テーブルにはサブデータシートは現れません。

CHAPTER 7

7-6 複数のテーブルをまたいでデータを抽出する

ここでは、リレーションを張った複数のテーブルからデータを抽出します。CHAPTER 4で解説した、Accessでクエリを作成してエクスポートする方法を使ってみましょう。

7-6-1 クエリを作成する

リボンの「作成」タブから「クエリデザイン」を選択します(図48)。

図48 クエリデザインを起動

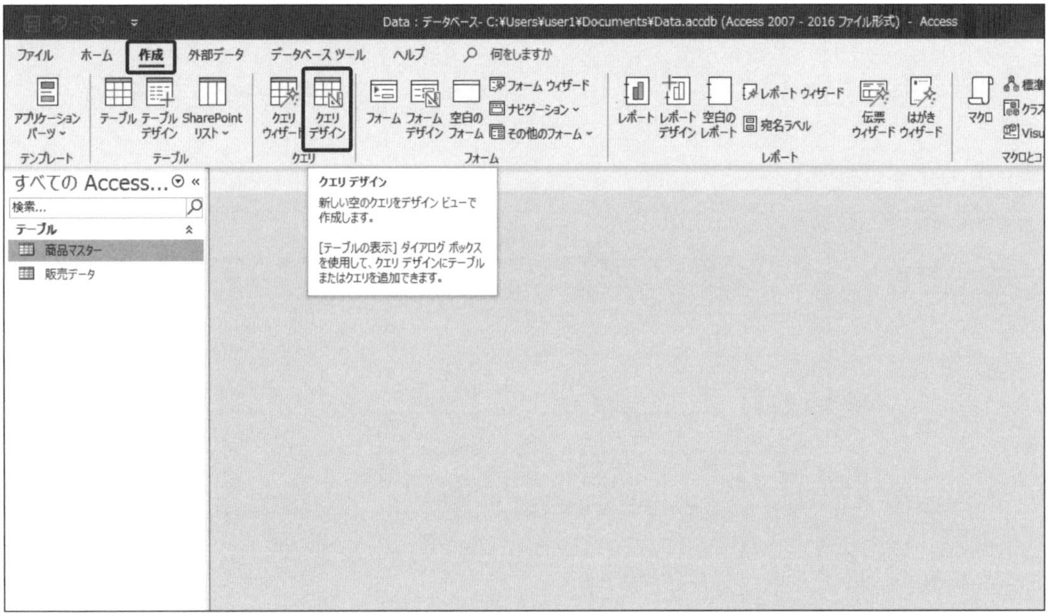

右側の「テーブルの追加」ウインドウで Shift キーを押しながら「商品マスター」「販売データ」を選択し、「選択したテーブルを追加」をクリックすると、2つのテーブルが表示されます。その後「テーブルの追加」ウインドウは閉じてしまって構いません(図49)。

図49　テーブルの追加

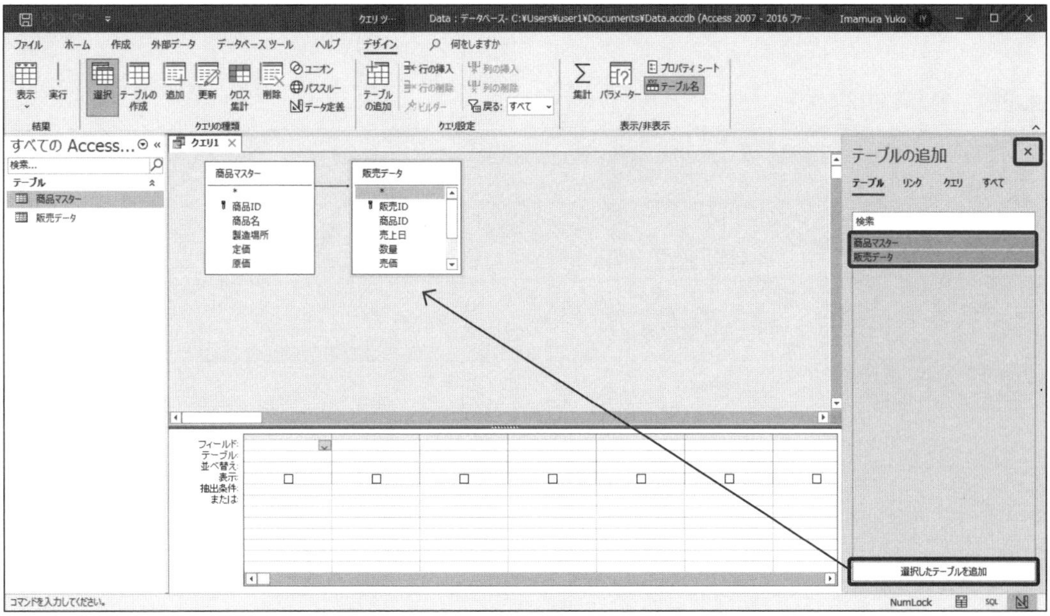

さきほどリレーションシップを設定したので、クエリでもその設定が反映されて「商品ID」が線でつながっています。

この画面でのテーブルの並びは動作に関係ありませんが、「販売データ」を基準にデータを抽出したいので、左右の並びを入れ替えておきます。テーブルのウインドウも下へ広げて、フィールド名がすべて閲覧できる大きさに変更しておきましょう（**図50**）。

図50　テーブルを見やすくする

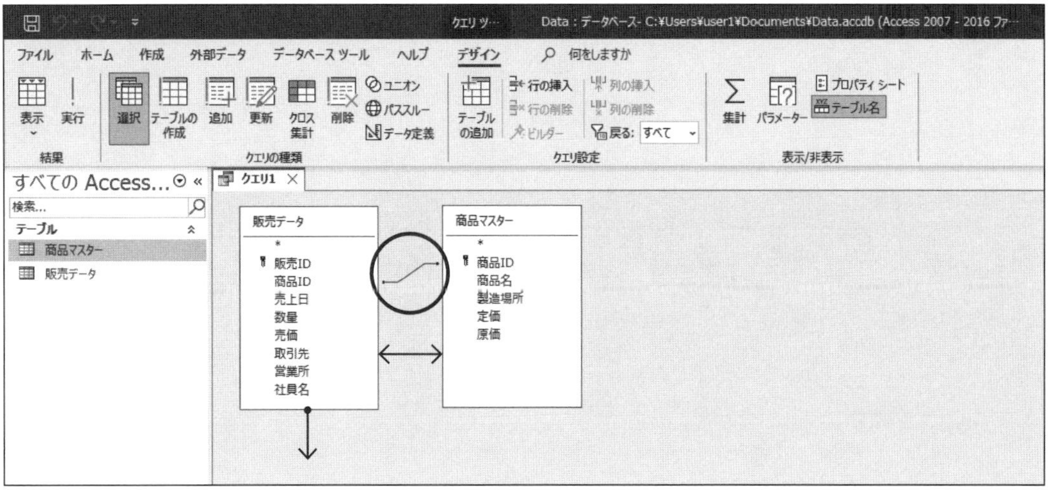

「クエリ1」タブを右クリックして上書き保存し、名前を付けます。Excelのデータ抽出用シートと同じ「一覧」という名前にしておきましょう(図51)。

図51 名前を付けて保存

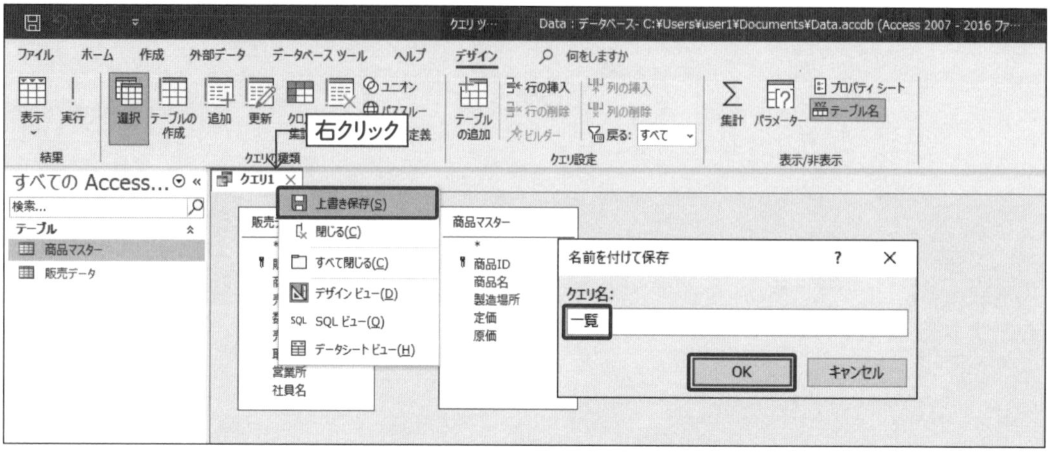

SampleSystem.xlsm の「一覧」シートと同じ並びになるように、フィールドをデザイングリッドへドラッグしていきます。抽出条件として、「売上日」の並べ替えを「降順」にしておきましょう(図52)。他にも好きな条件を付けたい場合、CHAPTER 4 を参照してください。

図52 フィールドをデザイングリッドに並べる

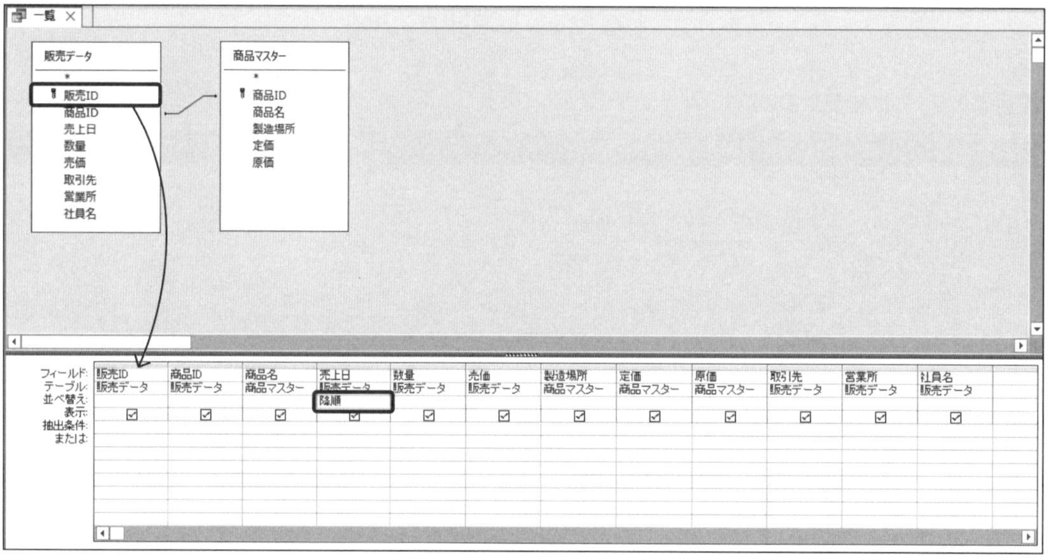

クエリを上書き保存して、リボンの「実行」をクリックします(**図53**)。

図53　**クエリの実行**

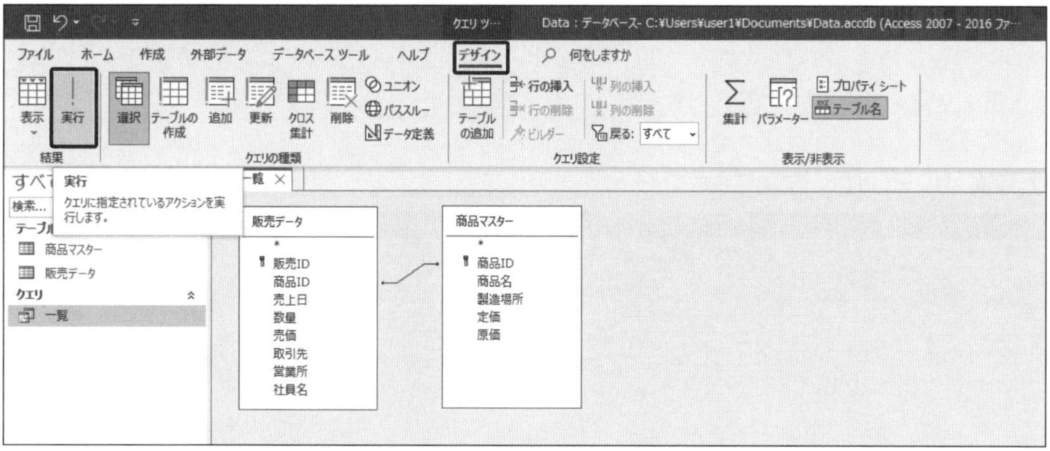

データシートビューに切り替わり、クエリの実行結果が表示されました(**図54**)。テーブルを2つに分けて重複データを削除しましたが、このようにリレーションを張って抽出することで、テーブルを分割する前と同じ見た目の一覧を作ることができます。

図54　**クエリの実行結果**

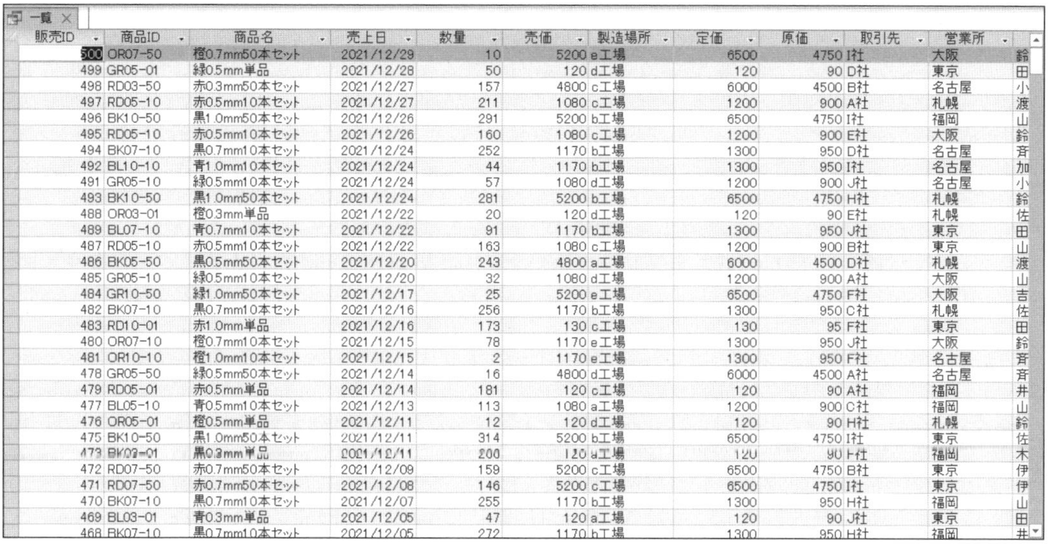

一覧

販売ID	商品ID	商品名	売上日	数量	売価	製造場所	定価	原価	取引先	営業所	
500	OR07-50	橙0.7mm50本セット	2021/12/29	10	5200	e工場	6500	4750	I社	大阪	鈴
499	GR05-01	緑0.5mm単品	2021/12/28	50	120	d工場	120	90	D社	東京	田
498	RD03-50	赤0.3mm50本セット	2021/12/27	157	4800	c工場	6000	4500	B社	名古屋	小
497	RD05-10	赤0.5mm10本セット	2021/12/27	211	1080	c工場	1200	900	A社	札幌	渡
496	BK10-50	黒1.0mm50本セット	2021/12/26	291	5200	b工場	6500	4750	I社	福岡	山
495	RD05-10	赤0.5mm10本セット	2021/12/26	160	1080	c工場	1200	900	E社	大阪	鈴
494	BK07-10	黒0.7mm10本セット	2021/12/24	252	1170	b工場	1300	950	D社	名古屋	斉
492	BL10-10	青1.0mm10本セット	2021/12/24	44	1170	b工場	1300	950	I社	名古屋	加
491	GR05-10	緑0.5mm10本セット	2021/12/24	57	1080	d工場	1200	900	J社	名古屋	小
493	BK10-50	黒1.0mm50本セット	2021/12/24	281	5200	b工場	6500	4750	H社	札幌	鈴
488	OR03-01	橙0.3mm単品	2021/12/22	20	120	d工場	120	90	E社	札幌	佐
489	BL07-10	青0.7mm10本セット	2021/12/22	91	1170	b工場	1300	950	J社	東京	田
487	RD05-10	赤0.5mm10本セット	2021/12/22	163	1080	c工場	1200	900	B社	東京	山
486	BK05-50	黒0.5mm50本セット	2021/12/20	243	4800	a工場	6000	4500	D社	札幌	渡
485	GR05-10	緑0.5mm10本セット	2021/12/20	32	1080	d工場	1200	900	A社	大阪	山
484	GR10-50	緑1.0mm50本セット	2021/12/17	25	5200	e工場	6500	4750	F社	大阪	吉
482	BK07-10	黒0.7mm10本セット	2021/12/16	256	1170	b工場	1300	950	C社	札幌	佐
483	RD10-01	赤1.0mm単品	2021/12/16	173	130	c工場	130	95	F社	東京	田
480	OR07-10	橙0.7mm10本セット	2021/12/15	78	1170	e工場	1300	950	J社	大阪	鈴
481	OR10-10	橙1.0mm10本セット	2021/12/15	2	1170	e工場	1300	950	F社	名古屋	斉
478	GR05-50	緑0.5mm50本セット	2021/12/14	16	4800	d工場	6000	4500	A社	名古屋	斉
479	RD05-01	赤0.5mm単品	2021/12/14	181	120	c工場	120	90	A社	福岡	井
477	BL05-10	青0.5mm10本セット	2021/12/13	113	1080	a工場	1200	900	C社	福岡	山
476	OR05-01	橙0.5mm単品	2021/12/11	12	120	d工場	120	90	H社	札幌	鈴
475	BK10-50	黒1.0mm50本セット	2021/12/11	314	5200	b工場	6500	4750	I社	東京	佐
473	BK03-01	黒0.3mm単品	2021/12/11	200	120	a工場	120	90	F社	福岡	木
472	RD07-50	赤0.7mm50本セット	2021/12/09	159	5200	c工場	6500	4750	B社	東京	伊
471	RD07-50	赤0.7mm50本セット	2021/12/08	146	5200	c工場	6500	4750	I社	東京	伊
470	BK07-10	黒0.7mm10本セット	2021/12/07	255	1170	b工場	1300	950	H社	福岡	山
469	BL03-01	青0.3mm単品	2021/12/05	47	120	a工場	120	90	J社	東京	田
468	BK07-10	黒0.7mm10本セット	2021/12/05	272	1170	b工場	1300	950	H社	福岡	井

7-6-2 テーブル結合の種類の違い

リレーションを張るということは、キーとなるフィールドを元にテーブルを結合させることですが、この結合にはいくつか種類があります。クエリのデザインビューに戻って、テーブル間のリレーションを表している「線」をダブルクリックすると、「結合プロパティ」ウインドウが開きます。このウインドウの下部に、3つの結合の種類があります(**図55**)。

図55 リレーションシップの結合プロパティ

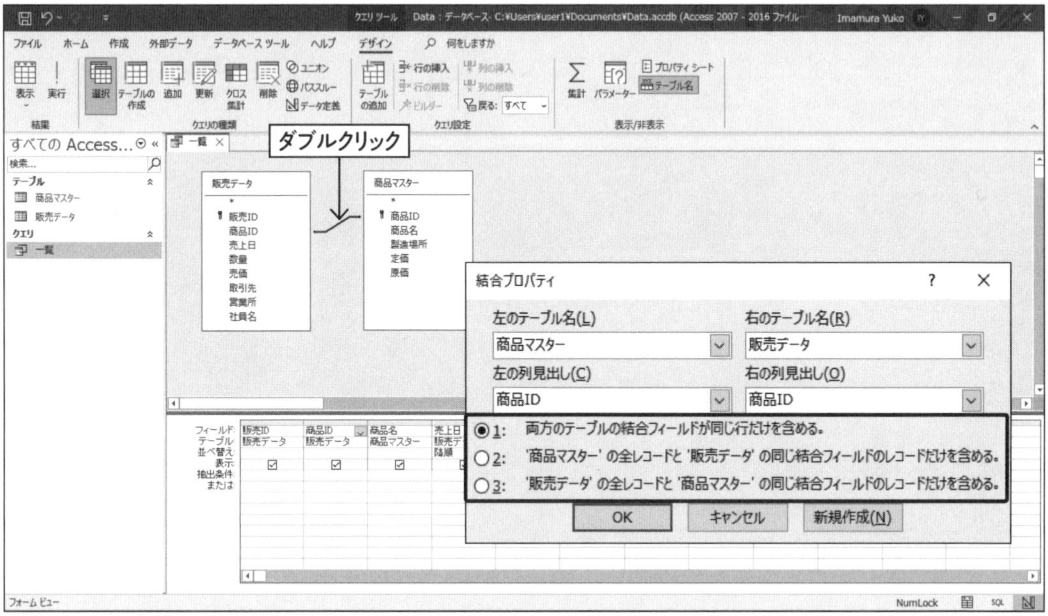

この結合の種類は、P.280の**図45**(「リレーションシップ」ウインドウ)の「結合の種類」というボタンでも設定することができ、その設定がクエリ作成時の規定値となります。

デフォルトでは1番目の「両方のテーブルの結合フィールドが同じ行だけを含める。」となりますが、これは内部結合と呼ばれる設定で、2番目と3番目はどちらかのテーブルを基準にした外部結合と呼ばれる設定です。

どのように違うのかは、文章だけではイメージがつかみにくいので例を挙げて見てみましょう。試しにそれぞれのテーブルに、お互いに**共通しない**「商品ID」を持つレコードを作ります。

「販売データ」テーブルには「A」という「商品ID」のレコードを、「商品マスター」テーブルには「B」という「商品ID」のレコードを、それぞれ追加して上書き保存します(**図56**)。

図56　共通しない「商品ID」を持つレコードをそれぞれに追加

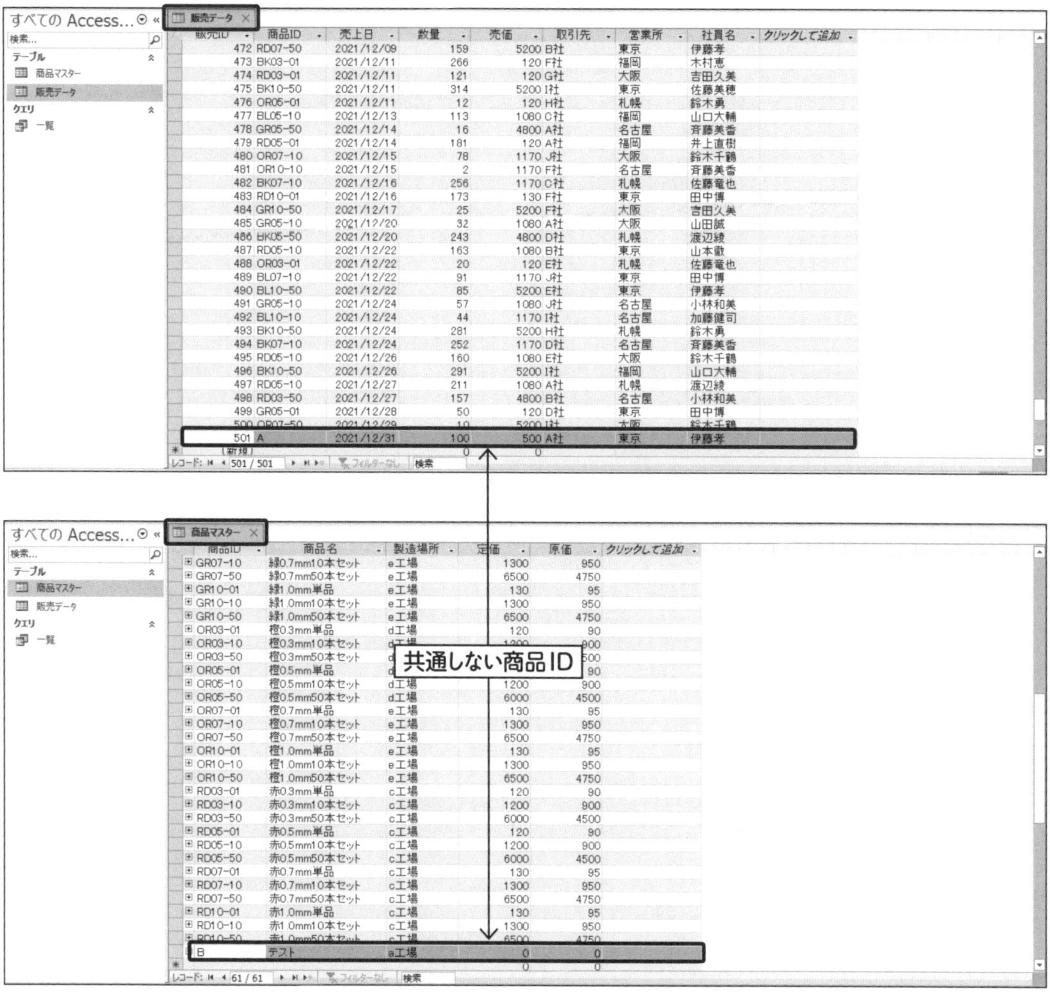

なお、図45（「リレーションシップ」ウインドウ）で「参照整合性」にチェックが入っていると、「商品マスター」テーブルに存在するIDしか登録できなくなるため、「販売データ」テーブルに商品ID「A」のレコードは作成できません。

それぞれテーブルを閉じて、「一覧」クエリをデータシートビューで開きます。すでに開いていた場合は「ホーム」タブの「すべて更新」をクリックしてみてください（図57）。

図57 クエリの実行結果

さきほどお互いのテーブルにレコードを追加したのに、どちらも表示されません。これは、現在このクエリのテーブル結合が「両方のテーブルの結合フィールドが同じ行だけを含める。」(内部結合)、つまり「テーブルを結合した際、両方のテーブルで同じ'商品ID'が存在するレコードしか表示しない」という設定になっているからです(**図58**)。

図58 内部結合のイメージ

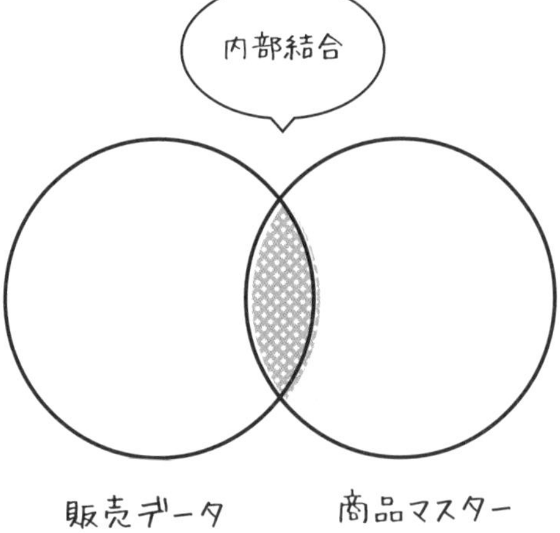

それではこの「一覧」クエリをデザインビューに切り替えて、「結合プロパティ」を「'商品マスター'の全レコードと'販売データ'の同じ結合フィールドのレコードだけを含める。」(「商品マスター」を基準にした外部結合)にしてみましょう(**図59**)。

これは、「テーブルを結合した際、'商品ID'が共通していなくても'商品マスター'テーブルに存在するレコードはすべて表示する」という意味になります。

図59　結合プロパティを変更

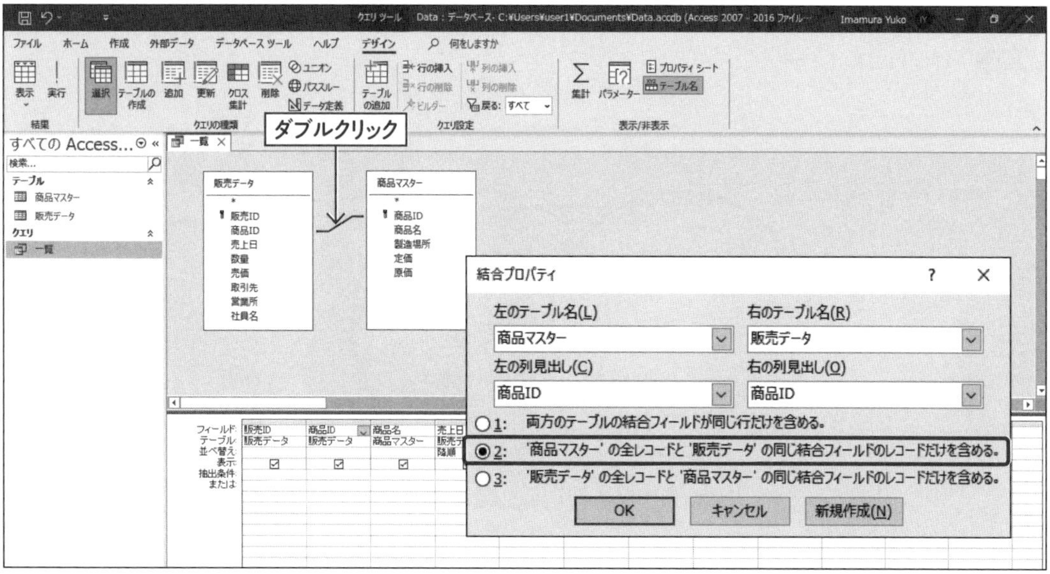

「一覧」クエリをデータシートビューに切り替え、リボンの「すべて更新」をクリックすると、さきほどの内部結合では出てこなかったレコードが抽出されています（図60）。

図60　クエリの実行結果

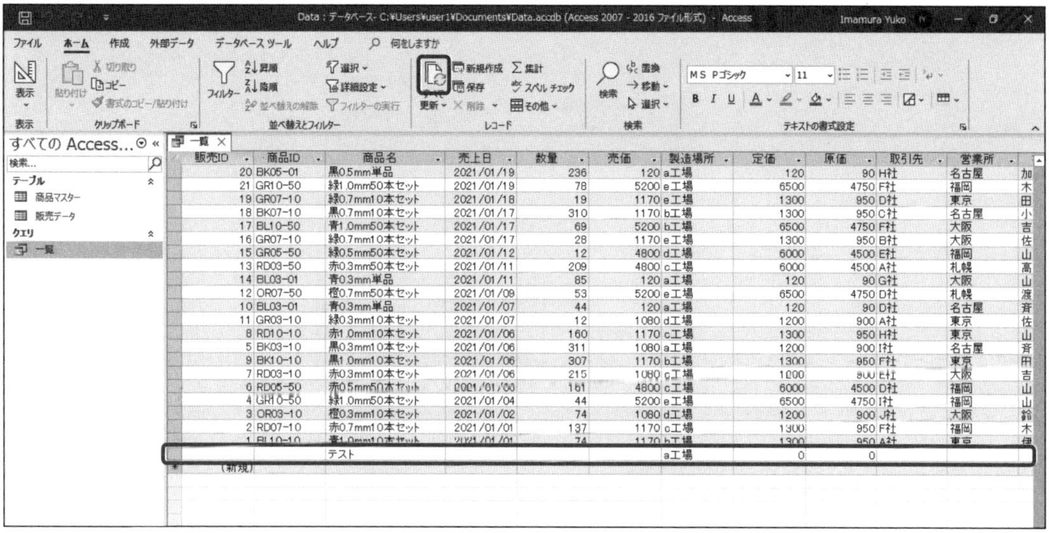

共通した「商品ID」を持っていなくても「商品マスター」テーブルに存在するレコードはすべて表示する、という外部結合を行った結果です(図61)。ここでは「販売データ」に同じ「商品ID」を持っているレコードが存在しないので、「販売データ」に関するフィールドは空になっています。

図61 外部結合のイメージ

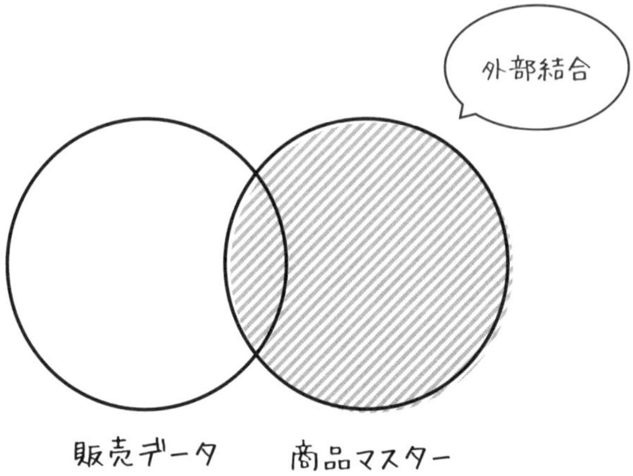

ところで、図60の「商品ID」はどうして空なのでしょうか？　それは、ここに抽出されている「商品ID」はデザインビューで「販売データ」テーブルから抽出する設定になっているからです(図62)。ここを「商品マスター」から抽出する設定にしてあれば、さきほどの商品IDには「B」と表示されます。

図62 抽出元を変更できる

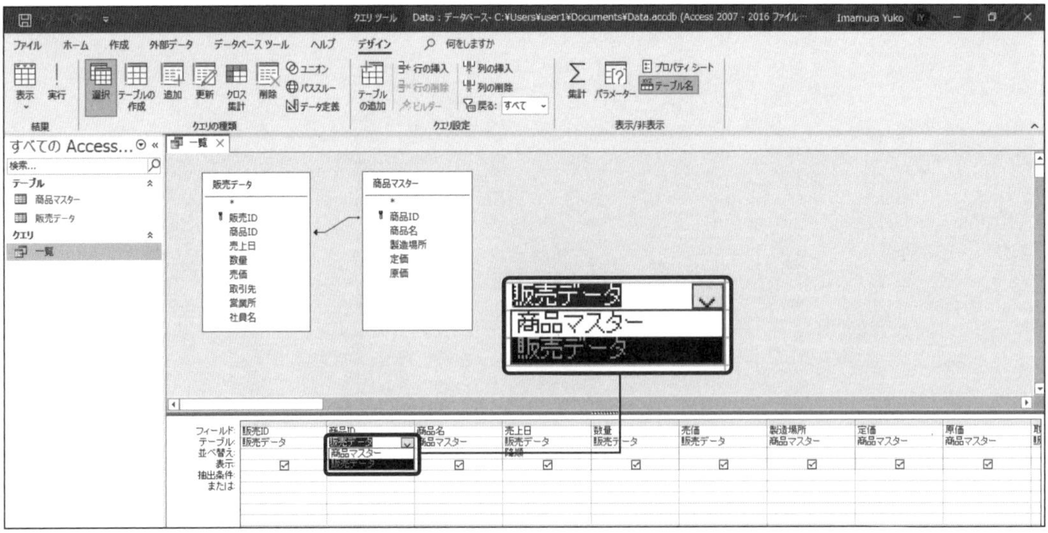

最後にもう1つの外部結合を確認します。「一覧」クエリをデザインビューに切り替えて「結合プロパティ」を「'販売データ'の全レコードと'商品マスター'の同じ結合フィールドのレコードだけを含める。」(「販売データ」を基準にした外部結合)にしてみましょう(図63)。

図63 結合プロパティを変更

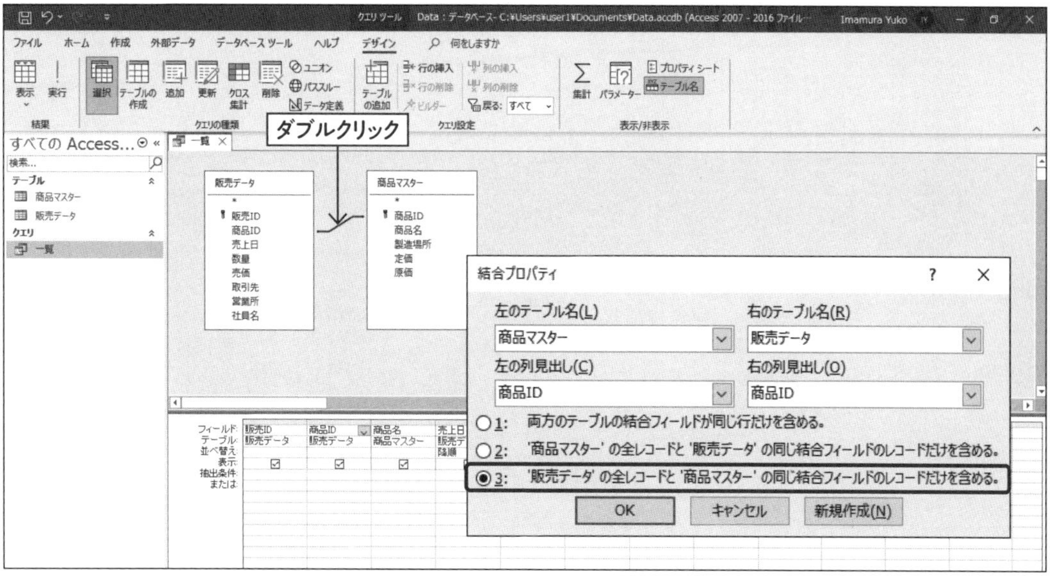

これは、「テーブルを結合した際、'商品ID'が共通していなくても'販売データ'テーブルに存在するレコードはすべて表示する」という意味になります(図64)。

図64 結合のイメージ

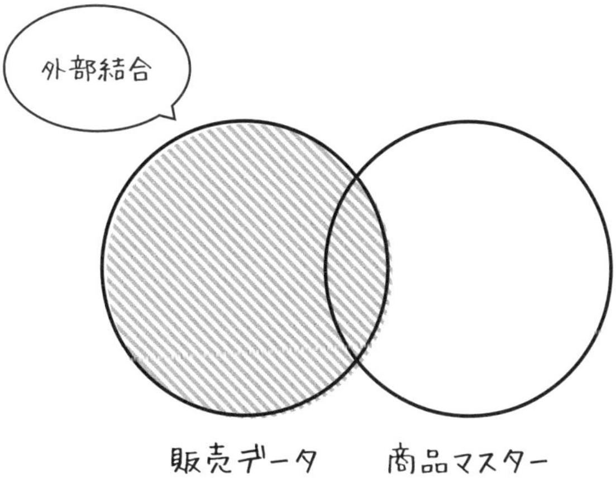

「一覧」クエリをデータシートビューに切り替え、リボンの「すべて更新」をクリックすると、今度は「販売データ」テーブルを基準にしたレコードが抽出されます（図65）。

図65 クエリの実行結果

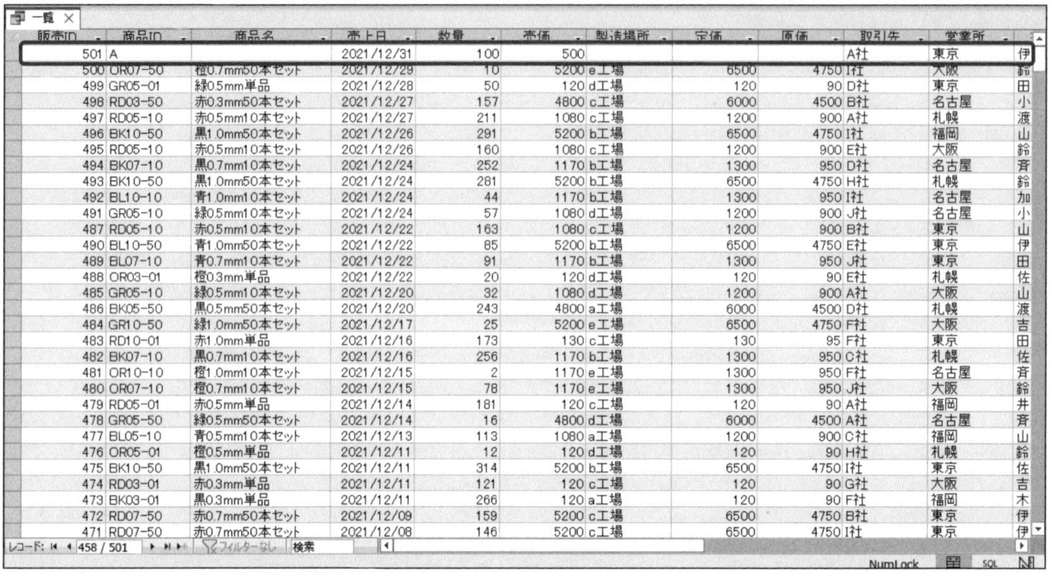

販売ID	商品ID	商品名	売上日	数量	売価	製造場所	定価	原価	取引先	営業所	
501	A		2021/12/31	100	500				A社	東京	伊
500	OR07-50	橙0.7mm50本セット	2021/12/29	10	5200	e工場	6500	4750	I社	大阪	鈴
499	GR05-01	緑0.5mm単品	2021/12/28	50	120	d工場	120	90	D社	東京	田
498	RD03-50	赤0.3mm50本セット	2021/12/27	157	4800	c工場	6000	4500	B社	名古屋	小
497	RD05-10	赤0.5mm10本セット	2021/12/27	211	1080	c工場	1200	900	A社	札幌	渡
496	BK10-50	黒1.0mm50本セット	2021/12/26	291	5200	b工場	6500	4750	I社	福岡	山
495	RD05-10	赤0.5mm10本セット	2021/12/26	160	1080	c工場	1200	900	E社	大阪	鈴
494	BK07-10	黒0.7mm10本セット	2021/12/24	252	1170	b工場	1300	950	D社	名古屋	斉
493	BK10-50	黒1.0mm50本セット	2021/12/24	281	5200	b工場	6500	4750	H社	札幌	鈴
492	BL10-10	青1.0mm10本セット	2021/12/24	44	1170	b工場	1300	950	I社	名古屋	加
491	GR05-10	緑0.5mm10本セット	2021/12/24	57	1080	d工場	1200	900	J社	名古屋	小
487	RD05-10	赤0.5mm10本セット	2021/12/22	163	1080	c工場	1200	900	B社	東京	山
490	BL10-50	青1.0mm50本セット	2021/12/22	85	5200	b工場	6500	4750	E社	東京	伊
489	BL07-10	青0.7mm10本セット	2021/12/22	91	1170	b工場	1300	950	J社	東京	田
488	OR03-01	橙0.3mm単品	2021/12/22	20	120	d工場	120	90	E社	札幌	佐
485	GR05-10	緑0.5mm10本セット	2021/12/20	32	1080	d工場	1200	900	A社	大阪	山
486	BK05-50	黒0.5mm50本セット	2021/12/20	243	4800	a工場	6000	4500	D社	札幌	渡
484	GR10-50	緑1.0mm50本セット	2021/12/17	25	5200	e工場	6500	4750	F社	大阪	吉
483	RD10-01	赤1.0mm単品	2021/12/16	173	130	c工場	130	95	F社	東京	田
482	BK07-10	黒0.7mm10本セット	2021/12/16	256	1170	b工場	1300	950	C社	札幌	佐
481	OR10-10	橙1.0mm10本セット	2021/12/15	2	1170	e工場	1300	950	F社	名古屋	斉
480	OR07-10	橙0.7mm10本セット	2021/12/15	78	1170	e工場	1300	950	J社	大阪	鈴
479	RD05-01	赤0.5mm単品	2021/12/14	181	120	c工場	120	90	A社	福岡	井
478	GR05-50	緑0.5mm50本セット	2021/12/14	16	4800	d工場	6000	4500	A社	名古屋	斉
477	BL05-10	青0.5mm10本セット	2021/12/13	113	1080	a工場	1200	900	C社	福岡	山
476	OR05-01	橙0.5mm単品	2021/12/11	12	120	d工場	120	90	H社	札幌	鈴
475	BK10-50	黒1.0mm50本セット	2021/12/11	314	5200	b工場	6500	4750	I社	東京	佐
474	RD03-01	赤0.3mm単品	2021/12/11	121	120	c工場	120	90	G社	大阪	吉
473	BK03-01	黒0.3mm単品	2021/12/11	266	120	a工場	120	90	F社	福岡	木
472	RD07-50	赤0.7mm50本セット	2021/12/09	159	5200	c工場	6500	4750	B社	東京	伊
471	RD07-50	赤0.7mm50本セット	2021/12/08	146	5200	c工場	6500	4750	I社	東京	伊

ここでは「商品マスター」に同じ「商品ID」を持っているレコードが存在しないので、「商品マスター」に関するフィールドは空になっています。

このように、結合の種類で抽出されるデータの結果が変わるので、どのようなデータを使いたいかを考えて設定しましょう。

なお、ここで説明のために追加したレコードは収録サンプルには含まれていません。ここからは結合プロパティは「両方のテーブルの結合フィールドが同じ行だけを含める。」（内部結合）で進めていきます。

7-6-3 テーブル結合したクエリをエクスポートする

CHAPTER 4で紹介したエクスポートも試してみましょう。エクスポートを行う前に、クエリの上書き保存を忘れずに行っておいてください（保存しないとエクスポートに反映されません）。

クエリで「一覧」を選択し、「外部データ」タブの「エクスポート」のグループにある「Excel」をクリックします（図66）。

図66　Excelへエクスポート

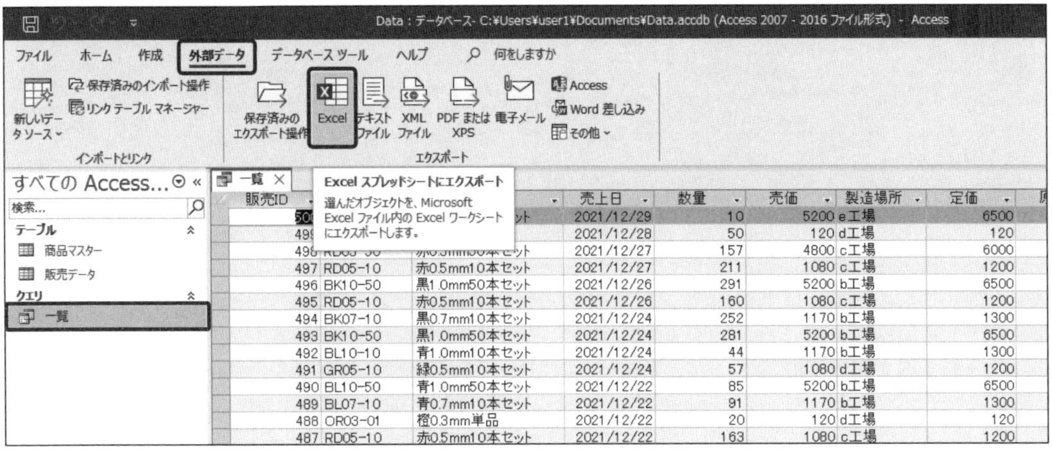

エクスポート先を選択する画面が表示されます（図67）。詳しくは**4-4**を参照してください。

図67　エクスポート先の選択

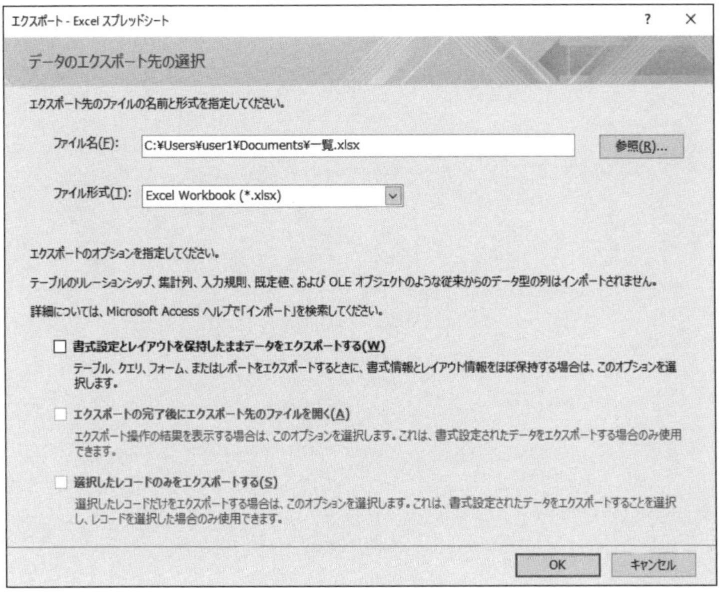

エクスポートされたExcelファイルは**図68**のようになっています（図はデータが読みやすいようにセル幅を調整してあります）。

図68 エクスポート結果

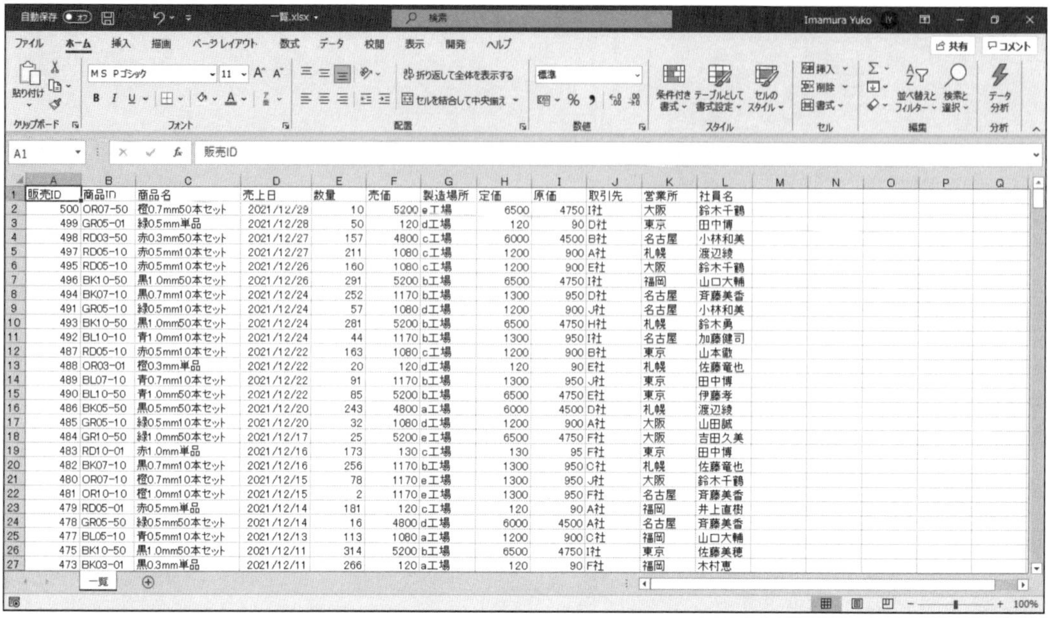

販売ID	商品ID	商品名	売上日	数量	売価	製造場所	定価	原価	取引先	営業所	社員名
500	OR07-50	橙0.7mm50本セット	2021/12/29	10	5200	e工場	6500	4750	I社	大阪	鈴木千鶴
499	GR05-01	緑0.5mm単品	2021/12/28	50	120	d工場	120	90	D社	東京	田中博
498	RD03-50	赤0.3mm50本セット	2021/12/27	157	4800	c工場	6000	4500	B社	名古屋	小林和美
497	RD05-10	赤0.5mm10本セット	2021/12/27	211	1080	c工場	1200	900	A社	札幌	渡辺綾
495	RD05-10	赤0.5mm10本セット	2021/12/26	160	1080	c工場	1200	900	E社	大阪	鈴木千鶴
496	BK10-50	黒1.0mm50本セット	2021/12/26	291	5200	b工場	6500	4750	I社	福岡	山口大輔
494	BK07-10	黒0.7mm10本セット	2021/12/24	252	1170	b工場	1300	950	D社	名古屋	斉藤美香
491	GR05-10	緑0.5mm10本セット	2021/12/24	57	1080	d工場	1200	900	J社	名古屋	小林和美
493	BK10-50	黒1.0mm50本セット	2021/12/24	281	5200	b工場	6500	4750	H社	札幌	鈴木勇
492	BL10-10	青1.0mm10本セット	2021/12/24	44	1170	b工場	1300	950	I社	名古屋	加藤健司
487	RD05-10	赤0.5mm10本セット	2021/12/22	163	1080	c工場	1200	900	B社	東京	山本徹
488	OR03-01	橙0.3mm単品	2021/12/22	20	120	d工場	120	90	E社	札幌	佐藤竜也
489	BL07-10	青0.7mm10本セット	2021/12/22	91	1170	b工場	1300	950	J社	東京	田中博
490	BL10-50	青1.0mm50本セット	2021/12/22	85	5200	b工場	6500	4750	E社	東京	伊藤孝
486	BK05-50	黒0.5mm50本セット	2021/12/20	243	4800	a工場	6000	4500	D社	札幌	渡辺綾
485	GR05-10	緑0.5mm10本セット	2021/12/20	32	1080	d工場	1200	900	A社	大阪	山田誠
484	GR10-50	緑1.0mm50本セット	2021/12/17	25	5200	e工場	6500	4750	F社	大阪	吉田久美
483	RD10-01	赤1.0mm単品	2021/12/16	173	130	c工場	130	95	F社	東京	田中博
482	BK07-10	黒0.7mm10本セット	2021/12/16	256	1170	b工場	1300	950	C社	札幌	佐藤竜也
480	OR07-10	橙0.7mm10本セット	2021/12/15	78	1170	e工場	1300	950	J社	大阪	鈴木千鶴
481	OR10-10	橙1.0mm10本セット	2021/12/15	2	1170	e工場	1300	950	F社	名古屋	斉藤美香
479	RD05-01	赤0.5mm単品	2021/12/14	181	120	c工場	120	90	A社	福岡	井上直樹
478	GR05-50	緑0.5mm50本セット	2021/12/14	16	4800	d工場	6000	4500	A社	名古屋	斉藤美香
477	BL05-10	青0.5mm10本セット	2021/12/13	113	1080	a工場	1200	900	C社	福岡	山口大輔
475	BK10-50	黒1.0mm50本セット	2021/12/11	314	5200	b工場	6500	4750	I社	東京	佐藤美穂
473	BK03-01	黒0.3mm単品	2021/12/11	266	120	a工場	120	90	F社	福岡	木村恵

CHAPTER 7

7-7 コードを複数テーブルに対応させる

ユーザーフォームとコードも複数テーブルに対応するように修正していきましょう。

7-7-1 読込機能を修正する

7-4までの内容を反映したSampleSystem.xlsm（サンプルファイルの「Chapter7」フォルダー→「Before」フォルダー→SampleSystem7-3.xlsmとして収録されています）を開き、読込の処理を修正します。

5-4-1で書いたSELECT構文のおさらいですが、テーブルが1つだった場合は**図69**のようになっていました。

図69 テーブル1つのSELECT構文

```
SELECT フィールド, フィールド, …
FROM テーブル;
```

取り出したいフィールド

取り出す元

「すべてのフィールド」→「*」

このSELECT構文を2つのテーブルに対応させるには、**図70**のように書きます。**7-6-1**ではAccessのクエリでリレーションを張った複数テーブルからフィールドを抽出しましたが、それをSQLで記述したものです。

図70 テーブル2つのSELECT構文

```
SELECT テーブル1.フィールド, テーブル2.フィールド, …
FROM テーブル1 INNER JOIN テーブル2
ON テーブル1.フィールド = テーブル2.フィールド;
```

テーブル名からフィールドを指定

結合の種類

テーブル同士を結合させるフィールド

7-6-2では、結合の種類で抽出されるデータの結果が変わることを検証しましたが、SELECT構文でも同じことができます。**テーブルの順番**が重要になり、先に記述したテーブルを左、後に記述したテーブルを右として、**表1**のように結合の種類を記述します。

表1 結合の種類の記述

記述	種類	内容
INNER JOIN	内部結合	結合フィールドがお互いのテーブルで存在しているレコードのみ表示する
LEFT JOIN	左外部結合	左テーブルの全レコードと、結合フィールドがお互いのテーブルで存在しているレコードを表示する
RIGHT JOIN	右外部結合	右テーブルの全レコードと、結合フィールドがお互いのテーブルで存在しているレコードを表示する

この書き方を踏まえて、「F_Loader（読込）」フォームの「loadRecord」プロシージャを修正します（**コード9**）。

コード9 「loadRecord」プロシージャ（「F_Loader（読込）」フォーム）の修正

```
Public Sub loadRecord()
  '## レコードの読込

  '対象シートを設定
  Dim ws As Worksheet
  Set ws = S_List ← シートのオブジェクト名を変更

～～～～～～～～～～ 略 ～～～～～～～～～～

  'SQL文の作成
  Dim sql As String
  sql = _
    "SELECT *" & _ ← 「すべてのフィールド」記述を削除
      "販売データ.販売ID, " & _
      "販売データ.商品ID, " & _
      "商品マスター.商品名, " & _
      "販売データ.売上日, " & _
      "販売データ.数量, " & _
      "販売データ.売価, " & _
      "商品マスター.製造場所, " & _
      "商品マスター.定価, " & _
      "商品マスター.原価, " & _
      "販売データ.取引先, " & _
      "販売データ.営業所, " & _
```

```
      "販売データ.社員名 " & _
    "FROM 販売データ INNER JOIN 商品マスター " & _
    "ON 販売データ.商品ID = 商品マスター.商品ID "

  sql = sql & getWhereTxt1 '条件1
  sql = sql & getWhereTxt2 '条件2
  sql = sql & getWhereTxt3 '条件3
  sql = sql & getWhereTxt4 '条件4

  sql = sql & "ORDER BY 販売データ.売上日 DESC;"

  'レコードセットをシートへ展開
                         略
End Sub
```

続いて同じく「F_Loader(読込)」フォームのコードにて条件を設定している「getWhereTxt○」プロシージャを修正していきます。

条件1が**コード10**です。

コード10　「getWhereTxt1」プロシージャ(「F_Loader(読込)」フォーム)

```
Private Function getWhereTxt1() As String
  '## 条件1

                         略

  '条件文
  getWhereTxt1 = "WHERE 販売データ.商品ID = '" & Me.txb_prdId.Value & "' "
  m_hasWhere = True 'フラグON
End Function
```

条件2が**コード11**です。

コード11　「getWhereTxt2」プロシージャ

```
Private Function getWhereTxt2() As String
  '## 条件2

                         略

```

```
  '条件文
  getWhereTxt2 = getWhereTxt2 & "販売データ.売上日 " & _
    "BETWEEN #" & Me.txb_date1.Value & "# AND #" & Me.txb_date2.Value & "# "
End Function
```

条件3が**コード12**です。

コード12 「getWhereTxt3」プロシージャ

```
Private Function getWhereTxt3() As String
  '## 条件3

～～～～～～～～～～～～ 略 ～～～～～～～～～～～～

  '条件文
  getWhereTxt3 = getWhereTxt3 & "販売データ.数量 "
  Select Case Me.cmb_scope.Value
    Case "以上"
      getWhereTxt3 = getWhereTxt3 & ">= "
    Case "以下"
      getWhereTxt3 = getWhereTxt3 & "<= "
    Case Else
      getWhereTxt3 = getWhereTxt3 & "= "
  End Select
  getWhereTxt3 = getWhereTxt3 & Me.txb_qty.Value & " "
End Function
```

条件4が**コード13**です。

コード13 「getWhereTxt4」プロシージャ

```
Private Function getWhereTxt4() As String
  '## 条件4

～～～～～～～～～～～～ 略 ～～～～～～～～～～～～

  '条件文
  Select Case Me.cmb_field.Value ← フィールドに対応したテーブル名を付ける
    Case "商品名", "製造場所"
      getWhereTxt4 = getWhereTxt4 & " 商品マスター." & Me.cmb_field.Value
    Case "取引先", "営業所", "社員名"
      getWhereTxt4 = getWhereTxt4 & " 販売データ." & Me.cmb_field.Value
  End Select
```

```
    getWhereTxt4 = getWhereTxt4 & _
    " " & Me.cmb_field .Value & " LIKE '%" & Me.txb_keyword.Value & "%' "
End Function
```

削除して1行にする

これで、読込の機能が2つのテーブルに対応して動くようになりました(図71)。

図71 動作結果

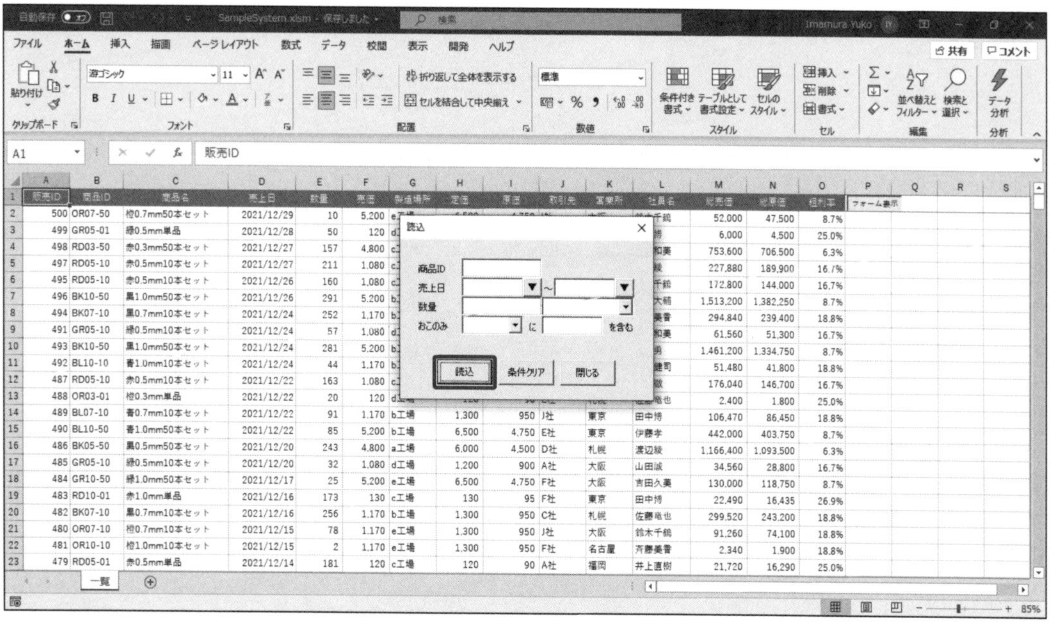

7-7-2 「編集」フォームを改良する

次に「F_Editor(編集)」フォームを見てみましょう。テーブルを分割したので、このフォームでは「販売データ」テーブルに関する部分のみ扱えばよいことになります。

「商品ID」のテキストボックスをコンボボックスへ変更し、オブジェクト名を「cmb_prdId」とします。「商品名」「製造場所」「定価」「原価」のテキストボックスは**6-1-2**の「販売ID」と同じように、「Enabled」を「False(編集不可)」に、「BackColor(背景色)」をグレー(「ボタンの表面」色)にしておきます(図72)。

図72 フォームの改良

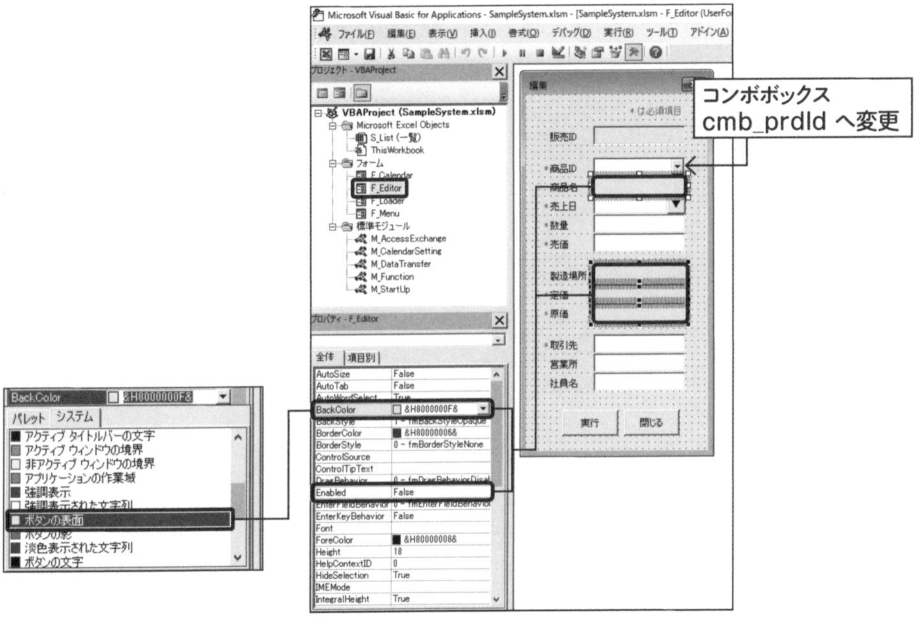

ここからは、「商品ID」コンボボックスに値が入ったら、「商品名」「製造場所」「定価」「原価」テキストボックスに、対応した値をデータベースから読み込んで自動で入力する仕組みを作っていきます。

まずは「F_Menu（メニュー）」フォームモジュールからの動きを修正します。「メニュー」フォームの「追加」ボタンをクリックしたとき、誤入力防止のため現在選択されているセル位置の商品情報を利用する形にしていましたが（**6-1-1**参照）、ここからはコンボボックスで選択する形式にするので、データの転記部分が不要になります（**コード14**）。

コード14 「btn_insert_Click」プロシージャ（「F_Menu」フォーム）

```
Private Sub btn_insert_Click()
  '## 「追加」ボタンクリック時

  'フォームを閉じる
    Unload Me

  '「編集」フォームの代入と表示
  With F_Editor 'モジュールを「.」で省略
    Cells(ActiveCell.Row, 1).Select 'A列へ移動
    If ActiveCell.Value <> "" And ActiveCell.Row <> 1 Then '販売IDがあるセルだったら
```

```
        '変数設定
        Dim ws As Worksheet
        Set ws = ActiveSheet 'ワークシート
        Dim tgtRow As Long
        tgtRow = ActiveCell.Row '行数

        '代入
        .txb_prdId.Value = ws.Cells(tgtRow, 2).Value '商品ID
        .txb_prdName.Value = ws.Cells(tgtRow, 3).Value '商品名
        .txb_location.Value = ws.Cells(tgtRow, 7).Value '製造場所
        .txb_fixedPrice.Value = ws.Cells(tgtRow, 8).Value '定価
        .txb_costPrice.Value = ws.Cells(tgtRow, 9).Value '原価
    End If

        '表示
        .btn_execute.Caption = "追加" '実行ボタンのCaptionを変更
        .Show 'フォームを表示
    End With
End Sub
```

「メニュー」フォームの「更新」ボタンをクリックしたときには現在選択されているセル位置のデータを転記しますが、ここも「商品ID」以外の商品情報は不要になります（**コード15**）。

コード15　「btn_update_Click」プロシージャ（「F_Menu」フォーム）

```
Private Sub btn_update_Click()
    '##「更新」ボタンクリック時

～～～～～～～～～～～～～～～ 略 ～～～～～～～～～～～～～～～

    '「編集」フォームの代入と表示
    With F_Editor
        '変数設定
        Dim ws As Worksheet
        Set ws = ActiveSheet 'ワークシート
        Dim tgtRow As Long
        tgtRow = ActiveCell.Row '行数

        '代入
        .txb_odrId.Value = ws.Cells(tgtRow, 1).Value '販売ID
        .cmb_prdId.Value = ws.Cells(tgtRow, 2).Value ←商品IDをコンボボックスへ変更
        .txb_prdName.Value = ws.Cells(tgtRow, 3).Value '商品名
        .txb_date.Value = ws.Cells(tgtRow, 4).Value '売上日
        .txb_qty.Value = ws.Cells(tgtRow, 5).Value '数量
```

```
        .txb_salePrice.Value = ws.Cells(tgtRow, 6).Value '売価
        .txb_location.Value = ws.Cells(tgtRow, 7).Value '製造場所
        .txb_fixedPrice.Value = ws.Cells(tgtRow, 8).Value '定価
        .txb_costPrice.Value = ws.Cells(tgtRow, 9).Value '原価
        .txb_client.Value = ws.Cells(tgtRow, 10).Value '取引先
        .txb_office.Value = ws.Cells(tgtRow, 11).Value '営業所
        .txb_staff.Value = ws.Cells(tgtRow, 12).Value '社員名

        '表示
        .btn_execute.Caption = "更新" '実行ボタンのCaptionを変更
        .Show
    End With
End Sub
```

動作確認をしてみると、図73のようになります。

図73 動作確認

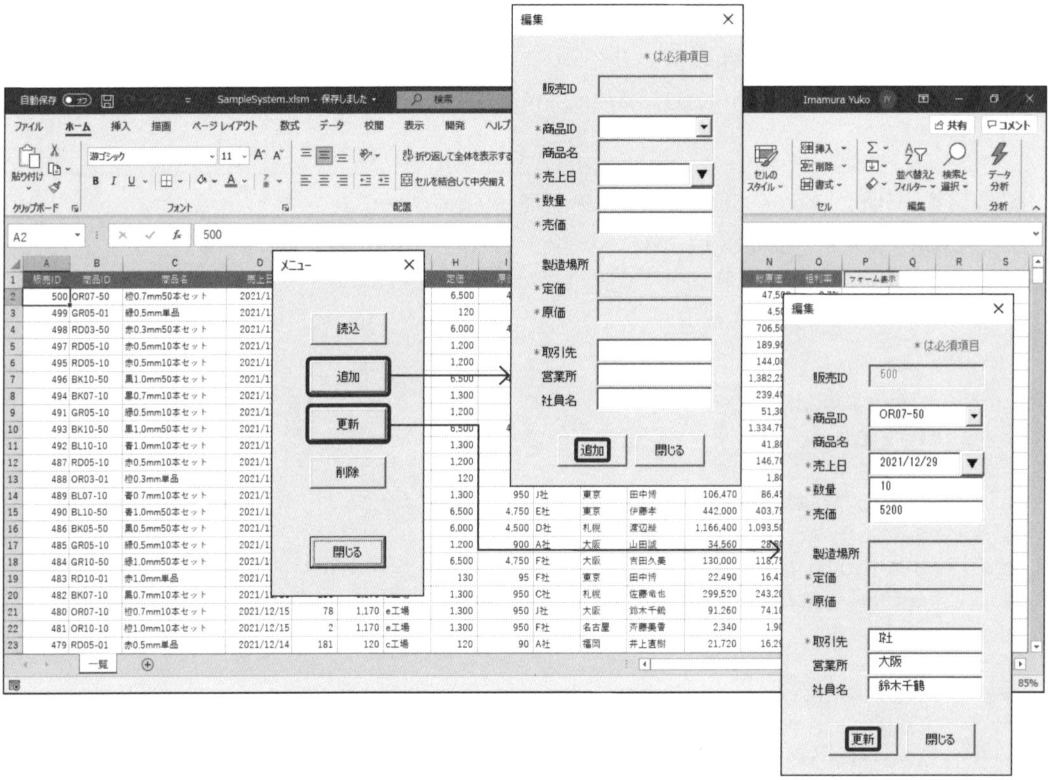

7-7-3 レコードセットを配列に入れて利用する

「F_Editor（編集）」フォームへの商品情報は、Data.accdbの「商品マスター」テーブルからレコードセットを取得して入力します。ここまで、取得したレコードセットは、専用のプロシージャ（「M_AccessExchange」モジュールの「putRsOnSheet」プロシージャ）を使ってシートに書き込んできました。

今回の書き込む先はシートではなくフォーム上のコントロールなので、レコードセットの内容を**配列に格納**して利用してみましょう。

まずは、どんな形の配列が必要なのか考えてみます。

想定しているのは、「商品ID」コンボボックスに一覧表示されるID群と、その中から選択された指定のIDに関する情報です。SELECT文と取り出すレコードセットは**図74**のようなイメージです。

図74　想定するSELECT文とレコードセット

```
SELECT 商品ID
FROM 商品マスター;
```

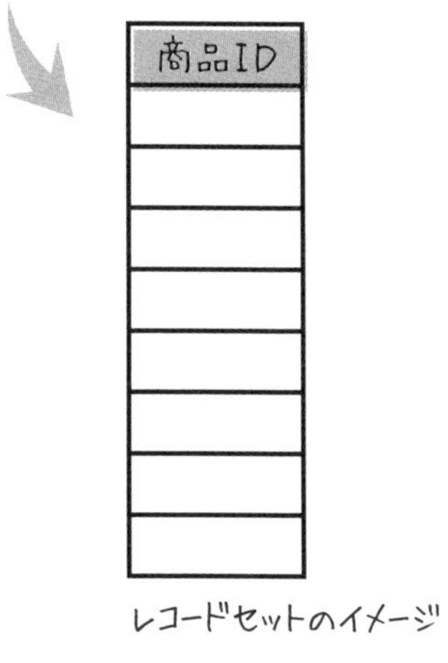


```
SELECT 商品名, 製造場所, 定価, 原価
FROM 商品マスター
WHERE 商品ID = ‘XXX’;
```

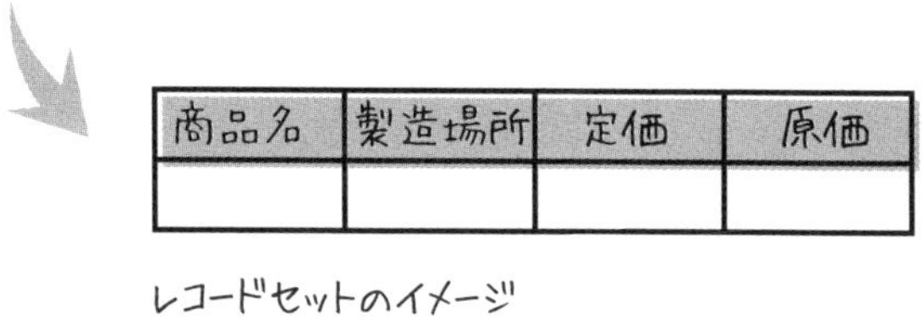

このレコードセットの内容を配列に格納します。配列は、**配列名(要素数) as 型**のように宣言することで、同じ性質の複数データをまとめて扱うことができます。同じ形の箱が1列に連なっていて、箱の番号で中身を出し入れするイメージです（**図75**）。

図75 配列のイメージ

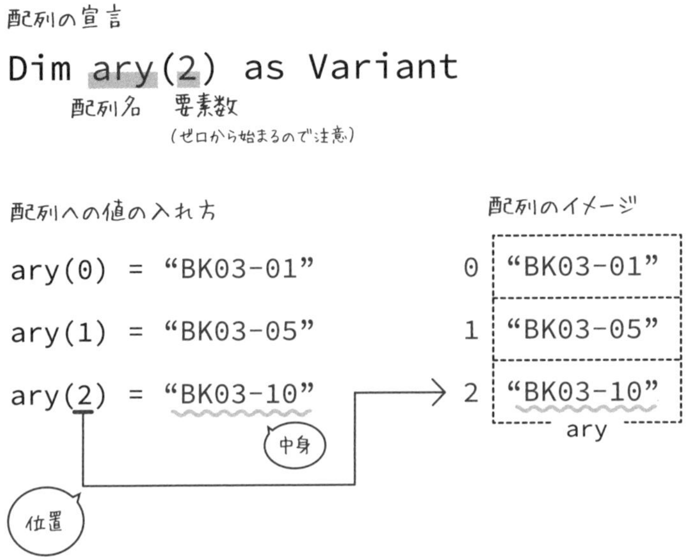

コンボボックスに一覧表示させる「商品ID」群(**図74**左側)を格納するなら、この形でよさそうです。では、選択されたIDに関する情報(**図74**右側)はどうでしょう?

このような形を配列で扱いたい場合、二次元配列を使うとよいでしょう。二次元配列は「**配列名(要素数1, 要素数2) as 型**」のように宣言し、位置を座標で指定することで、表のイメージで情報を格納することができます(**図76**)。

図76 二次元配列のイメージ

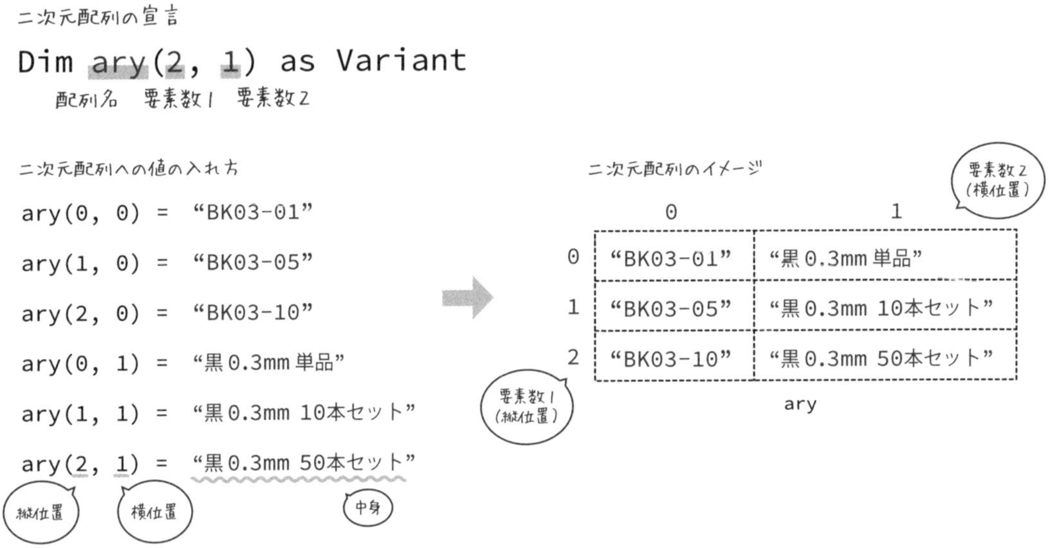

この形なら、縦・横方向ともに自由度の高い配列ができそうです。

SELECT文で取り出したレコードセットの形に合わせて、要素1(縦方向)をレコードセットの数、要素2(横方向)をフィールドの数で定義した配列を作成し、そこへレコードセットの中身を格納して取得する、という想定にしてみましょう(**図77**)。

図77　レコードセットと同じ形で配列を作成する

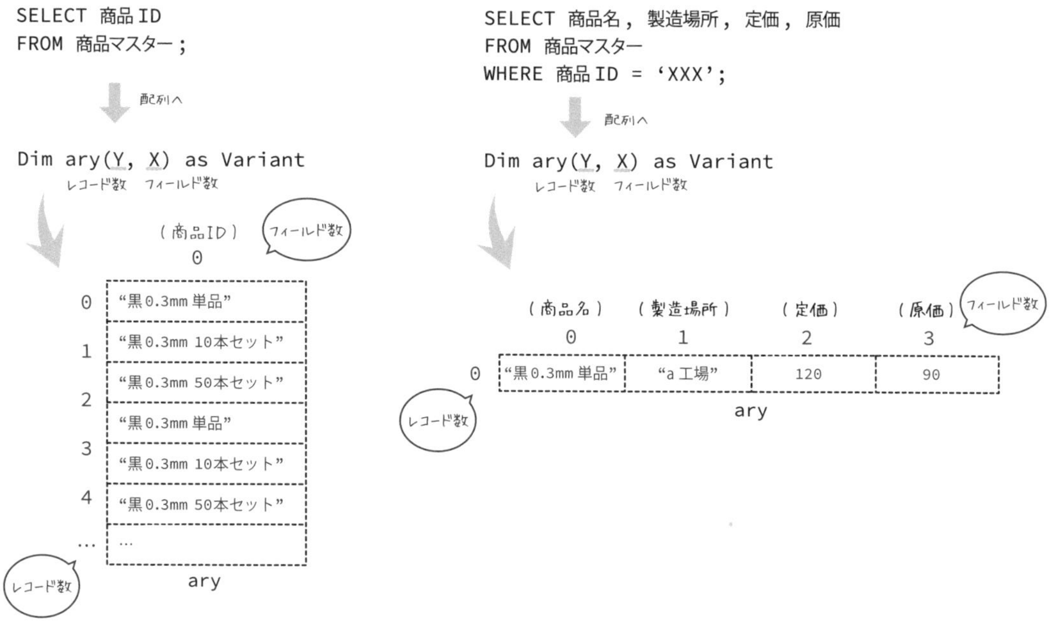

それではこの構想を元に、受け取ったSQLのレコードセットを格納した配列を返す関数を作ってみましょう。「M_AccessExchange」モジュールに、新たに「getRsInArray」というFunctionプロシージャを作成します。必要な設定値もモジュール冒頭に追加してください(**コード16**)。

コード16　「getRsInArray」プロシージャの追加(「M_AccessExchange」モジュール)

```
'# Accessとのやりとり
Option Explicit
Private m_cn As Object 'ADOコネクション用オブジェクトの宣言
Private Const adStateOpen = 1 'レコードセットが開いている場合の設定値
Private Const adOpenKeyset = 1 ← レコードセットカーソルタイプの設定値(追加)

略

Public Function getRsInArray(ByVal sql As String) As Variant
  '## レコードセットを配列へ入れて返す
```

```

  On Error GoTo Err_Handler 'エラーが起きたら「ErrorHandler」にジャンプする指示

  Call connectDB '接続

  'レコードセットのオープン
  Dim rs As Object 'レコードセット用変数宣言
  Set rs = CreateObject("ADODB.RecordSet") 'ADOレコードセットオブジェクトを作成
  rs.Open sql, m_cn, adOpenKeyset 'カーソルタイプを指定してレコードセットを開く

  '空だったら最終処理へ
  If rs Is Nothing Or (rs.BOF And rs.EOF) Then 'レコードセットやレコードが存在しなかった場合
    getRsInArray = Array() '空の配列を返す
    GoTo Finally '最終処理へジャンプ
  End If

  '配列に展開
  Dim ary() As Variant
  ReDim ary(rs.RecordCount - 1, rs.Fields.Count - 1) '配列の要素数を定義
  Dim rsNum As Long '縦要素(レコードセット)の繰り返し用変数
  Dim fldNum As Long '横要素(フィールド)の繰り返し用変数
  Do Until rs.EOF 'レコードセットが終了するまで処理を繰り返す
    For fldNum = 0 To rs.Fields.Count - 1 'フィールドの数だけ繰り返す
      ary(rsNum, fldNum) = rs(fldNum) '配列に格納
    Next fldNum
    rsNum = rsNum + 1 '縦要素をカウントアップする
    rs.MoveNext '次のレコードに移動する
  Loop

  getRsInArray = ary '配列を返す

  GoTo Finally '正常に終了したら最終処理へジャンプ

Err_Handler: '例外処理
  Dim msgTxt As String
  msgTxt = "Error #: " & Err.Number & vbNewLine & vbNewLine & Err.Description 'エラーメッセージが入る
  MsgBox msgTxt, vbOKOnly + vbCritical, "エラー" 'メッセージ出力
  getRsInArray = Array() '空の配列を返す

Finally: '最終処理
  If Not rs Is Nothing Then 'レコードセットオブジェクトが存在している場合のみ
    If rs.State = adStateOpen Then rs.Close 'レコードセットが開いていたら閉じる
    Set rs = Nothing
  End If

  Call disconnectDB '接続解除
```

```
56 End Function
```

おおまかな流れは、レコードセットをシートに展開する「putRsOnSheet」プロシージャと似ています。レコードが存在しなかった場合、メッセージは出さずに空の配列を返す仕様になっています。

28行目でレコードセットの数とフィールドの数を配列の要素数（ゼロから始まるので-1）に定義しています。配列はDim宣言の場合変数を使えないので、いったん27行目で要素数未定の配列を宣言し、ReDimで変数を使って再定義します。

レコードセット数を取得する「rs.RecordCount」は、18行目でレコードセットを開くときにカーソルタイプを指定することで使用できます。

さて、これでレコードセットを配列へ入れて返す関数が完成したので、これを使う側のコードを記述しましょう。「F_Editor（編集）」フォームモジュールに「UserForm_Initialize」プロシージャを追加しましょう（**コード17**）。**CHAPTER 6**でも使いましたが、そのフォームが初めて使われるときに自動で実行されるイベントプロシージャです。

コード17 「UserForm_Initialize」プロシージャの追加（「F_ Editor」モジュール）

```
01 Private Sub UserForm_Initialize()
02   '## 初期値の設定
03
04   Dim sql As String
05   sql = "SELECT 商品ID FROM 商品マスター;" 'SQL文作成
06   Me.cmb_prdId.List = getRsInArray(sql) '商品コンボボックスのソース設定
07 End Sub
```

5行目でSQL文となる文字列を作成し、それを引数として6行目でさきほど作った関数で配列を受け取っています。

コンボボックスはソースに配列を使えるので、受け取った配列をそのまま「list」プロパティに設定することで、かんたんにリストを実装できます。

動作確認をしてみましょう。「メニュー」フォームから「追加」または「更新」をクリックして「編集」フォームを表示させると、「商品ID」コンボボックスにリストが設定されています（**図78**）。

図78 動作確認

今度は、この「商品ID」コンボボックスでＩＤを選択したときに、対応する「商品名」「製造場所」「定価」「原価」が自動で入力される機能を作ります（図79）。

図79 商品情報を自動挿入する

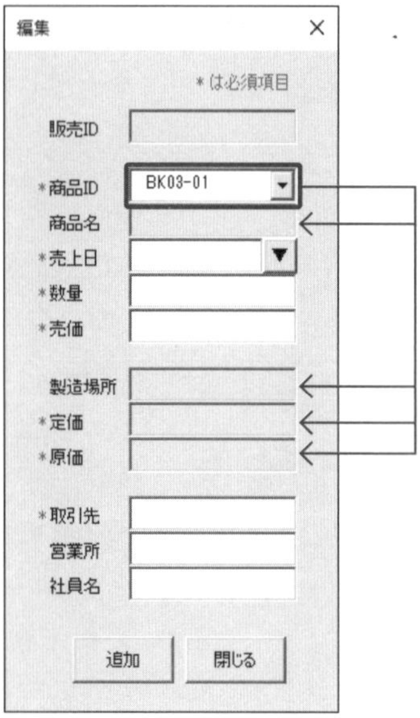

「F_Editor（編集）」フォームをオブジェクト表示で開き、「cmb_prdId」コンボボックスをダブルクリックします。するとコード画面へ切り替わって「cmb_prdId_Change」というプロシージャが挿入されます（図80）。

図80　「cmb_prdId_Change」プロシージャの挿入

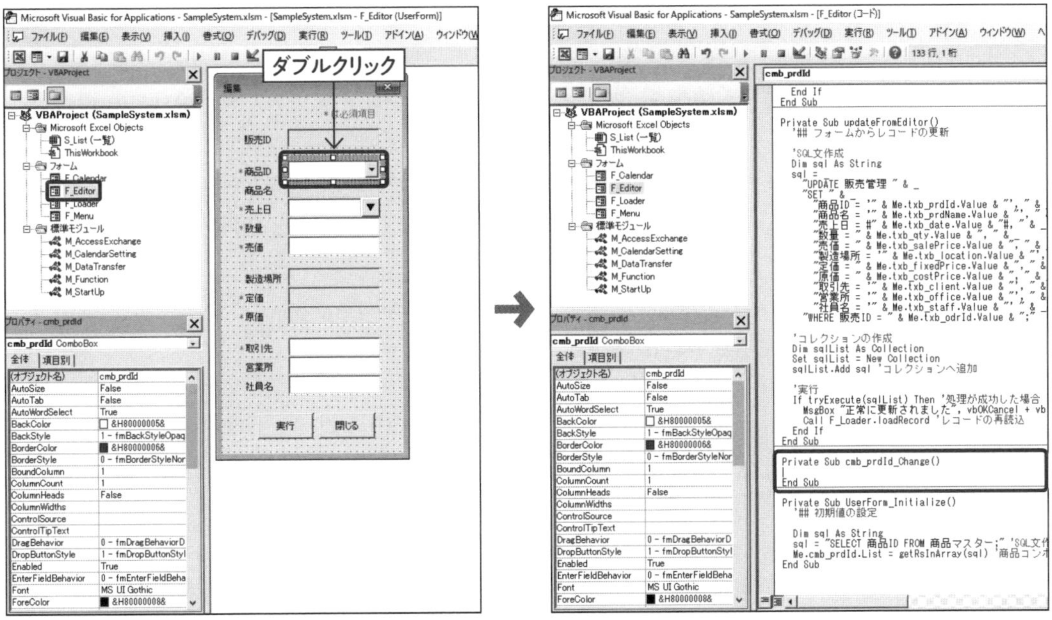
ダブルクリック
Private Sub cmb_prdId_Change()
End Sub

これは「cmb_prdId」コンボボックスが「変更されたとき」に動くイベントプロシージャです。中身をコード18のように記述します。

コード18　「cmb_prdId_Change」プロシージャ（「F_Editor」モジュール）

```
Private Sub cmb_prdId_Change()
  '## 「商品ID」コンボボックス変更時

  'SQL作成
  Dim sql As String
  sql = _
    "SELECT 商品名, 製造場所, 定価, 原価 " & _
    "FROM 商品マスター " & _
    "WHERE 商品ID = '" & Me.cmb_prdId.Value & "';"

  'レコードセットを配列で取得
  Dim ary() As Variant
  ary = getRsInArray(sql)
```

```

    'テキストボックスへ展開
    Me.txb_prdName.Value = ary(0, 0) '商品名
    Me.txb_location.Value = ary(0, 1) '製造場所
    Me.txb_fixedPrice.Value = ary(0, 2) '定価
    Me.txb_costPrice.Value = ary(0, 3) '原価
End Sub
```

SQLを渡して配列で取得した情報を、座標を指定して各テキストボックスへ展開しています。

基本的な機能は実装できましたが、さらに例外処理が必要です。入力済みの商品IDがクリアされた場合や、入力された商品IDが存在しない（空の配列が返る）場合はエラーが発生してしまいます。これらの問題を解決しましょう。

まずは「配列が空かどうか」を判定する関数を作ります。「M_Function」モジュールに「isEmptyArray」プロシージャを作成します（**コード19**）。

コード19 「isEmptyArray」プロシージャ（「M_Function」モジュール）

```
Public Function isEmptyArray(ByVal tgtAry As Variant) As Boolean
    '## 配列が空か判定

    On Error GoTo Err_Handler 'エラーが起きたら「ErrorHandler」にジャンプする指示
    If UBound(tgtAry) >= 0 Then '配列に要素が存在したら
        Exit Function '終了(Falseを返す)
    End If

Err_Handler: 'エラーもしくは要素が存在しない場合
    isEmptyArray = True 'Trueを返す
End Function
```

「UBound(配列)」は存在する要素の最大数を取得できるのですが、要素がない場合や配列の状態によっては-1やエラーを返すので、どちらの場合もTrueになるように書いておきます。

この関数を使って、「cmb_prdId_Change」プロシージャに例外処理を追記します。そして、商品情報の値をクリアする「clearProductInfo」プロシージャを同じモジュール内に新たに作って、コンボボックスの値が空だった場合と配列が空だった場合にCallで呼び出します（**コード20**）。

コード20　cmb_prdId_Changeプロシージャ(「F_Editor」フォーム)に例外処理の追記

```
Private Sub cmb_prdId_Change()
  '## 「商品ID」コンボボックス変更時

  '値が空白だったら他の商品情報をクリアして終了
  If Me.cmb_prdId.Value = "" Then
    Call clearProductInfo
    Exit Sub
  End If

  'SQL作成
                         略
  'レコードセットを配列で取得
                         略

  '空の配列だったら他の商品情報をクリアして終了
  If isEmptyArray(ary) Then
    Call clearProductInfo
    Exit Sub
  End If

  'テキストボックスへ展開
                         略
End Sub
--------------------------------------------------------------------------------
Private Sub clearProductInfo()
  '## 商品情報の値をクリア

  Me.txb_prdName.Value = "" '商品名
  Me.txb_location.Value = "" '製造場所
  Me.txb_fixedPrice.Value = "" '定価
  Me.txb_costPrice.Value = "" '原価
End Sub
```

動作確認してみましょう。「メニュー」フォームから「追加」をクリックして「編集」フォームを表示させ、「商品ID」コンボボックスに変更を加えると、商品情報が連動して変化します(**図81**)。

図81 動作確認

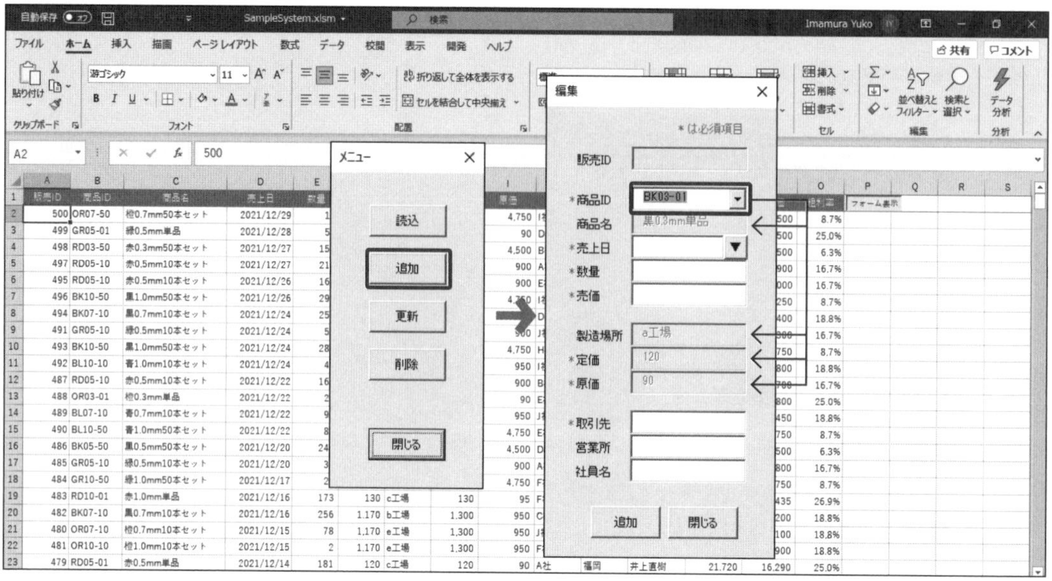

「更新」の場合は、「F_Menu（メニュー）」フォームの「btn_update_Click（更新ボタンクリック）」プロシージャで商品IDに値が転記された時点で「F_Editor（編集）」モジュールの「cmb_prdId_Change（商品ID変更時）」プロシージャが実行されます。そのため「F_Editor（編集）」フォームが表示されたときには商品情報は入力されています（図82）。

図82 「更新」の場合はフォーム表示時には入力されている

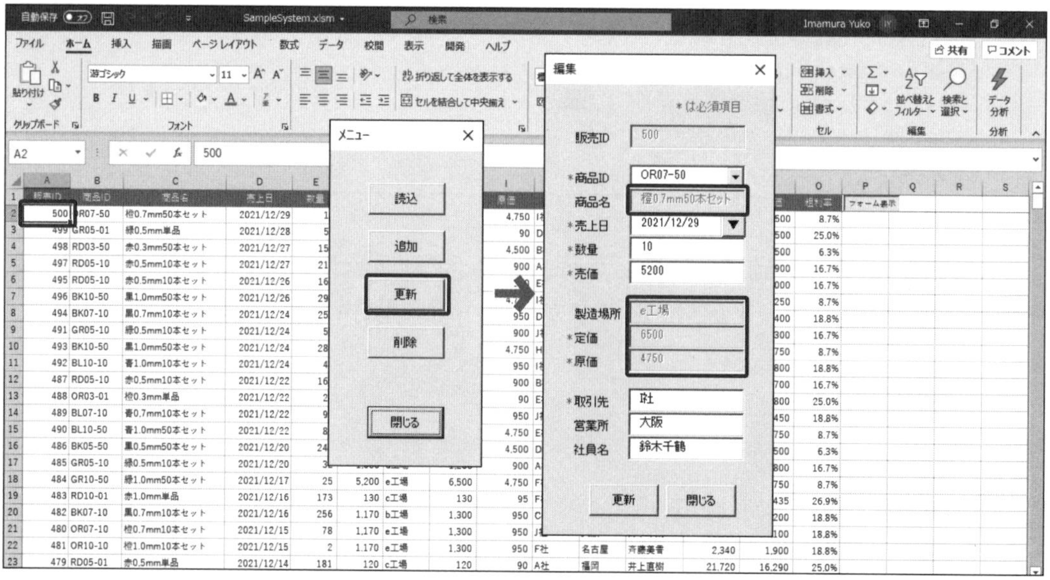

なお、A-1のデバッグ手法で、コードがどんな順番で実行されているかを確認することができます。理解が深まりますので、ぜひ試してみてください。

7-7-4 追加/更新/削除のコードを修正する

最後に、テーブルに変更を加える機能まわりを修正しましょう。

まずは「F_Editor(編集)」フォームの「btn_execute(実行)」ボタンのクリックイベントプロシージャ内で「商品ID」のテキストボックスをコンボボックスへ、テーブル名を「販売データ」へ変更します(コード21)。

コード21　「btn_execute_Click」プロシージャ(「F_Editor」モジュール)

```
Private Sub btn_execute_Click()
  '## 「実行」ボタンクリック時

  '未入力チェック
  If Me.cmb_prdId.Value = "" Or Me.txb_date.Value = "" Or _   ← コンボボックスへ変更
     Me.txb_qty.Value = "" Or Me.txb_salePrice.Value = "" Or _
     Me.txb_fixedPrice.Value = "" Or Me.txb_costPrice.Value = "" Or _
     Me.txb_client.Value = "" Then
    MsgBox "未入力の項目があります。", vbInformation, "確認"
    Exit Sub
  End If

  '数値チェック
～～～～～～～～～～ 略 ～～～～～～～～～～
  '日付チェック
～～～～～～～～～～ 略 ～～～～～～～～～～

  '販売ID存在チェック
  If Me.btn_execute.Caption = "更新" Then '「更新」の場合のみ
    Dim sql As String                                          テーブル名変更
    sql = "SELECT * FROM 販売データ WHERE 販売ID = " & Me.txb_odrId.Value & ";"   ←
    If Not hasRs(sql) Then
      MsgBox "該当の販売IDが存在しないため、更新できません。", vbExclamation, "注意" 'メッセージ
      Exit Sub '終了
    End If
  End If

～～～～～～～～～～ 略 ～～～～～～～～～～

End Sub
```

「F_Editor(編集)」フォームから行うレコードの追加/更新、「F_Menu(メニュー)」フォームから行うレコードの削除のコードを修正します。テーブル名を「販売データ」へ変更し、「商品マスター」テーブルへ切り分けて存在しなくなったフィールドを削除します。テキストボックスからコンボボックスへの変更も忘れずに行いましょう。

コード22が、レコード追加の修正事項です。

コード22 「insertFromEditor」プロシージャ(「F_Editor」モジュール)

```
Private Sub insertFromEditor()
  '## フォームからレコードの追加

  'SQL文作成
  Dim sql As String
  sql = _
    "INSERT INTO 販売データ(" & _ ←テーブル名変更
      "商品ID, " & _
      "商品名, " & _ ←削除
      "売上日, " & _
      "数量, " & _
      "売価, " & _
      "製造場所, " & _ ←削除
      "定価, " & _
      "原価, " & _
      "取引先, " & _
      "営業所, " & _
      "社員名) " & _
    "VALUES(" & _
      "'" & Me.cmb_prdId.Value & "', " & _ ←コンボボックスへ変更
      "'" & Me.txb_prdName.Value & "', " & _ ←削除
      "#" & Me.txb_date.Value & "#, " & _
      Me.txb_qty.Value & ", " & _
      Me.txb_salePrice.Value & ", " & _
      "'" & Me.txb_location.Value & "', " & _ ←削除
      Me.txb_fixedPrice.Value & ", " & _
      Me.txb_costPrice.Value & ", " & _
      "'" & Me.txb_client.Value & "', " & _
      "'" & Me.txb_office.Value & "', " & _
      "'" & Me.txb_staff.Value & "');"

～～～～～～～～～～ 略 ～～～～～～～～～～

End Sub
```

コード23が、レコード更新の修正部分です。

コード23　「updateFromEditor」プロシージャ（「F_Editor」モジュール）

```
Private Sub updateFromEditor()
  '## フォームからレコードの更新

  'SQL文作成
  Dim sql As String
  sql = _
    "UPDATE 販売データ " & _ ← テーブル名変更
    "SET " & _
      "商品ID = '" & Me.cmb_prdId.Value & "', " & _ ← コンボボックスへ変更
      "商品名 = '" & Me.txb_prdName.Value & "', " & _ ← 削除
      "売上日 = #" & Me.txb_date.Value & "#, " & _
      "数量 = " & Me.txb_qty.Value & ", " & _
      "売価 = " & Me.txb_salePrice.Value & ", " & _
      "製造場所 = '" & Me.txb_location.Value & "', " & _ ← 削除
      "定価 = " & Me.txb_fixedPrice.Value & ", " & _
      "原価 = " & Me.txb_costPrice.Value & ", " & _
      "取引先 = '" & Me.txb_client.Value & "', " & _
      "営業所 = '" & Me.txb_office.Value & "', " & _
      "社員名 = '" & Me.txb_staff.Value & "' " & _
    "WHERE 販売ID = " & Me.txb_odrId.Value & ";"

～～～～～～～～ 略 ～～～～～～～～

End Sub
```

コード24が、レコード削除の修正事項です。

コード24　「btn_delete_Click」プロシージャ（「F_Menu」モジュール）

```
Private Sub btn_delete_Click()
  '## 「削除」ボタンクリック時

～～～～～～～～ 略 ～～～～～～～～

  '販売ID存在チェック
  Dim sql As String
  sql = "SELECT * FROM 販売データ WHERE 販売ID = " & ActiveCell.Value & ";" ← テーブル名変更
  If Not hasRs(sql) Then
    MsgBox "該当の販売IDが存在しないため、削除できません。", vbExclamation, "注意" 'メッセージ
```

```
    Exit Sub '終了
  End If

  'SQL文作成
  sql = "DELETE FROM 販売データ WHERE 販売ID = " & ActiveCell.Value & ";"

～～～～～～～～～～ 略 ～～～～～～～～～～

End Sub
```

テーブル名変更

これでテーブルを分割した状態にもすべて対応できました。修正後のフォームからでもレコードの追加/更新/削除ができるか確かめておきましょう。

CHAPTER

8

[完全版]
Excel & Access
連携アプリケーション

CHAPTER 8

8-1 Excelのシートを作成する

CHAPTER 7までで、AccessとExcelを連携させたアプリケーションを作ってきました。しかし、本格的なシステムとして運用するのであれば、テーブルを5つに分けてさらに管理効率を高めましょう。

8-1-1 仕様を考える

CHAPTER 7で、1つだったテーブルを「販売データ」と「商品マスター」というテーブルに分け、主キーと外部キーを使ってリレーションを張ることにより、さらに効率のよいデータ管理の方法を解説しました。

しかし改めてデータを見てみると、他にも別テーブルで管理した方がよいフィールドがあるのがわかります。取引先、営業所、社員名の各項目は、それぞれ別のテーブルで、住所や電話番号などの付随した情報も一緒に管理する方が、システムとしては効率的です。これらの項目もマスターテーブルにしてしまえば、他の用途にも使うことができます。

以上のことから、「販売データ」「商品マスター」の他に、「取引先マスター」「営業所マスター」「社員マスター」を加え、全部で5つのテーブルに分割します。そこから指定したフィールドを取得し、Excel上で今までと同じ形の「一覧」シートを使って、データベースへ読み書きできるアプリケーションを作ってみましょう。

テーブルを5つに分割した後は、「編集」フォームでは**CHAPTER 7**までの「商品ID」に加えて「取引先」「社員名」もコンボボックスで選択できるようにしていきます(**図1**)。

図1 「編集」フォームの完成イメージ

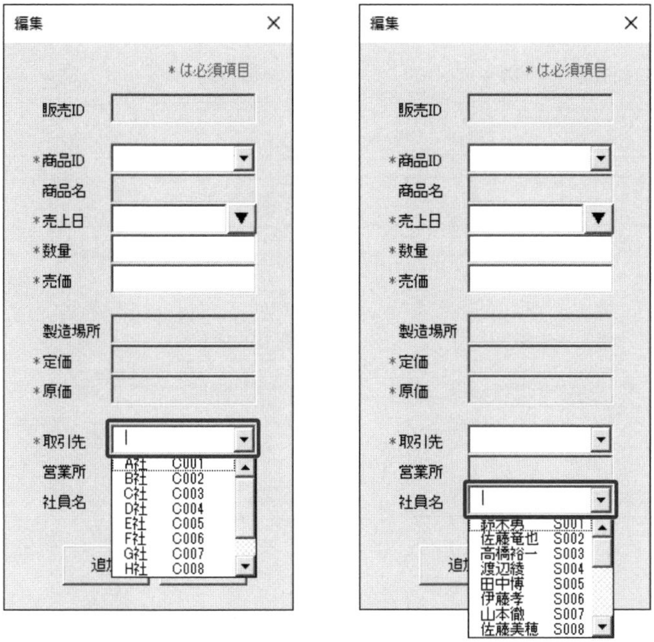

8-1-2 追加のシートを作成する

CHAPTER 7が終了した時点のファイルから拡張していきたいのですが、**7-2**で作成した「販売データ」と「商品マスター」シートはData.accdbに書き込んで削除されています。

これらのシートをさらに複数テーブル用に分割して書き込むところから始めたいので、**CHAPTER 7**終了時のSampleSystem.xlsmに削除前の「販売データ」「商品マスター」シートが存在している状態のファイルを用意してあります。サンプルファイルの「CHAPTER8」フォルダー→「Before」フォルダーのSampleSystem8-1.xlsmを開いてください。

新しいマスターテーブルの元となるワークシートを作成します。新規ワークシートを3つ作り、「取引先マスター（S_Mst_Client）」「営業所マスター（S_Mst_Office）」「社員マスター（S_Mst_Staff）」という名前とオブジェクト名にします（**図2**）。

図2 新しく3つのシートを作成

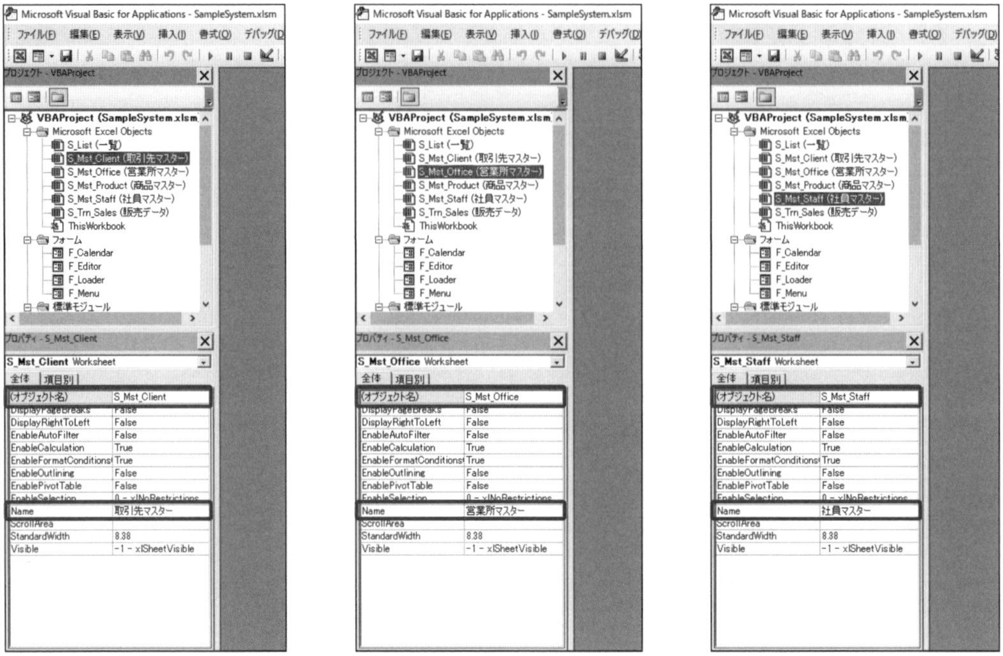

「販売データ」シートの「取引先」の列を、「取引先マスター (S_Mst_Client)」シートへコピーします (図3)。

図3 「取引先」列をコピー

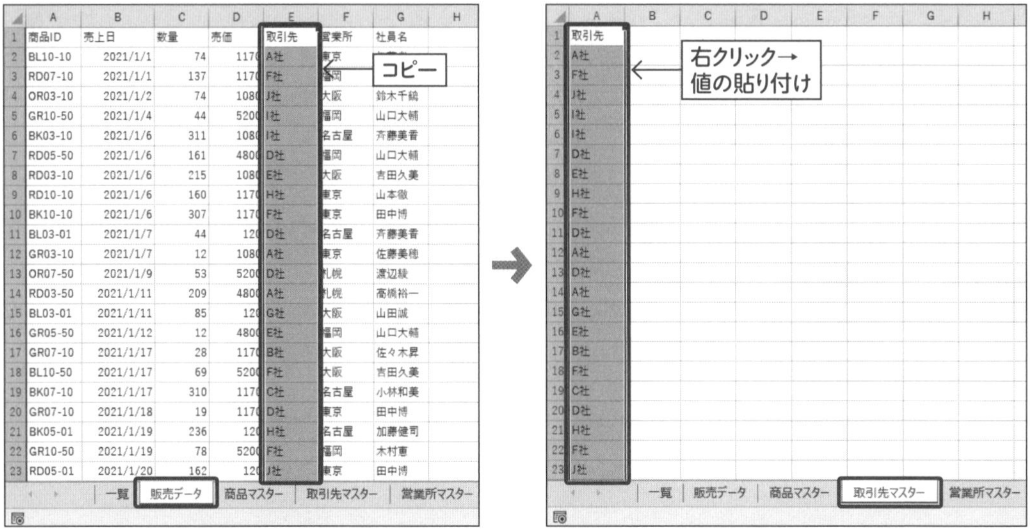

7-2-3の「商品マスター」シートのときと同じように、リボンの「データ」から「重複の削除」を選択し、重複の削除を実行します（**図4**）。

図4 重複の削除

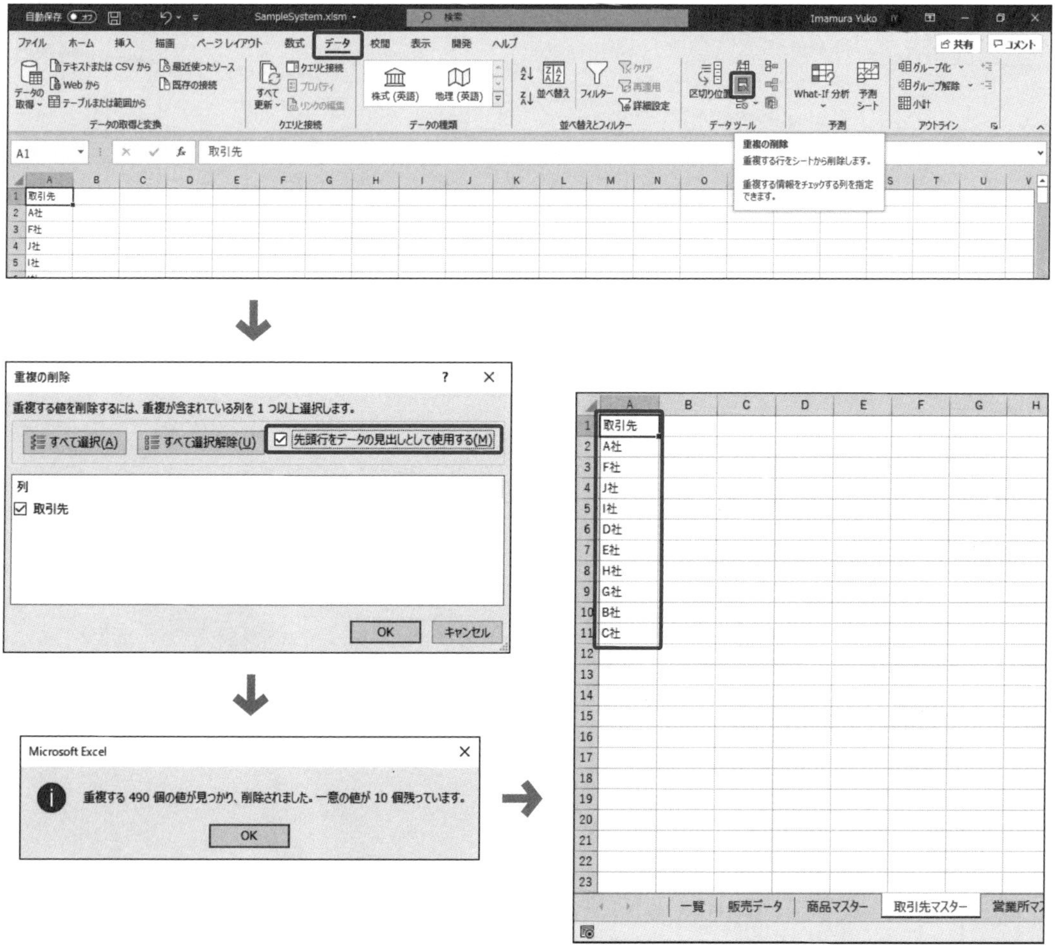

マスターデータとしては、順番に並んでいた方が見栄えや使い勝手がよいので、リボンの「並べ替え」を選択し、昇順で並べ替えておきましょう（**図5**）。

CHAPTER 1
CHAPTER 2
CHAPTER 3
CHAPTER 4
CHAPTER 5
CHAPTER 6
CHAPTER 7
CHAPTER 8
APPENDIX A

図5 昇順で並べ替え

並べ替えが終わったシートへ、取引先IDや、その他付随しておきたい情報を入力します。取引先IDは最終的にはA列にあるべきなのですが、「販売データ」にある「取引先」を「取引先ID」へ置き換える際、この並びでVLOOKUP関数を使いたいため、まずは**図6**のような形にしておきます。

図6 付随情報を追加

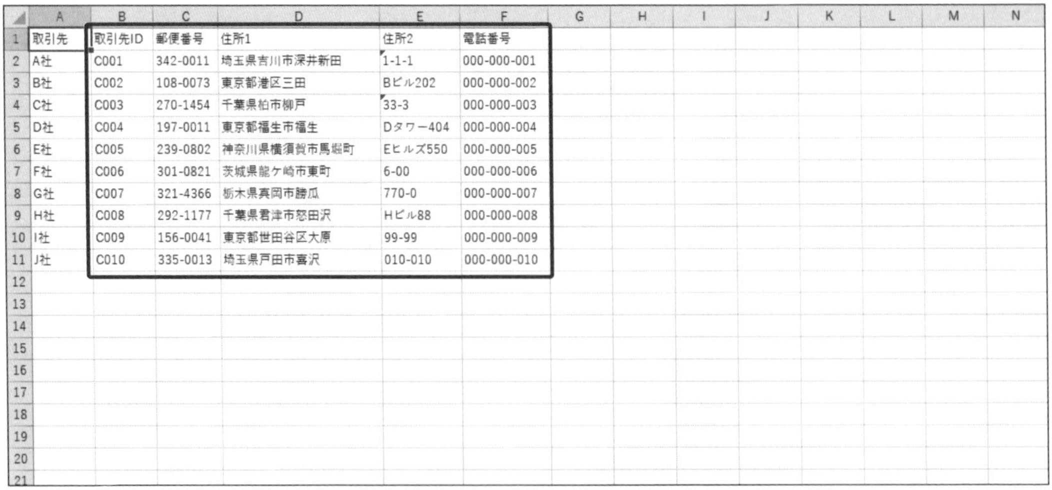

取引先	取引先ID	郵便番号	住所1	住所2	電話番号
A社	C001	342-0011	埼玉県吉川市深井新田	1-1-1	000-000-001
B社	C002	108-0073	東京都港区三田	Bビル202	000-000-002
C社	C003	270-1454	千葉県柏市柳戸	33-3	000-000-003
D社	C004	197-0011	東京都福生市福生	Dタワー404	000-000-004
E社	C005	239-0802	神奈川県横須賀市馬堀町	Eヒルズ550	000-000-005
F社	C006	301-0821	茨城県龍ケ崎市東町	6-00	000-000-006
G社	C007	321-4366	栃木県真岡市勝瓜	770-0	000-000-007
H社	C008	292-1177	千葉県君津市怒田沢	Hビル88	000-000-008
I社	C009	156-0041	東京都世田谷区大原	99-99	000-000-009
J社	C010	335-0013	埼玉県戸田市喜沢	010-010	000-000-010

「営業所マスター」シートを、「取引先マスター」シートと同じ要領で作成します（**図7**）。

図7　「営業所マスター」シートを作成

今度は「社員マスター」シートを作成しますが、このサンプルは社員の所属によって「営業所」が決まっているので、「販売データ」シートから「社員名」と「営業所」をコピーしてきて、重複データを削除します(**図8**)

図8　「社員名」「営業所」列をコピーして重複を削除

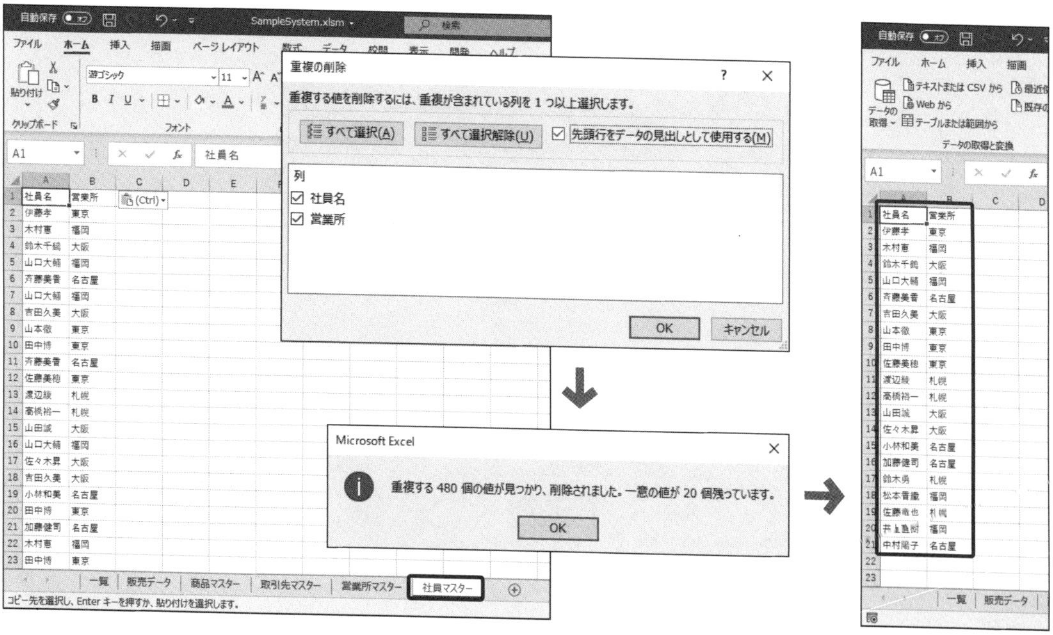

任意の順番に並べ替え、付随させておきたい情報を入力します(**図9**)。

図9 並べ替え&付随情報を追加

	A	B	C	D	E
1	社員名	社員ID	入社日	電話番号	営業所
2	鈴木勇	S001	2005/3/6	000-0000-0001	札幌
3	佐藤竜也	S002	2006/4/23	000-0000-0002	札幌
4	高橋裕一	S003	2006/1/25	000-0000-0003	札幌
5	渡辺綾	S004	2007/4/21	000-0000-0004	札幌
6	田中博	S005	2008/1/17	000-0000-0005	東京
7	伊藤孝	S006	2009/1/21	000-0000-0006	東京
8	山本徹	S007	2009/11/8	000-0000-0007	東京
9	佐藤美穂	S008	2010/1/17	000-0000-0008	東京
10	中村陽子	S009	2011/9/18	000-0000-0009	名古屋
11	小林和美	S010	2011/12/4	000-0000-0010	名古屋
12	斉藤美香	S011	2012/5/27	000-0000-0011	名古屋
13	加藤健司	S012	2013/10/22	000-0000-0012	名古屋
14	鈴木千鶴	S013	2014/4/23	000-0000-0013	大阪
15	吉田久美	S014	2014/8/26	000-0000-0014	大阪
16	山田誠	S015	2016/4/9	000-0000-0015	大阪
17	佐々木昇	S016	2017/3/23	000-0000-0016	大阪
18	山口大輔	S017	2018/7/27	000-0000-0017	福岡
19	松本香織	S018	2018/10/31	000-0000-0018	福岡
20	井上直樹	S019	2019/10/8	000-0000-0019	福岡
21	木村恵	S020	2020/10/12	000-0000-0020	福岡
22					
23					

この時点でのサンプルは「CHAPTER8」フォルダー→「Before」フォルダー→ SampleSystem8-2.xlsmという名前で収録されています。

8-1-3 外部キーとなるフィールドを置き換える

今回作成するテーブルでは、「商品ID」の他に、「取引先ID」「社員ID」「営業所ID」を使ってリレーションシップを設定します。

7-5-2で解説したように、リレーションを張るには**外部キー**（マスターテーブルの**主キー**と結び付けるフィールド）が必要となるため、マスターテーブル以外の「名称」を「ID」に置き換えます。

まずは「社員マスター」シートの「営業所」を、「営業所ID」に置き換えてみましょう。F2セルに「=VLOOKUP(E2, 営業所マスター!$A$2:$B$6, 2, FALSE)」と入力してください（**図10**）。

図10 VLOOKUP関数でIDを検索

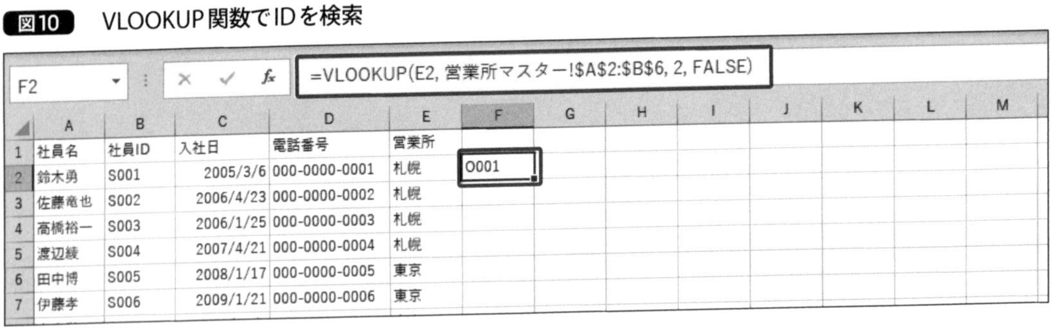

	A	B	C	D	E	F
1	社員名	社員ID	入社日	電話番号	営業所	
2	鈴木勇	S001	2005/3/6	000-0000-0001	札幌	O001
3	佐藤竜也	S002	2006/4/23	000-0000-0002	札幌	
4	高橋裕一	S003	2006/1/25	000-0000-0003	札幌	
5	渡辺綾	S004	2007/4/21	000-0000-0004	札幌	
6	田中博	S005	2008/1/17	000-0000-0005	東京	
7	伊藤孝	S006	2009/1/21	000-0000-0006	東京	

VLOOKUP関数は、「=VLOOKUP(検索する値, 検索される範囲, 検索される範囲から返す列番号, 一致の指定)」という形式で、範囲の中から値を検索して指定列のデータを取り出してくれます。

「検索する値」に該当するフィールドは「検索される範囲」の左端にないとエラーになるため、さきほど各シートを作成した際に「検索する値」に該当するフィールドをA列に配置しておきました。また、最後の「FALSE」という指定がないと、範囲内に検索値が見つからなかったときに違う値を返してしまう場合があるのでご注意ください。

VLOOKUP関数で「営業所ID」が取得できたら、オートフィルで下の行まで数式をコピーします（図11）。

図11 オートフィルで数式をコピー

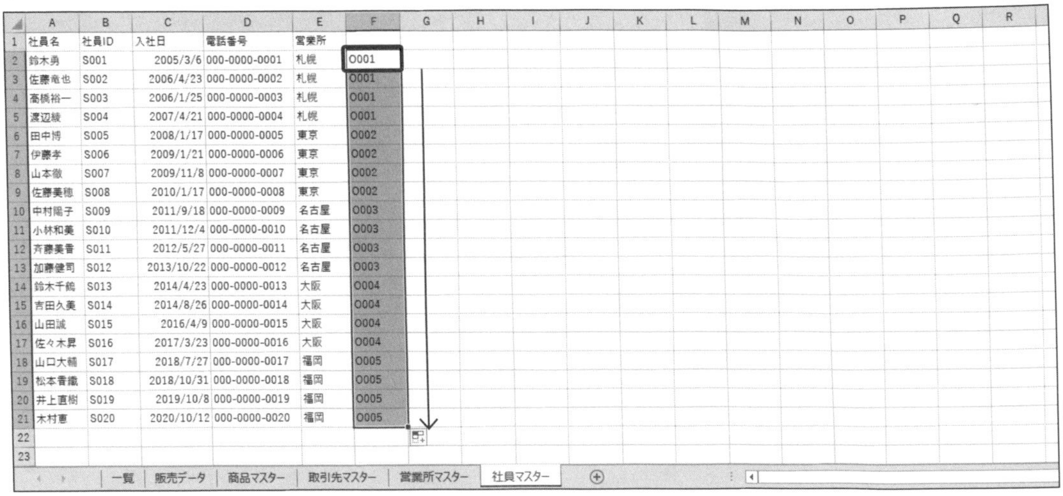

F列をコピーし、E列へ値のみを貼り付けます（図12）。

図12 検索したIDをコピー

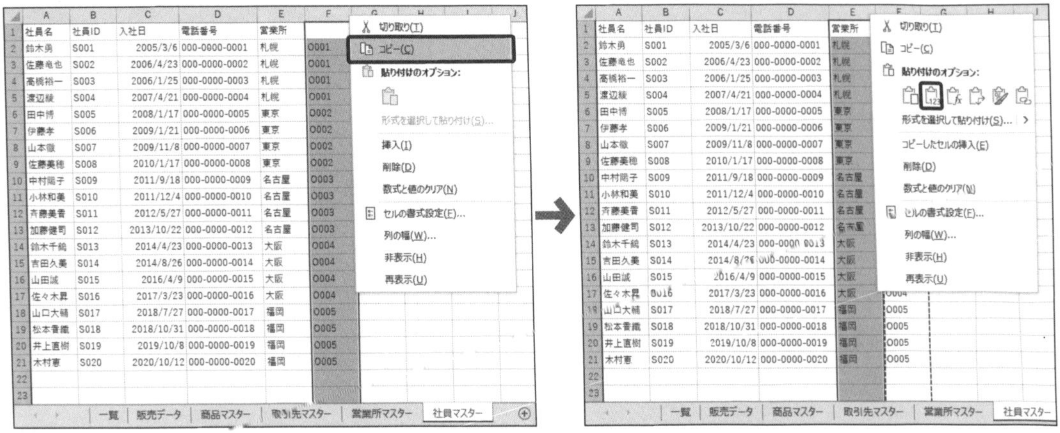

VLOOKUPの検索値が上書きされるのでF列がエラーになりますが、問題ありません。F列を削除して、E1の見出しを「営業所ID」にします（**図13**）。

図13　見出しの再設定と関数の削除

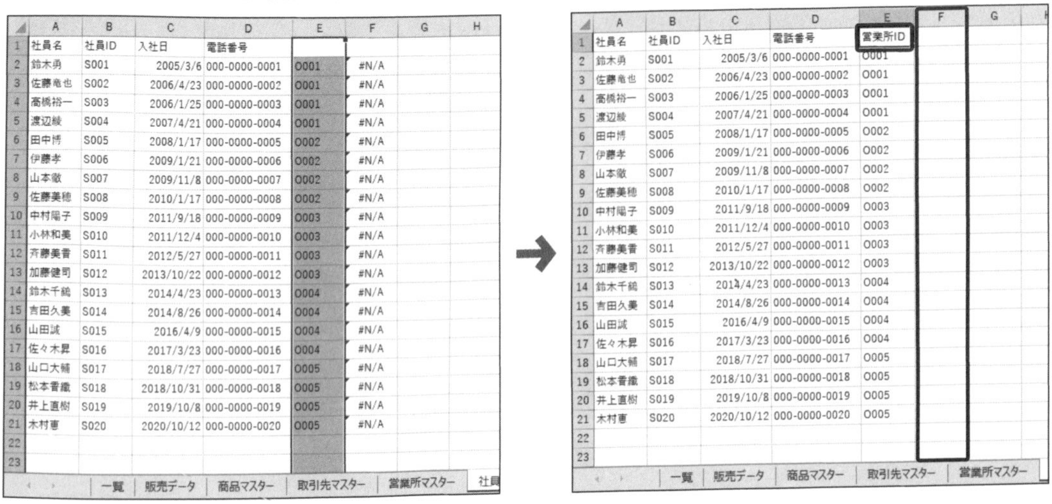

今度は「販売データ」シートを選択し、同じ要領で「取引先」を「取引先ID」へ置き換えます。

H2セルに「=VLOOKUP(E2, 取引先マスター!$A$2:$B$11, 2, FALSE)」と入力し、オートフィルで数式をコピーし、E列に値のみを貼り付けます。E1セルに「取引先ID」と入力し、H列を削除します（**図14**）。

図14　「取引先」を「取引先ID」で置き換え

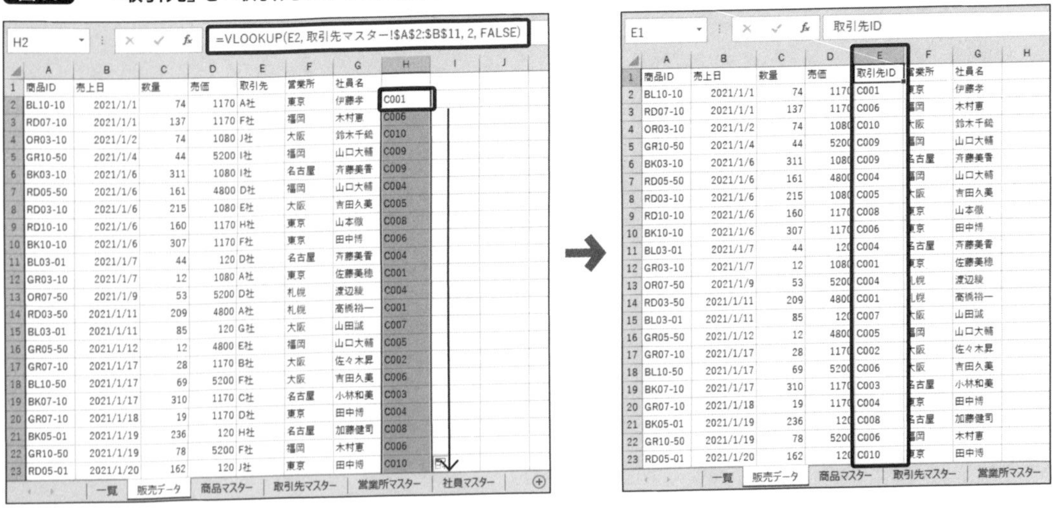

同じく「販売データ」シートで、「社員名」を「社員ID」へ置き換えます。

H2セルに「=VLOOKUP(G2, 社員マスター!$A$2:$B$21, 2, FALSE)」と入力し、オートフィルで数式をコピーし、G列に値のみを貼り付けます。G1セルに「社員ID」と入力し、H列を削除します(**図15**)。

図15　「社員名」を「社員ID」で置き換え

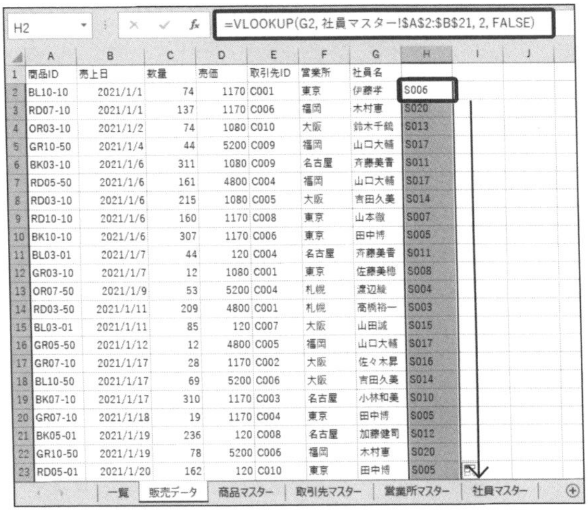
H2　=VLOOKUP(G2, 社員マスター!$A$2:$B$21, 2, FALSE)

	A	B	C	D	E	F	G	H
1	商品ID	売上日	数量	売価	取引先ID	営業所	社員名	
2	BL10-10	2021/1/1	74	1170	C001	東京	伊藤孝	S006
3	RD07-10	2021/1/1	137	1170	C006	福岡	木村恵	S020
4	OR03-10	2021/1/2	74	1080	C010	大阪	鈴木千鶴	S013
5	GR10-50	2021/1/4	44	5200	C009	福岡	山口大輔	S017
6	BK03-10	2021/1/6	311	1080	C009	名古屋	斉藤美香	S011
7	RD05-50	2021/1/6	161	4800	C004	福岡	山口大輔	S017
8	RD03-10	2021/1/6	215	1080	C005	大阪	吉田久美	S014
9	RD10-10	2021/1/6	160	1170	C008	東京	山本徹	S007
10	BK10-10	2021/1/6	307	1170	C006	東京	田中博	S005
11	BL03-01	2021/1/7	44	120	C004	名古屋	斉藤美香	S011
12	GR03-10	2021/1/7	12	1080	C001	東京	佐藤美穂	S008
13	OR07-50	2021/1/9	53	5200	C004	札幌	渡辺綾	S004
14	RD03-50	2021/1/11	209	4800	C001	札幌	高橋裕一	S003
15	BL03-01	2021/1/11	85	120	C007	大阪	山田誠	S015
16	GR05-50	2021/1/12	12	4800	C005	福岡	山口大輔	S017
17	GR07-10	2021/1/17	28	1170	C002	大阪	佐々木昇	S016
18	BL10-50	2021/1/17	69	5200	C006	大阪	吉田久美	S014
19	BK07-10	2021/1/17	310	1170	C003	名古屋	小林和美	S010
20	GR07-10	2021/1/18	19	1170	C004	東京	田中博	S005
21	BK05-01	2021/1/19	236	120	C008	名古屋	加藤健司	S012
22	GR10-50	2021/1/19	78	5200	C006	福岡	木村恵	S020
23	RD05-01	2021/1/20	162	120	C010	東京	田中博	S005

一覧　販売データ　商品マスター　取引先マスター　営業所マスター　社員マスター

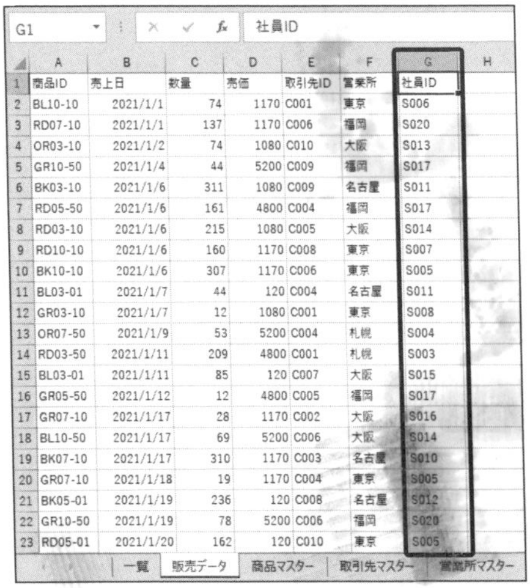
G1　社員ID

	A	B	C	D	E	F	G
1	商品ID	売上日	数量	売価	取引先ID	営業所	社員ID
2	BL10-10	2021/1/1	74	1170	C001	東京	S006
3	RD07-10	2021/1/1	137	1170	C006	福岡	S020
4	OR03-10	2021/1/2	74	1080	C010	大阪	S013
5	GR10-50	2021/1/4	44	5200	C009	福岡	S017
6	BK03-10	2021/1/6	311	1080	C009	名古屋	S011
7	RD05-50	2021/1/6	161	4800	C004	福岡	S017
8	RD03-10	2021/1/6	215	1080	C005	大阪	S014
9	RD10-10	2021/1/6	160	1170	C008	東京	S007
10	BK10-10	2021/1/6	307	1170	C006	東京	S005
11	BL03-01	2021/1/7	44	120	C004	名古屋	S011
12	GR03-10	2021/1/7	12	1080	C001	東京	S008
13	OR07-50	2021/1/9	53	5200	C004	札幌	S004
14	RD03-50	2021/1/11	209	4800	C001	札幌	S003
15	BL03-01	2021/1/11	85	120	C007	大阪	S015
16	GR05-50	2021/1/12	12	4800	C005	福岡	S017
17	GR07-10	2021/1/17	28	1170	C002	大阪	S016
18	BL10-50	2021/1/17	69	5200	C006	大阪	S014
19	BK07-10	2021/1/17	310	1170	C003	名古屋	S010
20	GR07-10	2021/1/18	19	1170	C004	東京	S005
21	BK05-01	2021/1/19	236	120	C008	名古屋	S012
22	GR10-50	2021/1/19	78	5200	C006	福岡	S020
23	RD05-01	2021/1/20	162	120	C010	東京	S005

一覧　販売データ　商品マスター　取引先マスター　営業所マスター

「社員ID」が特定できれば「営業所」の情報も特定できるので、このシートでは「営業所」が不要になります。したがって、F列も削除します(**図16**)。

図16　「営業所」列を削除

	A	B	C	D	E	F	G
1	商品ID	売上日	数量	売価	取引先ID	営業所	社員ID
2	BL10-10	2021/1/1	74	1170	C001	東京	S006
3	RD07-10	2021/1/1	137	1170	C006	福岡	S020
4	OR03-10	2021/1/2	74	1080	C010	大阪	S013
5	GR10-50	2021/1/4	44	5200	C009	福岡	S017
6	BK03-10	2021/1/6	311	1080	C009	名古屋	S011
7	RD05-50	2021/1/6	161	4800	C004	福岡	S017
8	RD03-10	2021/1/6	215	1080	C005	大阪	S014
9	RD10-10	2021/1/6	160	1170	C008	東京	S007
10	BK10-10	2021/1/6	307	1170	C006	東京	S005
11	BL03-01	2021/1/7	44	120	C004	名古屋	S011
12	GR03-10	2021/1/7	12	1080	C001	東京	S008
13	OR07-50	2021/1/9	53	5200	C004	札幌	S004
14	RD03-50	2021/1/11	209	4800	C001	札幌	S003
15	BL03-01	2021/1/11	85	120	C007	大阪	S015
16	GR05-50	2021/1/12	12	4800	C005	福岡	S017
17	GR07-10	2021/1/17	28	1170	C002	大阪	S016
18	BL10-50	2021/1/17	69	5200	C006	大阪	S014
19	BK07-10	2021/1/17	310	1170	C003	名古屋	S010
20	GR07-10	2021/1/18	19	1170	C004	東京	S005
21	BK05-01	2021/1/19	236	120	C008	名古屋	S012
22	GR10-50	2021/1/19	78	5200	C006	福岡	S020
23	RD05-01	2021/1/20	162	120	C010	東京	S005

一覧　販売データ　商品マスター　取引先マスター　営業所マスター　社員

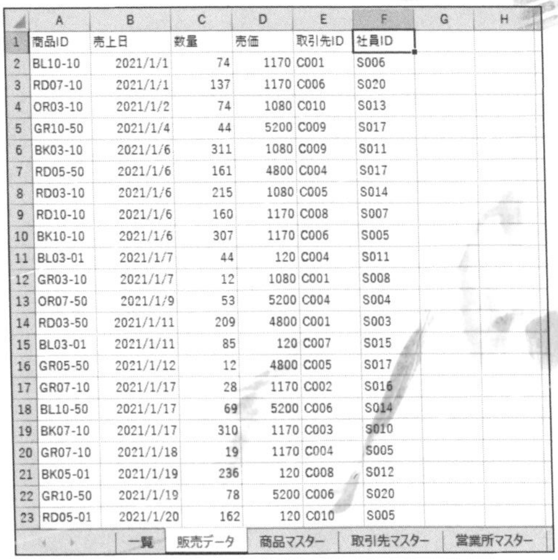

	A	B	C	D	E	F
1	商品ID	売上日	数量	売価	取引先ID	社員ID
2	BL10-10	2021/1/1	74	1170	C001	S006
3	RD07-10	2021/1/1	137	1170	C006	S020
4	OR03-10	2021/1/2	74	1080	C010	S013
5	GR10-50	2021/1/4	44	5200	C009	S017
6	BK03-10	2021/1/6	311	1080	C009	S011
7	RD05-50	2021/1/6	161	4800	C004	S017
8	RD03-10	2021/1/6	215	1080	C005	S014
9	RD10-10	2021/1/6	160	1170	C008	S007
10	BK10-10	2021/1/6	307	1170	C006	S005
11	BL03-01	2021/1/7	44	120	C004	S011
12	GR03-10	2021/1/7	12	1080	C001	S008
13	OR07-50	2021/1/9	53	5200	C004	S004
14	RD03-50	2021/1/11	209	4800	C001	S003
15	BL03-01	2021/1/11	85	120	C007	S015
16	GR05-50	2021/1/12	12	4800	C005	S017
17	GR07-10	2021/1/17	28	1170	C002	S016
18	BL10-50	2021/1/17	69	5200	C006	S014
19	BK07-10	2021/1/17	310	1170	C003	S010
20	GR07-10	2021/1/18	19	1170	C004	S005
21	BK05-01	2021/1/19	236	120	C008	S012
22	GR10-50	2021/1/19	78	5200	C006	S020
23	RD05-01	2021/1/20	162	120	C010	S005

一覧　販売データ　商品マスター　取引先マスター　営業所マスター

置き換えが済んだら、「取引先マスター」「営業所マスター」「社員マスター」シートの主キーとなる

「取引先ID」「営業所ID」「社員ID」をそれぞれA列へ移動させます。他のシートに合わせて、列見出しを「取引先」→「取引先名」、「営業所」→「営業所名」へ表記を変えておきましょう（**図17**、**図18**、**図19**）。

図17　「取引先マスター」シート

	A	B	C	D	E	F	G	H	I	J	K	L
1	取引先ID	取引先名	郵便番号	住所1	住所2	電話番号						
2	C001	A社	342-0011	埼玉県吉川市深井新田	1-1-1	000-000-001						
3	C002	B社	108-0073	東京都港区三田	Bビル202	000-000-002						
4	C003	C社	270-1454	千葉県柏市柳戸	33-3	000-000-003						
5	C004	D社	197-0011	東京都福生市福生	Dタワー404	000-000-004						
6	C005	E社	239-0802	神奈川県横須賀市馬堀町	Eヒルズ550	000-000-005						
7	C006	F社	301-0821	茨城県龍ケ崎市東町	6-00	000-000-006						
8	C007	G社	321-4366	栃木県真岡市勝瓜	770-0	000-000-007						
9	C008	H社	292-1177	千葉県君津市怒田沢	Hビル88	000-000-008						
10	C009	I社	156-0041	東京都世田谷区大原	99-99	000-000-009						
11	C010	J社	335-0013	埼玉県戸田市喜沢	010-010	000-000-010						
12												

図18　「営業所マスター」シート

	A	B	C	D	E	F	G	H	I	J	K	L
1	営業所ID	営業所名	郵便番号	住所1	住所2	電話番号						
2	O001	札幌	001-0000	北海道札幌市北区	Aビル11	000-000-001						
3	O002	東京	162-0846	東京都新宿区市谷左内町	2-2	000-000-002						
4	O003	名古屋	450-0001	愛知県名古屋市中村区那古野	333	000-000-003						
5	O004	大阪	539-0000	大阪府大阪市中央区	Dビル404	000-000-004						
6	O005	福岡	810-0000	福岡県福岡市中央区	5-55	000-000-005						
7												

図19　「社員マスター」シート

	A	B	C	D	E	F	G	H	I	J	K	L	M	N
1	社員ID	社員名	入社日	電話番号	営業所ID									
2	S001	鈴木勇	2005/3/6	000-0000-0001	O001									
3	S002	佐藤竜也	2006/4/23	000-0000-0002	O001									
4	S003	高橋裕一	2006/1/25	000-0000-0003	O001									
5	S004	渡辺綾	2007/4/21	000-0000-0004	O001									
6	S005	田中博	2008/1/17	000-0000-0005	O002									
7	S006	伊藤孝	2009/1/21	000-0000-0006	O002									
8	S007	山本徹	2009/11/8	000-0000-0007	O002									
9	S008	佐藤美穂	2010/1/17	000-0000-0008	O002									
10	S009	中村陽子	2011/9/18	000-0000-0009	O003									
11	S010	小林和美	2011/12/4	000-0000-0010	O003									
12	S011	斉藤美香	2012/5/27	000-0000-0011	O003									
13	S012	加藤健司	2013/10/22	000-0000-0012	O003									
14	S013	鈴木千鶴	2014/4/23	000-0000-0013	O004									
15	S014	吉田久美	2014/8/26	000-0000-0014	O004									
16	S015	山田誠	2016/4/9	000-0000-0015	O004									
17	S016	佐々木昇	2017/3/23	000-0000-0016	O004									
18	S017	山口大輔	2018/7/27	000-0000-0017	O005									
19	S018	松本香織	2018/10/31	000-0000-0018	O005									
20	S019	井上直樹	2019/10/8	000-0000-0019	O005									
21	S020	木村恵	2020/10/12	000-0000-0020	O005									
22														

これで、データベースへ書き込むシートの準備が整いました。この時点でのサンプルは「CHAPTER8」フォルダー→「Before」フォルダー→ SampleSystem8-3.xlsm という名前で収録されています。

8-2 Accessのテーブルを作成する

8-1で作成したシートのデータを書き込むためのテーブルを作成します。5つのテーブルを用意し、それぞれのフィールド名とデータ型、リレーションシップを設定しましょう。

8-2-1 5つのテーブルを作成する

サンプルファイルの「CHAPTER8」フォルダー→「Before」フォルダー内のData.accdbを開いてください。これは**CHAPTER 7**終了時のテーブル構造のまま、テーブルの中身を削除して最適化を行った状態になっています。

「商品マスター」テーブルは**CHAPTER 7**から変更がないので、「販売データ」テーブルの修正を行います。デザインビューで開き、「営業所」行を選択してリボンの「行の削除」をクリックします(**図20**)。右クリックして表示されるメニューからも削除できます。

図20　「営業所」フィールドを削除

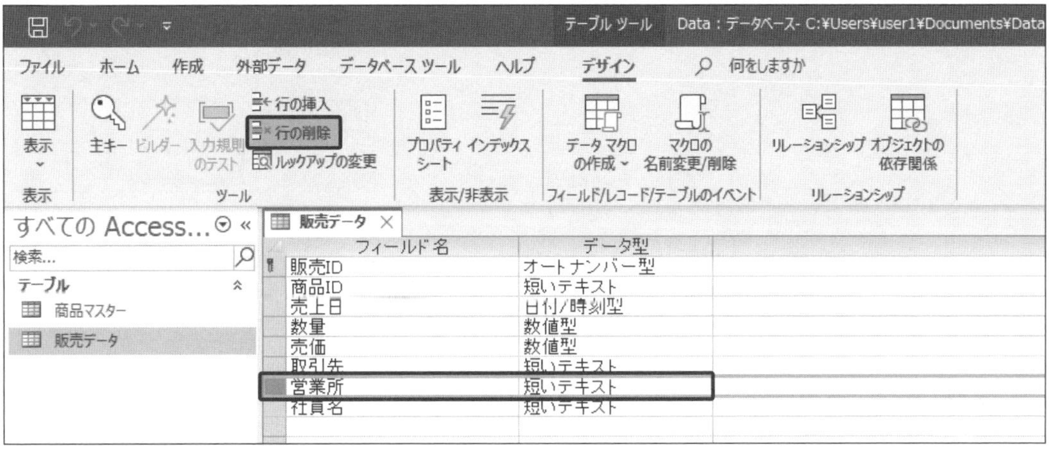

続いてフィールド名を変更します。「取引先」→「取引先ID」、「社員名」→「社員ID」へそれぞれ変更しましょう(**図21**)。設定後、上書き保存して、閉じておきます。

図21 フィールド名の変更

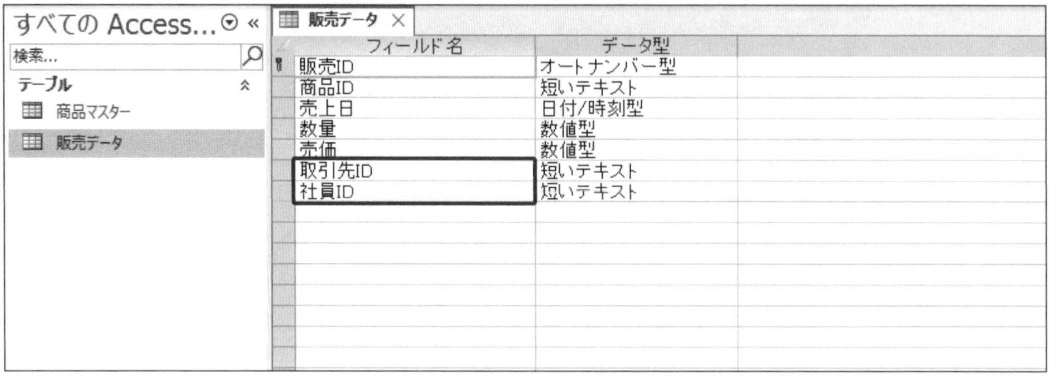

続いて「取引先マスター」テーブルを作成します。リボンの「作成」から「テーブル」をクリックし、新規テーブルを作成し、タブを右クリックして「上書き保存」で名前を付けて保存します（**図22**）。

図22 「取引先マスター」テーブルの作成

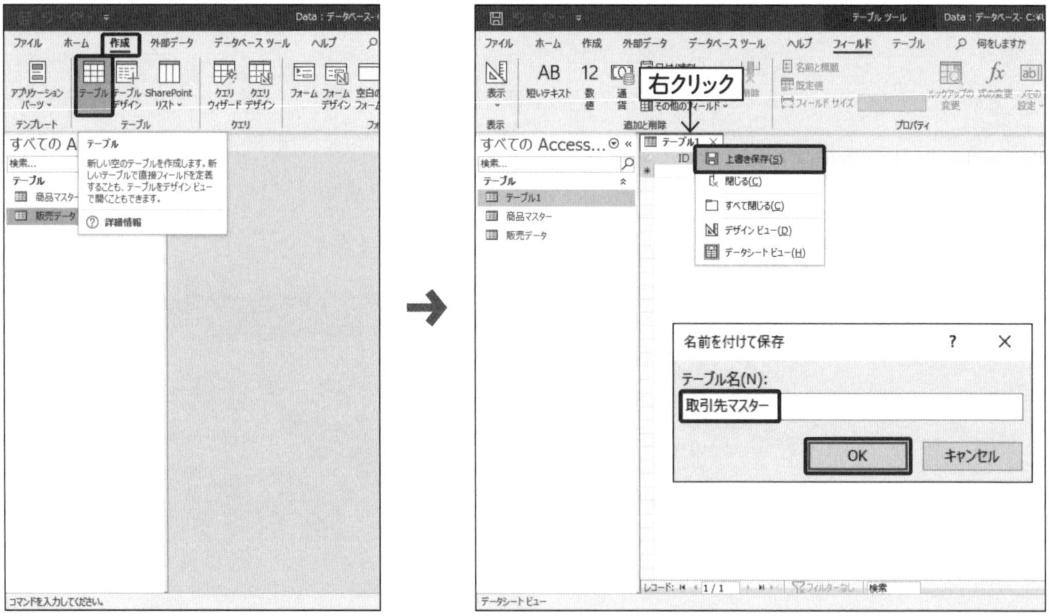

デザインビューで**図23**のように設定します。「取引先ID」フィールドが主キー（鍵のマークが付く）になっていることを確認してください。もし主キーになっていない場合、主キーにしたいフィールド名を選んで右クリックから「主キー」を選択してください。

図23の通りになっていれば、上書き保存して、閉じておきましょう。

図23　「取引先マスター」テーブルの設定

同じ要領で「営業所マスター」テーブル（**図24**）、「社員マスター」テーブル（**図25**）を、それぞれ図を参考に作成します。「営業所マスター」テーブルでは「営業所ID」フィールドが、「社員マスター」テーブルでは「社員ID」フィールドが、それぞれ主キーになっていることを確認してください。なお、「社員マスター」テーブルの「入社日」フィールドは、書式を「日付(S)」にしておきます。

図24　「営業所マスター」テーブルの設定

図25　「社員マスター」テーブルの設定

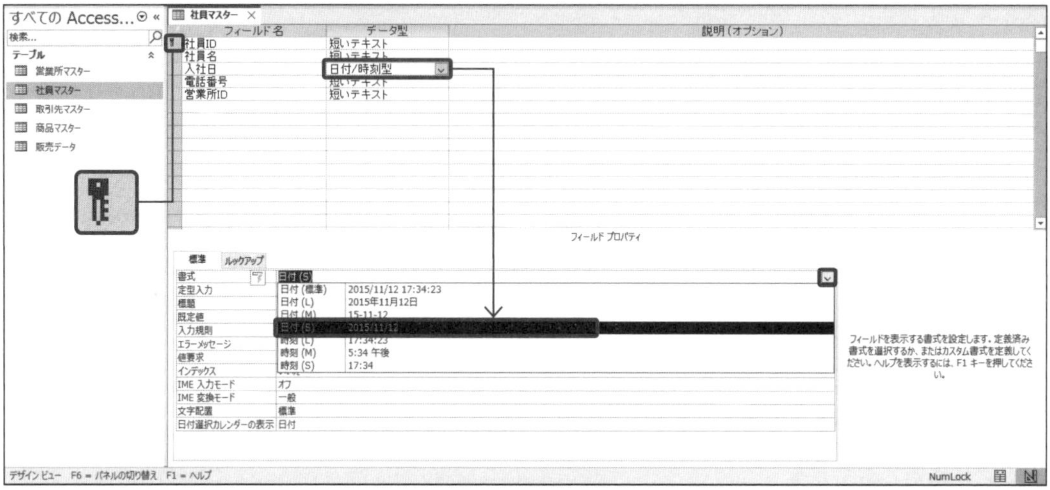

8-2-2 リレーションシップを設定する

リボンの「データベースツール」タブから「リレーションシップ」をクリックします（図26）。

図26　「リレーションシップ」ツールを開く

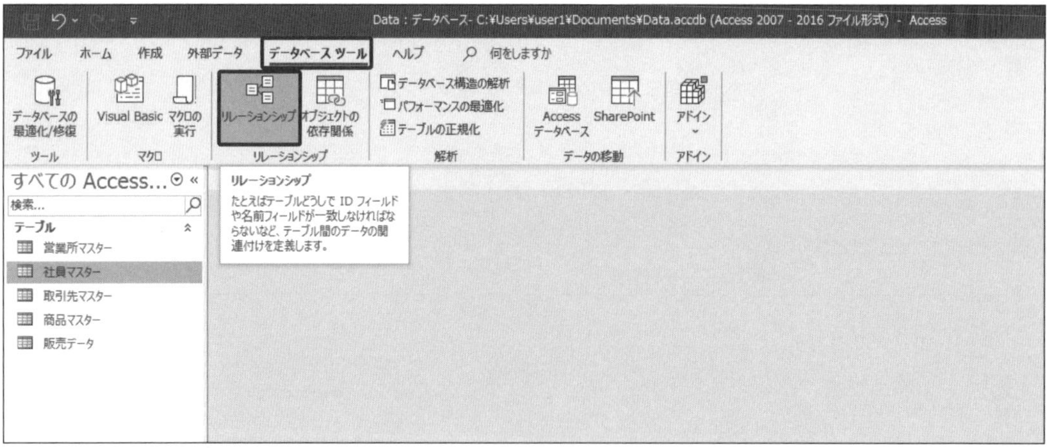

CHAPTER 7で「商品マスター」と「販売データ」テーブルは設定してあるので、「デザイン」タブの「テーブルの追加」を選択し、「テーブルの追加」ウインドウを表示します。続いて、Ctrl キーを押しながら「営業所マスター」「社員マスター」「取引先マスター」を選択して「選択したテーブルを追加」をクリックします（図27）。

図27　テーブルを追加

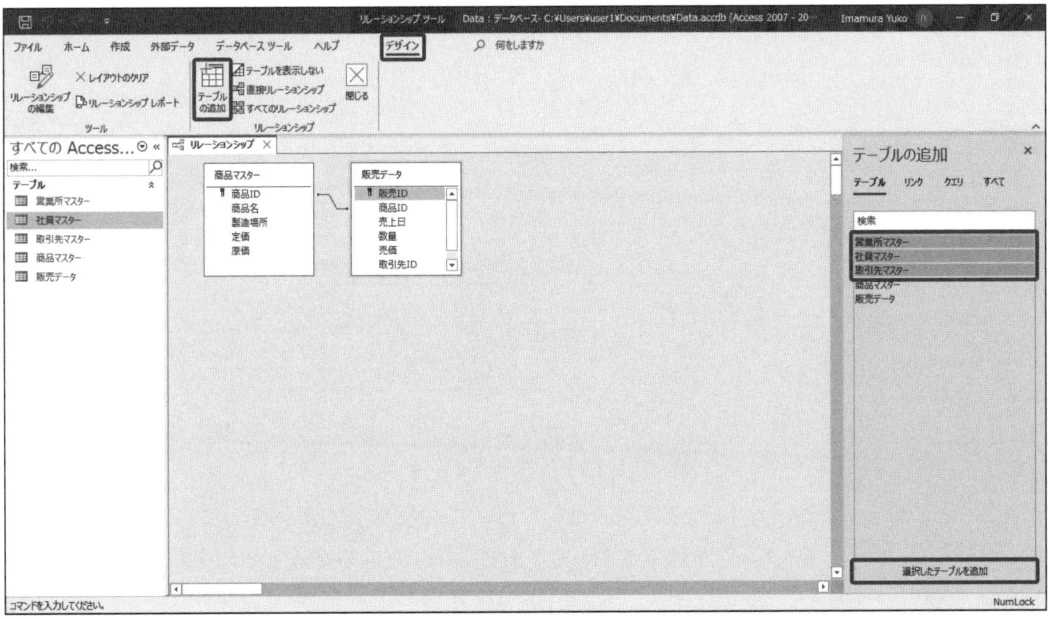

7-5-3を参考に、各マスターテーブルの主キーのフィールドを関連させたいフィールド上にドラッグし、**図28**のようにリレーションシップを設定します。

図28　リレーションシップの設定

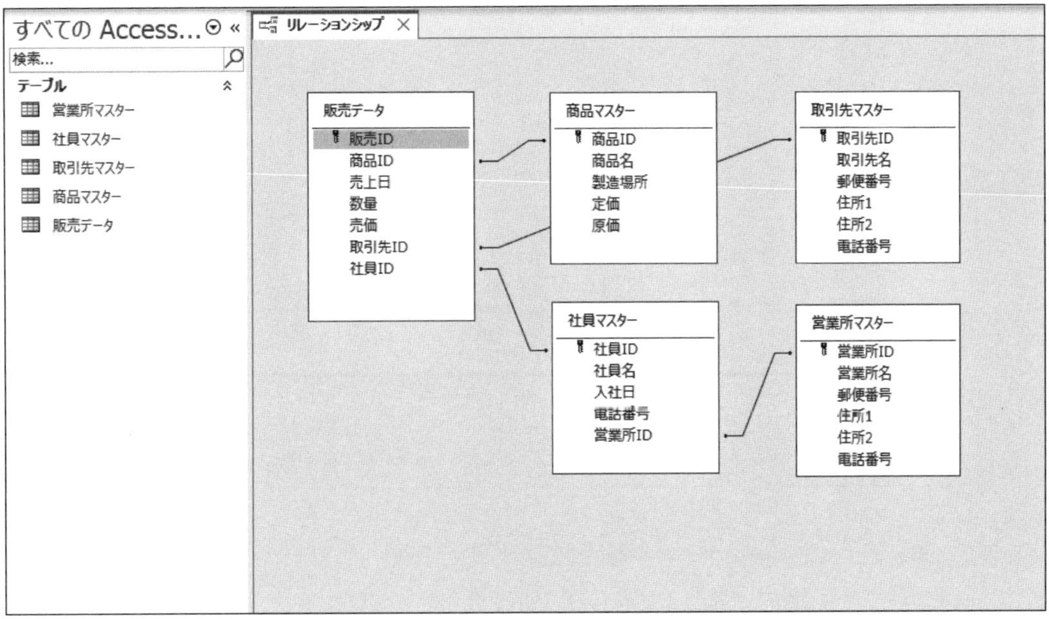

使い方によりますが、本書では「結合プロパティ」の設定では、すべて「両方のテーブルの結合フィールドが同じ行だけを含める。」(内部結合)にしておきます(**図29**)。テーブル結合の種類の違いは、**7-6-2**を参照してください。

図29 結合プロパティ

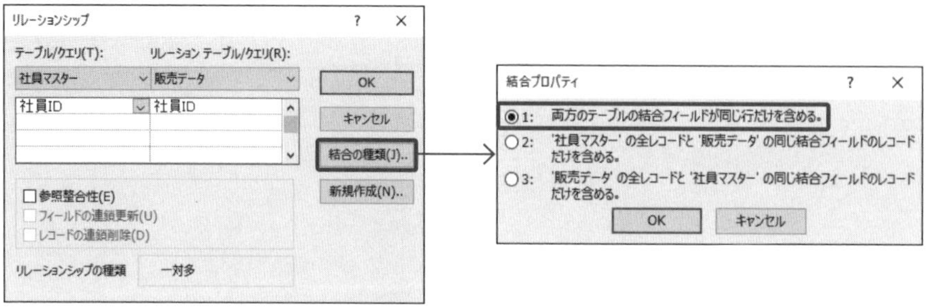

もともと1つだったテーブルを分割してきましたが、この分割した5つのテーブルからでも、今までと同じ見た目の「一覧」クエリを作ることができます。作り方は**7-6-1**と同じ手順でクエリデザインに5つのテーブルを表示し、**図30**のようにフィールドを並べます。

図30 「一覧」クエリ

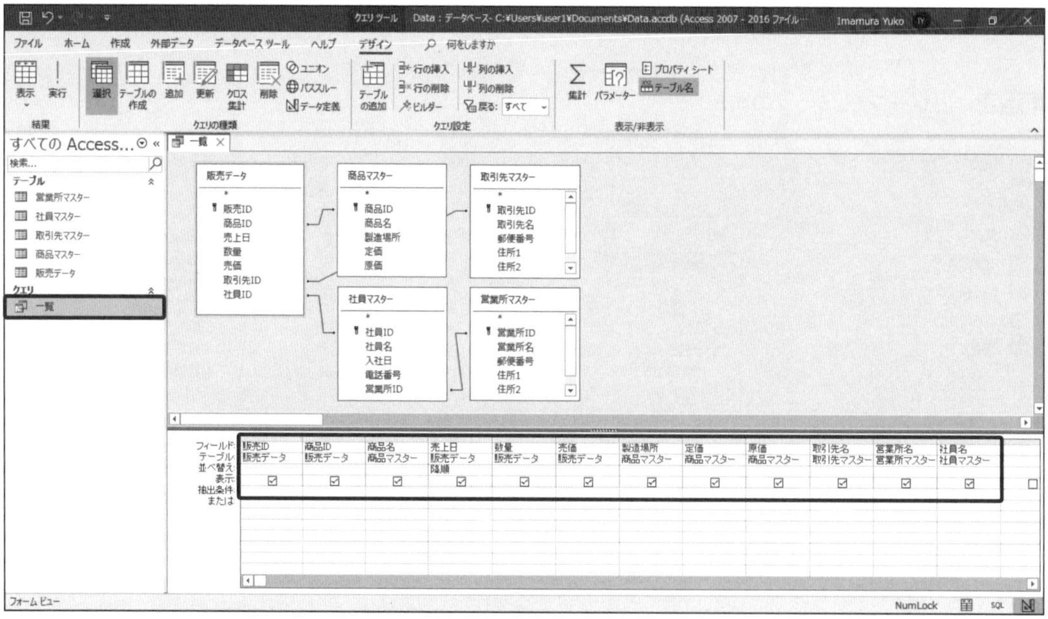

ただし、現時点ではどのテーブルも空なのでこのクエリを実行してもレコードがありません。ここでは名前を付けて保存だけしておいて、**8-3-2**で結果を確認しましょう。

CHAPTER 8

8-3 一括書込のコードを拡張する

シートとテーブルの準備ができたので、ここまでのコードを修正してExcelのシートからAccess上の5つのテーブルへデータを書き込みます。

8-3-1 一括書込コードの拡張

「M_DataTransfer」モジュールの、シート上のデータを書き込むコードを5つのテーブルに対応させます。まずは「insertRecord」プロシージャを修正します(**コード1**)。

コード1 「insertRecord」プロシージャ(「M_DataTransfer」モジュール)

```
Public Sub insertRecord()
  '## レコードの挿入

  '処理前メッセージ1
  Dim tgtSheet As Worksheet 'シート用変数
  Set tgtSheet = ActiveSheet 'アクティブシートを取得
  Select Case tgtSheet.Name 'シート名によって処理を変える                    追加
    Case "販売データ", "商品マスター", "取引先マスター", "営業所マスター", "社員マスター"
      If MsgBox("一括書込を実行しようとしています。続けますか?", _
          vbOKCancel + vbQuestion, "確認") = vbCancel Then 'メッセージ
        Exit Sub 'キャンセルなら終了
      End If
    Case Else 'それ以外のシート名だった場合
      MsgBox "このシートからは実行できません。", vbInformation, "確認" 'メッセージ
      Exit Sub '終了
  End Select

  '処理前メッセージ2
～～～～～～～～～～～～～～～～ 略 ～～～～～～～～～～～～～～～～

  'スタート行と最終行の取得
～～～～～～～～～～～～～～～～ 略 ～～～～～～～～～～～～～～～～

```

```
  ' SQL文リストの作成
  Dim sqlList As Collection 'コレクションの宣言
  Select Case tgtSheet.Name 'シート名によって処理を変える
    Case "販売データ"
      Set sqlList = getSalesSql(tgtSheet, startRow, endRow) '販売データ用のSQLを関数で取得
    Case "商品マスター"
      Set sqlList = getProductSql(tgtSheet, startRow, endRow) '商品マスター用のSQLを関数で取得
    Case "取引先マスター"
      Set sqlList = getClientSql(tgtSheet, startRow, endRow)    ← 取引先マスター用のSQLを関数で取得
    Case "営業所マスター"
      Set sqlList = getOfficeSql(tgtSheet, startRow, endRow)    ← 営業所マスター用のSQLを関数で取得
    Case "社員マスター"
      Set sqlList = getStaffSql(tgtSheet, startRow, endRow)     ← 社員マスター用のSQLを関数で取得
  End Select

  '実行
～～～～～～～～～～ 略 ～～～～～～～～～～
End Sub
```

同モジュール内の「販売データ」用のSQLを返す「getSalesSql」プロシージャを修正します（**コード2**）。

コード2 「getSalesSql」プロシージャ（「M_DataTransfer」モジュール）

```
Private Function getSalesSql _
  (ByVal ws As Worksheet, ByVal startRow As Long, ByVal endRow As Long) As Collection
  '## 「販売データ」用のSQLを返す

  'DELETE文作成
～～～～～～～～～～ 略 ～～～～～～～～～～

  'INSERT文作成
  Dim tgtRow As Long '繰り返し用変数の宣言
  Dim sql As String 'SQL文用変数の宣言
  For tgtRow = startRow To endRow '指定行を繰り返す
    sql = _
      "INSERT INTO 販売データ(" & _
        "商品ID, " & _
        "売上日, " & _
        "数量, " & _
        "売価, " & _
        "取引先ID, " & _    ← フィールド名の変更
        "営業所, " & _      ← 削除
```

```
        "社員ID) " & _ ←フィールド名の変更
      "VALUES(" & _
        "'" & ws.Cells(tgtRow, 1).Value & "', " & _
        "#" & ws.Cells(tgtRow, 2).Value & "#, " & _
        ws.Cells(tgtRow, 3).Value & ", " & _
        ws.Cells(tgtRow, 4).Value & ", " & _
        "'" & ws.Cells(tgtRow, 5).Value & "', " & _
        "'" & ws.Cells(tgtRow, 6).Value & "', " & _ ←削除
        "'" & ws.Cells(tgtRow, 6).Value & "');" ←ズレた列数を修正

    getSalesSql.Add sql 'コレクションへ追加
  Next tgtRow
End Function
```

同モジュール内に「取引先データ」用のSQLを返す「getClientSql」プロシージャを追加します(**コード3**)。

コード3 「getClientSql」プロシージャ(「M_DataTransfer」モジュール)の作成

```
Private Function getClientSql _
  (ByVal ws As Worksheet, ByVal startRow As Long, ByVal endRow As Long) As Collection
  '## 「取引先マスター」用のSQLを返す

  'DELETE文作成
  Set getClientSql = New Collection 'コレクションを作成
  getClientSql.Add "DELETE FROM 取引先マスター;" 'テーブル内データを全削除

  'INSERT文作成
  Dim tgtRow As Long '繰り返し用変数の宣言
  Dim sql As String 'SQL文用変数の宣言
  For tgtRow = startRow To endRow '指定行を繰り返す
    sql = _
      "INSERT INTO 取引先マスター(" & _
        "取引先ID, " & _
        "取引先名, " & _
        "郵便番号, " & _
        "住所1, " & _
        "住所2, " & _
        "電話番号) " & _
      "VALUES(" & _
        "'" & ws.Cells(tgtRow, 1).Value & "', " & _
        "'" & ws.Cells(tgtRow, 2).Value & "', " & _
        "'" & ws.Cells(tgtRow, 3).Value & "', " & _
```

```
        "'" & ws.Cells(tgtRow, 4).Value & "', " & _
        "'" & ws.Cells(tgtRow, 5).Value & "', " & _
        "'" & ws.Cells(tgtRow, 6).Value & "');"

    getClientSql.Add sql 'コレクションへ追加
  Next tgtRow
End Function
```

同モジュール内に「営業所データ」用のSQLを返す「getOfficeSql」プロシージャを追加します（**コード4**）。

コード4 「getOfficeSql」プロシージャ（「M_DataTransfer」モジュール）の作成

```
Private Function getOfficeSql _
  (ByVal ws As Worksheet, ByVal startRow As Long, ByVal endRow As Long) As Collection
  '## 「営業所マスター」用のSQLを返す

  'DELETE文作成
  Set getOfficeSql = New Collection 'コレクションを作成
  getOfficeSql.Add "DELETE FROM 営業所マスター;" 'テーブル内データを全削除

  'INSERT文作成
  Dim tgtRow As Long '繰り返し用変数の宣言
  Dim sql As String 'SQL文用変数の宣言
  For tgtRow = startRow To endRow '指定行を繰り返す
    sql = _
      "INSERT INTO 営業所マスター(" & _
        "営業所ID, " & _
        "営業所名, " & _
        "郵便番号, " & _
        "住所1, " & _
        "住所2, " & _
        "電話番号) " & _
      "VALUES(" & _
        "'" & ws.Cells(tgtRow, 1).Value & "', " & _
        "'" & ws.Cells(tgtRow, 2).Value & "', " & _
        "'" & ws.Cells(tgtRow, 3).Value & "', " & _
        "'" & ws.Cells(tgtRow, 4).Value & "', " & _
        "'" & ws.Cells(tgtRow, 5).Value & "', " & _
        "'" & ws.Cells(tgtRow, 6).Value & "');"

    getOfficeSql.Add sql 'コレクションへ追加
  Next tgtRow
End Function
```

同モジュール内に「社員データ」用のSQLを返す「getStaffSql」プロシージャを追加します（**コード5**）。

コード5　「getStaffSql」プロシージャ（「M_DataTransfer」モジュール）の作成

```
Private Function getStaffSql _
  (ByVal ws As Worksheet, ByVal startRow As Long, ByVal endRow As Long) As Collection
  '## 「社員マスター」用のSQLを返す

  'DELETE文作成
  Set getStaffSql = New Collection 'コレクションを作成
  getStaffSql.Add "DELETE FROM 社員マスター;" 'テーブル内データを全削除

  'INSERT文作成
  Dim tgtRow As Long '繰り返し用変数の宣言
  Dim sql As String 'SQL文用変数の宣言
  For tgtRow = startRow To endRow '指定行を繰り返す
    sql = _
      "INSERT INTO 社員マスター(" & _
        "社員ID, " & _
        "社員名, " & _
        "入社日, " & _
        "電話番号, " & _
        "営業所ID) " & _
      "VALUES(" & _
        "'" & ws.Cells(tgtRow, 1).Value & "', " & _
        "'" & ws.Cells(tgtRow, 2).Value & "', " & _
        "#" & ws.Cells(tgtRow, 3).Value & "#, " & _
        "'" & ws.Cells(tgtRow, 4).Value & "', " & _
        "'" & ws.Cells(tgtRow, 5).Value & "');"

    getStaffSql.Add sql 'コレクションへ追加
  Next tgtRow
End Function
```

8-3-2 一括書込の実行

では動作確認してみましょう。最初にExcelブック上で、「販売データ」シートを選択してください。続いて、リボンの「開発」タブの「マクロ」をクリック（または「Alt+F8」）から、実行できるマクロの一覧が表示されるので、「insertRecord」プロシージャを実行します（**図31**）。

図31 「insertRecord」プロシージャの実行

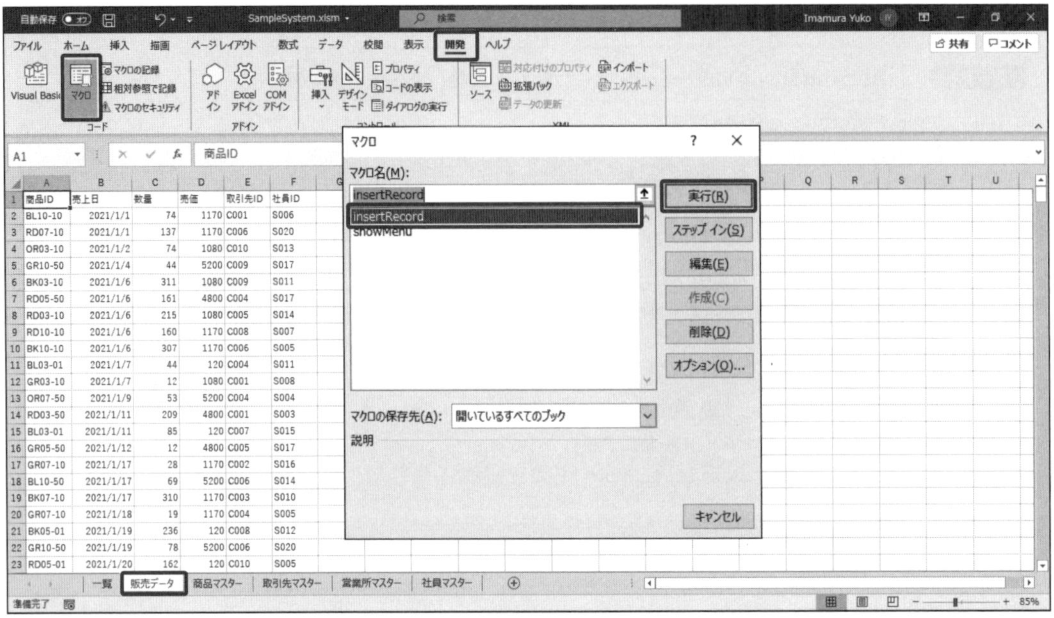

2回の確認メッセージ、実行後に終了メッセージが表示され、「販売データ」シートは削除されます（図32）。

図32 実行時メッセージ

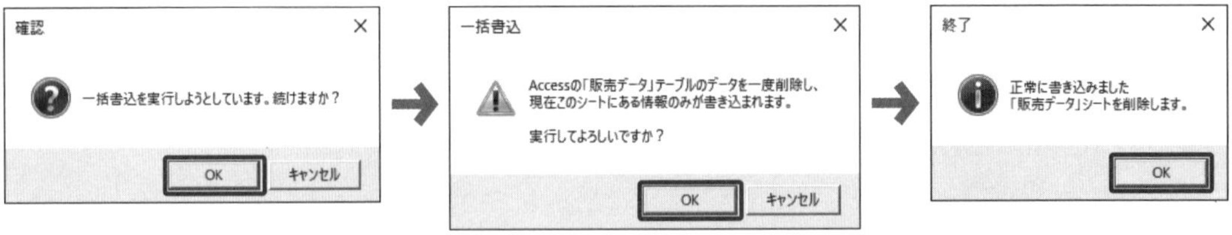

Data.accdbを確認してみると、「販売データ」テーブルにデータが格納されています（図33）。

図33 書込後の「販売データ」テーブル

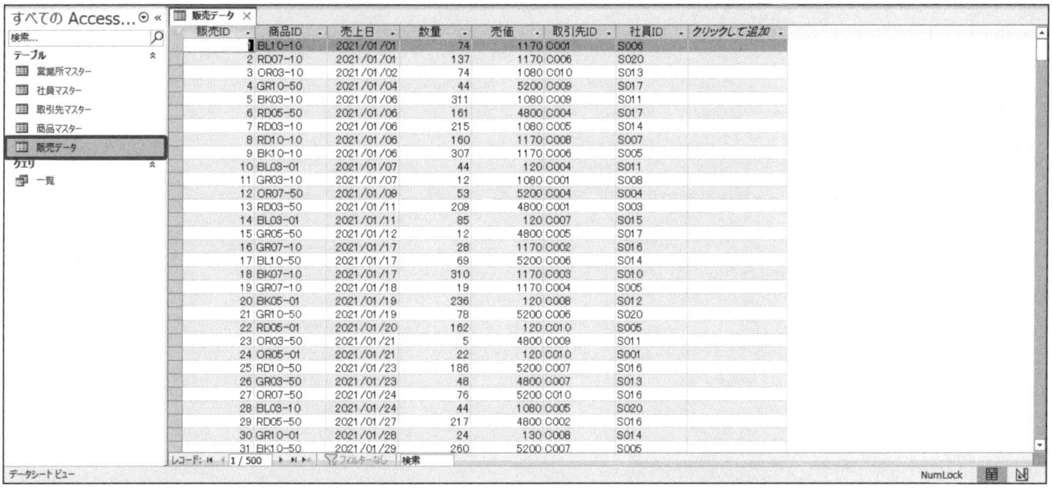

同様に、「商品マスター」「取引先マスター」「営業所マスター」「社員マスター」のシートからも「insertRecord」プロシージャを実行すると、「販売管理」シートのみが残り、Accessの各テーブルにデータが書き込まれます（**図34**、**図35**、**図36**、**図37**）。リレーションシップが設定されているので、リンクしている情報をサブデータシートに表示することができます。

図34 書込後の「販商品マスター」テーブル

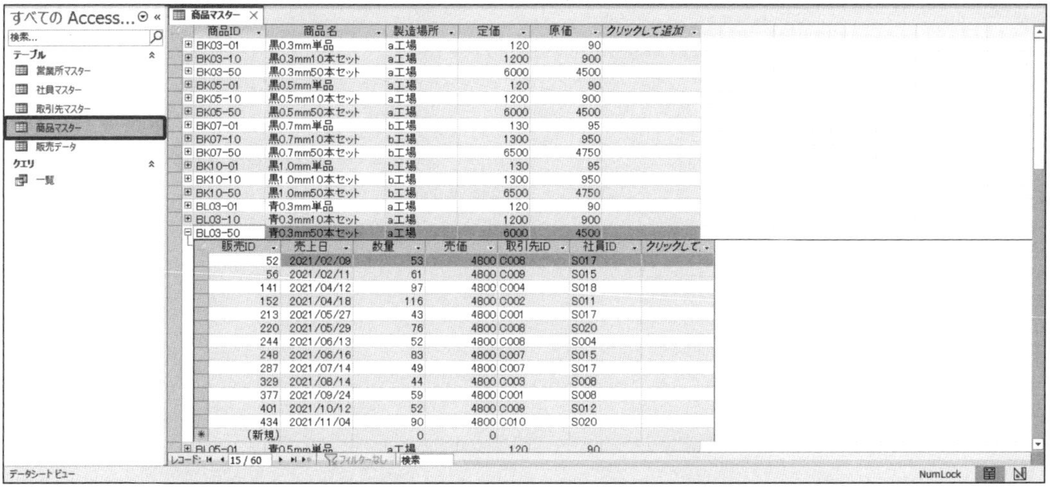

図35 書込後の「取引先マスター」テーブル

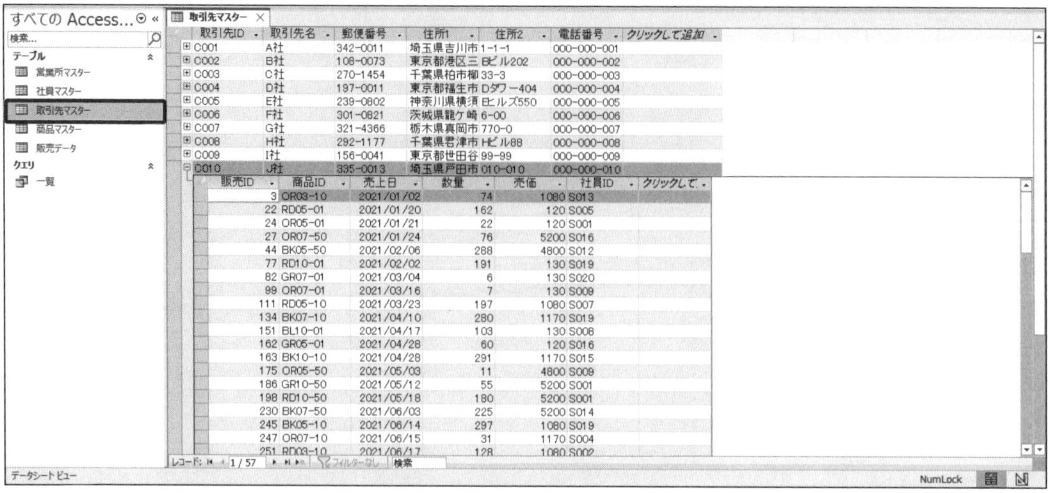

図36 書込後の「営業所マスター」テーブル

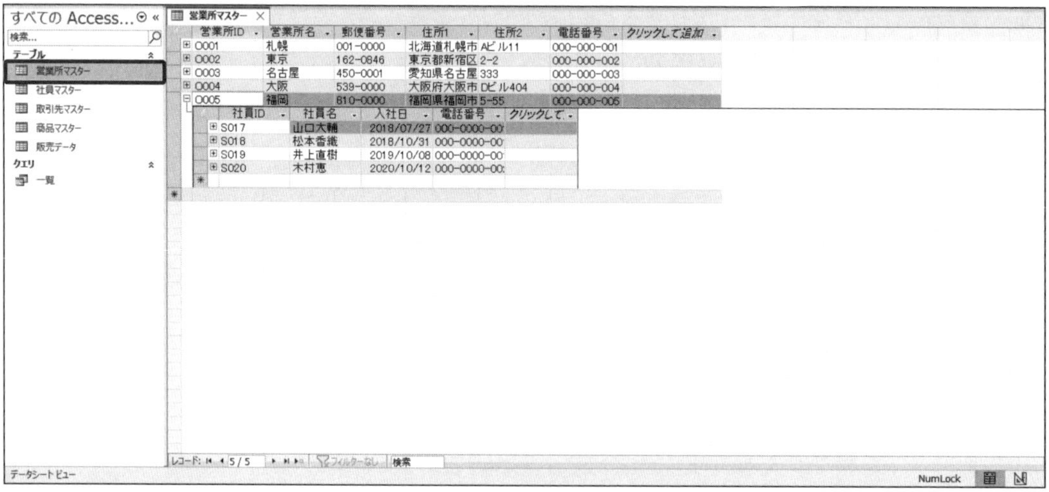

図37　書込後の「社員マスター」テーブル

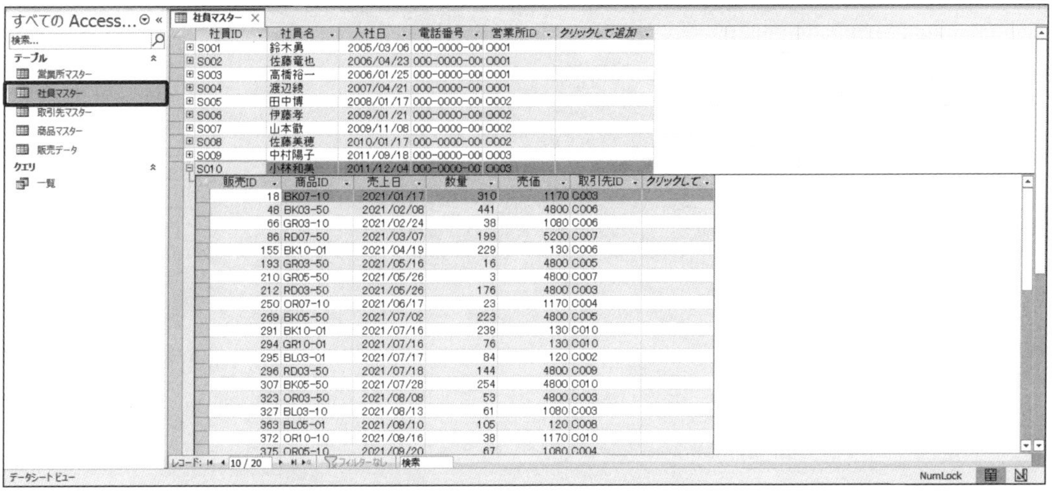

テーブルにデータが挿入されたので、**8-2-2**で作成した「一覧」クエリを見てみましょう。データシートビューで開くと、5つのテーブルからでも今までと同じ並びのデータが抽出されています(**図38**)。

図38　「一覧」クエリ

これでExcelの各シートのデータが、Accessの該当するテーブルに書き込まれました。それに伴い、データの二重化を防止するため、Excelのシートを削除しました。

データ移管後は、「マスターデータはAccessにある」というルールを徹底し、AccessとExcelでデータの二重化が起こらぬよう慎重な運営を行ってください。

CHAPTER 8

8-4 「データ読込」フォームを拡張する

Accessに5つのテーブルができあがり、データも格納できました。VBAを使って、この5つのテーブルから「一覧」データを読み込む部分のコードを拡張していきます。

8-4-1 コンボボックスのリスト修正

テーブルを分割したときに「取引先**名**」「営業所**名**」とフィールド名を変更したので、まずは「読込(F_Loader)」フォームのコンボボックスのリストが**図39**となるように修正します(**コード6**)。

図39 フィールド名を変更

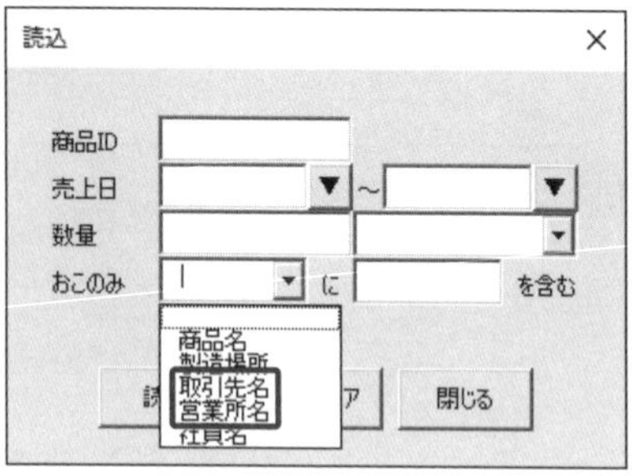

コード6 「UserForm_Initialize」プロシージャ(「F_Loader」モジュール)

```
Private Sub UserForm_Initialize()
  '## 初期値の設定

  With Me.cmb_scope
～～～～～～～～～～ 略 ～～～～～～～～～～
  End With

  With Me.cmb_field
    .AddItem ""
    .AddItem "商品名"
    .AddItem "製造場所"
    .AddItem "取引先名"  ←フィールド名変更
```

```
    .AddItem "営業所名"
    .AddItem "社員名"
  End With
End Sub
```

8-4-2 SELECT構文の修正

続いて、同モジュールのSELECT構文を修正します。5つのテーブルを結合させるのでJOIN部分が複雑になりますが、**コード7**のように書きます。

コード7 「loadRecord」プロシージャ(「F_Loader」モジュール)

```
Public Sub loadRecord()
  '## レコードの読込
~~~~~~~~~~~~~~~~~~~~ 略 ~~~~~~~~~~~~~~~~~~~~

  'SQL文の作成
  Dim sql As String
  sql = _
    "SELECT " & _
      "販売データ.販売ID, " & _
      "販売データ.商品ID, " & _
      "商品マスター.商品名, " & _
      "販売データ.売上日, " & _
      "販売データ.数量, " & _
      "販売データ.売価, " & _
      "商品マスター.製造場所, " & _
      "商品マスター.定価, " & _
      "商品マスター.原価, " & _
      "取引先マスター.取引先名, " & _
      "営業所マスター.営業所名, " & _
      "社員マスター.社員名 " & _
    "FROM ((( 販売データ " & _
      "INNER JOIN 商品マスター ON 販売データ.商品ID = 商品マスター.商品ID ) " & _
      "INNER JOIN 社員マスター ON 販売データ.社員ID = 社員マスター.社員ID ) " & _
      "INNER JOIN 取引先マスター ON 販売データ.取引先ID = 取引先マスター.取引先ID ) " & _
      "INNER JOIN 営業所マスター ON 社員マスター.営業所ID = 営業所マスター.営業所ID "

  sql = sql & getWhereTxt1 '条件1
  sql = sql & getWhereTxt2 '条件2
  sql = sql & getWhereTxt3 '条件3
  sql = sql & getWhereTxt4 '条件4

```

```
    sql = sql & "ORDER BY 販売データ.売上日 DESC;"

    'レコードセットをシートへ展開
    Call putRsOnSheet(sql, ws, ws.Range("A2"))
End Sub
```

8-4-3 抽出条件文の修正

条件文は、新しく追加したテーブルに関わるのは条件4だけなので、「getWhereTxt4」プロシージャを修正します（**コード8**）。

コード8 「getWhereTxt4」プロシージャ（「F_Loader」モジュール）

```
Private Function getWhereTxt4() As String
    '## 条件4
〜〜〜〜〜〜〜〜〜〜〜〜〜〜〜〜 略 〜〜〜〜〜〜〜〜〜〜〜〜〜〜〜〜

    '条件文
    Select Case Me.cmb_field.Value 'フィールドに対応したテーブル名を付ける
        Case "商品名", "製造場所"
            getWhereTxt4 = getWhereTxt4 & " 商品マスター." & Me.cmb_field.Value
        Case "取引先名"
            getWhereTxt4 = getWhereTxt4 & " 取引先マスター." & Me.cmb_field.Value
        Case "営業所名"
            getWhereTxt4 = getWhereTxt4 & " 営業所マスター." & Me.cmb_field.Value
        Case "社員名"
            getWhereTxt4 = getWhereTxt4 & " 社員マスター." & Me.cmb_field.Value
    End Select
    getWhereTxt4 = getWhereTxt4 & " LIKE '%" & Me.txb_keyword.Value & "%' "
End Function
```

これで、読込の機能が5つのテーブルに対応して動くようになりました（**図40**）。

図40 「読込」機能の確認

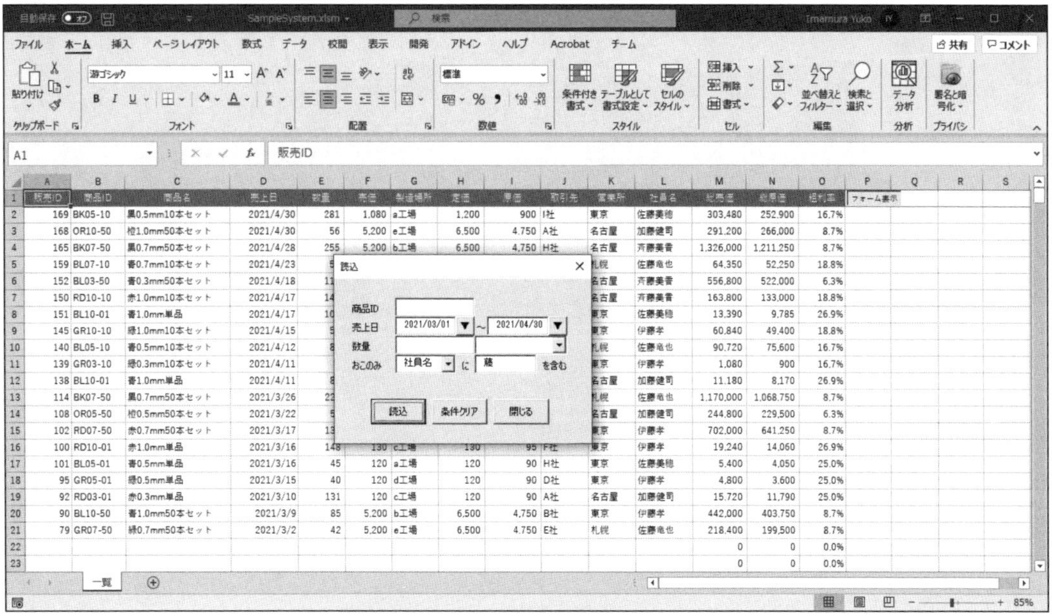
SampleSystem.xlsm
読込
商品ID
売上日
2021/03/01
2021/04/30
数量
おこのみ
社員名
に
藤
を含む
読込
条件クリア
閉じる
販売ID
商品ID
商品名
売上日
数量
売価
製造場所
定価
原価
取引先
営業所
社員名
総売価
総原価
粗利率
フォーム表示
一覧

CHAPTER 8

8-5 「編集」フォームを拡張する

続いて、「編集」フォームを5つのテーブルに対応させていきます。

8-5-1 コントロールの変更

「F_Editor（編集）」フォームの「取引先」「社員名」テキストボックスをコンボボックスへ変更し、オブジェクト名を「cmb_client」「cmb_staff」とします。

また、「営業所」テキストボックスの「Enabled」を「False（編集不可）」に、「BackColor（背景色）」をグレー（「ボタンの表面」色）にしておきます（**図41**）。

図41 フォームの改良

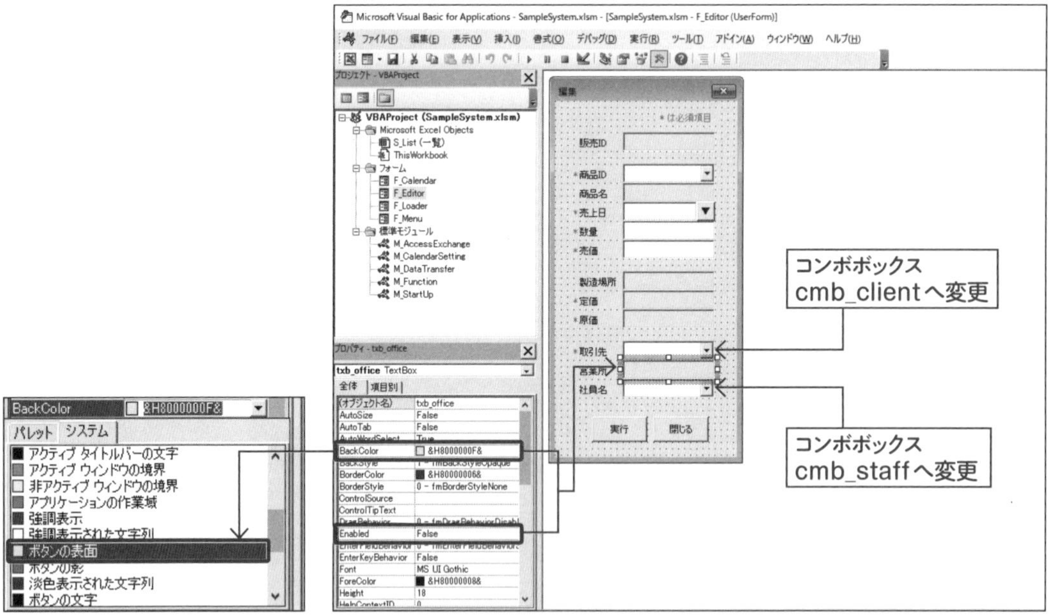

置き換えた「cmb_client」「cmb_staff」コンボボックスですが、テーブルの書込に必要な情報はID

でも、名称が出ていた方がユーザーは選びやすいので、2列表示させてみましょう。そのため**図42**のように、「ColumnCount（列数）」を「2」に、「ColumnWidths（列幅）」プロパティを「30pt;30pt」と「45pt;15pt」にそれぞれ設定します。

図42　**コンボボックスの列数と列幅の設定**

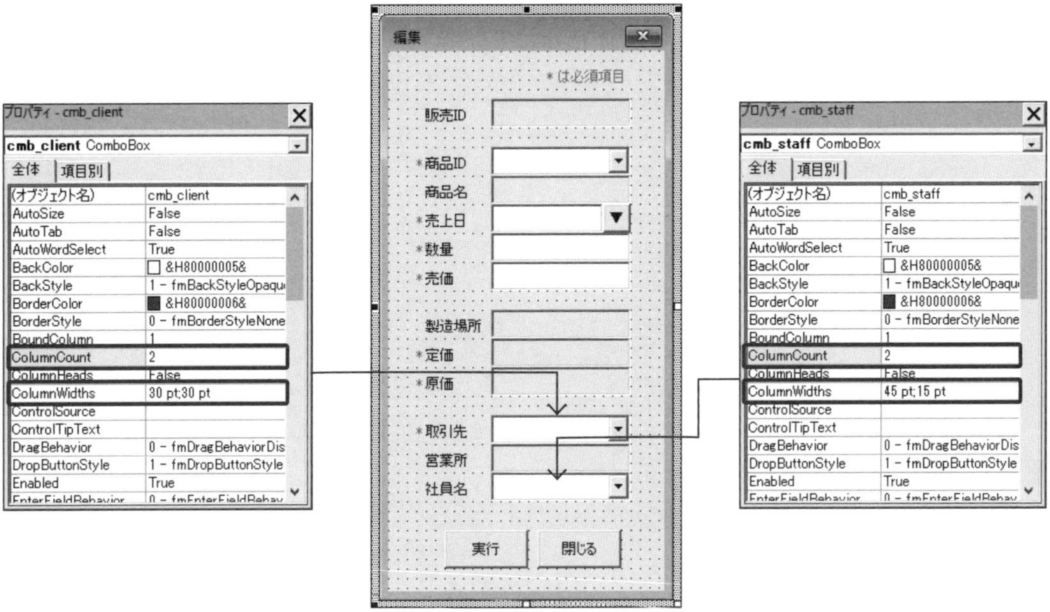

それではコードを修正していきましょう。

まずは「F_Menu（メニュー）」フォームモジュールからの動きを修正します。「メニュー」フォームの「更新」ボタンをクリックしたときの、現在選択されているセル位置のデータ転記部分です。「営業所」部分は「社員名」が選択されたときに自動入力される機能を付けるので、ここでは不要になります。テキストボックスからコンボボックスへの変更も反映します（**コード9**）。

コード9　**「btn_update_Click」プロシージャ（「F_Menu」フォーム）**

```
Private Sub btn_update_Click()
  '##「更新」ボタンクリック時
～～～～～～～～～～～～～ 略 ～～～～～～～～～～～～～

  '「編集」フォームの代入と表示
  With F_Editor
    '変数設定
～～～～～～～～～～～～～ 略 ～～～～～～～～～～～～～

```

```
    '代入
    .txb_odrId.Value = ws.Cells(tgtRow, 1).Value '販売ID
    .cmb_prdId.Value = ws.Cells(tgtRow, 2).Value '商品ID
    .txb_date.Value = ws.Cells(tgtRow, 4).Value '売上日
    .txb_qty.Value = ws.Cells(tgtRow, 5).Value '数量
    .txb_salePrice.Value = ws.Cells(tgtRow, 6).Value '売価
    .cmb_client.Value = ws.Cells(tgtRow, 10).Value '取引先   ←コンボボックスへ変更
    .txb_office.Value = ws.Cells(tgtRow, 11).Value '営業所   ←削除
    .cmb_staff.Value = ws.Cells(tgtRow, 12).Value '社員名   ←コンボボックスへ変更

    '表示
～～～～～～～～～～～～～～～～ 略 ～～～～～～～～～～～～～～～～
  End With
End Sub
```

動作確認をしてみると、**図43**のように選択していた行の情報が、コンボボックスに変更した部分も含めて「編集」フォームに読み込まれます。

図43 動作確認

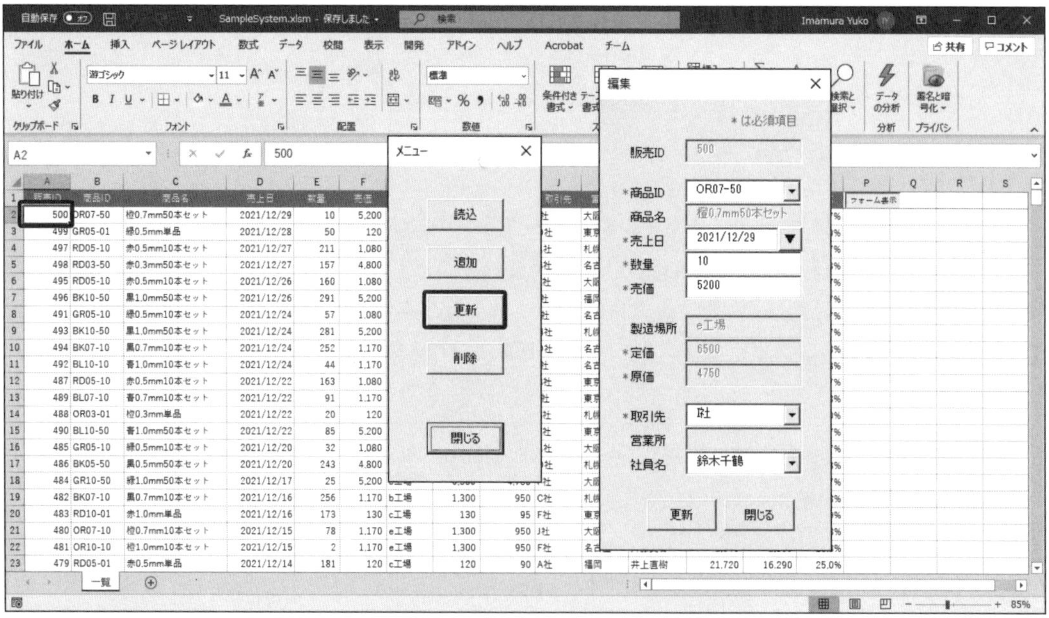

8-5-2 コンボボックスのソースを設定する

続いて「F_Editor(編集)」フォームに追加したコンボボックスへの記述です。**7-7-3**でレコードセッ

トを配列へ入れて返す関数を作ったので、それを利用します。今回のコンボボックスは2列表示させるので、フィールドを「名称」「ID」の順番で取得してコンボボックスのソースに設定します(**コード10**)。

コード10 「UserForm_Initialize」プロシージャ(「F_Editor」モジュール)

```
Private Sub UserForm_Initialize()
  '## 初期値の設定

  Dim sql As String
  sql = "SELECT 商品ID FROM 商品マスター;" 'SQL文作成
  Me.cmb_prdId.List = getRsInArray(sql) '商品コンボボックスのソース設定

  sql = "SELECT 取引先名, 取引先ID FROM 取引先マスター;"
  Me.cmb_client.List = getRsInArray(sql)  ←取引先コンボボックスのソース設定

  sql = "SELECT 社員名, 社員ID FROM 社員マスター;"
  Me.cmb_staff.List = getRsInArray(sql) ←社員コンボボックスのソース設定
End Sub
```

動作確認をしてみましょう。「メニュー」フォームから「追加」または「更新」をクリックして「編集」フォームを表示させると、「取引先」「社員名」コンボボックスにソースが設定されています(**図44**)。なお、この段階では「編集」フォームで「追加」ボタンと「更新」ボタンをクリックすると、エラーになるので注意してください。この件については、**8-6**にて対応します。

図44 コンボボックスのソースが設定された

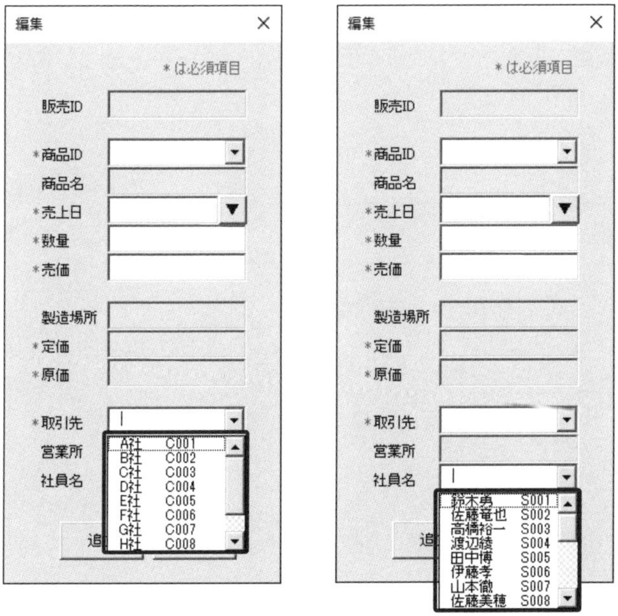

8-5-3 関連項目を自動入力させる

「社員名」コンボボックスが変更されたときに「営業所名」が自動入力される機能を作ります。

「F_Editor (編集)」フォームをオブジェクト表示で開き、「cmb_staff」コンボボックスをダブルクリックします。するとコード画面へ切り替わって「cmb_staff_Change」というプロシージャが挿入されます (図45)。

図45 イベントプロシージャの挿入

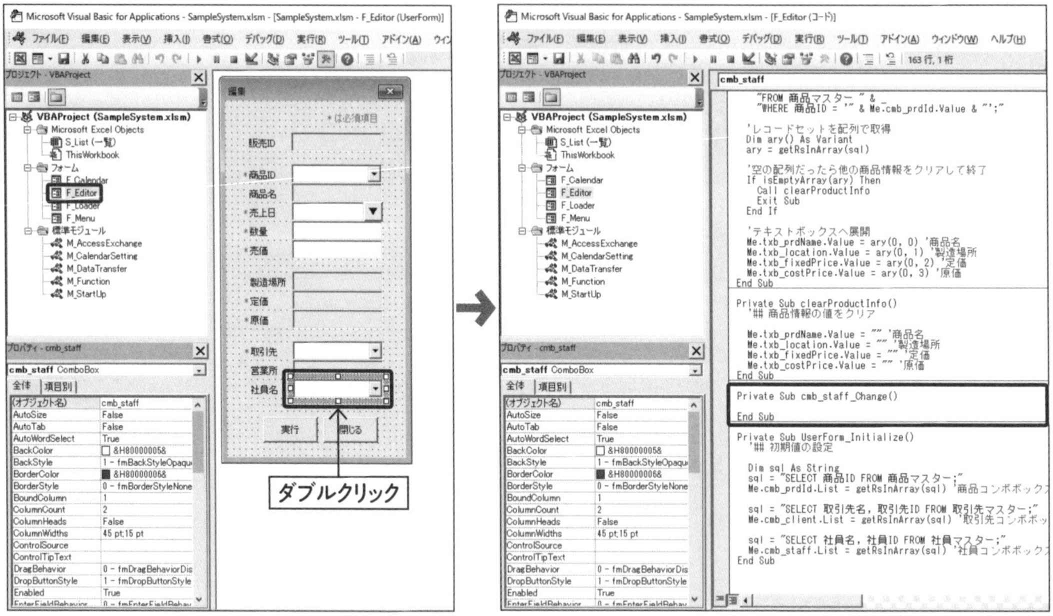
ダブルクリック
Private Sub cmb_staff_Change()
End Sub

これは「cmb_staff」コンボボックスが「変更されたとき」に動くイベントプロシージャです。中身を**コード11**のように記述します。

コード11 「cmb_staff_Change」プロシージャ (「F_Editor」モジュール)

```
Private Sub cmb_staff_Change()
  '## 「社員名」コンボボックス変更時

  '値が空白だったら営業所情報をクリアして終了
  If Me.cmb_staff.Value = "" Then
    Me.txb_office.Value = ""
    Exit Sub
  End If

```

```
  'SQL作成
  Dim sql As String
  sql = _
    "SELECT 営業所マスター.営業所名 " & _
    "FROM 社員マスター INNER JOIN 営業所マスター " & _
    "ON 社員マスター.営業所ID = 営業所マスター.営業所ID " & _
    "WHERE 社員マスター.社員ID = '" & Me.cmb_staff.Column(1) & "';"

  'レコードセットを配列で取得
  Dim ary() As Variant
  ary = getRsInArray(sql)

  '空の配列だったら営業所情報をクリアして終了
  If isEmptyArray(ary) Then
    Me.txb_office.Value = ""
    Exit Sub
  End If

  'テキストボックスへ展開
  Me.txb_office.Value = ary(0, 0)
End Sub
```

このコードは「商品ID」コンボボックス変更のイベントプロシージャ（cmb_prdId_Change）とほぼ同様で、自動入力対象のテキストボックスが1つになっています。しかし今回はSQL作成の際にコンボボックスの2列目（ID）を使用するためのMe.cmb_staff.Column(1)という記述があります（列は0から数えます）。

なんらかの原因によりこのIDが存在しなかった場合、エラーになってしまうので、コンボボックスの2列目の存在チェックを行う関数を「M_Function」モジュールへ新たに追加します（**コード12**）。

コード12 isEmpty2ndClmプロシージャを「M_Function」モジュールへ追加

```
Public Function isEmpty2ndClm(ByVal tgtCmb As MSForms.ComboBox) As Boolean
  '## コンボボックスの2列が空か判定

  On Error GoTo Err_Handler 'エラーが起きたら「ErrorHandler」にジャンプする指示
  If Not IsError(tgtCmb.Column(1)) Then '2列目が存在したら
    Exit Function '終了(Falseを返す)
  End If

Err_Handler: 'エラーもしくは要素が存在しない場合
  isEmpty2ndClm = True 'Trueを返す
End Function
```

この関数を使い、さきほどの「cmb_staff_Change」プロシージャへ2列目チェックの記述を加えます（**コード13**）。

コード13 「cmb_staff_Change」プロシージャに追記（「F_Editor」モジュール）

```
Private Sub cmb_staff_Change()
  '## 「社員名」コンボボックス変更時

  '値もしくは2列目が空白だったら営業所情報をクリアして終了
  If Me.cmb_staff.Value = "" Or isEmpty2ndClm(Me.cmb_staff) Then
    Me.txb_office.Value = ""
    Exit Sub
  End If

  'SQL作成
～～～～～～～～～～～～～～～～～～ 略 ～～～～～～～～～～～～～～～～～～
End Sub
```

動作確認してみましょう。「メニュー」フォームから「追加」または「更新」をクリックして「編集」フォームを表示させ、「社員名」コンボボックスに変更を加えると、営業所情報が連動して変化します（**図46**）。

図46 動作確認

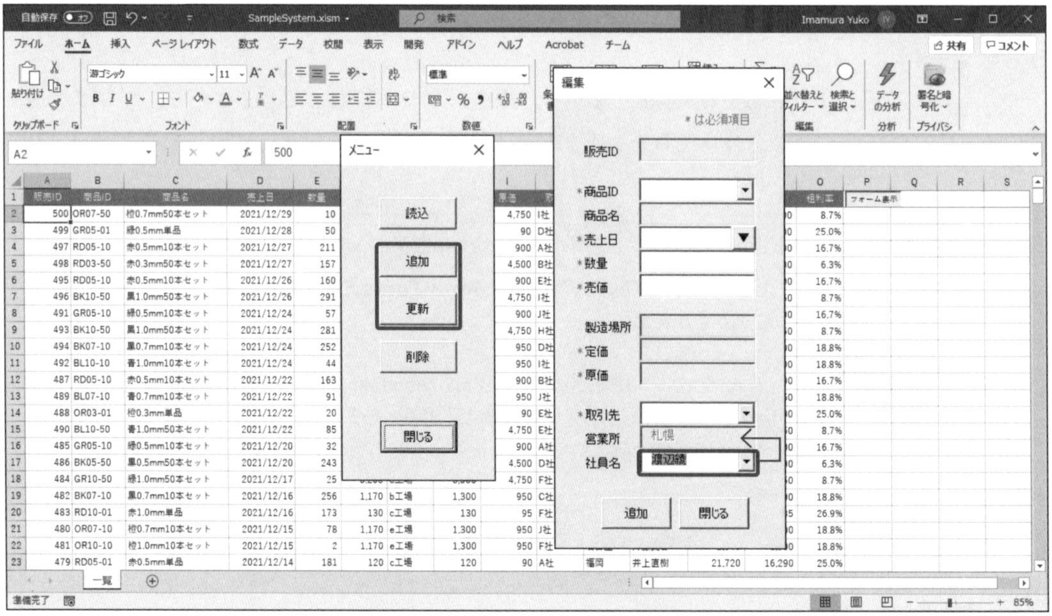

8-6 追加/更新のコードを対応させる

最後に、データベースへ変更を加えるコード部分を修正して、プログラムを完成させます。

8-6-1 「実行」ボタンのイベントプロシージャの修正

「編集(F_Editor)」フォームの「実行(btn_execute)」ボタンをクリックした時に実行されるイベントプロシージャにて、テキストボックスからコンボボックスに変更した部分を修正し、コンボボックスの2列目の存在チェックを追加します(**コード14**)。

コード14 「btn_execute_Click」プロシージャ(「F_Editor」モジュール)

```
Private Sub btn_execute_Click()
  '##「実行」ボタンクリック時

  '未入力チェック
  If Me.cmb_prdId.Value = "" Or Me.txb_date.Value = "" Or _
     Me.txb_qty.Value = "" Or Me.txb_salePrice.Value = "" Or _
     Me.txb_fixedPrice.Value = "" Or Me.txb_costPrice.Value = "" Or _
     Me.cmb_client.Value = "" Then  ←コンボボックスへ変更
    MsgBox "未入力の項目があります。", vbInformation, "確認"
    Exit Sub
  End If

  'コンボボックスの2列目チェック
  If isEmpty2ndClm(Me.cmb_client) Then '取引先
    MsgBox "取引先IDが取得できません。", vbInformation, "確認"
    Exit Sub
  End If
  If Me.cmb_staff.Value <> "" And isEmpty2ndClm(Me.cmb_staff) Then '社員
    MsgBox "社員IDが取得できません。", vbInformation, "確認"
    Exit Sub
  End If

```

```
    '数値チェック
                                    略
End Sub
```

動作確認をしましょう。コンボボックスに存在しない値を入力するとIDが取得できない旨のメッセージが表示され、チェックをすべて通ると実行前のメッセージが表示されます（**図47**）。なお、この時点ではSQLが5つのテーブルに対応していないので、キャンセルして終了してください。

図47　チェック項目の動作確認

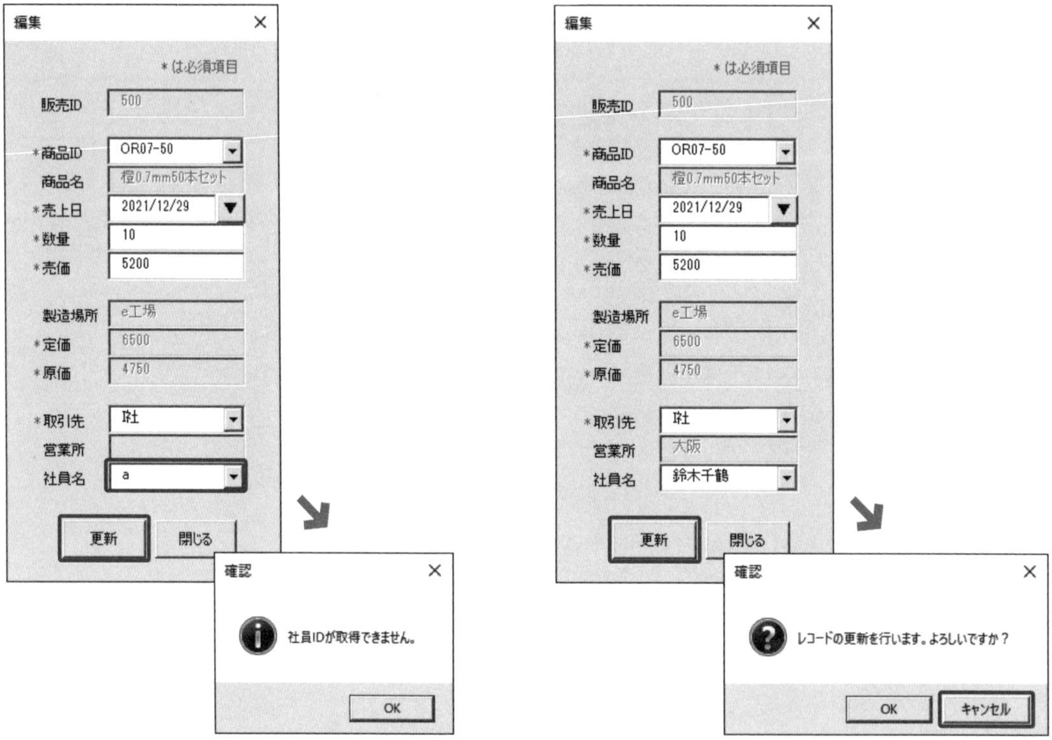

8-6-2 追加/更新コードの修正

最後に、テーブルに変更を与える機能まわりの修正です。

「編集（F_Editor）」フォームモジュール内のレコード追加/更新を行うプロシージャを修正します。なお、「メニュー（F_Menu）」フォームで行うレコード削除のプロシージャには変更の必要はありません。

レコード追加のコードを修正します（**コード15**）。

コード15 「insertFromEditor」プロシージャの修正（「F_Editor」モジュール）

```
Private Sub insertFromEditor()
  '## フォームからレコードの追加

  'SQL文作成
  Dim sql As String
  sql = _
    "INSERT INTO 販売データ(" & _
      "商品ID, " & _
      "売上日, " & _
      "数量, " & _
      "売価, " & _
      "取引先ID, " & _ ← フィールド名変更
      "営業所, " & _ ← 削除
      "社員ID) " & _ ← フィールド名変更
    "VALUES(" & _
      "'" & Me.cmb_prdId.Value & "', " & _
      "#" & Me.txb_date.Value & "#, " & _
      Me.txb_qty.Value & ", " & _
      Me.txb_salePrice.Value & ", " & _
      "'" & Me.cmb_client.Column(1) & "', " & _ ← コンボボックスの2列目へ変更
      "'" & Me.txb_office.Value & "', " & _ ← 削除
      "'" & Me.cmb_staff.Column(1) & "');" ← コンボボックスの2列目へ変更

  'コレクションの作成
                        略
End Sub
```

レコード更新のコードを修正します（**コード16**）。

コード16 「updateFromEditor」プロシージャの修正（「F_Editor」モジュール）

```
Private Sub updateFromEditor()
  '## フォームからレコードの更新

  'SQL文作成
  Dim sql As String
  sql = _
    "UPDATE 販売データ " & _
    "SET " & _
      "商品ID = '" & Me.cmb_prdId.Value & "', " & _
      "売上日 = #" & Me.txb_date.Value & "#, " & _
      "数量 = " & Me.txb_qty.Value & ", " & _
```

```
        "売価 = " & Me.txb_salePrice.Value & ", " & _
        "取引先ID = '" & Me.cmb_client.Column(1) & "', " & _   ← フィールド名&コンボボックスの2列目へ変更
        "営業所 = '" & Me.txb_office.Value & "', " & _   ← 削除
        "社員ID = '" & Me.cmb_staff.Column(1) & "' " & _   ← フィールド名&コンボボックスの2列目へ変更
    "WHERE 販売ID = " & Me.txb_odrId.Value & ";"

  'コレクションの作成
～～～～～～～～～～ 略 ～～～～～～～～～～
End Sub
```

これで5つのテーブルにすべて対応できました。修正後のフォームからでもレコードの追加・更新・削除ができるか確かめておきましょう。

なお、サンプルファイルの「CHAPTER8」フォルダー→「After」フォルダーには、この**CHAPTER 8**の内容がすべて実装された上で、Data.accdbはテーブル内が空の状態に、SampleSystem8.xlsmは書き込む前のマスター用シートが残っている状態に、それぞれ設定されています。

マスターデータ書込の動作確認も兼ねてお使いください。

APPENDIX

付録

基本的なデバッグの方法を理解する

APPENDIX

A-1 デバッグするには

本書の最後に、コードが意図した通りに動くか確認したり、動かなければ原因を調査して間違い（バグ）を修正したりする作業（デバッグ）のためのヒントをご紹介します。

A-1-1 ステップ実行

3-2-5でプロシージャの実行方法をいくつか紹介しましたが、もう1つ、デバッグ用のステップ実行という方法があります。**CHAPTER 8**終了時のサンプルを使って実験してみましょう。

サンプルファイルの「Chapter8」フォルダー→「After」フォルダーのSampleSystem8.xlsmを開き、VBEで「M_StartUp」モジュールを開きます。この中の「showMenu」プロシージャを選択している状態で、F8 キーを押してみてください。

すると、プロシージャの先頭行が黄色くハイライトされました（**図1**）。これは、ハイライト行（このプロシージャが始まる行）を実行する直前でプログラムが一時停止している状態です。

図1 プロシージャ上でF8キーを押す

```
⇨ Public Sub showMenu()
    '## 「メニュー」フォームを開く
    F_Menu.Show
  End Sub
```

ふたたび F8 キーを押すことでハイライト行が実行され、コメントアウト行を飛ばして（コメントアウト行は実行しないので）、1行下へ移動し、一時停止します（**図2**）。

図2 ハイライト行が実行され1行下へ移動

```
Public Sub showMenu()
  '## 「メニュー」フォームを開く
⇨ F_Menu.Show
End Sub
```

このように、手動で挙動を確かめながら実行する方法を**ステップ実行**と呼びます。ステップ実行中の一時停止状態では、変数やコントロールにカーソルを合わせると、その時の値がポップアップで表示されるので、デバッグに役立ちます（**図3**）。

図3 変数やコントロールの値を確かめる

```
⇨ Private Sub btn_load_Click()
    '## 「読込」ボタンクリック時

    '日付チェック
    If Not (Me.txb_date1.Value = "" And Me.txb_date2.Value = "") Then '両日
      '
      If Me.txb_date1.Value = "" Or Me.txb_date2.Value = "" Then
        MsgBox "開始日と終了日の両日の日付を設定してください。", vbExclamat
        Exit Sub
      End If

      '型チェック
      If Not isAcceptDate(Me.txb_date1) Then Exit Sub
      If Not isAcceptDate(Me.txb_date2) Then Exit Sub
```

一時停止中にカーソルを合わせると値がポップアップされる

Me.txb_date1.Value = "2021/01/01"

A-1-2 ブレイクポイント

ステップ実行は便利ですが、プログラムが長い場合、最初に動くコードから1行ずつ実行して、動作をチェックしたい部分まで到達させることは面倒です。そういった場合、「ここでストップさせたい」場所の左枠外をクリックすると赤い丸が現れ、行が赤くハイライトされます（**図4**）。これを**ブレイクポイント**と呼びます。また、行にカーソルを合わせた状態で F9 キーを押しても設置できます。解除するには設置と同じ動作を行ってください。

図4 ブレイクポイントを設置

```
Public Sub showMenu()
  '## 「メニュー」フォームを開く
● F_Menu.Show
End Sub
```

ブレイクポイントを設定しておくと、通常実行した時にその行の直前まで一気に進み、その行で一時停止してくれます。そのため、ブレイクポイントを設定した行からデバッグを進めることができます。1行ずつ実行したいときはF8キー、通常実行したいときはF5キーと、使い分けながらデバッグを行いましょう。

また、ツールバーの「デバッグ」ではステップ実行の種類も確認できます（**図5**）。別のプロシージャを経由するときなどに効率よく進めることができます（**表1**）。

図5 ステップ実行の種類

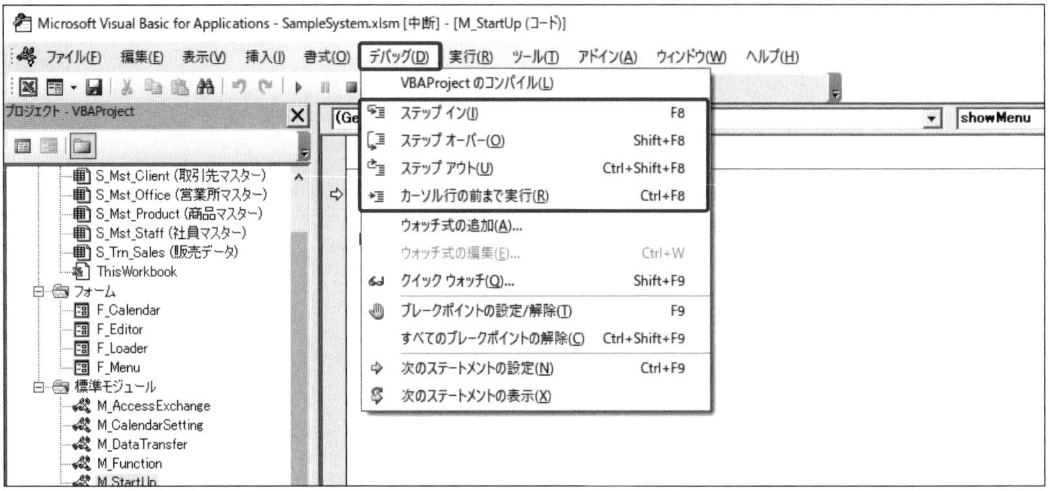

表1 概要

キー	名称	概要
F8	ステップイン	1行ずつ実行
Shift+F8	ステップオーバー	呼び出しプロシージャを通常実行して停止
Ctrl+Shift+F8	ステップアウト	プロシージャの終わりまで実行
Ctrl+F8	カーソル行の前まで実行	カーソルがある行の1行前まで実行

F8のステップインでは、コードの途中でプロシージャを呼び出した場合、呼び出し先のプロシージャでも1行ずつ実行しますが、プロシージャの呼び出し時にShift+F8のステップオーバーを使うと、呼び出すプロシージャを通常実行して現在のプロシージャに戻ったところで一時停止します。

A-2 エラーが起きた場合には

エラーメッセージは、恐ろしいものではありません。「ここが間違っているよ」というヒントを与えてくれているだけなので、焦らずに読み解いて、プログラムを修正しましょう。

A-2-1 エラーの種類

エラーは大きく分けて2種類あり、**図6**のような表示のエラーを**コンパイルエラー**と呼びます。

図6 コンパイルエラー

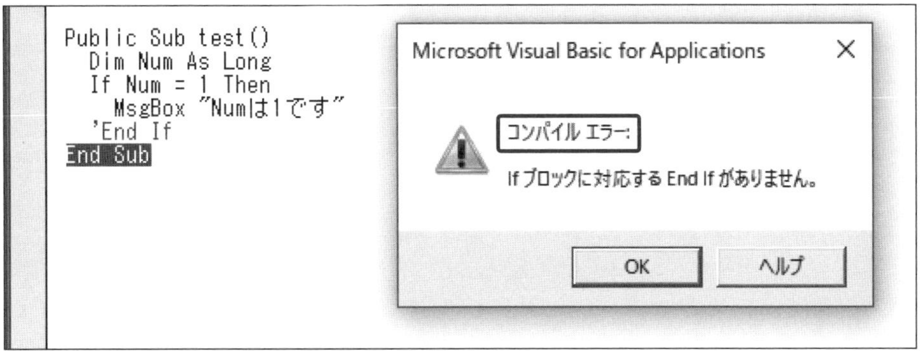
Public Sub test()
Dim Num As Long
If Num = 1 Then
MsgBox "Numは1です"
'End If
End Sub
Microsoft Visual Basic for Applications
コンパイル エラー:
If ブロックに対応する End If がありません。
OK
ヘルプ

これは、「プロシージャを実行する以前に問題がある」エラーです。たとえるなら、「私　は　リンゴ　を　買います」とすべきところを「私　は　を　買います」のように、必要な記述が抜けていたり、文章として成り立っていなかったりして、このままでは実行できないですよ、というニュアンスです。

この例では、Ifブロックの終わりが見つからない（コメントアウトになっている）のでエラーになっています。

もう1つ、**図7**のような表示のエラーを**実行時エラー**と呼びます。

図7 実行時エラー

```
Public Sub test()
  Dim Num As Long
  If Num = "abc" Then
    MsgBox "Numは1です"
  End If
End Sub
```

これは、コンパイル(構文チェック)はOKで実行は開始したものの、実行途中でなにかおかしなことが起こって中断している状態です。「デバッグ」をクリックすると、エラーで一時停止している箇所が黄色のハイライトで表示されます(「On Error GoTo」がある場合は**A-2-2**参照)。

この例では、整数型の変数に文字列を入れようとしている箇所がハイライトされます(**図8**)。

図8 実行時エラーの発生箇所

```
Public Sub test()
  Dim Num As Long
  If Num = "abc" Then
    MsgBox "Numは1です"
  End If
End Sub
```

変数Numは整数型なのでここでエラー

エラーメッセージは決して「わけのわからない怖いもの」ではありません。解決のためのヒントが書いてあります。ハイライトされた部分とエラーメッセージをよく読み、わからない単語を1つずつWeb検索するなどして、問題解決の経験を積みましょう。経験値が上がるほど、エラーは怖くなくなります。

A-2-2 どこでエラーが起こるか突き止める

本書では、「On Error GoTo ○○(エラーが起きたら○○行にジャンプする)」と記述し、例外処理を行っているプロシージャが多くあります。これは、予期せぬ実行時エラーが発生した場合も、レコードセットやデータベース接続の後処理を行ってから正常にプロシージャを終了させるなど、エラーを利用して必要な制御を行うためです。

図9の例では、実際は「m_cn.Execute」でエラーが発生しているのですが、「ErrorHandler」行へジャンプさせています。表示されるメッセージはMsgBoxで意図的に表示させているもので、実行時エラー

ではありません。こうしておくことでエラーが起こったことを確認しつつ、その後の接続解除の処理を通って正常に終了することができます。

図9 エラーを制御している例

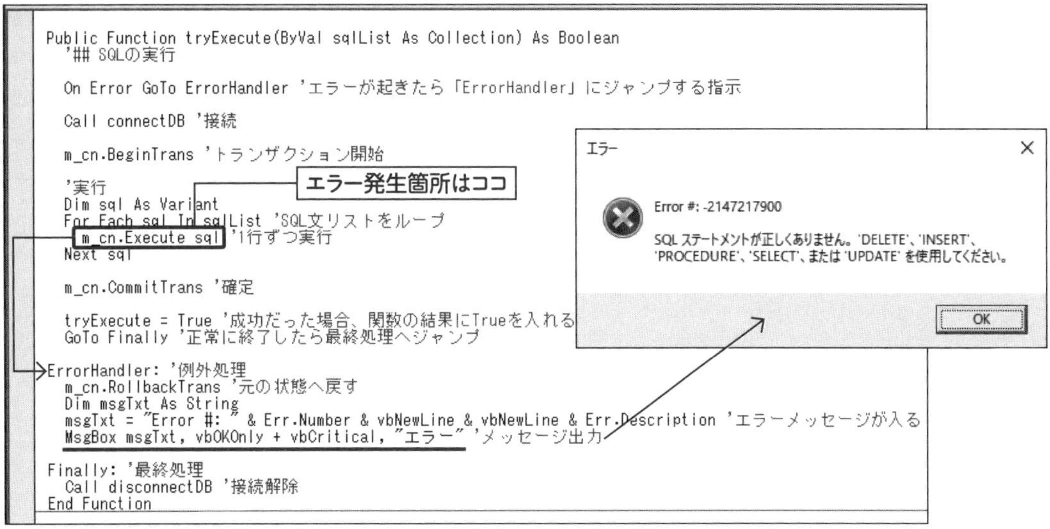
Public Function tryExecute(ByVal sqlList As Collection) As Boolean
'## SQLの実行
On Error GoTo ErrorHandler 'エラーが起きたら「ErrorHandler」にジャンプする指示
Call connectDB '接続
m_cn.BeginTrans 'トランザクション開始
'実行
Dim sql As Variant
For Each sql In sqlList 'SQL文リストをループ
m_cn.Execute sql '1行ずつ実行
Next sql
m_cn.CommitTrans '確定
tryExecute = True '成功だった場合、関数の結果にTrueを入れる
GoTo Finally '正常に終了したら最終処理へジャンプ
ErrorHandler: '例外処理
m_cn.RollbackTrans '元の状態へ戻す
Dim msgTxt As String
msgTxt = "Error #: " & Err.Number & vbNewLine & vbNewLine & Err.Description 'エラーメッセージが入る
MsgBox msgTxt, vbOKOnly + vbCritical, "エラー" 'メッセージ出力
Finally: '最終処理
Call disconnectDB '接続解除
End Function
エラー発生箇所はココ
エラー
Error #: -2147217900
SQL ステートメントが正しくありません。'DELETE'、'INSERT'、'PROCEDURE'、'SELECT'、または 'UPDATE' を使用してください。
OK

しかし、このような例外処理は、運用時は有用ですが、開発/デバッグ時にはかえって「どこで」エラーが発生したかがわかりにくくなってしまいます。

このような例外処理がある場合は、一時的に「On Error ～」の行をコメントアウトすると、実行時にエラーを出力してエラー箇所を特定できるようになります（図10）。

図10 実行時エラーでエラー箇所を特定

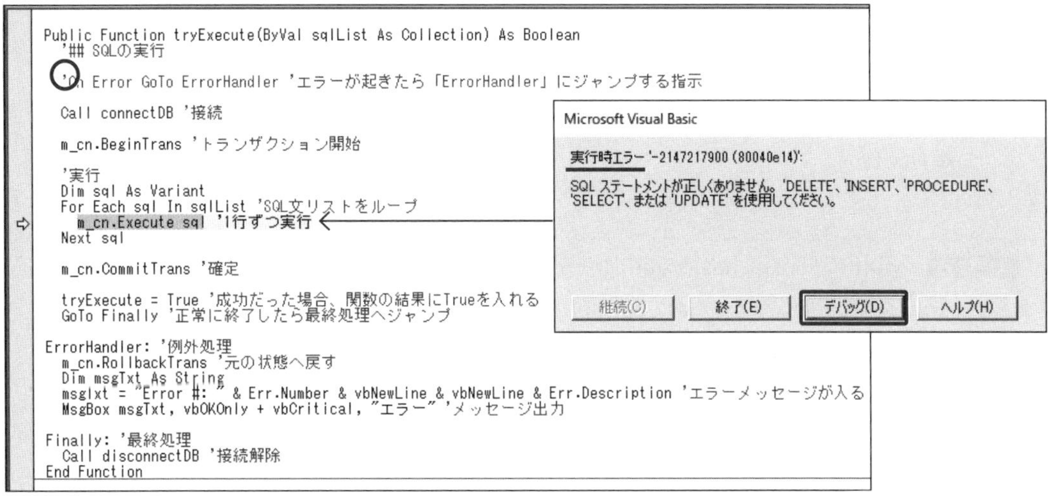
Public Function tryExecute(ByVal sqlList As Collection) As Boolean
'## SQLの実行
'On Error GoTo ErrorHandler 'エラーが起きたら「ErrorHandler」にジャンプする指示
Call connectDB '接続
m_cn.BeginTrans 'トランザクション開始
'実行
Dim sql As Variant
For Each sql In sqlList 'SQL文リストをループ
m_cn.Execute sql '1行ずつ実行
Next sql
m_cn.CommitTrans '確定
tryExecute = True '成功だった場合、関数の結果にTrueを入れる
GoTo Finally '正常に終了したら最終処理へジャンプ
ErrorHandler: '例外処理
m_cn.RollbackTrans '元の状態へ戻す
Dim msgTxt As String
msgTxt = "Error #: " & Err.Number & vbNewLine & vbNewLine & Err.Description 'エラーメッセージが入る
MsgBox msgTxt, vbOKOnly + vbCritical, "エラー" 'メッセージ出力
Finally: '最終処理
Call disconnectDB '接続解除
End Function
Microsoft Visual Basic
実行時エラー '-2147217900 (80040e14)':
SQL ステートメントが正しくありません。'DELETE'、'INSERT'、'PROCEDURE'、'SELECT'、または 'UPDATE' を使用してください。
継続(C)
終了(E)
デバッグ(D)
ヘルプ(H)

問題が解決できたらコメントアウトを外しておきましょう。

A-2-3 SQLに問題がある場合

本書で紹介しているシステムはAccessと連携しているため、Excelだけでは起こりにくいエラーが発生する可能性もあります。Accessとの連携部分は「M_AccessExchange」モジュールに集結してあるので、このモジュールでエラーが起こる場合、以下を参考にAccess側の原因も疑ってみてください。

A-2-2の処置をした上で「M_AccessExchange」モジュール内の以下の部分（**コード1、コード2**）でエラーが発生する場合、SQL文に問題がある可能性があります。

コード1 tryExecuteプロシージャ

```
Public Function tryExecute(ByVal sqlList As Collection) As Boolean
  '## SQLの実行

  'On Error GoTo ErrorHandler ← コメントアウトしておく

  Call connectDB '接続

  m_cn.BeginTrans 'トランザクション開始

  '実行
  Dim sql As Variant
  For Each sql In sqlList 'SQL文リストをループ
    m_cn.Execute sql ← 書込部分でエラー
  Next sql

  m_cn.CommitTrans '確定

  '以下略
End Function
```

コード2 putRsOnSheet/hasRs/getRsInArrayプロシージャ

```
Public Sub putRsOnSheet/hasRs/getRsInArray (略)
  '## レコードセットをシートへ展開

  'On Error GoTo Err_Handler ← コメントアウトしておく

  Call connectDB '接続
```

```
    'レコードセットのオープン
    Dim rs As Object 'レコードセット用変数宣言
    Set rs = CreateObject("ADODB.RecordSet") 'ADOレコードセットオブジェクトを作成
    rs.Open sql, m_cn(, adOpenKeyset)  ←レコードセットを開く部分でエラー

    '以下略
End Sub
```

この場合、これらのプロシージャに引数として渡されているSQLがどのように書かれているのかを確認したいので、上記のエラー部分の1つ上の行に**コード3**を挿入してみてください。

コード3　SQLをデバッグ用ウインドウに出力する

```
Debug.Print sql
```

「Debug.Print ○○(変数やプロパティ)」と記述すると、このコードが実行されたとき、指定した変数やプロパティの値がデバッグ用のウインドウ(イミディエイトウィンドウ)に出力されます。

イミディエイトウィンドウは、VBEのツールバーの「表示」→「イミディエイトウィンドウ」で表示させることができます(**図11**)。

図11　イミディエイトウィンドウの表示

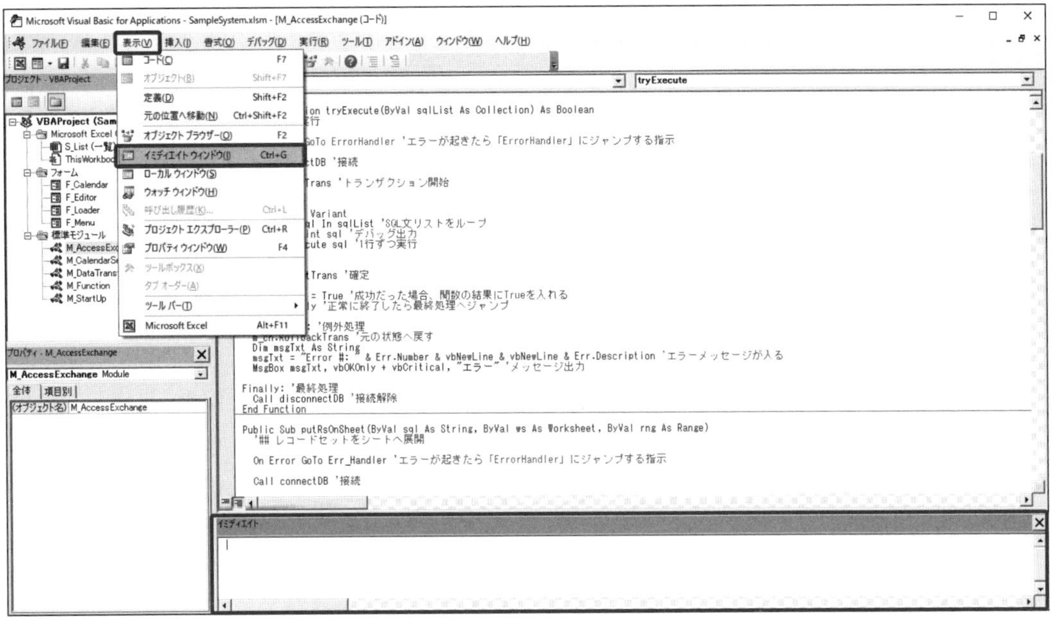

エラーの原因となっている行にブレイクポイントを設置してから実行すると、エラー発生直前のSQLがイミディエイトウィンドウに出力されて一時停止します(**図12**)。

図12 SQLをイミディエイトウィンドウに出力

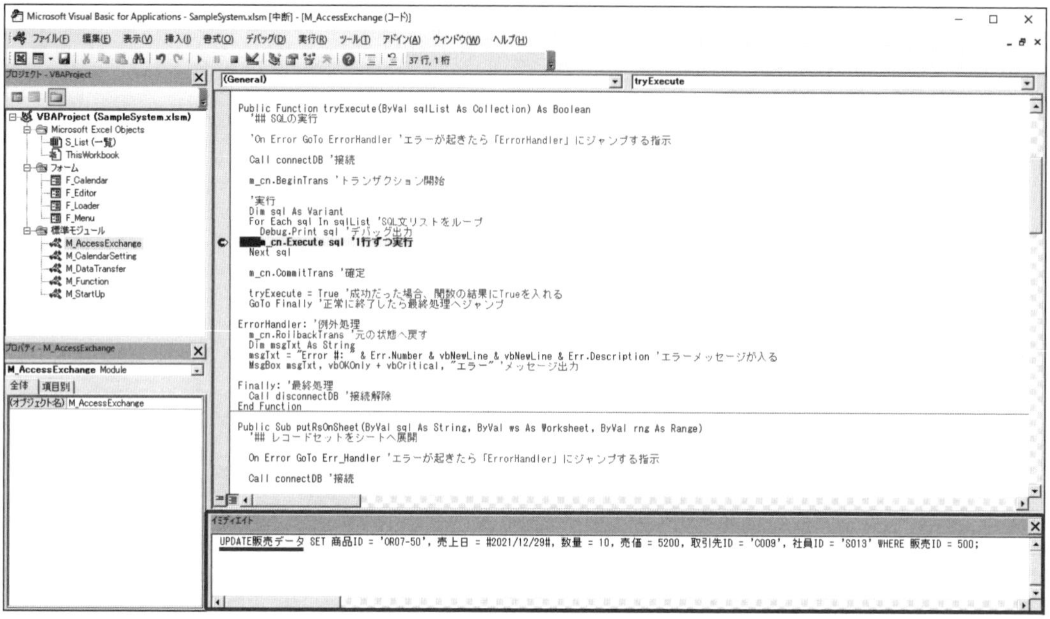

Microsoft Visual Basic for Applications - SampleSystem.xlsm [中断] - [M_AccessExchange (コード)]
ファイル(F) 編集(E) 表示(V) 挿入(I) 書式(O) デバッグ(D) 実行(R) ツール(T) アドイン(A) ウィンドウ(W) ヘルプ(H)
37 行, 1 桁
プロジェクト - VBAProject
VBAProject (SampleSystem.xlsm)
Microsoft Excel Objects
S_List (一覧)
ThisWorkbook
フォーム
F_Calendar
F_Editor
F_Loader
F_Menu
標準モジュール
M_AccessExchange
M_CalendarSetting
M_DataTransfer
M_Function
M_StartUp
プロパティ - M_AccessExchange
M_AccessExchange Module
全体
項目別
(オブジェクト名) M_AccessExchange
(General)
tryExecute
Public Function tryExecute(ByVal sqlList As Collection) As Boolean
'## SQLの実行
'On Error GoTo ErrorHandler 'エラーが起きたら「ErrorHandler」にジャンプする指示
Call connectDB '接続
m_cn.BeginTrans 'トランザクション開始
'実行
Dim sql As Variant
For Each sql In sqlList 'SQL文リストをループ
Debug.Print sql 'デバッグ出力
[redacted]_cn.Execute sql '1行ずつ実行
Next sql
m_cn.CommitTrans '確定
tryExecute = True '成功だった場合、関数の結果にTrueを入れる
GoTo Finally '正常に終了したら最終処理へジャンプ
ErrorHandler: '例外処理
m_cn.RollbackTrans '元の状態へ戻す
Dim msgTxt As String
msgTxt = "Error #: " & Err.Number & vbNewLine & vbNewLine & Err.Description 'エラーメッセージが入る
MsgBox msgTxt, vbOKOnly + vbCritical, "エラー" 'メッセージ出力
Finally: '最終処理
Call disconnectDB '接続解除
End Function
Public Sub putRsOnSheet(ByVal sql As String, ByVal ws As Worksheet, ByVal rng As Range)
'## レコードセットをシートへ展開
On Error GoTo Err_Handler 'エラーが起きたら「ErrorHandler」にジャンプする指示
Call connectDB '接続
イミディエイト
UPDATE販売データ SET 商品ID = 'OR07-50', 売上日 = #2021/12/29#, 数量 = 10, 売価 = 5200, 取引先ID = 'C009', 社員ID = 'S013' WHERE 販売ID = 500;

ここで、テーブル名やフィールド名、カンマやカッコの数や位置などが正確か、文字列がシングルクォーテーションで括られているか、半角スペースが適宜含まれているかなどを確認してみてください。

この例では冒頭の「UPDATE」と「販売データ」の間に半角スペースがないため、UPDATE構文と判断できずにエラーとなっています。

A-2-4 Accessとの接続エラー

A-2-2の処置をした上で「M_AccessExchange」モジュールの「connectDB」プロシージャでエラーが起こる場合、Accessとの接続が失敗している可能性が高いです。この場合、次の順番で原因を探してみてください。

① ダウンロードしたサンプルファイルが正常に動くか確認する
→コードのスペルや「"」「&」「_」前後の半角スペースに違いがないか見比べる
→Accessファイルのパスやファイル名が正しく記述できているか確認する
② 該当のAccessファイルとフォルダーに対して権限があるか確認する

③ 該当のAccessファイルを修復する（1-4-3参照）
④ 対象Accessのバージョンを確認して、「connectDB」プロシージャ内の「"Provider = Microsoft.ACE.OLEDB.XX.X"」記述を変更する（表2）

表2 プロバイダのバージョンと対象Access

プロバイダ	対象Access	備考
Microsoft.ACE.OLEDB.12.0	Access2007/2010	現状Access2016以降にも12.0が付属されているため汎用性が高い
Microsoft.ACE.OLEDB.15.0	Access2013	
Microsoft.ACE.OLEDB.16.0	Access2016	

⑤ Officeソフトを最新版にアップデートする、もしくはOfficeソフトを再インストールする

索引

V

W・X・Y

ア行

カ行

サ行

タ行

ナ行

ハ行

マ行

ヤ・ラ・ワ行

［著者略歴］

今村 ゆうこ（いまむら ゆうこ）

地方の非IT系企業に勤務し、業務アプリケーション開発を行うプログラマー。
著書のイラストや図解も手掛けている。2人のこどもを抱えるワーキングマザー。

著作

「Access マクロ 入門　～仕事の現場で即使える」（技術評論社）
「Access レポート＆フォーム 完全操作ガイド　～仕事の現場で即使える」（技術評論社）
「Accessデータベース　本格作成入門　～仕事の現場で即使える」（技術評論社）
「Excel & Access連携 実践ガイド　～仕事の現場で即使える」（技術評論社）
「スピードマスター　1時間でわかる　Accessデータベース超入門」（技術評論社）

●装丁
クオルデザイン　坂本真一郎
●本文デザイン
技術評論社　制作業務部
●DTP
SeaGrape
●編集
土井清志

●サポートホームページ
https://book.gihyo.jp/116

Excel《エクセル》 &《アンド》 Access《アクセス》　連携実践《れんけいじっせん》ガイド
～仕事《しごと》の現場《げんば》で即《そく》使《つか》える［増補改訂版《ぞうほかいていばん》］

2016年　8月　1日　初　版　第1刷発行
2021年　7月29日　第2版　第1刷発行
2024年11月14日　第2版　第3刷発行

著者　　　今村《いまむら》ゆうこ
発行者　　片岡　巌
発行所　　株式会社技術評論社
　　　　　東京都新宿区市谷左内町21-13
　　　　　電話　03-3513-6150　販売促進部
　　　　　　　　03-3513-6160　書籍編集部
印刷/製本　日経印刷株式会社

定価はカバーに表示してあります。

造本には細心の注意を払っておりますが、万一、乱丁（ページの乱れ）や落丁（ページの抜け）がございましたら、小社販売促進部までお送りください。送料小社負担にてお取り替えいたします。

本書の一部または全部を著作権法の定める範囲を超え、無断で複写、複製、転載、テープ化、ファイルに落とすことを禁じます。

©2021　今村ゆうこ

ISBN978-4-297-12187-7　C3055
Printed in Japan

■お問い合わせについて

本書の内容に関するご質問は、下記の宛先までFAXまたは書面にてお送りください。電話によるご質問、および本書に記載されている内容以外の事柄に関するご質問にはお答えできかねます。あらかじめご了承ください。

〒162-0846
東京都新宿区市谷左内町21-13
株式会社技術評論社　書籍編集部
「Excel & Access　連携実践ガイド
～仕事の現場で即使える
［増補改訂版］」質問係
FAX番号　03-3513-6167

なお、ご質問の際に記載いただいた個人情報は、ご質問の返答以外の目的には使用いたしません。また、ご質問の返答後は速やかに破棄させていただきます。